Seezeichen, Leuchtfeuer und Schallsignale

des

Atlantischen Ozeans

in ihrem Zusammenhang und ihrer Bedeutung für Wirtschaft und Kultur.

Von

Dr. Alfred Hiebel.

Vorwort.

Die Studien zu der vorliegenden Arbeit hat der Unterzeichnete schon 1904 im Geographischen Seminar der Universität Leipzig begonnen. Das Thema war der Anthropogeographie entnommen. Die Aufgabe war, zunächst ein Bild der geographischen Verbreitung und Dichte der Leuchtfeuer zu gewinnen und kartographisch wiederzugeben, dann die Bedingungen für Verbreitung und Dichte festzulegen, um daraus endlich als Hauptsache die Bedeutung der Leuchtfeuer für Wirtschaft und Kultur zu erkennen und zu würdigen. Da es sich also um eine allgemeine Wertung der Leuchtfeuer handelte, konnten die seit Dezember 1904 hier und da angezündeten oder gelöschten Feuer, die in ihrer Vereinzelung das Gesamtbild der Küstenbeleuchtung nur wenig geändert haben, unberücksichtigt bleiben. Ursprünglich sollten die Leuchtfeuer aller Meere überhaupt ins Auge gefasst werden. Die Arbeit wäre aber dann zu umfangreich geworden. Zudem bot der Atlantische Ozean, der belebteste, an dem hochkultivierte wie tiefstehende Völker wohnen, und der sich von Nord nach Süd durch sämtliche Zonen der Erde zieht, bereits Stoff genug zur Lösung der Aufgabe. Andererseits mussten, um eine abgeschlossene Arbeit zu liefern, auch Seezeichen und Schallsignale in die Betrachtungen einbezogen werden; ferner mussten dem Hauptteil der Arbeit ein technischer und ein die Leuchtfeuer des Altertums und Mittelalters behandelnder historischer Teil vorausgeschickt werden, sowie eine Einleitung, worin an der Hand eines Überblicks über die Entwicklung der Schiffahrt die Aufgabe der Seezeichen zu schildern war.

Dr. **Alfred Hiebel.**

Inhalt.

Druckfehler.

Seite 2, Anmerkung 1, lies: „*des*“ Stadiasmus statt „das“ Stadiasmus.
„ 8, Zeile 17 von oben, lies: „*wurden*“ statt „wurde“.
„ 9, „ 7 „ „ lies: „*Rettungsstationen*“ statt „Rettungstationen“.
„ 29, „ 11 „ „ lies: „*verzehren*“ statt „verzehrten“.
„ 59, „ 17 „ „ ist „*auf*“ zu streichen.
„ 73, Anmerkung 1, lies: „*Tabelle XXXI*“ statt „Tabelle 27“.
„ 77, Zeile 8, fehlt Komma hinter „ab“.
„ 83, „ 9 von unten, lies: „*Parallels*“ statt „Parallel“.
„ 87, „ 4 von oben, fehlt Komma hinter „Jahrhundert“.
„ 89, Anmerkung 1, lies: „*Tabelle XXXII*“ statt „Tabelle 28“.
„ 90, „ 1, lies: „*Tabelle XXXII*“ statt „Tabelle 28“.
„ 94, „ 1, lies: „*Tabelle XXXI*“ statt „Tabelle 27“.
„ 177, Zeile 8 von unten, lies: „*Tennessee*“ statt „Tennesee“.

A. Einleitung: Seezeichen und ihre Aufgabe.

Seezeichen sind an verkehrsreichen oder gefährlichen Punkten der Küste von Menschenhand errichtete auffällige Bauten und Marken, die dem Seefahrer seinen Weg zeigen und ihn vor Gefahren warnen sollen, wenn die natürlichen Landmarken an der Küste keinen oder ungenügenden Anhalt geben. Weitaus die meisten Seezeichen sind Tagmarken, die nur bei Tage ihre Aufgabe erfüllen. In dunkler Nacht sollen Leuchtfeuer den Schiffer warnen und leiten; jedoch sind die wichtigeren unter ihnen infolge ihrer hervortretenden Lage, ihrer hohen und auffälligen Bauart auch vorzügliche Tagmarken. Den Seezeichen reihen sich die Schallsignale an, die bei unsichtigem Wetter den Schiffer warnen und womöglich auch führen sollen.

1. Schiffahrt und Seezeichen im Altertum.

Je nach dem Stande der Schiffahrt änderten sich auch die Ansprüche, die man an die Seezeichen stellte. Zuerst war die Schiffahrt nur Küstenfahrt, und zwar waren es nur Fischer, die in rohgezimmerten Booten dem Fischfang in den heimatlichen Gewässern oblagen. Hier, in wohlbekannter Umgebung, waren vorgelagerte Inseln, Vorgebirge und Berge des rückwärtigen Küstengebietes, charakteristische Baumgruppen oder durch ihre Farbe auffallende Flecken des Strandes genügende Leitmarken, die den Rückweg zur heimatlichen Siedelung zeigten. Viele Vorgebirge wurden so zum Segen für das seefahrende Volk, wie sie andererseits wegen der oft um sie wütenden Stürme, wegen heftiger Strömung und Brandung oder gefährlicher Untiefen gefürchtet waren. Dass man oft den Sitz von Gottheiten dorthin verlegte und diesen dort Tempel baute, war deshalb erklärlich. Jedenfalls wurde die Bedeutung solcher Vorgebirge als natürliche Seemarken dadurch nur gehoben, dass sie infolge der religiösen Verehrung dem ganzen Volke bekannt waren und durch die hervorragenden Tempelbauten noch mehr dem suchenden

Auge des Seemannes auffielen. In den uns erhaltenen Segelhandbüchern der Alten, den Periplen, werden auch solche Vorgebirge genau geschildert, und Anweisungen gegeben, wie man dort zu segeln hat.[1]) Erst nachdem der Mensch, verlockt durch weithin sichtbare natürliche Landmarken oder durch Unwetter verschlagen, aus den engeren heimatlichen Gewässern an unbekannten Küstenstrichen gelandet war, mag er darauf gekommen sein, durch rohe am Strande errichtete Marken die Stellen näher zu bezeichnen, wo leichte Landung möglich, wo Trinkwasser zu schöpfen, wo vielleicht reicher Fischzug oder gute Jagd zu erwarten war. Aber erst nachdem der Fischfang der Erwerb ganzer grosser Genossenschaften geworden war, namentlich aber seitdem die Schiffahrt dem gewinnbringenden Handel diente, verlohnte es sich, Hafenanlagen und Seezeichen in unsrem Sinne zu bauen. Dass sich die Alten für ihre Art der Schiffahrt im wesentlichen auch sonst schon aller Hilfsmittel bedienten, weist Breusing nach in seinem Buche „Die Nautik der Alten". In fremden Gewässern lotete man das Fahrwasser aus,[2]) die zwischen Untiefen aufgefundene Fahrrinne wurde durch Baken oder eingerammte Pfähle abgesteckt.[3]) Für unbekannte Gewässer warb man Lotsen an,[4]) oder diese kamen selbst aus Häfen mit schwieriger Einfahrt heraus, um fremde Schiffe einzubugsieren. Die Zahl der Seezeichen aber war nur gering, und das ist auch erklärlich. Im Vergleich zu denen der Gegenwart waren die Schiffe des Altertums nur von geringem Tiefgang, so dass Untiefen, die unsern Schiffen von 5 und mehr Metern Tiefgang unbedingt gefährlich sind, dies nicht in dem Masse waren. Ferner konnte bei der geringen Geschwindigkeit, mit der man im Altertum fuhr, nämlich nur etwa 5—6 Knoten, die Fahrt bei plötzlich auftauchenden Gefahren viel leichter gehemmt, und damit ein Unfall vermieden werden, als wie bei der Eile, mit welcher heute die Schiffe ihrem Ziel zustreben. Wesentlich aber war, dass die Schiffahrt im Altertum und Mittelalter bis weit in die Neuzeit hinein etwa von Oktober bis März, also in der gefährlichsten Jahreszeit, geschlossen blieb.[5]) Auch war sie in jenen Zeiten keine so lebhafte, und vor allem war der allgemeine Kulturstand kein so hoher, dass man auch an unbevölkerten, aber

---

[1]) *Breusing:* „Die Nautik der Alten". S. 9; § 117 das Stadiasmus für das Mittelmeer.

[2]) Acta Apostolorum 27. 28.

[3]) Arr. Hist. Ind. 41,2.

[4]) Arr. Hist. Ind. 27,1 u. 40,11.

[5]) *Breusing* a. a. O. S. 12.

gefährlichen Küsten Seezeichen errichtet hätte, trotzdem z. B. zur Zeit der Römerherrschaft genügende Machtentfaltung zur Unterhaltung und zum Schutze vor barbarischen Stämmen möglich gewesen wäre. Wir werden deshalb Seezeichen fast nur in den Brennpunkten des Seeverkehrs, also in Häfen und Flussmündungen finden und an Punkten, die durch politisch-militärische Unternehmungen wichtig geworden waren, wie Dover und Boulogne im 1. Jahrh. n. Chr. Schliesslich ist noch eine wichtige Tatsache zu beachten: Die Schiffahrt der Alten war Tagfahrt, Fortsetzung der Fahrt nach Einbruch der Dunkelheit blieb im allgemeinen Ausnahme; es konnte sich deshalb wohl ein Bedürfnis nach Tagmarken, aber nur ausnahmsweise auch nach Leuchtfeuern geltend machen. In der Hauptsache dienten die Tagmarken und die wenigen Leuchtfeuer des Altertums und auch des Mittelalters nur dazu, die schliessliche Einfahrt in den Hafen und die Anlegestellen dort zu bezeichnen; sie waren also in erster Linie nur Hafenzeichen und Hafenfeuer. Da die Schiffahrt bis ins Mittelalter Küstenfahrt blieb, bei der man im allgemeinen vermied, das Land aus den Augen zu verlieren,[1]) verlangte man überhaupt nicht von den Seezeichen damals, dass sie über den Bereich der eigentlichen Küstengewässer hinaus noch wirksam wären, ganz abgesehen davon, dass Leuchtfeuer schon infolge der ungenügend entwickelten Technik jener Zeiten einer solchen Aufgabe nicht gerecht werden konnten. Reisen über die hohe See sind zwar auch schon im Altertum und im zeitigen Mittelalter unternommen worden, wie die Tarsisfahrten der Phönizier und die Fahrten der Normannen nach Island, Grönland und Nordamerika beweisen, und wie man auch aus der Kolonisation von Kyrene und Sizilien durch die Griechen schliessen kann; aber die Befahrung des weiten, offenen Ozeans setzt wesentlich erst mit den grossen Entdeckungsreisen ein. Der Hauptgrund, weshalb man sich nicht ausser Sichtweite des Landes wagte, lag in dem Mangel an Instrumenten, an Bord genaue astronomische Beobachtungen zu machen, nach denen der Kurs auch ohne Landmarken hätte bestimmt werden können. Denn obwohl schon die Phönizier es verstanden, sich nach dem Sternbild des Kleinen Bären zu richten,[2]) und obwohl es nach ihnen auch die Griechen in der Astronomie und Nautik weit brachten, wie die Gradmessung des Eratosthenes 250 v. Chr. und die Erfindung der quadratischen Plattkarte durch Marinus v. Tyrus 100 n. Chr.[3]) beweisen, besass man bei mangelnden Landmarken

---

[1]) *Götz:* „Die Verkehrswege im Dienste des Welthandels“. S. 462 f.

[2]) *Strabo:* „Geographica“ I, 1, § 3.

[3]) *Stavenhagen:* „Über Seekarten“. Globus 85, S. 218.

eigentlich nur noch das Mittel, durch Schätzung der Schiffsgeschwindigkeit seinen Ort zu berechnen. Um die Nähe des Landes überhaupt zu bestimmen, leistete gelegentlich das Lot gute Dienste,[1] das in einer Bodenhöhlung Talg enthielt, damit dort Grundproben hängen blieben, die manchmal Aufschluss über den jeweiligen Ort gaben. So wusste man sich eine Tagfahrt von der Nilmündung, wenn man in 11 Faden Tiefe Schlamm heraufholte.[2] Andere, bei dem Mangel genauerer Forschungen darüber ebenfalls sehr unzureichende Hilfen der Schiffahrt waren die Entdeckungen der Monsune auf den Fahrten nach Indien, der Gezeiten im Atlantischen Ozean, der Strömungen im Bosporus und in der Gibraltarstrasse. Übertriebene Berichte alter Seeleute und reisender Kaufleute waren oft nur hinderlich für die wahre Erkenntnis der Dinge.

2. Schiffahrt und Seezeichen vom Altertum bis zum Beginn des 19. Jahrhunderts.

Nach dem Zusammenbruch der antiken Welt und während des ersten Keimens der neuen, mittelalterlichen Kultur kann von einem Fortschritt der Schiffahrt überhaupt keine Rede sein. Erst allmählich, indem sich die Nautik infolge wissenschaftlicher und technischer Fortschritte und geographischer Entdeckungen gegen Ende des Mittelalters entwickelte, nahm die Schiffahrt einen Aufschwung und löste sich los von der Küste. Besonders brachten es die Italiener weit. Im 13. Jahrhundert führten sie den Kompass ein,[3] und mit Hilfe desselben konstruierte der Genuese Pietro Vesconte 1311 die älteste, sicher datierte Seekarte,[4] indem er die Kompasskurse zwischen einzelnen Häfen eintrug. In der Folgezeit erlangten die Italiener eine hohe Fertigkeit in dieser Art der Kartographie.[5] In ihren Seestädten entstanden dann Segelanweisungen für das Mittelmeer, sogenannte „portolani“; 1490 wurde das erste solche Segelhandbuch in Venedig gedruckt.[6] Heinrich der Seefahrer (1394—1460)

[1] Acta Apostolorum 27, 27—29.

[2] Herodot II, 5.

[3] *Breusing:* „Die nautischen Instrumente bis zur Erfindung des Spiegelsextanten.“ S. 5 f.

[4] *H. Wagner:* „Das Rätsel der Kompasskarten im Lichte der Gesamtentwicklung der Seekarten.“ Verhandl. d. 11. Deutschen Geogr. Tages. S. 67.

[5] Jedoch bezieht sich die Kgl. Aragonische Ordonnanz von 1359, nach der jede Galeere 2 „Seekarten“ führen musste, sicher nicht auf diese peinlich ausgeführten Zeichnungen, sondern die gleich zu erwähnenden Segelanweisungen waren damit gemeint. (*Breusing:* „Zur Geschichte der Kartographie“. Zeitschr. f. wissenschaftliche Geographie II. S. 190/91).

[6] *Breusing:* „Die nautischen Instrumente.“ S. 21.

gründete in Sagres die erste Navigationsschule der Welt, vielleicht schon 1418.[1]) Den entschiedensten Aufschwung brachten der Schiffahrt aber die grossen Entdeckungsfahrten. Die dabei gemachten Beobachtungen über Wind- und Stromverhältnisse[2]) verstand man sehr bald für die Schiffahrt auszunutzen, und dadurch gelangte man dann wieder zu den ersten ozeanischen Segelanweisungen, die man anfangs sorgfältig geheim hielt. Die damals angegebenen Hauptrouten im Atlantischen, Indischen und Grossen Ozean werden teilweise heute noch befahren. Die Ortszeit wurde auf See durch Beobachtung der Höhe der Sonne oder eines Sternes mittels des Astrolabiums,[3]) des Jakobstabes[4]) oder des Davis-Quadranten[5]) und darauf folgende Berechnung des Stundenwinkels gefunden. Zur genauen Längenbestimmung fehlte es noch an zuverlässigen Mitteln zur Zeitvergleichung, insbesondere mangelten noch zuverlässige Mondtafeln. Im 16. Jahrhundert wurde das Seekartenwesen namentlich vom Indienhaus in Sevilla gefördert, das, eine Art hydrographischen Amtes, 1527 und 1529 Karten herausgab, auf denen Riffe und gefährliche Stellen wie heute noch durch Kreuze bezeichnet waren. Von der grössten Bedeutung für die Seekartographie und für die ozeanische Schiffahrt überhaupt war die 1569 erschienene Weltkarte „ad usum navigantium" von Mercator, dessen Projektionsweise noch heute die für Seekarten zweckmässigste ist, weil in solche Karten der Kurs ohne weiteres eingetragen oder daraus entnommen werden kann.[6]) Das 17. Jahrhundert brachte eine weitere wichtige Erfindung auch für die Schiffahrt in dem 1608 erfundenen Fernrohr, das viel genauere astronomische Beobachtungen zur Kursbestimmung gestattete.[7]) Die Abweichungen der Magnetnadel wurden ebenfalls zu dieser Zeit genauer untersucht. Zur Messung der Schiffsgeschwindigkeit verwandte man wie schon im Altertum das Log.[8]) Ins 18. Jahrhundert fällt schliesslich die

---

[1]) *H. Wagner:* „Das Rätsel der Kompasskarten". S. 69.

[2]) Columbus lernte den Passatgürtel und die Zone der veränderlichen Winde kennen; Cabral 1500 den Äquatorialstrom; Alaminos 1513 und 1519 den Florida- und den Golfstrom; 1650 lieferte Varenius eine Beschreibung der Meeresströmungen; 1678 Karte der Meeresströmungen von Athanasius Kircher; 1686 Karte der Luftströmungen von Halley. (*Gelcich:* „Beiträge zur Geschichte der ozeanischen Segelanweisungen". Annalen der Hydrographie 1893.)

[3]) *Breusing:* „Die naut. Instrumente." S. 33 f.

[4]) *Breusing* a. a. O. S. 36 f.; *Wolf:* „Geschichte der Astronomie." S. 127/128.

[5]) *Breusing* a. a. O. S. 41 f.; *Wolf:* a. a. O. S. 378.

[6]) *Breusing:* „Gerhard Kremer gen. Mercator, der deutsche Geograph." S. 53 f.

[7]) *Wolf* a. a. O. S. 363/364.

[8]) *Breusing:* „Die naut. Instrumente." S. 25 f.

Erfindung des Spiegelsextanten[1]) durch den Engländer Halley und gleichzeitig den Amerikaner Godfrey, wodurch überhaupt erst genaue Beobachtungen an Bord möglich wurden, ferner die Konstruktion zuverlässiger Schiffschronometer zur bequemen Zeitvergleichung bei Längenbestimmungen. Die Seekarten wurden durch Einzeichnung der Linien gleicher Meerestiefen und gleicher magnetischer Abweichungen vervollkommt. Gezeitentafeln stellte man zuerst in England auf. Im wesentlichen war also zu Beginn des 19. Jahrhunderts die Nautik im Besitze aller nötigen Instrumente, die Folgezeit brachte nur Verbesserungen derselben und der Art ihrer Anwendung. Während sich also die Schiffahrt im Laufe der Zeit aus vorsichtigem Weitertasten längs der Küste zu kühner, zielbewusster Fahrt quer über den Ozean entwickelt hatte, machte sich im Seezeichenwesen kaum ein Fortschritt fühlbar. Nur als Folge steigenden Verkehrs in den einzelnen Häfen kann eine Zunahme in der Zahl der Seezeichen festgestellt werden. Ihrem Wesen nach waren sie noch immer nur Hafenzeichen und Hafenfeuer.

3. Schiffahrt im 19. Jahrhundert.

Der bisherige Aufschwung der Schiffahrt beruhte wesentlich nur auf dem der Nautik. Folgenschwere Verbesserungen im Schiffbau sind bis zum 19. Jahrhundert nicht festzustellen. Die Segelschiffe des 18. Jahrhunderts waren an Seetüchtigkeit den antiken und mittelalterlichen nur wenig überlegen. Erst das 19. Jahrhundert brachte durch die Einführung des Dampfschiffes eine Umwälzung im Schiffbau und damit auch neue gewaltige Fortschritte der Schiffahrt und in weiterer Folge auch im Seezeichenwesen eine neue Entwicklung. Zum ersten Male hat ein Dampfer 1819 den Ozean durchquert, in welchem Jahre die „Savannah“ von Savannah in Liverpool ankam. Es folgten 1833 und 1838 die Fahrten der Dampfer „Royal William“, „Great Western“ und „Sirius“, worauf dann eine regelmässige Dampfschiffahrt[2]) zwischen Europa und Amerika eingerichtet wurde, die bald infolge ihrer grösseren Schnelligkeit und Sicherheit die Segelschiffahrt mehr und mehr in den Hintergrund drängte. Seitdem haben Technik und Wissenschaft bei fortwährend steigendem Verkehr, indem dieser bald treibende Ursache, bald notwendige Folge war, die Schiffahrt unablässig gefördert. Ein wichtiger Schritt in der Eroberung des Ozeans für die Dampfschiffahrt war die Erfindung

---

[1]) *Breusing:* „Die naut. Instrumente“. S. 44 f.; *Wolf:* „Geschichte der Astronomie“. S. 581 f.

[2]) „Der Weltverkehr und seine Mittel“. Leipzig, bei Otto Spamer. 1901. S. 604 f.

der Schraube [1]) in den dreissiger Jahren; denn Raddampfer bewährten sich dauernd nur in den ruhigeren Binnenmeeren und Binnengewässern. Die Einführung der Compounddampfmaschine durch John Elder in Glasgow 1860, der Drei- und Vierfachexpansionsmaschinen seit 1882 [2]) gestattete, weil solche Maschinen den hochgespannten Dampf bis zur möglichen Grenze ausnutzten, ganz beträchtliche Ersparnisse an Kohlen, wodurch ebensoviel Raum für Ladung frei wurde. Infolgedavon lohnte sich erst auch nach den fernsten Häfen die Verfrachtung von Massengütern auf Dampfern statt auf billig reisenden Seglern. [3]) Beschleunigt wurde der Rückgang der Segelschiffahrt auch noch, als man im letzten Drittel des Jahrhunderts Eisen und Stahl, [4]) das billiger und dabei zweckmässiger war als Holz, im Dampferbau verwendete; erst in letzter Zeit hat man auch grosse Segler aus Stahl und Eisen gebaut. [5]) Elektrizität wurde immer ausgiebiger an Bord zu allen möglichen Zwecken verwendet. Dies und überhaupt die Ausnutzung der Elektrizität durch Maschinen, Telegraph und Telephon hat ausserordentlich zur Förderung und Sicherung der Schiffahrt beigetragen. An erster Stelle in dieser Hinsicht ist jetzt die Verbindung der Schiffe untereinander und mit dem Lande durch Funkspruch hervorzuheben. Den grossartigen Leistungen der Technik im Schiffbau steht schliesslich ebenbürtig zur Seite der Bau grosser Schiffahrtskanäle, vor allen der des Suezkanals 1859—1869. Durch Abkürzung [6]) des weiten und gefährlichen Weges um Kap Agulhas hat der Suezkanal unmittelbar die Schiffahrt gefördert und gesichert, und erst von seiner Eröffnung an datiert der gewaltige Aufschwung des gesamten Schiffsverkehrs [7]) zwischen Europa und der asiatisch-

---

[1]) „Ein Jahrhundert der Dampfschiffahrt". Nauticus. 1900. S. 320.

[2]) Nauticus 1900. S. 324/325.

[3]) *Krümmel:* „Zwei Jahrzehnte deutscher Seeschiffahrt". Preuss. Jahrbücher. 1893. IV. S. 493.

[4]) Nauticus 1900. S. 328.

[5]) *Schott:* „Die Verkehrswege der transozeanischen Segelschiffahrt in der Gegenwart". Zeitschr. d. Ges. f. Erdkunde in Berlin. 30. S. 237.

[6])

Bombay-	Hamburg	43 %	Zeitersparnis.
	London	44 %	
	Marseille	59 %	
	Triest	63 %	
Hongkong-London		28 %	
Sundastrasse-Rotterdam		26 %	

[7])

1870:	436 609	Nettotonnen.
1880:	3 057 422	„
1890:	6 890 094	„
1900:	9 738 152	„
1904:	13 401 835	„

australischen Welt. Auf wissenschaftlichem Gebiete gelangten in den fünfziger Jahren Maury, Fitzroy, Buys-Ballot und Kerhallet auf Grund zahlreicher systematisch angestellter Beobachtungen der meteorologischen und hydrographischen Verhältnisse aller Meere dazu, die kürzesten und sichersten Routen für jedes Meeresgebiet auf besonderen Routenkarten darzulegen. Die Routen auf dem verkehrsreichen Nordatlantischen Ozean legte man dann durch internationale Übereinkommen fest. [1]) In Verfolgung des weiteren grossen Zieles, die Ozeane und die Atmosphäre wissenschaftlich erschöpfend zu erforschen und die Ergebnisse für die Schiffahrt nutzbar zu machen, richteten fast alle seefahrenden Staaten in der zweiten Hälfte des Jahrhunderts Seewarten ein, [2]) überspannten ihr Gebiet mit einem Netze meteorologischer Beobachtungsstationen, besetzten die Küsten mit zahlreichen, regelmässig bedienten Wetter- und wo nötig Eissignalstationen und Sturmwarnungsstellen. Auf internationalen Marinekongressen wurden die seerechtlichen Bestimmungen zur Sicherung der Schiffahrt erweitert und international geregelt. Ende der fünfziger Jahre wurde ein internationales Signalbuch eingeführt, ferner einheitliche Bestimmungen des Strassenrechts auf See über Positionslichter und Manövriervorschriften zur Verhütung von Zusammenstössen nach englischem Muster [3]) angenommen und 1889 in Washington erweitert. Den staatlichen Massnahmen zur Sicherung der Schiffahrt stehen würdig zur Seite die grossen Leistungen der privaten Gesellschaften

---

[1]) *Gelcich:* „Beiträge". S. 298—300.

Schon A. v. Humboldt hatte auf den Wert zahlreicher und systematischer Beobachtungen hingewiesen und Schiffstagebücher geprüft. Nach den Vorarbeiten von Rennel, Dove, Berghaus und anderen fasste M. J. Maury, Leiter des Observatoriums und des hydrographischen Amtes in Washington, den Plan, möglichst alle von Seeleuten gemachten Beobachtungen zu verarbeiten, um daraus die besten Schiffsrouten zu finden. Auf der 1853 von den Vereinigten Staaten auf Vorschlag Maury's einberufenen Konferenz der seefahrenden Staaten einigte man sich über ein einheitliches Beobachtungssystem. 1855 erschien Maury's Hauptwerk: „The Physical Geography of the Sea", welchem später Wind-, Strömungs- und Isobarenkarten folgten. Unmittelbare Erfolge der Maury'schen Anweisungen waren die Abkürzung der Reise von Europa oder Nordamerika nach den südamerikanischen Häfen um 10 Tage, nach Kalifornien um 1½ Monat, vor allem aber die Aufnahme der viel günstigeren Route von Australien über Kap Horn nach Europa statt der über Kap Agulhas mit ihrem ständigen westlichen Winde und Seegang. 1874 fand in London eine neue Marinekonferenz zur Neuregelung der Beobachtungsweisen statt.

[2]) Seewarte in Hamburg 1868 gegründet, seit 1876 Reichsinstitut.

[3]) In England waren 1848 die heutigen Dampferlichter, 1852 die Seglerlichter, 1858 die grünen und roten Seitenlichter, 1863 Manövriervorschriften zur Verhütung von Zusammenstössen eingeführt worden.

zur Rettung Schiffbrüchiger. Die ältesten Gesellschaften sind die 1824 in London gegründete Royal National Life-boat Institution und aus demselben Jahre die Norden Zuid-Hollandsche Retting Maatschappij in den Niederlanden. Heute ist in fast allen Staaten das Rettungswesen teils vom Staate, teils von privaten Gesellschaften organisiert und vervollkommt, und sind die Küsten mit einer dichten Reihe von Rettungstationen besetzt, die in Verbindung stehen mit den vom Staate errichteten Signal- und Küstenwachtstationen. Eine der unmittelbarsten und treibendsten Ursachen für die Vervollkommnung und Ausdehnung der Schiffahrt besonders in neuester Zeit ist aber der scharfe Wettstreit [1]) der grossen Schiffahrtsgesellschaften gewesen, deren gewaltige Flotten stets die neuesten mit allen Errungenschaften der Technik ausgestatteten Dampfer umfassen und die immer weitere Meeresteile dem Weltverkehr erschliessen. Die ältesten von ihnen sind die englischen: die Cunard Steamship Company für die Amerikafahrt und die Peninsular and Oriental Steamship Company für die Mittelmeer- und Ostasienfahrt, beide 1840 gegründet. Die beiden grössten, die Hamburg-Amerikanische Packetfahrt-Aktien-Gesellschaft in Hamburg und der Norddeutsche Lloyd in Bremen, deren Flotten zusammen im April 1908 rund 1 860 000 Brutto-Registertons betrugen,[2]) sind 1847 und 1857 gegründet.[3]) Was aber den Boden für das Gedeihen derartiger Riesenunternehmungen, deren Aktienkapital zusammen viele Hunderte von Millionen beträgt, überhaupt erst abgab, was den gesamten Seeverkehr sprunghaft wachsen liess und alle die kostspieligen Vorrichtungen und Neuerungen zur Vervollkommnung und Sicherung der Schiffahrt lohnend machte, war die grossartige Entfaltung der Völkerwirtschaft in der zweiten Hälfte des Jahrhunderts. Neue gewaltige Gebiete wurden europäischer Wirtschaft eröffnet durch die Entwicklung der Vereinigten Staaten, die Erschliessung Kanadas, Südamerikas, Indiens, Ostasiens, Australiens und des Kaplandes. Die Ausbeute der neu entdeckten Gold- und Diamantenfelder in Kalifornien, Australien und Transvaal erleichterte die Anhäufung riesiger mobiler Kapitalien, die einerseits zu Unternehmungen in den neu erschlossenen Gebieten drängten, andrerseits in der Heimat den Geldwert sinken machten. Ein allgemeines

[1]) *v. Halle:* „Amerika". Seine Bedeutung f. d. Weltwirtschaft. In Einzeldarstellungen. Hamburg 1905. S. 136 f., auch 159 f.

[2]) Hamburg-Amerika Linie 956 000 Brutto-Registertons, Norddeutscher Lloyd 804 000 Brutto-Registertons.

[3]) *v. Halle* a. a. O. S. 124 f. — *Lindeman:* „Der Norddeutsche Lloyd". Bremen 1892. S. 12/13.

Sinken der Preise wurde hervorgerufen durch die gewaltige Steigerung von Produktion und Konsumtion infolge der Fortschritte der Fabrikationstechnik. Die technische Vervollkommnung und der Ausbau des Verkehrs- und Nachrichtenwesens ermöglichten die Einbeziehung von Massenprodukten in den Weltverkehr und förderten die freie Bewegung der Bevölkerung. Nachdem die gewerbliche Tätigkeit von lästigen gesetzlichen Beschränkungen befreit worden war, beteiligten sich immer mehr Volksschichten am nationalen Erwerb. Das aber führte wieder zu einer raschen Zunahme der Bevölkerung in den Hauptkulturstaaten und in weiterer Folge zu einer starken Auswanderung in überseeische Länder, was erneute räumliche Ausdehnung der Wirtschaft bedeutete. Dies sind in weitverzweigter gegenseitiger Wechselwirkung die Ursachen für die Hebung der Wirtschaft auf den heutigen Stand, dessen Merkmal das Ineinanderwachsen der nationalen Einzelwirtschaften zu einer wirklichen Weltwirtschaft ist, die alle Völker, Länder und Meere unlösbar in ihr Getriebe mit einbezogen hat. [1])

4. Seezeichen im 19. Jahrhundert.

α. Tagmarken und Leuchtfeuer.

Die Entwicklung der Schiffahrt im 19. Jahrhundert machte sich im Seezeichenwesen zunächst wie in den vorangehenden Jahrhunderten nur darin geltend, dass der steigende Verkehr zur See eine grössere Zahl der Warnungs- und Fahrwasserzeichen in den einzelnen Häfen forderte. Namentlich in der zweiten Hälfte des Jahrhunderts nahmen in fast allen Staaten die Seezeichen reissend zu. Grossbritannien z. B. besass 1860: 289, 1870: 425, 1880: 619, 1890: 769 und 1904: 1051 Leuchtfeuer aller Art, und nach James Douglass betrug die Zahl der Leuchtfeuer in der ganzen Welt 1860 nur 1705, 1885 aber bereits 5847. [2]) Die Zunahme der Seezeichen-Tonnen zeigen insbesondere die Zahlen in den Vereinigten Staaten; dort lagen 1842: 1000, 1858: 1034, 1860: 1738, 1867: 2044, 1875: 3002 und 1889: 4309 Tonnen aus. [3]) Mit dem Bedürfnis nach einer grösseren Zahl von Seezeichen musste sich aber gleichzeitig das andere nach scharfer Unterscheidung der einzelnen Zeichen fühlbar machen, da die Gefahr verhängnisvoller Verwechselungen mit der Zahl der Zeichen stieg. Tagmarken waren leicht durch Farbe und Gestalt zu scheiden; doch

---

[1]) „Der Welthandel". Nauticus 1901.

[2]) Abgedruckt in Davenport-Adams: „Story of our Lighthouses".

[3]) *Johnson:* „The Modern Lighthouse Service." Washington 1889. S. 44.

auch für die Leuchtfeuer erfand man Mittel zur ausreichenden Charakterisierung, als man unablässig an der technischen Vervollkommnung derselben arbeitete. Wichtig aber ist, dass Vermehrungen und Verbesserungen in der Betonnung und Befeuerung zunächst nur aus lokalen Bedürfnissen der einzelnen Häfen und Küstenstriche heraus erfolgten, was besonders auch darin sich zeigt, dass erst im letzten Viertel des Jahrhunderts die an vielen Küstenstrichen innerhalb der einzelnen Staaten verschiedene Betonnung durch einheitliche Systeme ersetzt worden ist. Der Grund für dieses Hervortreten lokaler Bedürfnisse lag in den allgemeinen Handels- und Schiffahrtsverhältnissen. In der ersten Hälfte des Jahrhunderts spielte sich der Handel zum grössten Teil innerhalb des Landes ab oder doch nur von Staat zu Staat auf demselben Kontinent. Die Lage eines Hafens innerhalb einer werktätigen nächsten und näheren Umgebung, seine Lage an einer Meeresstrasse, die rein örtlichen Vorteile in der betreffenden Bucht oder Flussmündung, die den Hafen bildete, waren deshalb in erster Linie entscheidend für seine Bedeutung. Infolgedessen entstanden an der ganzen Küste zerstreut zwar zahlreiche, aber nur kleine und mittlere Häfen, was noch gefördert wurde dadurch, dass bei dem Mangel leistungsfähiger Landverkehrsmittel der Verkehr in den Küstenländern sich auf dem kürzesten Wege zahlreiche Ausgänge zum Meere suchte. Zum weitaus grössten Teil spielte sich daher der Seeverkehr längs der Küsten und Inseln des europäischen und nordamerikanischen Kontinents ab, und zwar als Segelschiffahrt. Nach dem Gesagten ist es erklärlich, dass fast überall zunächst von lokalen Behörden und Körperschaften die Fürsorge für die Küstenbezeichnung ausging, natürlich in erster Linie auch nur lokale Bedürfnisse berücksichtigend. Von Staats wegen wurde ein einheitlicher Plan zur systematischen Befeuerung und Betonnung der gesamten Küste zuerst in Frankreich aufgestellt, wo 1825 eine von der Regierung eingesetzte Kommission für die Küstenbezeichnung die Grundsätze eines ihrer Mitglieder, des Admirals de Rossel, annahm. Rossel, der dabei wahrscheinlich auf einem bereits 1770 von einem gewissen Kéarney verfassten Mémoire fusste,[1]) befürwortete eine gleichmässige Beleuchtung der Küste durch einen ununterbrochenen Gürtel sich schneidender oder mindestens berührender Feuerkreise. Die vorspringenden Punkte der Küste sollten durch möglichst weittragende Feuer I. Ordnung besetzt, um den Schiffen

---

[1]) Nach *Hess:* „Über Leuchttürme.“ Berlin 1851. Rossel's Mémoire ist abgedruckt in Reynaud: „Mémoire sur l'éclairage et le balisage des côtes de France.“ 1864. S. 315—359.

die Nähe des Landes überhaupt anzuzeigen, die zwischenliegenden Küstenstriche durch Feuer II. und III. Ordnung von geringerer Tragweite, um das Fahrwasser im Küstenbereich zu bezeichnen, und die Hafeneinfahrten durch Feuer III. Ordnung von geringster Tragweite beleuchtet werden.[1]) Im Grunde sind diese Leitsätze noch heute gültig und im wesentlichen von allen Staaten angenommen worden, insbesondere von den Vereinigten Staaten bei der Reform ihres Leuchtfeuerwesens 1852[2]) und von England, wo Alan Stevenson mit entsprechender Berücksichtigung der Verhältnisse an den britischen Küsten im allgemeinen dieselben Forderungen aufstellte.[3]) Abgesehen von den im damaligen Stande der Technik begründeten Mängeln dieses Planes war der Hauptgrund für spätere Änderungen der Umstand, dass man die einzelnen Küstenstriche zu gleichmässig in ihrer Bedeutung für die Schiffahrt gewertet hatte, weil man zu sehr gezwungen war, lokale Bedürfnisse zu berücksichtigen; das aber war begründet in den oben geschilderten allgemeinen Verhältnissen von Handel und Verkehr in der ersten Hälfte des Jahrhunderts. In der zweiten Hälfte setzte dann die grossartige Entwicklung des heutigen Welthandels ein. Tausende von Tonnen im Werte von vielen Millionen werden auf Riesenschiffen befördert, die selbst viele Millionen gekostet haben und Hunderte von Menschenleben bergen. Das erklärt es, dass die seefahrenden Staaten jährlich ebenfalls Millionen für die Unterhaltung und den weiteren Ausbau der Küstenbezeichnung ausgeben als Versicherungsprämien[4]) für so grosse Summen des Volksvermögens. Die grossen Abmessungen und hohen Geschwindigkeiten

---

[1]) *Reynaud:* „Mémoire". S. 4. „Signaler l'approche du littoral, aussi loin qu'il est utile, au moyen de phares assez diversifiés pour caractériser nettement les positions qu'ils occupent, et placés de telle sorte que le navigateur ne puisse atterrir sans en avoir au moins un en vue, dans l'état ordinaire de l'atmosphère; puis allumer entre eux des feux d'apparences variés, dont les portées soient réglées d'après les distances auxquelles il importe d'en prendre connaissance et qui puissent diriger en toute sûreté jusqu' à l'entrée du port."

[2]) *Johnson:* „Modern Lighthouse Service." S. 21.

[3]) *A. Stevenson:* „A rudimentary treatise on the history, construction and illumination of lighthouses." London 1850. „The most prominent points of a line of coast, or those first made on over-sea voyages, should be first lighted; and the most powerful lights should be adapted to them, so that they may be discovered by the mariner as long as possible before his reaching land." (Punkt 1 der Prinzipien der Verteilung der Leuchtfeuer an der Küste.)

[4]) Aufwand der Vereinigten Staaten für Leuchtfeuer- und Betonnungswesen nach Johnson: „Modern Lighthouse Service." S. 8. 1791: 22 591 $, seit 1816 jährlich stets mehr als 100 000 $, seit 1854 mehr als 1 000 000 $, seit 1870 mehr als 2 000 000 $, 1890: 3 503 994 $.

der Schiffe, von denen die grössten heute mehr als 20 000 Tonnen halten, 8—9 m Tiefgang haben und 22—23 Knoten laufen, erfordern, dass die Reihen der Seezeichen einerseits immer dichter werden, andererseits auch die entferntesten Aussengründe in ihren Sicherungsbereich mit einbeziehen. Während die Segelschiffe bei aufkommenden Zweifeln über den Schiffsort die ohnehin mässige Fahrt minderten oder bei gefährlichem Wetter wieder in See gingen, macht heute insbesondere die hohe Geschwindigkeit der Dampfer, die zu mässigen man sich nur in Fällen dringendster Gefahr entschliesst, da Zeit Geld ist, eine Küstenbezeichnung nötig, die dem Seemann gestattet, aus weitester Ferne mit Sicherheit und dabei in kürzester Zeit sich über den einzuhaltenden Kurs zu vergewissern; denn wenige Minuten falscher Fahrt können sein Schiff zum Scheitern bringen. In der Küstenbezeichnung durch Tagmarken wurde man dieser Forderung der Neuzeit durch Einführung einheitlicher Betonnungssysteme [1]) gerecht, wenn es auch bis heute trotz mehrfacher Anregungen noch nicht zu einem internationalen Systeme gekommen ist. Vor allen mussten die Ansegelungszeichen am Einlauf in die verschiedenen Fahrwasser durch ihre auffallende Form scharf gekennzeichnet sein, die dann fortlaufende Betonnung nach einfachen, allgemein bekannten Regeln durchgeführt werden. Blosse Warnungszeichen werden dabei wieder durch ihre Form schnell und weithin sichtbar gemacht, während Leittonnen durch ihre Farbe und Nummer im Verein mit ihrer Form den Schiffer führen. Um besonders gefährliche Untiefen auch bei Nacht und Nebel zu kennzeichnen, legt man dort Heul- und Glockentonnen aus und vereinigt so die Vorteile der Schallsignale mit denen der Tagmarken. Schwieriger zu erfüllen waren die Forderungen der heutigen Schiffahrt im Leuchtfeuerwesen. Leuchtweiten von 20 Seemeilen für Feuer I. Ordnung, wie man sie zu Beginn des 19. Jahrhunderts erreichte, sind auch heute noch genügend, da die schnellsten Dampfer zu solcher Strecke immer noch eine Stunde brauchen. Aber immer mehr löste sich im Laufe des 19. Jahrhunderts die Schiffahrt von der Küste los und wurde Ozeanfahrt. Bei der Durchquerung des Ozeans, besonders des inselarmen Atlantischen, konnte man nicht immer wieder das Land ansteuern und sich über den jeweiligen Schiffsort vergewissern, sondern wochenlang musste man den Kurs nur nach mehr oder weniger unsicheren Berechnungen bestimmen. Erklärlich ist deshalb, dass man Feuer, die das Land

[1]) Die heute bestehenden Betonnungssysteme datieren: in Frankreich von 1825, in den Vereinigten Staaten von 1873, in England von 1882, in Deutschland von 1887. (Annalen der Hydrographie 1887, S. 377 u. 419.)

möglichst bald, d. h. auf die weiteste Entfernung hin anzeigten, immer dringender wünschte. Aber die Forderung der Neuzeit ging weiter: Die Feuer sollten unter allen Umständen, also auch bei unsichtiger Luft, wenn die alten Feuer auf die Hälfte ihrer Leuchtweite zurückgingen, 20 Seemeilen mit ihren Strahlen durchdringen, sodass auch der Nebel die rastlos ihrem Ziele zustrebenden Dampfer kaum aufhalten könnte. Die Lösung dieser Aufgabe ist der Technik gelungen, wie im weiteren eingehender dargelegt werden wird, indem sie die gewaltige Intensität des elektrischen Lichtes voll ausnutzte in einigen wenigen Strahlenbündeln. Auch der zweiten Forderung: absolute Sicherheit der Orientierung unter den immer zahlreicher gewordenen Feuern, dabei in kürzester Zeit, hat die Technik genügt, indem sie die Charakteristik der Hauptfeuer nicht mehr auf die Dauer der Lichterscheinungen oder noch unzweckmässiger der Pausen zwischen denselben gründete, sondern auf die viel leichter und schneller zu erfassende Anzahl von schnell aufeinanderfolgenden Lichtblitzen. Aber auch im Plane der Befeuerung musste den Anforderungen der Neuzeit Rechnung getragen werden. War man früher in Frankreich nach dem Grundsatze: „éclairer la côte“ vorgegangen, hatte man als Ziel eine gleichmässige Befeuerung der Küste angestrebt, so formulierte man jetzt den Grundsatz: „éclairer la route,“ d. h. anstatt die Küste als gegebenes, zu beleuchtendes Objekt zu nehmen, ging man von den Bedürfnissen des Gesamtseeverkehrs aus und wertete danach die einzelnen Küstenstriche in ihrer Bedeutung sorgfältig gegeneinander ab. Hauptansteuerungspunkte mussten durch Feuer mächtigster Wirkung und schärfster Charakteristik viel entschiedener als früher vor allen anderen Punkten ausgezeichnet werden, damit auf diese Weise schon im Befeuerungsplan eine schnelle und sichere Orientierung aus weitester Ferne gewährleistet war. Auf die Befeuerung weniger aber wichtigster Punkte konnte man umsogrössere Summen verwenden, je mehr man bei der Beleuchtung der zwischenliegenden, längeren Küstenstrecken sparte, für die man ihrerseits zwar eine immer grössere Zahl der Leuchten, aber eine sehr geringe, den lokalen Verhältnissen grade genügende Leuchtweite forderte. Durch die Erfindung der billig zu unterhaltenden selbsttätigen Gasfeuer hat man hier die Aufgabe gelöst. Die oben ausgesprochenen Grundsätze finden wir in England schon 1850 von Alan Stevenson[1]) vertreten; aber man hat sie hier nicht

[1]) *Alan Stevenson:* „A rudimentary treatise“:

„The best position for a sea-light ought rarely to be neglected for the sake of the more immediate benefit of some neighbouring port, however important and

in dem Masse durchgeführt wie in Frankreich. Die Franzosen haben schrittweise den veränderten Anforderungen der Zeit Rechnung getragen und den Plan Rossel's ergänzt. Schon 1864 betonte Reynaud unter anderm, dass es die Bedürfnisse der Schiffahrt bisweilen erforderten, auf einem Kap, das nach den Rossel'schen Grundsätzen als Ecke des als Polygon aufgefassten Landes mit einem Feuer I. Ordnung hätte besetzt werden müssen, ein Feuer geringerer Tragweite oder überhaupt keins zu setzen, und umgekehrt auf manchen Punkten, die im Innern einer Bucht zu weit zurückliegen, ein Feuer grösster Sichtweite anstelle eines von niedriger Ordnung.[1]) 1882 stellte dann Allard einen neuen Plan auf, der ebenfalls im Grunde an den Rossel'schen Leitsätzen festhielt, aber durch Einrichtung von 46 elektrischen Hauptfeuern auch bei Nebel eine ausreichende Beleuchtung der Küste sicherstellen wollte. In Verfolg dieser Vorschläge Allard's wurden Dünkirchen, Calais, Grisnez, La Canche im Kanal, Baleines auf Île de Ré und Planier bei Marseille elektrisch befeuert.[2]) 1886 schliesslich stellte eine neue Kommission, an der Bourdelles, der neue Chef-Ingenieur des Leuchtfeuerwesens, teilnahm, die oben dargelegten Grundsätze auf, die heute allgemein anerkannt sind. Anstatt 46 elektrischer Feuer sollten nur 13, aber von noch mächtigerer Wirkung eingerichtet werden, nämlich ausser den bereits bestehenden 6 nur noch auf Ouessant, La Hève, Belle-Île, La Caubre (Gironde), Barfleur, Île d'Yeu und Penmarc'h.[3]) Eine Befeuerung der Küste lediglich wo und wie es der Schiffsverkehr erforderte, und erst in zweiter Linie nach lokalen Verhältnissen, war umso notwendiger, als auch in der Entwicklung der

---

influential; and the interests of navigation, as well as the true welfare of the port itself, will generally be much better served by placing the sea-light where it ought to be, and adding, on a smaller scale, such subsidiary lights as the channel leading to the entrance of the port may require."

„It may be held as a general maxim, that the fewer lights that can be employed in the illumination of a coast the better, not only on the score of economy, but also of real efficiency. Every light needlessly erected may, in certain circumstances, become a source of confusion to the mariner; and, in the event of another light being required in the neighbourhood, it becomes a deduction from the means of distinguishing it from the lights which existed previous to its establishment. By the needless erection of a new lighthouse, therefore, we not only expend public treasure, but waste the means of distinction among the neighbouring lights." (Punkt 10 und 11 der Prinzipien für die Verteilung der Leuchtfeuer an der Küste.)

[1]) *Reynaud:* „Mémoire." S. 5.

[2]) Ann. d. Hydrogr. 1896. S. 172.

[3]) Ann. d. Hydrogr. 1896. S. 173.

Seehäfen des Weltverkehrs die lokalen Verhältnisse in ihrer Bedeutung für die Blüte der Häfen in den Hintergrund traten. Die heutige Weltwirtschaft lässt bedeutende Häfen überall entstehen, wo Produktion und Konsumtion des Hinterlandes gross genug sind, um einen direkten Verkehr nach überseeischen Wirtschaftsgebieten zu lohnen, und die heutige Technik ist wohl imstande die Hindernisse zu überwinden, die sich aus einer Lage abseits der natürlichen Meeresstrassen ergeben oder die die örtlichen, einer Hafenanlage ungünstigen Verhältnisse schaffen.

β. Schallsignale.

Geradezu einen neuen Zweig der Küstenbezeichnung hat die Schiffahrt in der zweiten Hälfte des 19. Jahrhunderts entstehen lassen durch die Entwicklung der Nebelsignale. Während früher die Segelschiffe bei Nebel beidrehten und ein Aufklaren abwarteten, gestatten heute die gesteigerten Anforderungen an den Verkehr keine Unterbrechung oder auch nur Minderung der Fahrt. Namentlich an der atlantischen Küste von Nordamerika sind Nebel häufig und langdauernd, die den starken Verkehr im Vineyard und Long Island Sund, in der Delaware- und Chesapeake Bucht empfindlich stören. Während daher anderswo die Nebelsignale in erster Linie nur Warnungszeichen sein sollen, ging man in den Vereinigten Staaten weiter: Durch Stärke und Charakteristik ihres Tones sollen Nebelsignale den Schiffer leiten und führen bei unsichtigem Wetter, wie Leuchtfeuer bei Nacht. [1]) Durch Aufstellung zahlreicher Sirenen, Dampfpfeifen und Glocken von durchdringender Kraft des Tones, dessen Abgabe in regelmässigen Zwischenräumen und wechselnder Höhe eine scharfe Charakteristik der einzelnen Signalstationen erlaubt, ist man in den Vereinigten Staaten jenem Ziele nahe gekommen und so auf diesem Gebiete anderen Staaten vorbildlich gewesen.

---

[1]) *Johnson:* „Modern Lighthouse Service". S. 72.

„And this pressure was occasioned by the fact that mariners have come to believe that they could be guided by sound as certainly as by sight. The custom of the mariner in coming to this coast from beyond the seas is to run his ship so that on arrival, if after dark, he shall see the proper coast-light in fair weather, and, if in thick weather, that he shall hear the proper fog-signal, and, taking that as a point of departure, to feel his way from the coast-light to the harbour-light, or from the fog-signal on the coast to the fog-signal in the harbour, and thence to his anchorage or his wharf.

B. Technischer Teil.

a. **Tagmarken.**

Die wichtigsten Tagmarken sind Baken und Tonnen, die ersteren an Land und auf festem Grund gebaut, die letzteren im Fahrwasser selbst verankert und schwimmend. Baken sind entweder von turmartigem, gemauertem Bau, oder sind flaches Lattenwerk aus Eisen oder Holz, um dem Winde wenig Widerstand, dem Auge aber eine breite Ansicht zu bieten. Der über Wasser sichtbare Teil der Tonnen oder Bojen ist spitz, oder stumpf, oder kugelig, oder fassartig, oft mit bakenartigem Aufbau; Spierentonnen sind von langer, zylindrischer Gestalt und schwimmen in senkrechter Stellung. Hauptsache ist eine sichere Verankerung, da sonst bei starkem Strom- und Eisgang ein Wegtreiben der Tonnen von ihrem genau bestimmten Platz zu befürchten ist. Die Verankerung geschieht meist durch Pilzanker, die anstatt mit einzelnen Armen sich mit ihrer ganzen pilzhutartigen Fläche eingraben. Die Kennzeichnung der Tagmarken geschieht am besten durch eigenartige Formen, denn Farben und Aufschriften werden leicht vom Wetter und Seewasser zerstört. Gleichartige Tagmarken werden auch durch besondere Topzeichen unterschieden. Auf die Schwierigkeit der Verankerung der Tonnen ist es wohl zurückzuführen, dass im Altertum und Mittelalter meist nur Landmarken auf festem Grunde angewandt worden sind; zudem gibt es im Mittelmeer keine von der Flut weit aufgerissenen Flussmündungen mit langen, gewundenen Fahrwassern, wo besonders Tonnen am Platze gewesen wären. Tonnen werden erst zur Zeit der Hansa auf der Elbe[1]) und Weser erwähnt. Eine besondere Art der Tonnen sind Glocken- und Heultonnen. Glocken auf schwimmender Unterlage und durch die schaukelnde Wellenbewegung zum Tönen gebracht, sind schon seit langer Zeit als Warnungszeichen auf gefährlichen Untiefen angewandt worden. Schon im Mittelalter soll auf „Bell Rock“ an der Ostküste Schottlands vom Abt zu Arbroath ein Floss mit Glocke unterhalten worden sein.[2]) Gerade aber bei Nebel herrscht oft nur

---

[1]) *Buchheister:* „Die Elbe und der Hafen von Hamburg“. Mitteilungen der Geographischen Gesellschaft in Hamburg. Band XV. 1899. S. 154/155.

[2]) *Davenport-Adams:* „Lighthouses and Lightships“. London 1878. S. 147.

schwacher Seegang, der die Glocken nicht zum Tönen zu bringen vermag. Sie versagen also oft gerade zur Zeit grösster Gefahr. Der Amerikaner Courtenay konstruierte deshalb eine Tonne, auf der schon bei sanfter Dünung eine Pfeife zum Tönen gebracht wird. In einem langen, nach unten offenen Rohr wirkt die Wassersäule schon bei der Hebung und Senkung der Tonne um wenige Zoll als Kolben, der Luft in den als Windkessel dienenden Hohlraum der Tonne pumpt, wodurch die Pfeife zum Tönen kommt. Diese Tonnen sind 1– 5 Seemeilen weit hörbar und haben sich allgemein bewährt. 1876 wurde die erste bei Sandy Hook, New-York, ausgelegt.

b. Leuchtfeuer.

1. Türme und Baken.

Nach Abbildungen auf Medaillen waren die antiken Feuertürme viereckig oder rund, aus zwei oder mehr nach oben an Durchmesser abnehmenden Stockwerken aufgebaut, deren oberstes die Feuerstelle trug. Nicht immer aber waren es hohe, eigentliche Türme. Man errichtete namentlich später im Mittelalter meist nur niedrige Steinaufbauten, auf denen dann an galgenähnlichen Gerüsten eiserne Feuerkörbe hingen. Die „Wippen" des 16. und 17. Jahrhunderts waren überhaupt nur Galgengerüste ohne steinernen Unterbau und brannten Steinkohlen in eisernen Feuerkörben. Ummauerte Feuerstellen mit Zuglöchern, Rost und Schlot, aus dem die Flammen durch den Luftzug hoch herausschlugen, trugen die römischen Feuertürme nach Medaillen zu schliessen; auch vom Cordouanturm an der Gironde, dem berühmtesten des Mittelalters, wird dies berichtet.[1]) Bestimmte Regeln für den Turmbau stellte man erst auf, als man daran ging, Türme auf Klippen und Sandbänken zu bauen, wo sie dem Anprall von Sturm und Wogen trotzen sollten. Die hauptsächlichsten Regeln, wie sie vor allen von Alan Stevenson bei seinen berühmten Leuchtturmbauten auf den Felsenklippen der schottischen Küsten angewandt wurden, sind: Kreisdurchschnitt, weil runde Flächen besser widerstehen als flache, im allgemeinen parabolische oder hyperbolische Längslinien und möglichst tiefe Schwerpunktslage, damit Gewicht [2]) und innere Festigkeit des Baues gemeinsam die Stabilität des Turmes sichern.[3]) Als man in England und den Vereinigten Staaten auch

[1] *Veitmeyer:* „Leuchtfeuer und Leuchtapparate". München-Leipzig 1900. S. 68.

[2]) Der 1878—82 erbaute Eddystoneturm enthält 4668 Tonnen Mauerwerk. *Price Edwards:* „Our Seamarks". London 1884. S. 26.

[3]) Dargelegt in seinem Buche: „A rudimentary treatise".

auf veränderlichen Sänden Leuchtfeuer errichtete, versuchte man statt massiver Steinbauten leichte, fast nur aus Stahl und Eisen gefügte, fachwerkartige Türme auf Pfeilern, die tief in den Sand eingelassen waren. Diese Türme boten den Wogen möglichst geringe Angriffsflächen und haben sich z. B. auf Maplin, Chapman und Gunfleet Sand in England gut bewährt.

2. Lichtquellen.

Im Altertum und auch noch das ganze Mittelalter hindurch war Holz fast das alleinige Feuerungsmaterial für Leuchtfeuer. Die Alten kannten zwar schon Öllampen, aber deren Leuchtkraft war zu gering, als dass sie auf Leuchttürmen hätten verwandt werden können. Cordouan brannte bis 1717, La Hève bis 1774 Holz.[1]) Die Einführung der Kohlen im 16. und 17. Jahrhundert änderte wenig im Wesen der Befeuerung. Das erste nachweislich Steinkohlen brennende Leuchtfeuer war Kullen in Schweden 1560,[2]) und bis 1842 haben sich dort Steinkohlenfeuer erhalten.[3]) Der Hauptnachteil dieser offenen Feuer war ihre stete Veränderlichkeit, abhängig vom Winde. Bei starkem Winde brannten sie schnell nieder, ihre Flamme wurde je nach der Windrichtung niedergebogen und flackerte, bei Windstille schwälten und qualmten sie. Noch ehe die Steinkohlen eingeführt wurden und auch noch lange danach, hatte man anstelle des Holzes schon Kerzen von Talg oder Wachs zur Beleuchtung von Leuchttürmen benutzt.[4]) Die mittelalterlichen Eremitenleuchten, von denen noch die Rede sein wird, waren solche Kerzenfeuer in aufgehängten Laternen. Kerzen erwiesen sich überall da praktisch, wo Holz oder Kohlen in genügender Menge schwer zu beschaffen und aufzubewahren waren, z. B. auf Eddystone, wo bis 1817 Kerzen in Gebrauch waren. Diese, im Eddystoneturm 24, waren auf kronleuchterartigen Trägern angeordnet. Wie Eddystone brannten auch Neuwerk 1286, Travemünde 1316, St. Catherine (Wight) 1323 Kerzen.[5]) Der noch heute verbreitetste

[1]) *Veitmeyer:* „L. u. L." S. 67.

[2]) *Veitmeyer:* „L. u. L." S. 68.

[3]) *Veitmeyer:* „L. u. L." S. 74.

[4]) *Melchior Lorichs* Zeichnung von Konstantinopel (1559) gibt dem Leuchtturm die Beischrift: „einne Latern von Christallyum haben die Venediger dem Turkischen Kayser geschenkt, hat ein thurn bauen und die Leuchte oder Latern darauff setzen lassen. wan nu der Kayser fest helt oder frolig sein will, dann werden etliche wackskerz oder wackslichter darin gestelt und angezundet, welchs dann weitten schein gibt und fernn leuchtet". (Tafel III in *Oberhummer:* „Konstantinopel unter Suleiman d. Gr.").

[5]) *Veitmeyer:* „L. u. L." S. 75.

Lichtgeber ist das Öl. Die anfänglich benutzten dicken, runden Saugdochte liessen jedoch nur eine höchst unvollkommene Verbrennung mit trüber, schwälender Flamme zu. Die späteren flachen Dochte brannten zwar besser, aber erst die Erfindung der Argand'schen Lampe 1785, mit zylindrischem Dochte, doppeltem Luftzuge und aufgesetztem Glasschornstein ermöglichte die allgemeine Einführung von Ölfeuern und bahnte die grossartige Entwicklung der Leuchtfeuerapparate im 19. Jahrhundert an. Abgesehen von der geringen Leuchtkraft der alten Öllampen lag ein Haupthindernis für die Einführung von Ölfeuern in der Schwierigkeit, verglaste Laternen dafür zu konstruieren, da dünne, farblose Glasscheiben erst spät im Mittelalter hergestellt wurden, die kleinen, dicken, runden aber nicht zu brauchen waren. Nachweislich das älteste Ölfeuer war das von Meloria bei Pisa, für das nach einer noch anzuführenden Urkunde von 1282 ein Prior das Öl zu liefern hatte.[1]) Auch der von dem französischen Reisenden Pierre Gilles im 16. Jahrhundert erwähnte Turm auf Panium am Bosporus war ein Ölfeuer mit Glaslaterne.[2]) Vielfach jedoch kehrte man wieder zur Kohlenfeuerung zurück, wo man erst das Ölfeuer eingerichtet hatte, da dessen Leuchtweite eine geringere war; dies wird z. B. von dem im 17. Jahrhundert auf Wangerooge befindlichen Feuer berichtet.[3]) Auch durch Scheinwerfer aus poliertem Metall gelang es nicht, die Leuchtkraft wirksam zu erhöhen, da die offenen russenden Ölflammen nicht innerhalb der Schirme im Brennpunkt aufgestellt werden konnten. Auch die Vermehrung der Anzahl der Lampen mit je einem Schirm (1782 auf Cordouan deren 80)[4]) führte zu keinem genügenden Fortschritt, solange die Lampen selbst ungenügend waren. Ursprünglich hatte man nur Rüböl gebrannt. Nach Erschliessung der grossartigen Ölfelder Pennsylvaniens in den sechziger Jahren des 19. Jahrhunderts benutzte man aber fast ausschliesslich gereinigtes Petroleum, das infolge seiner grossen Leuchtkraft, seines niedrigen Gefrierpunktes und seiner grossen Billigkeit allen Ansprüchen genügte. Durch Verbesserungen an den Brennern gelang es zuerst dem Amerikaner Doty Ende der sechziger Jahre, die anfänglich grosse Explosionsgefahr zu mindern und mehrdochtige Petrolbrenner zu bauen; später stellte James Douglass sogar zehndochtige Brenner her. Durch Einführung des Petroleumglühlichtes dürfte das Mineralöl auch dem Wettstreit mit andern Lichtgebern der neuesten Zeit gewachsen bleiben. Dort, wo Kohle leicht zu

---

[1]) *Veitmeyer:* „L. u. L.“ Anlage XXXI. b.

[2]) Geographi Graeci Minores ed. C. Müller. Paris 1882. II. S. 64.

[3]) *Lasius:* „Wangerooge und seine Seezeichen“. Hannover 1860.

[4]) *Figuier:* „Les merveilles de la science“. Paris 1870. IV. S. 426.

beschaffen, und Platz genug war für die Anlage einer Gasanstalt, lag eine Verwendung von Leuchtgas auch zur Küstenbeleuchtung nahe. Einfache Brennerkonstruktionen und einfache Bedienung bei grösserer Reinlichkeit als bei Ölfeuern sind die Vorteile dabei. Die ersten Gasfeuer dürften 1818 auf Salvore bei Triest, wo offene Gasflammen brannten, und 1819 in Neufahrwasser, hier mit Parabolspiegeln, angelegt worden sein.[1]) Namentlich die Engländer haben Ende des 19. Jahrhunderts die Gasfeuer weiter entwickelt. So stellten James Douglass zehnflammige Gasbrenner und Wigham Brenner mit über 100 Flammen her, die in konzentrischen Ringen angeordnet waren und je nach der Sichtigkeit der Luft alle zusammen oder nur im innern Kreise gebrannt werden sollten. Besonders an den irischen Küsten sind solche Feuer eingerichtet worden. Hier hat man also versucht, die nebeldurchdringende Kraft durch Steigerung der Lichtmenge zu erhöhen. Nach demselben Grundsatz schritt Wigham später dazu, sogar mehrere Brenner übereinander anzulegen, z. B. auf Galley Head, Südküste von Irland.[2]) Die Schwierigkeit, Flammen von derartigem Durchmesser durch Linsen zu fassen, liegt auf der Hand, und die mächtigen elektrischen Feuer der neuesten Zeit haben bewiesen, dass zur Erreichung der höchsten nebeldurchdringenden Kraft die Steigerung der Lichtintensität zweckmässiger ist. Wo zahlreiche Feuer von geringer Leuchtweite, dazu an oft schwer zugänglichen Orten unterhalten werden sollen, hat sich die Fettgasbeleuchtung als ausserordentlich billig und zweckmässig erwiesen. Die Firma Pintsch (Berlin) baut Leuchtbojen und Leuchtbaken, welche einen grossen Vorrat von Fett- oder Harzgas in komprimiertem Zustand enthalten; ein selbsttätiger Druckregulator lässt immer nur soviel Gas ausströmen als nötig ist, sodass diese Feuer monatelang unbeaufsichtigt brennen können. In engen Fahrwassern, z. B. in den Schären Schwedens, im Suezkanal, ferner auf schwer zugänglichen Molenköpfen sind zahlreiche dieser selbsttätigen Feuer seit 1880 in Betrieb.[3]) Gasglühlicht, neuerdings Acetylen, sind ebenfalls mit gutem Erfolge hier und da bei Neueinrichtungen zu Leuchtfeuerzwecken verwandt worden. Als die Lichtquelle von mächtigster Wirkung hat sich jedoch die Elektrizität erwiesen. Die ersten Versuche, elektrisches Licht auf Leuchttürmen einzurichten, wurden 1857 von Holmes in Gegenwart Faraday's auf South Foreland am Kanal angestellt, welches Feuer 1858 als das erste elektrische

---

1) *Veitmeyer:* „L. u. L.“ S. 90.

2) *Edwards:* „Our Seamarks“. S. 49.

3) *Hagen:* „Über Schiffahrtszeichen“. Zeitschrift für Bauwesen. 1887.

überhaupt in Dienst trat. 1862 folgte dann Dungeness, 1871 Souter Point, 1874 Lizard.[1]) In Frankreich wurde zuerst 1863 La Hève versuchsweise elektrisch beleuchtet; 1867 folgte Grisnez. Erst 1890 wurde das erste deutsche elektrische Leuchtfeuer in Neufahrwasser eingerichtet.[2]) Jedoch waren diese ersten Feuer noch sehr unvollkommen, da die zur Erzeugung des elektrischen Stromes dienenden Maschinen noch zu wenig entwickelt waren. Erst nach der Erfindung der Dynamomaschine 1867 verfügte man über zuverlässig und vorteilhaft arbeitende Maschinen zur Stromerzeugung, und seitdem ist die Elektrotechnik unablässig weiter fortgeschritten, sodass heute als Lichtquelle für Leuchtfeuer I. Ordnung die Elektrizität in erster Linie in Betracht kommen muss. Heute ist das elektrische Licht nicht nur das wirksamste, sondern auf die Lichteinheit bezogen auch das billigste; denn die Zahl der Lichteinheiten der Fresnel'schen Ölfeuer I. Ordnung und der grössten Wigham'schen Gasbrenner beläuft sich immerhin nur auf einige Tausend, während die neuesten französischen elektrischen Blitzfeuer Intensitäten von mehreren Zehntausenden von Einheiten aufweisen. Durch Erzeugung von Strömen hoher Spannung war es möglich, elektrische Energie durch Kabel weithin auch an Orte der Küste zu leiten, wo maschinelle Anlagen zur Erzeugung nur schwierig oder auch garnicht zu errichten gewesen wären. So erhält der Leuchtturm auf Rothesand in der Wesermündung den elektrischen Strom durch ein 18 Kilometer langes Kabel von Wangerooge; auch die Leuchttonnen im Gedney Channel in der Einfahrt nach New-York werden durch ein Kabel vom Lande aus gespeist. Um die drei Hauptlichtquellen für Leuchtfeuer: Öl, Gas, Elektrizität mit einander zu vergleichen, wurden eingehende Versuche auf South Foreland gemacht. Das Ergebnis war, dass das elektrische Licht allen andern Feuern an nebeldurchdringender Kraft und Tragweite stark überlegen ist, dass jedoch die kostspieligen und umfangreichen Anlagen, sowie die erforderliche Beaufsichtigung durch technisch gut geschulte Leute die Einrichtung desselben nur auf den wichtigsten Punkten der Küste als zweckmässig erscheinen lassen. Öl und Gas sind nahezu gleichwertig; je nach der Natur des Ortes wird sich das eine oder das andere empfehlen; im allgemeinen bleibt aber die Ölbefeuerung das zweckmässigste, weil sie sich an fast jedem Orte einrichten lässt und meist auch die billigste ist.[3])

---

[1]) *Edwards:* „Our Seamarks". S. 53—63.

[2]) *Veitmeyer:* „L. u. L." S. 93.

[3]) *Hagen:* „Über Schiffahrtszeichen".

3. Laternenapparate.[1])

In der durch die Erfindung der Argand'schen Lampe eingeleiteten Entwicklung der Laternenapparate lassen sich zwei Richtungen unterscheiden: Die ältere versuchte durch sphärische und parabolische Spiegel die Strahlen einer Lichtquelle zu grösstmöglicher Wirkung zu vereinigen, also auf katoptrischem Wege; die spätere war erfolgreicher, indem sie die Strahlen durch Linsen und reflektierende Prismen zu weittragenden Bündeln sammelte, also auf dioptrischem und katadioptrischem Wege. Die Wirksamkeit der alten Ölfeuer durch Scheinwerfer zu erhöhen, hat man schon sehr früh versucht; selbst offene Kohlenfeuer erhielten bisweilen auf der Landseite eine reflektierende Mauer. Nachweislich erhielt erst das 1687 errichtete Ölfeuer von Orskär[2]) in Schweden Scheinwerfer; aber erst Ende des 18. Jahrhunderts konstruierte man Scheinwerfer von wirklich kugeliger oder parabolischer Form. So erhielten 1781 La Hève und 1782 Cordouan sphärische Reflektoren und Flachdochte. 1765 bereits hatte Lavoisier in einer von der Akademie ausgeschriebenen Preisschrift wissenschaftlich die Notwendigkeit parabolischer Reflektoren dargelegt; aber erst 1791 wurde ein nach den Angaben Teulère's, des Chef-Ingenieurs der Generalität in Bordeaux, in Paris konstruierter Apparat mit 12 Parabol-Spiegeln und Argand'schen Lampen auf Cordouan aufgestellt. Der Apparat war dreiseitig, auf jeder Seite 4 Lampen, und wurde langsam gedreht.[3]) Das war das erste Drehfeuer in Frankreich, und 1792 liess auch in England das Trinity House einen ähnlichen Drehapparat auf den Scilly-Inseln aufstellen. Die allgemeine Einführung von Drehfeuern war das wichtigste neue Moment, das mit dem katoptrischen System in das Leuchtfeuerwesen hineingebracht wurde. Bis dahin kannte man nur zwei Mittel, einzelne wichtige Feuer vor andern zu kennzeichnen: Entweder baute man zwei Feuer nebeneinander, ein Zwillingsfeuer; oder zwei hinter- und übereinander, ein Richtfeuer, weil sie, in Linie gebracht, eine bestimmte Richtung bezeichneten.[4]) In dem durch Drehung des Apparates

---

[1]) Nähere Angaben und vor allen erläuternde Abbildungen zu diesem Abschnitt, wie überhaupt zu dem technischen Teil der Arbeit, wolle man in den angeführten technischen Werken nachsehen; ausserdem in La Grande Encyclopédie XXVI. S. 581 bis 593. Encyclopaedia Britannica XIV. S. 615 bis 629.

[2]) *Veitmeyer:* „L. u. L." Anlage XXXIX. No. 59.

[3]) *Figuier:* „Les merveilles de la science." IV. S. 426 f.

[4]) Schon 1536 brannten in North Shields in England 2 Laternen übereinander; 1635 erhielten Nidingen, 1675 Spurn Point (Richtfeuer), 1688 Chassiron, 1775 La Hève Doppelfeuer. (*Veitmeyer:* „L. u. L." Anlage XXXIX. No. 22; 4; 15; 57; 128.)

bewirkten Wechsel der Lichterscheinungen hatte man nun ein weiteres Mittel gefunden, die Feuer zu kennzeichnen. Nur auf diesem Wege konnte man in der Folgezeit dem immer dringender werdenden Bedürfnisse nach scharfen Kennzeichen der einzelnen Feuer genügen. Die damaligen Apparate waren drei-, vier- oder mehrseitig, mit mehreren Parabol-Spiegeln an jeder Seite. Von jeder derselben fiel dann ein gleichstarkes Strahlenbündel im rechten Winkel aus; zwischen den Lichtbündeln lagen, den Ecken des Apparates entsprechend, Winkel ohne Licht. Drehte sich nun der Apparat, so glitten die drei, vier oder mehr Lichtbündel nacheinander längs des ganzen Horizontes hin, aber auf jedes Bündel folgte ein Winkelausschnitt ohne Licht. Der Beobachter am Horizont nahm also in regelmässigen Zwischenräumen helle Scheine wahr, die allmählich auftauchten, bis zur grössten Helligkeit zunahmen und allmählich wieder völlig schwanden. Die Zeiträume zwischen den einzelnen Lichterscheinungen dienten dann zur Charakterisierung des Feuers. Bei der damaligen langsamen Segelschiffahrt war aber weniger eine schnelle Kennzeichnung der Feuer beabsichtigt, als vielmehr eine Zusammenfassung der gegebenen Lichtmenge in einige wenige aber weittragende Strahlenbündel. Die Drehung des Apparates geschah deshalb nur langsam, sodass 2—4 Minuten zwischen den einzelnen Lichtblicken lagen. Wie schon erwähnt, hatte Orskär bereits im Jahre 1687 Öllampen mit Scheinwerfern; 1768 wurde es als Drehfeuer eingerichtet, das erste überhaupt.[1]) Aber weder hier noch 1791 auf Cordouan hatte man an eine Charakterisierung gedacht, sondern nur um die in wenige, aber umso weittragendere Bündel zusammengefasste Lichtmenge dem ganzen Horizonte zugute kommen zu lassen, war man auf die Drehung des Apparates verfallen. Erst später erkannte man darin ein vorzügliches Mittel zur Charakterisierung. Als sich dann zu Beginn des 19. Jahrhunderts das Bedürfnis danach immer mehr geltend machte, erfand Robert Stevenson 1811 die Blinkfeuer, „flashing lights“, indem er achtseitige Apparate, jederseits mit 3 Parabol-Spiegeln, sich schneller drehen liess, sodass sich die schnell aufleuchtenden Blinke von 5 zu 5 Sekunden folgten.[2]) Auch die heute so häufigen Gruppenblinkfeuer waren damals schon, aber leider nur in der Theorie, konstruiert: 1773 hatte Teulère die Spiegel in einem Viereck angeordnet, dessen Seiten aber noch einmal in flachem Winkel gebrochen waren.[3]) So hatte er z. B. jede Seite

---

[1]) *Veitmeyer:* „L. u. L.“ Anlage XXXIX. No. 59.

[2]) *Veitmeyer:* „L. u. L.“ S. 87.

[3]) *Veitmeyer:* „L. u. L.“ S. 88.

eines Vierecks noch einmal gebrochen und jede Seite des so entstandenen Achtecks mit einem Spiegel besetzt. Die Wirkung war nun, dass von den 8 Strahlenbündeln je zwei nur um einen kleinen Schattenwinkel divergierten und dadurch für den Beobachter eine Gruppe von zwei Lichtblinken bildeten, denen ein grösserer Schattenwinkel folgte. Schliesslich war die früher öfter als heute angewandte Unterscheidung der Feuer durch ihre Farbe, meist rot oder grün, bei den Argandlampen leicht einzurichten, indem man entweder den Glaszylinder der Lampe farbig machte, oder vor die Spiegel farbige Glasscheiben setzte. Versah man nur einzelne Spiegel mit roten Gläsern, so erzielte man bei Blinkfeuern abwechselnd rote und weisse Blinke. Im Laufe der ersten beiden Jahrzehnte des 19. Jahrhunderts hatten die Parabolfeuer die Steinkohlen- und Kerzenfeuer verdrängt, aber ihre Nachteile waren immer noch gross genug. Die Apparate der wichtigsten Feuer benötigten eine ganz bedeutende Anzahl Lampen, die Metallflächen der Parabol-Spiegel verschluckten trotz feinster Politur und sorgfältigster Behandlung $^1/_3$—$^1/_2$ des auffallenden Lichtes. Ausserdem verursachten die zahlreichen Ölbrenner einen bedeutenden Aufwand für Reinigung und Instandhaltung, und die Metallspiegel oxydierten sich bei längerem Gebrauch. So kam es, dass auch die Parabolapparate durch die im dritten Jahrzehnt des Jahrhunderts aufkommenden Linsenapparate Fresnel's schnell verdrängt wurden.

Augustin Fresnel war 1819 in die französische Leuchtfeuerkommission berufen worden, nachdem er sich bereits durch seine Arbeiten auf dem Gebiete der wissenschaftlichen Optik einen Namen gemacht hatte.[1] Erst mit der Einführung seiner Apparate setzt die Entwicklung des heutigen Leuchtfeuerwesens ein. Fresnel's Gedanke war, möglichst die gesamte, nach allen Seiten ausstrahlende Lichtmenge eines einzigen, mächtigen Lichtgebers durch Brechung und Spiegelung in Glaslinsen und Prismen zu wenigen, aber umso wirksameren Lichtbündeln zusammenzufassen, also eine einzige Lichtquelle völlig auszunutzen, statt viele nur halb, und Refraktion und Reflexion in Glas, das nur etwa $^1/_{10}$ des durchfallenden Lichtes verschluckte, statt der Reflektion an Metall. Um zunächst eine Lichtquelle von grösster Mächtigkeit zu schaffen, vermehrte Fresnel die Zahl der Dochte in den Argand'schen Ölbrennern, indem er bis zu 4 Dochten in konzentrischen Ringen anordnete. Öl wurde den Flammen durch mit Uhrwerk betriebene Pumpen soviel zugeführt, dass mehr als doppelt soviel überfloss als verbrannte, und dadurch eine Überhitzung

---

[1]) *Figuier:* „Les merveilles de la science." IV. S. 430 f.

vermieden wurde. Nach der Zahl der Dochte teilte er die Feuer in 6 Ordnungen ein und passte diesen 6 Grössen seine Linsenapparate an.[1]) Noch heute wird die Einteilung der Leuchtfeuer nach 6 Ordnungen beibehalten, wenn auch die Zahl der Dochte auf 5, ja auf 10 erhöht worden ist, und damit natürlich auch die Durchmesser der Apparate gewachsen sind. Der erste Fresnel'sche Apparat wurde 1823 auf Cordouan aufgestellt.[2]) Acht in einem Achteck angeordnete senkrechte Linsen, die einen rings um die Flamme geschlossenen Schirm, den Tambour, bildeten, sammelten die seitlich ausfallenden Strahlen der einzigen, aber 90 mm im Durchmesser haltenden Flamme eines vierdochtigen Ölbrenners in 8 wagerecht ausfallende Bündel. Die nach unten und oben fallenden Strahlen wurden durch staffelförmig angeordnete Planspiegel, teils in Verbindung mit Linsen, ebenfalls zu wagerechtem Austritt gezwungen.[3]) Da Linsen in der für Leuchtfeuer erforderlichen Grösse aus einem Stücke und aus völlig reinem Glase damals noch nicht herzustellen waren, sie ausserdem dann infolge zu grosser Dicke im mittleren Teil zuviel Licht verschluckt hätten, setzte sie Fresnel aus mehreren konzentrischen Ringen zusammen. Diese so erhaltene „polyzonale" Linse wirkt ebenso wie eine einheitliche Linse vom Durchmesser des grössten Ringes, sie enthält aber bedeutend weniger Glasmasse, ist technisch viel leichter herzustellen und, was besonders wichtig ist, bricht auch die an ihrem äussersten Rande auffallenden Strahlen wirklich parallel, während bei einheitlichen Linsen nur die nahe der Achse einfallenden Strahlen wirklich parallel gebrochen werden.[4]) Fresnel selbst noch und nach seinem Tode 1827 sein Bruder Leonor, vor allen aber die schottischen Ingenieure Alan und Thomas Stevenson haben in der Folgezeit unablässig an der Vervollkommnung der Linsenapparate gearbeitet. Besonders war die Ausnutzung des nach oben und unten geworfenen Lichtes durch metallene Planspiegel, die viel Licht verschluckten, mangelhaft. Auch hier gelang es, den Mangel zu beseitigen, indem man die katoptrisch wirkenden Metallspiegel durch katadioptrisch wirkende Glasprismen ersetzte, und zwar hatte dies schon Fresnel selbst versucht.[5]) 1843 vollendeten dann Alan Stevenson

---

[1]) *Reynaud:* „Mémoire". S. 64/65.

[2]) *Veitmeyer:* „L. u. L." S. 98.

[3]) *Veitmeyer:* „L. u. L." S. 99/101. *Davenport-Adams:* „Lighthouses and Lightships." S. 90. *Reynaud:* „Mémoire." S 59.

[4]) *Veitmeyer:* „L. u. L." S. 96. *Davenport-Adams:* „Lighthouses and Lightships." S. 85.

[5]) *Reynaud:* „Mémoire." S. 60/61.

und Leonor Fresnel einen Apparat I. Ordnung, bei dem alles nach oben geworfene Licht durch Prismenringe, die staffelförmig aufeinandergesetzt über dem Tambour eine Kuppel bildeten, zu wagerechtem Austritt gezwungen wurde. Unter dem Tambour wirkten in derselben Weise Prismen, die zu senkrechten Schirmen staffelförmig verbunden waren.[1]) Kuppel und Unterteil hatte Fresnel ursprünglich nicht an der Drehung des Tambours teilnehmen lassen und so über und unter den von diesem ausgesandten Blinken ein schwaches festes Feuer erhalten, welches, nur 5—6 Seemeilen sichtbar, verhinderte, dass der Seemann in den langen Pausen zwischen den Blinken das Feuer wieder aus dem Auge verlor, grade wenn er den Gefahren bereits nahe war.[2]) Später wies man die Beleuchtung der Gefahren nahe der Küste ausschliesslich den Feuern niederer Ordnungen zu und verwandte auf den Hauptfeuern sämtliches Licht zu den Blinken, indem man auch Kuppel und Unterteil sich drehen liess. 1850 nahm Thomas Stevenson eine ebenfalls schon von Fresnel gefasste Idee wieder auf, nämlich das gesamte über 180° in der Vertikalen und Horizontalen zerstreute Licht einer Flamme in ein einziges Bündel paralleler Strahlen zu fassen durch einen einzigen Glaskörper, den er erhielt, wenn er den vertikalen Durchschnitt durch Tambour und Prismenkuppel als erzeugende Fläche sich um die horizontale Achse der grossen Tambourlinse drehen liess. Alle übrigen nach der Landseite über 180° im Raume zerstreuten Strahlen sammelte er mittelst eines sphärischen Reflektors im Brennpunkte des eben erhaltenen einheitlichen Glaskörpers und zwang sie so, in einem einzigen Bündel denselben Weg zu gehen, wie die andere Hälfte der gesamten Lichtmenge. Auch hier wurde der ursprünglich metallene, also katoptrische Reflektor durch einen katadioptrischen ersetzt. Thomas Stevenson setzte nämlich Ringe von dreiseitigen, an der Breitseite sphärisch geschliffenen Prismen derart ineinander, dass die Breitseiten eine geschlossene, der Lichtquelle als Mittelpunkt zugekehrte Kugelfläche bildeten, und sämtliche vom Mittelpunkte ausgehende Strahlen senkrecht ins Glas der Prismen eintraten, von beiden Rückenseiten der Prismen aber so reflektiert wurden, dass sie wieder zum Mittelpunkt zurückkehrten.[3]) Diese von ihm erfundenen Prismen nannte Thomas Stevenson „doppeltreflektierende“ und seinen Apparat, weil er das gesamte Licht einer Flamme in einem einzigen Bündel auswarf, einen „holophotalen“. Mittelst ähnlicher holophotaler Apparate hat dann die

---

[1]) *Veitmeyer:* „L. u. L.“ S. 109/110.

[2]) *Davenport-Adams:* „Lighthouses and Lightships“. S. 91/92.

[3]) *Veitmeyer:* „L. u. L.“ S. 110.

Neuzeit die gewaltige Intensität des elektrischen Lichtes erst voll ausnutzen und Lichtblitze erzielen können, die auch unsichtige Luft auf 20 und mehr Seemeilen durchdringen. Alle nach der Landseite, nach oben und unten geworfenen Strahlen in bestimmter Richtung zur Verstärkung des Lichtes auf der Seeseite auszunutzen, das war für Thomas Stevenson der leitende Gedanke bei seinen Erfindungen auf optischem Gebiet. Sie sind vor allem für die Vervollkommnung der festen Feuer von Bedeutung gewesen, während die Drehfeuer den Anforderungen der damaligen Zeit im allgemeinen genügten. War von einem festen Feuer nur ein bestimmter Winkel zu beleuchten, so lenkte er die über den Winkel hinausfallenden Strahlen durch seitlich angebrachte Schirme vertikaler dreiseitiger Prismen in der Horizontalen soweit ab, dass sie mit in den ganzen zu beleuchtenden Winkel fielen, oder nur einen bestimmten Teil desselben verstärkten. Wenn nötig hatte er, um z. B. das gesamte Licht der Landseite durch solche vertikale Seitenprismen abzulenken, die radial zerstreuten Strahlen durch vertikale Linsen vorher parallel gemacht. 1855 hatte er die Seitenprismen das erste Mal angewandt; 1866 machte er das nach oben und unten geworfene Licht durch Schirme dreiseitig-rechtwinkliger Prismen nutzbar, die die auf sie fallenden, vorher durch Linsen zu parallelen Bündeln gesammelten Strahlen im rechten Winkel ablenkten.[1]) Auf diese Weise konnte z. B. das nach unten fallende Licht als ein zweites, schwächeres Feuer unterhalb des Hauptfeuers wieder nach der Seeseite gelenkt und zur Beleuchtung einer nahen Untiefe oder zur Bezeichnung eines Fahrwassers ausgenutzt werden.[2]) Ablenkungen von 90° waren die höchsten, die mit dreiseitigen Prismen zu erzielen waren; 1867 wandte Stevenson deshalb vierseitige, sogenannte Rückenprismen an,[3]) wodurch er Ablenkungen bis 130° erhielt, die vorher nur durch die vereinigte Wirkung

---

[1]) *Veitmeyer:* „L. u. L.“ S. 111.

[2]) So tritt aus einem Fenster am Eddystoneturm 12 m unterhalb des Hauptfeuers das Strahlenbündel eines weissen, festen Feuers schräg abwärts aus, das die 3,5 Seemeilen nordwestlich des Turmes liegenden gefährlichen Sandbänke Hand Deeps beleuchtet. Schräg abwärts fallende Feuer werden auch als „tauchende“ Feuer bezeichnet. Auch indirekte Feuer hat Th. Stevenson auf diese Weise eingerichtet. 1851 liess er in der Einfahrt nach Stornoway, Hebriden, aus einem unteren Fenster des Leuchtturmes ein Strahlenbündel nach einer Klippe werfen, auf der ein Türmchen mit einem aus reflektierenden Prismen zusammengesetzten Apparat stand. Diese Prismen warfen das vom Leuchtturm erhaltene Licht im rechten Winkel wieder zurück, sodass den einfahrenden Schiffern das Türmchen selbst als Feuer erschien.

[3]) *Veitmeyer*: „L. u. L.“ S. 111.

von Linsen und Prismen möglich gewesen waren. Die Neuzeit hat schliesslich wieder eine Weiterentwicklung auch der Drehfeuerapparate gebracht, getrieben durch die Anforderungen der heutigen Dampfschiffahrt, wie sie weiter oben bereits dargelegt worden sind. Den richtigen Weg, die nebeldurchdringende Kraft der Feuer durch Steigerung der Lichtintensität zu mehren, hat man zuerst in Frankreich beschritten. Dort hatten Bernard, Bourdelles, Blondel, von der Commission des Phares, durch praktische Versuche nachgewiesen, wie Helmholtz schon theoretisch, dass für das Auge bereits $^1/_{10}$ Sekunde genügt, um einen Lichtschein sicher wahrzunehmen, dass also Blinke von längerer Dauer unnütz Licht verzehrten.[1]) Um das Feuer zu kennzeichnen, ist nur nötig, die Blitze in rascher Reihenfolge aufflammen zu lassen. Auf Grund dieser Tatsache konstruierte man in Frankreich Apparate, die die gesamte Lichtmenge bei elektrischen Feuern mit ihrer gewaltigen Intensität in 4, bei den schwächeren Ölfeuern in 2 und auch nur 1 Strahlenbündel fassten, dazu aber auch noch die Dauer der einzelnen Blitze auf $^1/_9$ Sekunde beschränkten, also auf zweierlei Weise die Kraft des Feuers für die grösstmögliche Wirkung aufsparten. Eine schnelle Folge der Blitze erzielte man durch Verkürzung der Umdrehungszeiten bei den grossen Apparaten auf 20, bei den kleineren sogar auf 10 und 5 Sekunden. Es war das nur möglich, indem man die bis zu 80 Zentner schweren Apparate auf in Quecksilber schwimmende Träger lagerte und so die Reibung bei der Drehung auf ein Mindestmass beschränkte.[2]) Auch dadurch, dass die Stromstärke nach der Sichtigkeit der Luft geregelt werden kann, wird bei elektrischen Feuern unnötiger Kraftaufwand vermieden, sodass man heute die hohen Einrichtungskosten weniger scheut, die auch infolge der Fortschritte der Elektrotechnik bedeutend ermässigt worden sind. Schliesslich dürften die Leistungen des 1892 auf La Hève eingerichteten elektrischen Feuers, das mit einem Strom von höchstens 100 Ampère und 46 Volt bei einer Umdrehungszeit von 20 Sekunden in 5 zu 5 Sekunden Blitze aussendet, die auch nebelige Luft auf mehr als 20 Seemeilen durchdringen, und deren Sichtbarkeit dadurch für durchschnittlich 300—320 Tage im Jahre gewährleistet wird,[3]) ein Beweis dafür sein, dass die vornehmlich von Franzosen und Engländern vervollkommten Linsen- und Prismenapparate den Ansprüchen der Schiffahrt im wesentlichen genügen. Demgegenüber ist nun hervorzuheben, dass es in neuester

---

1) *Veitmeyer:* „L. u. L." S. 130.

2) *Veitmeger:* „L. u. L." Seite 130.

3) *Veitmeyer:* „L. u. L." S. 131.

Zeit der Elektrizitäts-Aktien-Gesellschaft, vorm. Schuckert & Co. in Nürnberg, gelungen ist, die hohen Leistungen der katadioptrischen Linsen- und Prismenapparate zu übertreffen, indem sie wieder zu katoptrischen Parabol-Spiegeln zurückkehrte, die noch weniger Licht verschluckten als Linsen und Prismen. Allerdings verwendete man nicht wie früher metallische, sondern mit äusserster Sorgfalt geschliffene Glasparabolspiegel, wie sie zunächst nur zu Scheinwerferapparaten von der Kriegsmarine benutzt worden waren. Das von der genannten Firma 1903 eingerichtete neue Blitzfeuer auf Helgoland besitzt 4 Scheinwerfer von 0,75 m Durchmesser und 0,25 m Brennweite. Drei derselben sind in einer Ebene um eine gemeinsame Achse angeordnet, die 4 Umdrehungen in der Minute macht, sodass jeder Punkt des Horizontes alle 5 Sekunden von einem Lichtblitz von $^1/_{10}$ Sekunde Dauer getroffen wird. Der 4. Scheinwerfer befindet sich über den 3 andern und dient nur zur Aushilfe. Mit einem Strom von 26 Ampère und 45 Volt erzielt dieser Apparat eine Lichtwirkung von 39,6 Millionen, mit 34 Ampère aber von 42,7 Millionen Normalkerzen, sodass die Lichtblitze bei normalem Wetter 23 Seemeilen, bei klarem Wetter aber etwa 35 Seemeilen weit sichtbar sind.[1]) Dieser Parabolspiegelapparat leistet also mit geringerem Kraftaufwand dasselbe wie der oben angeführte französische Linsen- und Prismenapparat auf La Hève. Damit hat die deutsche Industrie bewiesen, dass sie Ebenbürtiges, ja Besseres zu leisten vermag, als die französische, die bis jetzt in der Herstellung von Laternenapparaten zu Leuchtfeuerzwecken allen andern Industrien überlegen gewesen ist.

Schliesslich ist noch zu erwähnen, dass 1907 der Korvettenkapitän Arenhold überhaupt vorgeschlagen hat, die kostspieligen Leuchttürme mit ihren empfindlichen Laternenapparaten durch einfache Scheinwerferapparate zu ersetzen, die jedenfalls billiger einzurichten und zu unterhalten wären. Die Tatsache, dass die bei Scheinwerfersignalen der Kriegsmarine in einem Elevationswinkel von 45° gegen den Horizont geworfenen Lichtkegel bis auf 50 Seemeilen wahrnehmbar sind, lässt allerdings vermuten, dass ein mittelst Scheinwerfer senkrecht nach oben gegen den Himmel geworfener Lichtkegel auf noch weitere Entfernungen, vielleicht 80 Seemeilen sichtbar sein werde, jedenfalls weiter als die horizontale Lichtgarbe der heutigen Leuchttürme. Die einzelnen Stationen könnten durch verschiedene Form oder Farbe des Lichtkegels gekennzeichnet werden. Das Reichsmarineamt beabsichtigt denn auch eingehende Versuche zur Prüfung des Vorschlages.[2])

---

[1]) Prometheus XIV. S. 747—749. — Leuchtfeuer-Verzeichnis. Tit. III, No. 409.
[2]) Prometheus XVIII. S. 816.

4. Schwimmende Leuchtfeuer.

Der Küste vorgelagerte Sandbänke und Klippen werden wenn irgend möglich vom Lande aus beleuchtet. Wo dazu die Entfernung aber zu gross ist, und wo es wegen der Beweglichkeit der Sände unmöglich oder zu kostspielig ist, einen Turm oder eine Bake zu errichten, werden Leuchttonnen und Feuerschiffe ausgelegt. Versuche, als Tagmarken dienende Tonnen auch bei Nacht kenntlich, sie also zu Leuchttonnen zu machen, sind schon vor 1880 angestellt worden, in welchem Jahre die Frage gelöst wurde durch die selbsttätigen Fettgastonnen. Unter anderm hat man früher versucht, sämtliche Tonnen durch Kabel zu verbinden und vom Lande aus elektrisch zu beleuchten. Das war aber nur ausführbar, wo man eine Verletzung der Kabel durch heftigen Seegang nicht zu befürchten hatte. Im wesentlichen war man vor 1880 nur auf Feuerschiffe angewiesen, deren Feuer von der ständigen Besatzung an Bord unterhalten wurde. Die im 18. Jahrhundert ausgelegten Feuerschiffe trugen am Mast einfache Laternen mit Kerzen oder Öllampen. 1807 vereinigte Robert Stevenson mehrere Lampen mit Hohlspiegeln in einem einzigen Apparate, der ringartig den Mast umschloss und, in Cardanischen Ringen aufgehängt, auch bei grossen Schwankungen des Schiffes seine senkrechte Lage bewahrte.[1]) Diese Einrichtung hat sich in der Hauptsache bis heute erhalten, und erst in neuerer Zeit hat man Feuerschiffe gebaut, die auf einem turmartigen Mast wie auf einem Leuchtturm einen vollständigen Fresnel'schen Apparat mit selbsttätig sich regelndem Gasbrenner tragen, also auch keiner Besatzung bedürfen.[2]) Auch hat man allmählich die katoptrischen Parabolspiegel, mit denen früher fast alle die kranzartig aufgehängten Lampen versehen waren, durch Fresnel'sche Apparate ersetzt und es so ermöglicht, auch auf Feuerschiffen Drehfeuer einzurichten.[3]) Besondere Sorgfalt musste man auf eine sichere Verankerung der Feuerschiffe verwenden, die die Lage des Schiffes an seinem bestimmten Ort auch bei schwerer See, wenn es gerade am notwendigsten dort war, gewährleistete. In engen Fahrwassern hat sich die Verankerung des Feuerschiffes mit 2 oder 4 weit auseinanderliegenden Ankern vorteilhaft gezeigt, deren Ketten sich wenig über dem Meeresgrund in einem horizontalen Ringe vereinigen, in

---

[1]) *Edwards:* „Our Seamarks". S. 104.

[2]) Das Feuerschiff bei Roche Bonne an der französischen Westküste ist ein solches.

[3]) Unter andern zeigen die Feuerschiffe von North und South Goodwin, Royal Sovereign, Seven Stones an der Südküste Englands Gruppenblitzfeuer.

welchem vertikal ein frei sich drehender Zapfen befestigt ist, an dem dann erst das Schiff mit einer Kette hängt. Dadurch ist diesem gestattet, mit wechselndem Strom ohne Schaden für die Kette um den Verankerungspunkt zu „schwoien", d. h. sich zu drehen.[1]) Indem man den vertikalen Zapfen hohl machte und ein Kabel hindurchführte, war es auch möglich, das Feuerschiff telegraphisch oder telephonisch mit dem Lande zu verbinden, während sich früher beim Schwoien das Kabel mit der Ankerkette verwickelte und verletzt wurde. Die für die Sicherheit und Bedienung des Feuerschiffes selbst, sowie für den von der Besatzung zu versehenden Rettungs- und Signaldienst für vorbeifahrende Schiffe äusserst vorteilhafte Verbindung mit der Küste hatte man vorher schon durch Brieftauben und Signale herzustellen versucht.[2]) In der neuesten Zeit ist die Frage durch die drahtlose Telegraphie entgültig gelöst worden.

5. Charakteristiken der Leuchtfeuer.

Schliesslich seien die 1881 von der Admiralität auch für Deutschland angenommenen Charakteristiken für Leuchtfeuer angeführt.[3])

I. Feste Feuer.

1) Feste Feuer: zeigen ein gleichmässiges, einfarbiges Licht.

2) Feste Feuer mit Blinken: das feste Feuer wird in bestimmten Zeitabschnitten von helleren Scheinen begleitet; die Scheine können farbig sein.

3) Unterbrochene Feuer: sind feste Feuer, die auf bestimmte Zeit verschwinden, dann wieder in der früheren Stärke und Dauer auftreten; die Lichterscheinungen dauern länger als die Unterbrechungen.

4) Wechselfeuer: sind feste Feuer, die abwechselnd weisses und farbiges Licht zeigen ohne Verdunkelungen dazwischen.

II. Drehfeuer.

1) Blinkfeuer: zeigen nach gleichlangen Dunkelpausen weisse oder abwechselnd weisse und farbige Scheine von allmählich zu- und wiederabnehmender Stärke; die Dunkelpausen sind länger als die Lichterscheinungen.

---

[1]) *Edwards:* „Our Seamarks". 108/110.

[2]) *Herrmann:* „Über die elektrische Verbindung mit Leuchttürmen und Leuchtschiffen". Marine-Rundschau 1898.

[3]) Nach *Hagen:* „Über Schiffahrtszeichen" und nach dem vom Reichs-Marine-Amt herausgegebenen Leuchtfeuerverzeichnis.

Gruppenblinkfeuer: auf eine oder mehrere gleichlange aber sehr kurze Pausen folgt eine lange Pause; die nur durch die kurzen Pausen getrennten Blinke bilden die Gruppe; die Blinke können abwechselnd weiss und farbig sein.

2) Funkelfeuer: sind Blinkfeuer, deren Blinke so schnell aufeinanderfolgen, dass keine oder nur eine sehr kurze Unterbrechung des Lichtes wahrzunehmen ist.

3) Blitzfeuer: zeigen in kurzen, gleichen Pausen von etwa 5 Sekunden plötzlich aufflammende, äusserst helle Scheine von $^1/_{10}$ Sekunde Dauer.

Gruppenblitzfeuer kommen in derselben Weise wie Gruppenblinkfeuer zustande.

Die Zahl der Blitze ist in erster Linie Charakteristikum, bei allen andern Feuern die Zeitdauer der Pausen oder Lichterscheinungen.

Im allgemeinen nimmt die Zahl der Drehfeuer im Verhältnis zu den festen Feuern immer mehr zu,[1]) da sie besser den Anforderungen der Schiffahrt genügen. Die Hauptfeuer werden deshalb nur als Blink-, wenn möglich als Blitzfeuer eingerichtet. Die Verwendung der Farbe des Lichtes zur Charakterisierung hat den grossen Nachteil, dass die farbigen Gläser zuviel Licht verschlucken; in abwechselnd weissen und farbigen Feuern ist das farbige Licht deshalb nicht ebensoweit sichtbar wie das weisse. Farbige Feuer werden daher meist nur bei Hafenfeuern, wo keine grosse Sichtweite erforderlich ist, angewandt. Rot hat sich noch am besten bewährt, demnächst grün.

c. Schallsignale.

Nach einer noch zu erwähnenden Urkunde sollen bereits im 10. Jahrhundert vom Cordouanturm Hornsignale zur Warnung für die Seefahrer abgegeben worden sein, und auch aus späterer Zeit werden einzelne Fälle berichtet, wo Schallsignale, meist Glockenschläge, als Warnungszeichen angewandt worden sind. Aber erst seit der grossartigen Entwicklung der Dampfschiffahrt hat man allgemein versucht, dem Seemanne durch Schallsignale die bei Nebel

[1]) 1884 gab es in der Welt 80 % feste Feuer
19 % Drehfeuer (Blink- u. Blitzfeuer)
1 % unterbrochene Feuer
aber in England bereits: 16 % feste Feuer
64 % Drehfeuer
20 % unterbrochene Feuer.
} nach James N. Douglass: „Improvements in coast signals, with supplementary remarks on the new Eddystone lighthouse". London 1884.

unwirksamen Seezeichen zu ersetzen. Zunächst verwandte man gewöhnliche Glocken oder Kanonen zu Nebelsignalen. So wurden schon 1811 auf Poolbeg in Irland und 1812 auf Bell Rock in Schottland Glockensignale eingerichtet.[1]) An nebelreichen Küsten erwiesen sich aber Glockensignale bald als unzulänglich, wenn sie auch heute noch auf vielen kleineren Stationen und allgemein durch internationalen Beschluss zu Nebelsignalen an Bord verwandt werden. Ebensowenig wie Glocken haben sich Kanonen bewährt. Seit den siebziger Jahren gibt man deshalb Knallsignale mittelst an Stangen befestigter Schiessbaumwollpatronen. Auch die Ende der siebziger Jahre eingeführten Knallracketen, ebenfalls mit Schiessbaumwolle geladen, haben sich bewährt, da sie hoch in der Luft explodieren und so den Schall besser und allseitig verbreiten.[2]) Knallsignale bleiben aber unzulänglich, weil sie trotz angestrengter Tätigkeit der Bedienung und grosser Kosten nur in längeren Pausen abgegeben werden können. Dagegen sind einzelne Kanonenschüsse als Warnungs- und Notsignal allgemein üblich. Die unzulänglichen Glocken- und Knallsignale durch bessere Nebelsignale zu ersetzen, hat man sich namentlich in Nordamerika bemüht, dessen Küsten ja besonders nebelreich sind. Man versuchte Dampfpfeifen und Luftzungenpfeifen,[3]) den stärksten Ton gab aber schliesslich die von A. und F. Brown erbaute Sirene,[4]) bei der ein Luft- oder Dampfstrom gegen eine schnell sich drehende, durchbrochene Scheibe geblasen wurde, ähnlich wie bei der Sirene von Cagniard de la Tour. Später ersetzte man die Scheibe durch einen von Schlitzen durchbrochenen Zylinder. Ein besonderer Vorteil dieser drei letzten Nebelsignalapparate ist, dass durch die Reihenfolge eines hohen und eines tiefen Tones, sowie durch die Zahl der Töne leicht eine Charakteristik der Stationen gegeben, und dass das Schallrohr leicht nach allen Richtungen gedreht werden kann. Ein Nachteil den Glocken- und Knallsignalen gegenüber ist allerdings, dass sie grössere maschinelle Anlagen zum Betriebe erfordern, weshalb man derartige Nebelsignale zunächst nur neben grossen Leuchttürmen einrichtete, wo bereits ähnliche Anlagen bestanden. Die grössten Schwierigkeiten für die

[1]) *Edwards:* „Our Seamarks“. S. 155.

[2]) Unter anderm sind auf Flamborough Head, Lundy Island, Smalls in England und auch auf Helgoland Knallracketen in Gebrauch.

[3]) *Johnson:* „Modern Lighthouse Service“. S. 69/70. *Edwards:* „Our Seamarks“. S. 168—170.

[4]) *Johnson:* „Modern Lighthouse Service“. S. 71. *Edwards:* „Our Seamarks“. S. 173.

Sicherung der Schiffahrt durch solche Überwasserschallsignale liegen aber nicht auf technischem Gebiet, sondern darin, dass man die Gesetze der Fortpflanzung des Schalles noch nicht genau genug erkannt hat. Die Hörweite wird nicht nur beeinträchtigt durch vorgelagerte Inseln, Berge und Gebäude, die Schallschatten erzeugen, sondern ist auch abhängig von der Temperatur, der Feuchtigkeit und den Strömungen der Luft,[1]) also von ganz örtlichen und zufälligen Verhältnissen, deren Wirkung der Seemann nicht sicher abschätzen kann. Eine ausreichende Sicherung der Schiffahrt vor den Gefahren des Nebels ist deshalb durch Überwasserschallsignale überhaupt schwerlich zu erreichen, wie schwere Schiffsverluste durch Nebel noch in der neuesten Zeit bewiesen haben. Wohl aber hat man in allerneuester Zeit mit Unterwasserschallsignalen sehr gute Erfolge erzielt. Die Erprobung und Vervollkommnung dieses neuen Mittels zur Sicherung der Schiffahrt gegen Nebel ist wieder vor allen den Amerikanern zu danken; aber auch in Deutschland und England hat man sehr erfolgreiche Versuche angestellt. Die vollkommensten Apparate sind die der Submarine Signal Company in Boston. Als Signalgeber unter Wasser dienen etwa 70 kg schwere, auf den Ton G gestimmte, in bestimmtem Rhythmus mechanisch angeschlagene Glocken. Als Signalempfänger an Bord dienen ebenfalls auf den Ton G abgestimmte Mikrophone, je eins innenbords an jeder Seite des Vorschiffes, unter der Wasserlinie, und zwar sind sie in mit Seewasser gefüllten Behältern, sogenannten Tanks, eingeschlossen, die mit ihrer Öffnung an die Innenseite der Schiffswand gepresst und an dieser abgedichtet sind. Die vom Meerwasser fortgeleiteten Schallwellen der Glocke treffen nun auf die Schiffswand, durchsetzen sie, gehen im Wasser des Tanks fort und werden schliesslich von dem Mikrophon aufgenommen und durch eine Telephonleitung nach dem Karten- oder Ruderhaus des Schiffes geleitet. Die Leitung des einen Mikrophons ist aber völlig von der des andern getrennt, sodass der hörende Offizier die von Steuerbord und Backbord kommenden Töne stets scharf auseinanderhalten kann. Je nachdem der Steuerbord- oder der Backbordton stärker ist, vermag der Hörer dann zu sagen, ob die Unterwassersignalstation rechts oder links vom Schiffe sich befindet; und da die Töne am deutlichsten wahrgenommen werden, wenn die Schallstrahlen rechtwinklig auf die Schiffswand treffen, kann durch das Stärker- oder Schwächerwerden der Töne bei Wendungen des Schiffes die Richtung der Schallquelle bis auf einen

---

[1]) *Edwards:* „Our Seamarks". S. 146/147. — „Annalen der Hydrographie". 1892 S. 88/89.

Kompassstrich genau bestimmt werden. Unabhängig von Wind, Wetter und Seegang und auch bei voller Fahrt sind die Unterwasserschallsignale bis auf 5 Seemeilen sicher wahrzunehmen, und diese Hörweite wächst noch bedeutend, wenn die Fahrt des Schiffes und damit das Maschinengeräusch gemässigt wird. Selbst ohne Empfangsapparat können die Signale bei voller Fahrt und mässigem Seegang auf 1—2 Seemeilen deutlich gehört werden. Die Brauchbarkeit der Unterwasserschallsignale und ihre Vorzüge vor den Überwasserschallsignalen werden wohl am besten durch folgende zwei Tatsachen belegt: Der Lloyddampfer „Kaiser Wilhelm II“ nahm bei dickem Nebel die auf der Reede von Cherbourg abgegebenen Unterwasserschallsignale schon auf 15 Seemeilen deutlich wahr und konnte dadurch die Reede sicher ansteuern; der Dampfer „James S. Whitney“ war bei Schneesturm in sehr gefährliche Nähe der Nantucket Shoals geraten, da von den Überwasserschallsignalen des dort ausgelegten Feuerschiffes nicht das geringste wahrzunehmen war, man hörte aber noch rechtzeitig die Unterwasserschallsignale desselben Feuerschiffes und konnte dadurch die Sände umgehen. Da die Glocke in Pausen von 1—1½ Sekunden angeschlagen werden kann, sind Unterwasserschallsignale auch zur Übermittlung von Nachrichten nach dem Morsealphabet geeignet; auch ist ein mit Signalempfängern ausgestattetes Schiff imstande, die Annäherung eines andern wahrzunehmen und ihm auszuweichen. Es liegt auf der Hand, dass diese beiden Umstände die Bedeutung der Unterwassersignale nicht nur für die Handelsmarine, sondern vor allem auch für die Kriegsmarine in hohem Grade steigern müssen. Zudem ist die Unterhaltung von Unterwassersignalstationen bedeutend billiger und ihre Bedienung einfacher als die der Überwassersignalstationen. In kurzer Zeit werden denn auch die gesamten Küsten Kanadas und der Vereinigten Staaten, sowie Deutschlands mit diesem neuen Mittel zur Sicherung der Schiffahrt hinreichend ausgestattet sein. Die guten Erfahrungen, die man in den genannten Staaten mit Unterwasserschallsignalen gemacht hat, haben in allerneuester Zeit auch die britischen Seebehörden dazu geführt, sowohl auf Feuerschiffen der britischen Küste wie an dieser selbst Unterwassersignalstationen einzurichten.[1])

---

[1]) Nauticus 1907. S. 426—448.

C. Historischer Teil.

a. Antike Seezeichen.

1. Tagmarken.

Wie schon dargelegt wurde, können wir im Altertum zunächst nur Tagmarken erwarten, da für Leuchtfeuer ein Bedürfnis ursprünglich kaum vorhanden war. Wichtige Tatsache ist, dass die Alten an flachen, natürlicher Landmarken entbehrenden Küsten als Leitmarken für die Schiffer hohe Türme errichtet haben; denn Strabo berichtet dies bei der Schilderung der Dniestr- und der Rhonemündung.[1]) Auch der Dichter Lesches erwähnt in seiner „kleinen Iliade" einen Turm auf dem Vorgebirge Sigeum im Einlauf zum Hellespont. Dieser Turm ist auf der Iliastafel links unten wie ein Pfeiler[2]) dargestellt. Von einem Feuer darauf ist nichts zu sehen, und der Pfeiler ist sicher nur eine Tagmarke. Dass auch die von Strabo erwähnten Türme nur als Tagmarken und nicht als Leuchttürme anzusprechen sind, ist aus der Tatsache zu schliessen, dass er mit keinem Worte sagt, dass auf den Türmen ein Feuer unterhalten worden wäre. Die römischen Schriftsteller der Kaiserzeit gebrauchen bei der Schilderung der Leuchttürme von Alexandria, Ostia usw. ausdrücklich das Wort „pharus" = Leuchtturm und erwähnen oft auch besonders noch das Feuer auf den Türmen. Wenn nun die Alten schon derartig bedeutende Bauwerke lediglich als Tagmarken errichteten, darf wohl angenommen werden, dass sie die Einläufe zu ihren Häfen und Ankerplätzen erst recht durch weniger kostspielige Tagmarken, also Baken, eingerammte Pfähle und dergleichen bezeichnet haben, und dass solche Marken nicht nur vorübergehend und flüchtig auf Kriegszügen gesetzt worden sind, wie das nach den bereits angeführten Berichten Arrians den Anschein hat. Zudem haben in den grossen Seestädten oft hervorragende Tempel und Heiligtümer unweit des Hafens, oder die Zinnen und Türme der Befestigungsmauern und der befestigten Molen, die sich bis weit in die See hinaus erstreckten, den einlaufenden Schiffern als Leitmarken gedient.

---

[1]) *Strabo:* „Geographica". VII. 3; 16. IV. 1; 8. s. auch *Lenthéric*: „Les villes mortes du Golfe de Lyon". Paris 1876. S. 325.

[2]) Abgebildet in Montfaucon: „L'antiquité expliquée et representée en figures." Paris 1724. Tome IV. Livre VI. Chapitre III.

2. Leuchtfeuer.

Der erste historisch nachgewiesene Leuchtturm ist der wahrscheinlich 297 v. Chr. von Ptolemaeus Soter erbaute Pharos von Alexandria;[1] denn er ist der erste, von dem ausdrücklich berichtet wird, dass er ein ständiges Feuer getragen hat. Auch der Umstand, dass die griechische und die lateinische Sprache keine Bezeichnung für „Leuchtturm“ hat, sondern den Namen des ersten dafür nimmt, darf als ein Beweis für obige Behauptung gelten. Dass vorher bisweilen Hirtenfeuer auf den Bergen der Küste von Fischern, die die Nacht auf der See überraschte, als Leitfeuer benutzt worden sind, und dass man gelegentlich in Erwartung einlaufender Fahrzeuge in dunkler, stürmischer Nacht am Anlegeplatz ein Feuer anzündete, um den Seeleuten einen Richtungspunkt zu geben, ist natürlich und auch durch Schriftsteller der Alten belegt.[2] Die unten angeführten und auch andere ähnliche Stellen alter Schriftsteller sind als Belege dafür herangezogen worden, dass schon vor dem Pharos von Alexandria Leuchttürme in unserm Sinne bestanden hätten. Das ist aber ebensowenig zulässig, wie die Türme an der Dniestr- und der Rhonemündung als Leuchttürme anzusprechen.[3] Erklärlich aber ist es, dass man annahm, ein so gewaltiges Bauwerk wie der Pharos müsse Vorläufer gehabt haben. Höchstwahrscheinlich hat aber auch er ursprünglich nur als Tagmarke gedient, denn weiter berichten Strabo[4] und Caesar[5] nichts von ihm; erst Statius,[6] Plinius,[7] Lucanus,[8] Solinus,[9] Ammianus Marcellinus[10] und andere berichten ausdrücklich, dass sein Feuer den Seeleuten zur Leitung gedient habe. Gelegentliche Feuersignale sind schon sehr frühe und oft von den Alten namentlich zu Kriegszwecken abgegeben worden,[11]

---

[1] *Adler:* „Der Pharos v. Alexandria“. Berlin 1901.
Beloch: „Griechische Geschichte“. Strassburg 1904. III, 1. S. 294.
S. auch die Artikel „Alexandria“ u. „Pharos“ in *Pauly-Wissowa:* „Real-Encyclopaedie d. class. Altertumswissenschaft“.

[2] Ilias XIX. 375 f. — Odyssee X. 28 f. — Fragmenta Epicteti 78 (ed. Fr. Dübner 1840) aus Stobaeus Florilegium XLV. 19.

[3] *Edwards:* „Our Seamarks“. S. 9.

[4] *Strabo:* „Geographica“. XVII. 1, 6.

[5] *Caesar:* „Bellum civile“. III. 112.

[6] *Statius:* „Silvarum“. L. III. 5, 95 f.

[7] *Plinius:* „Historia naturalis“. V. 34, 128. XXXVI. 12, 83.

[8] *Lucanus:* „Pharsalia“. IX. 1004.

[9] *Solinus:* 32, 43.

[10] *Ammianus Marcellinus:* XXII. 16, 9.

[11] Ilias XVIII. 207 f.

und es ist nicht unmöglich, dass dies auch vom Pharos aus zuweilen geschehen ist. Jedenfalls berichtet Plinius Ähnliches von den Turres Hannibalis, Warttürmen in Afrika und Spanien.[1]) Ein ständiges Feuer als Leitmarke für die einlaufenden Schiffer ist auf dem Pharos erst zur Zeit der Römer eingerichtet worden, als der Schiffsverkehr immer lebhafter geworden war. Hatte doch Alexandria einen von Natur gut ausgestatteten Hafen, und durch seine Lage am Nildelta war es der natürliche Hafen Ägyptens, durch seine Lage nahe dem Isthmus zwischen dem Mittelländischen und dem Roten Meere der gegebene Vermittler des indischen Handels, soweit dieser durch das Rote Meer ging. In der Tat war denn auch Alexandria im 1. Jahrhundert n. Chr. die zweitgrösste Stadt des römischen Reiches. Das antike Alexandria besass zwei Häfen, einen östlich und einen westlich der vorgelagerten Insel Pharos, die mit dem Festlande und der Stadt durch das Heptastadion, einen künstlichen Damm, verbunden war. Der Damm trennte die beiden Häfen, besass aber mehrere Durchfahrten. Die Stelle nun, wo der Leuchtturm gestanden hat, ist nicht mehr sicher anzugeben. Vermutlich aber stand er an der Ostspitze der Insel Pharos und bezeichnete die Einfahrt in den grossen, befestigten Osthafen. Die Einfahrten in die Häfen waren eng und gefährlich,[2]) die zum Osthafen ausserdem noch durch eine befestigte Mole, die von der Halbinsel Lochias aus bis nahe an die Ostspitze der Pharosinsel vorsprang, absichtlich verengt. Um den Molenkopf herum lagen Klippen. Das Bedürfnis nach einer Leitmarke für die Einfahrt war also dringend genug. Die Lage an dem befestigten Osthafen lässt vermuten, dass der Turm selbst in einem Kastell gestanden hat und ursprünglich nicht nur zur Bezeichnung, sondern auch zur Verteidigung der Hafeneinfahrt hat dienen sollen, was auch die angeführte Stelle Caesars wahrscheinlich macht.[3]) Nach der Inschrift: „Sostrates, Sohn des Dexiphanes, aus Knidos, den rettenden Göttern zum Heile der Schiffer,“[4]) war dieser Sostrates der Baumeister. Plinius giebt die Baukosten auf 800 Talente, etwa 4 000 000 ℳ. an.[5]) Nach den Abbildungen auf Münzen und Medaillen Alexandrias war der Turm aus mehreren nach oben an Durchmesser abnehmenden, aus mächtigen Steinen gefügten Stockwerken aufgebaut, dessen oberstes die Feuerstelle trug, deren Flammen hoch herausschlugen.

---

[1]) *Plinius:* „Hist. nat.“ II. 71, 181.
[2]) *Plinius:* „Hist. nat.“ V. 34, 128.
[3]) *Caesar:* „Bellum civile“. III. 112.
[4]) *Strabo:* „Geographica“. XVII. 1, 6.
[5]) *Plinius:* „Hist. nat.“ XXXVI. 12, 83.

Die Kenntnis der Bauart des Pharos ist deshalb wichtig, weil er zu den sieben Weltwundern gezählt wurde und als allgemeines Vorbild für andere Leuchtturmbauten gedient hat.[1]) Adler nimmt den Querschnitt der Stockwerke viereckig an.[2]) Wie die arabischen Schriftsteller berichten,[3]) führte im Innern eine Treppe um einen Schacht herum hinauf zur Feuerstelle; ausserdem waren noch Wohnungen für die Wärter eingebaut. Da es aus technischen Gründen unmöglich gewesen wäre, Treppe und Schacht nachträglich einzubauen, muss der Turm von Anfang an in der geschilderten Weise angelegt gewesen sein. Aus den Angaben des Josephus, dass das Feuer 300 Stadien weit sichtbar gewesen sei,[4]) berechnet Adler die Höhe der Feuerstelle auf 110 m, was nicht übertrieben erscheint, da die Pyramide des Cheops 146 m hoch war. Weil die Abbildungen auf Medaillen eine Art Laterne zeigen, und die Flamme von den Alten mit einem Stern und mit dem Monde verglichen worden ist,[5]) also sehr gleichmässig gewesen sein muss, nimmt Adler an, dass nicht Holz auf offener Feuerstelle, sondern Steinöl in einer riesigen Lampe mit Dochten gebrannt worden sei.[6]) Wenn auch die Alten Erdöl und Asphalt schon von Sizilien und Zakynthos, vom Toten Meere und Babylonien her kannten,[7]) so fehlen doch jegliche sichere Belege für die Annahme eines Ölfeuers mit Lampe und Dochten. Die Abbildungen zeigen eine Flamme, die hoch herausschlägt, und wie schon im technischen Teil dieser Arbeit dargelegt worden ist, sind Ölfeuer erst im Mittelalter sicher nachzuweisen; und auch da noch hat man vielfach offene Holz- und Kohlenfeuer vorgezogen, da die Ölbrenner sehr unvollkommen waren. Auch die Angaben arabischer Schriftsteller, dass ein Spiegel auf dem Pharos gewesen sei, was Adler ebenfalls für wahrscheinlich hält, sind mit grosser Vorsicht hinzunehmen, zum mindesten der Bericht Albufeda's: „Au haut du phare était un miroir en fer de Chine, dans lequel venaient se réfléchir les navires grecs.“ [8]) Wie lange der Pharos den Wogen getrotzt und als Leuchtturm den Seefahrern gedient hat, ist annähernd festzustellen. Auf der aus der zweiten Hälfte des 4. Jahr-

[1]) *Suetonius:* „De vita Caesarum“. III. 74.

[2]) *Adler:* „Der Pharos v. Alexandria“. S. 10 f. Blatt III.

[3]) Jaqut ed. Wüstenfeld. I. 263.

[4]) *Josephus:* „Bell. Jud.“ IV. 10,5. V. 9,98.

[5]) *Plinius:* „Hist. nat.“ XXXVI. 12, 83. *Statius:* „Silv.“ III. 5, 99.

[6]) *Adler* a. a. O. S. 12/13.

[7]) *Plinius:* „Hist. nat.“ XXXV. 15, 178.

[8]) Géographie d'Aboulféda traduite de l'arabe en français par M. Reinaud. Paris 1848. Tome II. S. 144.

hunderts n. Chr. stammenden Peutinger'schen Tafel ist er noch als Leuchtturm mit Flamme eingetragen.[1]) Im 5. Jahrhundert muss aber schon der Verfall des Bauwerks eingesetzt haben, denn es wird von einer Wiederherstellung des Pharos durch einen Patricius Ammonios berichtet.[2]) Diese Wiederherstellung fällt wahrscheinlich in die Zeit des byzantinischen Kaisers Anastasius (491—518).[3]) 641 wurde Alexandria von den Arabern erobert. Arabische Schriftsteller berichten nun mehrfach, dass der Turm schadhaft geworden, aber von den arabischen Machthabern immer wieder ausgebessert worden sei. Infolge der mehrfachen Umbauten jedoch büsste der Turm an Höhe ein, die Adler nur noch auf etwa 85 m berechnet. Der arabische Schriftsteller Masudi (gestorben 956)[4]) spricht nur von 3 Stockwerken und 2 Gallerien um die beiden obersten; das unterste war viereckig, das mittlere achteckig, das oberste rund. Ebenso berichtet Edrisi um 1153.[5]) Der Turm sei aus besonders festen Steinen gebaut, die Fugen habe man mit Blei ausgegossen. Das Feuer werde Tag und Nacht unterhalten, damit der Rauch auch bei Tage den Turm weithin kenntlich mache. Oft erscheine aber das Feuer wie ein Stern, sodass manche Schiffer schon irregeführt worden und auf dem Strande von Marmorica gescheitert seien. Zur Zeit Albufedas (1273—1331) wurde das Feuer auf dem Turme noch unterhalten. Ibn Batutah[6]) jedoch fand ihn bei seinem ersten Besuch 1326 schon teilweise, bei dem zweiten 1349 völlig in Trümmern, sodass es unmöglich war, den Turm zu betreten. Im 16. Jahrhundert schildert der französische Gelehrte und Reisende Pierre Gilles (1490—1555) in seiner lateinischen Uebertragung des Anaplus Bospori Thracii des Dionysios v. Byzanz einen Leuchtturm auf dem Vorgebirge Panium und spricht dabei anscheinend von den Trümmern des Pharos mit den Worten: „Ex vertice Panii promontorii quoquo versum vides longe lateque Pontum Euxinum, sicut ex Panio Alexandria olim videbatur. Hac enim aetate spectatur in media Alexandria Panium quoddam manufactum, fastigiatum in acutum verticem, excelsum, colli simile, ex cujus culmine tota undique Alexandria, simulque hinc mare Internum, illinc Mareoticus lacus

---

[1]) Tab. Peut. IX (Miller).

[2]) Anthol. Palat. IX. 674.

[3]) *Pauly-Wissowa*: „Real-Encyclopaedie". I. 2. S. 1868.

[4]) Bibliotheca Geographorum Arabicorum ed. M. J. de Goeje. VIII. 47—48.

[5]) Recueil de voyages et de mémoires publié par la société de géographie. Tome cinquième. Paris 1836. Géographie d'Edrisi. Tome premier. S. 297—299.

[6]) Société Asiatique. Voyages d'Ibn Batoutah, par C. Defrémery et le Dr. B. R. Sanguinetti. Paris 1853. Tome premier. Description du phare. S. 29—30.

videtur." [1]) Von 300 v. Chr. bis ins 14. Jahrhundert n. Chr. also hat der Pharos von Alexandria seinem Zwecke gedient: Beweis genug für die Grossartigkeit dieses antiken Bauwerkes. Jedoch schon Ibn Batutah berichtet, dass man neben dem Pharos einen andern Leuchtturm zu bauen begonnen habe; der Bau wurde aber nicht vollendet. 1477/78 besuchte der Mameluckensultan Quaït Bey die Trümmerstätte des Pharos, und er befahl dann hier den Bau eines festen Schlosses mit 4 Ecktürmen und einem Mittelturm, auf dem ein Leuchtfeuer eingerichtet werden sollte. In 2 Jahren wurde dieser Bau vollendet.[2]) Die ziemlich umfangreichen Reste dieses Forts Quaït Bey haben sich bis in unsre Zeit erhalten.

Alexandria war der Mittelpunkt der griechischen Kultur in Ägypten. Das eigentliche Gebiet des Griechentums waren aber die Länder und Inseln am Ägäischen Meer und an seinen Ein- und Ausgängen. Hier finden wir deshalb eine ganze Reihe antiker Leuchttürme.

Koloss von Rhodos. Dass der berühmte Koloss von Rhodos,[3]) den die Rhodier von dem Lindier Chares ihrem Schutzgott Helios errichten liessen, als die Athener unter Demetrios Poliorketes 304 die lange und schwere Belagerung von Rhodos aufhoben, als Leuchtturm gedient hat, ist nicht erwiesen. Nicht einmal sein Aufstellungsort ist bekannt. Die Annahme, er habe mit gespreizten Beinen über der Hafeneinfahrt gestanden und diese beleuchtet, beruht auf einer falschen Auslegung der Weihinschrift.[4]) An sich wäre das Vorhandensein eines Leuchtfeuers in Rhodos nicht unwahrscheinlich; denn dank seiner zwischen Griechenland und dem Orient vermittelnden Lage ist Rhodos einer der blühendsten und mächtigsten Seestaaten des Altertums gewesen.

Leuchtturm von Sestos oder Turm der Hero und ihm gegenüber der Turm von Abydos am Hellespont. Zwischen Sestos und Abydos war der Hellespont am engsten, deshalb war hier die Stelle der Überfahrt; auch hat hier Xerxes seine Schiffbrücke schlagen lassen. Strabo [5]) sprich von beiden Türmen nur als Leitmarken für die Überfahrt. Dass auf dem Heroturm ein Feuer gebrannt hat, wird durch die Herosage wahrscheinlich gemacht. Der Turm

[1]) Geographi Graeci Minores ed. C. Müller. Paris 1882. II. S. 64.

[2]) *Ibn Ajas:* „Chronik von Ägypten". II. S. 173, 189.

[3]) *Beloch:* „Griechische Geschichte". III. 1. S. 165. 539; s. auch den Artikel „Chares" in *Pauly-Wissowa:* „Real-Encyclopaedie". III. 2. S. 2130 f. *Strabo:* „Geographica". XIV. 2, 5. *Plinius:* „Hist. nat." XXXIV. 41.

[4]) Anthol. Palat. VI. 171.

[5]) *Strabo:* „Geographica". XIII. 1; 22.

von Abydos ist auf zwei Medaillen [1]) von Abydos aus der Kaiserzeit dargestellt, und zwar hält auch hier Hero von dem Turm aus dem schwimmenden Leander eine Fackel entgegen. Diese symbolische Darstellung, wie sie ähnlich auch von andern Leuchttürmen, z. B. dem zu Alexandria, auf Münzen zu finden ist, lässt darauf schliessen, dass auch auf Abydos ein Feuer gebrannt hat.

Leuchtturm von Apamea in Bithynien an der Propontis. Der Turm ist dargestellt auf einer Medaille [2]) von Apamea.

Leuchtturm von Chrysopolis auf der asiatischen Seite des Bosporus. Der Turm ist auf der Peutinger'schen Tafel eingezeichnet.[3]) Allerdings erwähnt weder Dionysios v. Byzanz noch Pierre Gilles etwas von einem Leuchtturm hier. Beide berichten nur von einem Pfeiler aus weissem Stein, der auf dem Vorgebirge Bus stand und das von dem athenischen Feldherrn Chares seiner Gattin gesetzte Grabdenkmal darstellte.[4]) Doch war Chrysopolis, das heutige Skutari gegenüber Konstantinopel, von jeher der beste nnd gewöhnlichste Überfahrtsort zwischen Thracien und Kleinasien.

Leuchtturm von Panium auf der europäischen Seite des Bosporus. Auf dem Vorgebirge Panium an der Einmündung des Bosporus ins Schwarze Meer fand der englische Geograph Hakluyt [5]) auf seiner Reise 1595 einen Leuchtturm vor aus Stein, mit einer grossen Glaslaterne und 20 Dochten. Derselbe Turm wird ähnlich geschildert von Pierre Gilles, [6]) der daraus, dass die Glasscheiben der Laterne mit Blei verbunden waren und nicht mit Gips, schloss, der Turm müsse aus vortürkischer Zeit stammen, da die Türken ihre Glasscheiben in Gips fassten. Ob der Turm bereits von den Römern gebaut worden, ist nicht ersichtlich.

Leuchtturm an der Mündung des Chrysorhoas in den Bosporus. Der Turm wird von Dionysios v. Byzanz [7]) als „Timaea turris" geschildert. Er war sehr hoch und bot eine weite Fernsicht. Auf ihm wurde ein Feuer für die Schiffer unterhalten, da die Küste gefährlich, ohne Häfen und ohne Ankergrund war. Aber die Barbaren

---

[1]) Die erste abgebildet in Veitmeyer: „L. u. L." S. 18; die zweite in *Head:* „Historia Nummorum". S. 469.

[2]) Abgebildet in *Montfaucon:* „L'antiquité". Tome IV. Livre VI. Chapitre III.

[3]) Tab. Peut. IX. (Miller).

[4]) Geographi Graeci Minores ed. Müller. II. S. 92/93.

[5]) *Th. Stevenson;* „Lighthouse Construction and Illumination". London 1881. S. 53. — „Hakluyt's Voyages". S. 448.

[6]) Geographi Gr. Min. II. S. 64.

[7]) Geographi Gr. Min. II. S. 57/58. *J. v. Hammer:* „Konstantinopel u. d. Bosporus". Pesth. 1822. II. S. 267.

zündeten auf den benachbarten Bergen der Küste falsche Feuer an, um das Scheitern von Schiffen herbeizuführen und das Strandgut einzuheimsen. Zur Zeit des Dionysios (120 n. Chr.) war der Turm schon verfallen und kein Feuer mehr darauf. Auch Pierre Gilles [1]) hebt in seinem Dionysios erklärenden und begleitenden Text die Lage des Turmes besonders hervor und kommt mehrfach auf ihn zurück.

Konstantinopel. In erster Linie müssen hier am Bosporus natürlich in Konstantinopel antike Leuchttürme bestanden haben.[2]) Denn Konstantinopel besitzt im Goldenen Horn einen der besten Häfen der Welt und ist infolge seiner vorzüglichen Lage von jeher ein Hauptvermittler zwischen Europa und dem Orient gewesen. In der Tat hat mindestens schon im 4. Jahrhundert n. Chr. ein Leuchtturm an der Spitze der Halbinsel Chrysokeras, auf der das alte Byzantion lag, gestanden; denn der in diesem Jahrhundert lebende Ammianus Marcellinus erwähnt ihn.[3]) Wahrscheinlich hat sich der Turm an der Südostspitze der Halbinsel, unweit des Palastes und des Hafens von Bukoleon befunden, weil dort Konstantin V. (741—775) eine nach dem Pharos benannte Kirche erbaute.[4]) Der Turm beleuchtete also vornehmlich die Einfahrt in den Bosporus. Auf ihn bezieht sich auch die bereits angeführte Beischrift Melchior Lorichs auf dessen Zeichnung von Konstantinopel (1559). Der Turm selbst ist breit und massig neben zwei schlanken Minarets über dem Kaiserschloss gezeichnet. Ein zweiter Leuchtturm muss sich an der Bucht des Goldnen Horns selbst befunden haben; denn dort gab es im Mittelalter eine porta Phari, jetzt Fener Kapussi.[5])

Athen. Athen, der Mittelpunkt der hellenischen Kultur, war in erster Linie eine Seemacht. Vornehmlich hier müssen also die Griechen Leuchtfeuer unterhalten haben. Piraeus,[6]) die Hafenstadt Athens, besass 3 Häfen: den Haupthandelshafen, nämlich den eigentlichen Piraeus, den Hauptkriegshafen Zea und endlich den Munichiahafen. Sämtliche drei Häfen und auch die zwischen dem Piraeus und dem Zeahafen vorspringende Halbinsel Akte waren in die Befestigungsmauern einbezogen. Wie in Alexandria hatte man auch hier die an sich schon schmalen Einfahrten in die drei Hafenbecken durch befestigte Molen noch weiter eingeengt, deren Köpfe durch besonders

[1]) Geographi Gr. Min. II. S. 56. 58. 80. 93.

[2]) *Pauly-Wissowa*: „Real-Encyclopaedie". IV. 1. S. 984.

[3]) Amm. Marc. XXII. 8. 8.

[4]) *Grosvenor*: „Constantinople". London 1895. I. S. 307.

[5]) *Grosvenor*: a. a. O. II. S. 580.

[6]) s. Plan III. in *Judeich*: „Topographie v. Athen". München 1905.

starke Türme verteidigt wurden. Auf diesen Türmen nun wurden des Nachts aller Wahrscheinlichkeit nach, ganz ähnlich wie auf dem Pharosturm an der Einfahrt nach Alexandria, Leuchtfeuer unterhalten.[1]) Die Türme dienten also zunächst zur Verteidigung, dann aber auch als Tagmarken und Leuchttürme zur Bezeichnung der Einfahrt. Auch auf der Westspitze der Halbinsel Akte, südlich des Denkmals des Miaulis und in der Nähe des „Grabes des Themistokles" glaubt man die Reste einer alten Leuchtfeueranlage gefunden zu haben, und ebenso an dem gegenüberliegenden Ufer der Einfahrt zum Piraeus.[2])

Der Hauptsitz der römischen Kultur war Italien. Der Norden der Halbinsel lag den Hauptstrassen des antiken Seeverkehrs ferner als der Süden; deshalb finden wir auch im Norden nur wenige antike Leuchtfeuer, dagegen mehrere im Süden.

Leuchtturm zu Ravenna. Er ist der einzige im Norden, der durch Schriftstellen belegt ist, und zwar führt ihn Plinius[3]) an. Sicherlich ist der Turm errichtet worden, als Augustus den Hafen, der an der kürzesten Verbindung von Rom nach den Donauländern lag, ausbaute und zur Hauptstation seiner adriatischen Flotte machte.[4]) Der Turm sollte die enge Einfahrt durch den Lido beleuchten.

Ancona. Höchstwahrscheinlich hat auch in Ancona ein antiker Leuchtturm gestanden. Denn hier war die einzige einigermassen geschützte Reede zwischen der Pomündung und den apulischen Häfen; die Stadt lag an der Grenze zwischen Ober- und Mittelitalien; schliesslich war hier der gegebene Hafen zur Eroberung, Beherrschung und Erschliessung Dalmatiens. Trajan (98—117) schützte ihn deshalb gegen die Bora durch eine grossartige Mole, deren Reste noch heute erhalten sind.[5]) Es ist aber nicht anzunehmen, dass der vorsorgliche, baulustige Kaiser den Bau eines doch notwendigen Leuchtturmes unterlassen hat.

Leuchtfeuer von Brundisium. Brundisium war und ist dank seiner Lage auf dem südöstlichen Ausläufer Italiens und an einer tief einschneidenden, sich wie ein Hirschgeweih gabelnden Bucht, deren Einfahrt durch mehrere Inseln geschützt wird, der gegebene

---

[1]) *Judeich:* „Topographie v. Athen". S. 382. — *Wachsmuth:* „Die Stadt Athen im Altertum". Leipzig 1890. II. 1. S. 39.

[2]) Berichte d. kgl. Sächs. Gesellschaft d. Wissenschaften zu Leipzig. Philol.-histor. Classe. Band 30. Hirschfeld. S. 11. 30. Anm. 50.

[3]) *Plinius:* „Hist. nat". XXXVI. 12, 83.

[4]) *Nissen:* „Italische Landeskunde". Berlin 1902. 2. I. S. 253.

[5]) *Nissen* a. a. O. 2. I. S. 416—417.

Überfahrtsort Italiens nach Griechenland und dem Orient.[1]) Ein grosser Leuchtturm stand nun auf einer der erwähnten Inseln vor der Bucht, die Einfahrt in den äusseren Hafen bezeichnend, und zwar auf Barra oder Pharos, wie sie Mela nach dem Leuchtturm nennt: „atque, ut Alexandriae, ita Brundusio adjacens Pharos“.[2]) Möglicherweise wurde auch die Einfahrt in den Innenhafen durch Leuchtsäulen bezeichnet, denn Reste, die man daraufhin ansprechen kann, sind noch vorhanden.[3])

Leuchtturm an der Strasse von Messina. Er stand auf dem Pelorisvorgebirge. Strabo[4]) erwähnt ihn als „Peloristurm“, der einer von den Bewohnern Rhegiums errichteten Säule gegenüberstehe. Dass der Turm ein Leuchtturm gewesen, ist aus der Tatsache zu schliessen, dass die Pelorisspitze später Capo del Faro genannt wurde, welcher Name dann auch auf die Meerenge selbst überging. Auch die beiden Königreiche Sizilien wurden als „citra und infra Pharum“ unterschieden.[5])

Leuchtturm auf Capri. Nach Suetonius[6]) stürzte der Turm infolge eines Erdbebens kurz vor dem Tode des Tiberius 37 n. Chr. zusammen. Er ist ausdrücklich als „turris Phari“, also als Leuchtturm bezeichnet. Auch Statius erwähnt ihn.[7]) Der Turm stand auf der Höhe der Insel, unmittelbar neben dem Felsabsturz zum Meer.[8]) Noch heute ist der quadratische Unterbau erhalten, umlagert von den Trümmern des Oberbaues. Wahrscheinlich ist der Turm gegen Ende der Republik oder unter Augustus errichtet worden. Augustus erwarb ja Capri von Neapel und machte die Insel zu einer kaiserlichen Domäne, die dann die Lieblingsresidenz des Tiberius wurde.[9])

Leuchtturm von Puteoli. Puteoli bot im Altertum nächst Misenum den besten Hafen an der Küste Campaniens. Es war der Hauptvermittler des Handels zwischen Rom und dem Orient und 3 Jahrhunderte hindurch die erste Handelsstadt Italiens; es sank von dieser Höhe erst, als Claudius und Trajan unmittelbar vor Rom den Hafen von Ostia anlegten. Noch heute zeugen viele Trümmer von

---

[1]) *Nissen:* „Ital. Landeskunde“. 2. II. S. 876—880.

[2]) *Mela:* „De situ orbis“. II. 7. 13.

[3]) *Pauly-Wissowa:* „Real-Encyclopaedie“. III. 1. S. 905.

[4]) *Strabo:* „Geographica“. III. 1, 7.

[5]) *Freeman:* „Geschichte Siziliens“. Deutsche Ausg. v. Lupus. Leipzig 1895. 1. S. 48.

[6]) *Suetonius:* „De vita Caesarum“. III. 74.

[7]) *Statius:* „Silv“. III. 5. 100.

[8]) *Beloch:* „Campanien“. Breslau 1890. Plan XI.

[9]) *Beloch* a. a. O. S. 281—282. 290.

den grossartigen Molenbauten in Puteoli, die im Altertum als eins der grössten Wunderwerke gefeiert worden sind.[1] Es ist deshalb sicher anzunehmen, dass dieser Hafen, der wichtigste des Landes, einen Leuchtturm besessen hat, wenn auch ein Beleg dafür in den Schriftstellern nicht zu finden ist. Wahrscheinlich stand der Turm aber nicht auf der Mole, sondern noch auf dem Festlande neben dem Kastell des Hafens.[2]

Leuchtturm von Bajae. Auf einem antiken Glasgefäss im Museo Borgiano di Propaganda Fede in Rom findet sich eine Abbildung der Küste bei Bajae mit einem Leuchtturm und einer darauf bezüglichen Inschrift.[3] Man hat den Turm auch für den von Puteoli gehalten, er ist aber mit viel mehr Recht im Hafen von Bajae anzunehmen. Wenn Bajae als Hafen auch nicht die Bedeutung Puteolis hatte, so war es doch der berühmteste und vornehmste Badeort der Römer. Einen Beleg für den Turm hat man bei den Schriftstellern nicht gefunden.[4]

Leuchtturm von Misenum. Die Bucht von Misenum war schon von Natur ein guter Hafen, wurde aber ausserdem noch von Augustus ausgebaut und zur Hauptstation der römischen Flotte auf dem Tyrrhenischen Meere bestimmt. Es ist deshalb anzunehmen, dass auch hier ein Leuchtturm errichtet worden ist wie in Ravenna.[5]

Leuchtturm von Ostia. Je mehr Rom Weltstadt wurde und ausseritalisches Getreide einführen musste, wurde der Besitz eines eigenen Hafens eine Lebensfrage für die Römer. Das alte Ostia genügte bald nicht mehr, da die Tibermündung immer mehr versandete. Kaiser Claudius (41—54) legte deshalb 4 km nördlich einen neuen, grossartigen Hafen an, den Nero nachher Portus Augusti nannte. Durch Ausgrabungen am Strande und weit in die See reichende Molenbauten wurde ein Hafenbecken von 70 ha geschaffen und durch einen Kanal mit dem Tiber verbunden.[6] In der Mitte der Einfahrt nun wurde, wie Suetonius[7] berichtet, eine künstliche Insel aufgeschüttet und darauf der berühmte Leuchtturm errichtet, von dem auch Plinius[8], Valerius Flaccus[9], Juvenal[10] und Dio Cassius[11]

[1] *Beloch:* „Campanien". Plan III.
[2] *Beloch* a. a. O. S. 133. *Nissen:* „Ital. Landeskunde". 2. II. S. 742.
[3] *Beloch* a. a. O. S. 184.
[4] *Beloch* a. a. O. S. 126. Plan V.
[5] *Beloch* a. a. O. S. 184. 194—196. Plan VI.
[6] *Nissen* a. a. O. 2. II. S. 568.
[7] *Suetonius:* „De vita Caesarum". V. 20.
[8] *Plinius:* „Hist. nat." XXXVI. 12. 83.
[9] *Valerius Flaccus:* „Argonautica". VII. 84 f.
[10] *Juvenal:* Sat. XII. 76 f.
[11] *Dio Cassius:* LX. 11, 4.

erzählen. Die Lage des Turmes auf der Insel ist auch aus der Darstellung auf der Peutinger'schen Tafel zu erkennen.[1]) Da Ostia zu Anfang des 4. Jahrhunderts n. Chr. auch Münzstätte war, finden sich auch Abbildungen des Leuchtturmes auf Münzen und Medaillen.[2]) Aus diesen ist ersichtlich, und Suetonius sagt es auch ausdrücklich, dass der Turm nach dem Vorbilde des Pharos von Alexandria gebaut worden ist; er bestand also aus mehreren, nach oben an Durchmesser abnehmenden Stockwerken. Seine Höhe hat man auf etwa 35 m berechnet.[3]) Er ist der älteste auf europäischem Boden, dessen Erbauungszeit bekannt ist, und von dem ausdrücklich berichtet wird, dass er als Leuchtturm die Schiffahrt sichern sollte. Im 15. Jahrhundert besuchte Papst Pius II. (1458—1464) seine Trümmer.[4])

Leuchtturm von Civita vecchia, dem alten Centumcellae. Da auch der von Claudius angelegte Tiberhafen infolge der zunehmenden Versandung des Tibers den Bedürfnissen Roms nicht genügen konnte, schritt Trajan 106/107 zum Bau des Hafens von Centumcellae, das dann bis heute der Hafen Roms geblieben ist. Da eine geeignete Bucht von Natur nicht vorhanden war, musste wie beim Portus Augusti durch mächtige Molen erst ein 13 ha grosses Hafenbecken geschaffen werden. Die Einfahrt wurde ebenfalls wieder durch eine künstliche Insel gesichert.[5]) Nahezu die gesamten heutigen Hafenanlagen sind auf die vorzüglichen trajanischen gegründet. Wie in Ancona, so ist auch hier sicher anzunehmen, dass in den Bauplänen Trajans der notwendige Leuchtturm nicht gefehlt hat. Zudem spricht Rutilius Namatianus an der unten angeführten Stelle ausdrücklich von zwei Türmen, bezeichnet sie aber nicht als Leuchttürme:

„Attolit geminas turres, bifidoque meatu
Faucibus artatis pandit utrumque latus."

1616 besuchte Papst Paul V. anscheinend die Trümmer eines Leuchtturmes und liess wieder ein Leuchtfeuer einrichten.[6])

Im westlichen Mittelmeer und am Atlantischen Ozean bleiben noch Gallien, Spanien und Britannien als Gebiete, wohin antike, insbesondere römische Kultur vorgedrungen ist, und wo deshalb noch antike Leuchtfeuer nachzuweisen sind.

Leuchtturm am Einlauf nach Narbonne. Am Einlauf nach Narbo Martius, dem heutigen Narbonne, hat man an der kleinen

[1]) Tab. Peut. V. (Miller).

[2]) *Head:* „Historia Nummorum". S. 721.

[3]) Prometheus XVI. S. 567.

[4]) *Cialdi:* „Cenni storici dei fari antichi piu famosi". Roma 1877. S. 10.

[5]) *C. Plinius:* „Epist." VI. 31. — Rutilius Namatianus I. 237—248.

[6]) *Cialdi* a. a. O. S. 11.

Bucht von Sigean die Mauerreste einer römischen Hafenanlage gefunden. Der alte Name des Ortes, „ad Signa“, lässt schliessen, dass hier zur Bezeichnung der Einfahrt ein Seezeichen, wahrscheinlich ein Leuchtfeuer gestanden hat.[1]) Narbo Martius war Hauptstadt und Sitz des Statthalters der nach ihr benannten römischen Provinz Gallia Narbonensis. Ihre Handelsbeziehungen reichten bis nach Britannien.[2])

Leuchtturm des Caepio an der Guadalquivirmündung. Er wird von Strabo[3]) und Mela[4]) als Turm des Caepio geschildert, weil ihn der römische Feldherr Qu. Servilius Caepio errichtet haben soll nach seinem Siege über die Lusitanier unter Viriathus im Jahre 139 v. Chr.[5]) Der Turm stand auf Felsen, von den Wogen rings umbrandet, und wird von Strabo mit dem Pharos von Alexandria verglichen. Da die Mündung des Guadalquivir voller Klippen war, und die Sinkstoffe des Flusses Untiefen gebildet hatten, war eine Leitmarke für die einfahrenden Schiffer sehr notwendig. Der Fluss war bis Corduba und Ilipa für kleine, bis Hispalis für grosse Fahrzeuge schiffbar.[6]) Der genaue Standort des Turmes ist heute nicht mehr sicher nachzuweisen, nur sein Name ist in dem Städtchen Chipiona noch erhalten.

Leuchtturm von Coruña. Er wird von Orosius[7]) und Aethicus[8]) bei der alten Stadt Brigantium angeführt und ausdrücklich als „pharus“ bezeichnet. Brigantium lag am Magnus Portus, dem heutigen Meerbusen von Ferrol und Coruña. Nach einer neben dem Turm in den Fels gehauenen Weihinschrift[9]) war der Turm dem Mars geweiht, und der Baumeister war C. Sevius Lupus aus der lusitanischen Stadt Aeminium. Die Sage schreibt den Bau den Phöniziern oder dem Herkules zu, weshalb der Turm noch heute „Torre de Hercules“ genannt wird. Wann das Feuer erloschen, ist nicht nachzuweisen. 1684 wandten sich die staatlichen Vertreter Englands, Hollands und Flanderns in Coruña an die spanische Regierung mit einem gemeinsamen Gesuch um Wiederherstellung des Feuers auf Kosten

[1]) *Lenthéric:* „Les villes mortes du Golfe de Lyon“. Paris 1876. S. 218 Plan 1 und 9.

[2]) Diod. V. 38.

[3]) *Strabo:* „Geogr.“ III. 1. 6.

[4]) *Mela:* „De situ orbis“. III. 1. 4.

[5]) *Pauly-Wissowa:* „Real-Encyclopaedie“. III. 1. S. 1280.

[6]) *Strabo:* „Geogr.“ III. 2. 3.

[7]) *Orosius:* I. 2.

[8]) *Aethicus:* „Cosmograph“. 33.

[9]) Corpus Inscriptionum Latinarum II. No. 2559. 5639.

ihrer Regierungen. Wahrscheinlich ist der Turm auch damals wieder befeuert worden, nicht lange darauf aber wieder erloschen. Denn 1797 wurde er auf Vorschlag einer Regierungskommission zur Untersuchung über vorzunehmende Verbesserungen der Häfen von Ferrol und Coruña ausgebessert und wieder befeuert.[1]) Dabei wurden die in der vorhandenen Ruine gegebenen ursprünglichen Formen möglichst gewahrt. Der ursprüngliche Turm war viereckig und besass mehrere, nach oben sich aber nicht verjüngende Stockwerke. Aussen führte eine Treppe in Windungen empor, die an dem heutigen Turme noch durch ein breites Steinband angedeutet ist. Der Turm ist der einzige der antiken Leuchttürme, der noch heute seinem Zwecke dient.

Leuchtturm von Boulogne-sur-mer. Der Turm wurde nach Suetonius[2]) von Caligula (37—41) als Zeichen seines „Sieges über den Ozean" errichtet. Boulogne, auf der Peutinger'schen Tafel Bononia, früher Gesoriacum genannt, war neben dem Portus Itius, dem heutigen Vissant bei Calais, der Überfahrtsort und Ausgangspunkt der römischen Expeditionen nach Britannien, also strategisch wichtig. Auf einer Medaille[3]) des Kaisers Commodus (180—192), der darauf seinen Siegestitel Britannicus führt, ist die Überfahrt einer römischen Flotte dargestellt und dabei auch der Turm mit einem Feuer. Nach Einhard liess Karl d. Gr. 810 den Turm ausbessern und wieder befeuern, als er bei Boulogne eine Flotte gegen die Normannen sammelte. Die Engländer, in deren Besitz Boulogne 1544—50 war, umgaben 1545 den Turm mit Befestigungen. Auf einem Bilde[4]) in Boulogne, mit der Inschrift „gravé en 1549", ist der Turm mit einer Fackel und der wehenden englischen Flagge dargestellt. 1644 stürzte er infolge Unterwaschung ein, aber Trümmer sind noch heute erhalten als die der „Tour d'Ordre", das vielleicht aus „turris ardens" entstanden ist. Montfaucon gibt eine Beschreibung und Abbildung des Turmes. Danach stand er hart am Steilabfall der dortigen Kreideküste, ausserhalb der Stadt. Er war etwa 64 m hoch, achteckig und aus 12 Stockwerken aufgebaut, die nach oben sich verjüngten, also ähnlich den andern antiken Leuchttürmen. Als Baumaterialien haben helle Werksteine und rote Ziegel gedient.

---

[1]) *Veitmeyer:* „L. u. L." Anlage XXVII.
[2]) *Suetonius:* „De vita Caesarum". IV. 46.
[3]) Abgebildet in *Veitmeyer:* „L. u. L." S. 18.
[4]) Abgebildet in *Veitmeyer:* „L. u. L." S. 23.

Das Feuer selbst nimmt Montfaucon in einer Art Laterne an, da bei dem stürmischen Wetter am Kanal ein offenes Feuer kaum zu unterhalten gewesen wäre.[1])

Leuchtturm von Dover. Dover Castle, das alte Dubra, war schon ein Wachtposten der alten Briten. Später legten die Römer dort, wie auch an vielen anderen Orten Britanniens, zum Schutze ihrer Herrschaft ein Kastell an; und wie an der gegenüberliegenden Küste bei Boulogne errichteten sie auch einen Leuchtturm. Noch heute sind umfangreiche Ruinen davon erhalten. Montfaucon hat eine Beschreibung und Abbildung des Kastells und des Leuchtturms geliefert. Danach war der Turm ganz ähnlich und aus denselben Baumaterialien wie der von Boulogne gebaut, also achteckig, mit mehreren Stockwerken und aus Werksteinen und Ziegeln.[1]) Batcheller meint, dass der Turm unter der Statthalterschaft des Aulus Plautius und des Ostorius Scapula (48—51) gebaut worden sei.[2]) Später ist er wahrscheinlich in einen Wachtturm umgewandelt worden.

b. Das Seezeichenwesen vom Altertum bis zur Neuzeit.

Die im vorstehenden angeführten Leuchttürme sind sicher nicht die einzigen des Altertums gewesen. Man kann wohl annehmen, dass jede bedeutende Seestadt ihren Leuchtturm gehabt hat; aber nur zu oft ist davon keine Spur und kein Beleg dafür erhalten geblieben, denn mit dem Untergange des römischen Reiches in den Stürmen der Völkerwanderung ging auch das wieder zugrunde, was das Altertum Grosses für die Förderung der Schiffahrt geleistet hatte. Nur ganz wenige antike Leuchttürme, wie der Pharos von Alexandria, haben bis ins Mittelalter ihrem Zwecke gedient. Es gab keine Sicherheit zur See mehr, die Seeräuberei gedieh; und so kam es, dass einem jeden fremden Schiffe seeräuberische Absichten zugeschrieben wurden, und man eher Seezeichen entfernte, die fremden Schiffern den Weg hätten zeigen können. Dass man sich an Schiffbruchgütern schadlos hielt, dass sich das mittelalterliche „Droit de Bris", das Strandrecht entwickelte, war eine weitere Folge. Wenn man schon Gott um einen „gesegneten Strand" bat, so war es nur ein kleiner Schritt weiter, wenn man durch absichtliche Irreführung mittels falscher Seezeichen Schiffbrüche herbeiführte. Die Römer hatten seinerzeit die Ausübung dieses barbarischen „Rechtes" unter

[1]) *Montfaucon:* „L'antiquité". Tome IV. Livre VI. Chapitre IV.

[2]) *Batcheller:* „Dover Guide". London 1845.

harte Strafen gestellt, und ihr Seerecht verbürgte den Schiffbrüchigen Sicherheit und menschenfreundliche Aufnahme wenigstens innerhalb ihres tatsächlichen Machtbereiches.[1]) Aber auch das Seeräuberunwesen unterdrückten sie rücksichtslos, wie der Krieg des Pompejus gegen die Seeräuber (78—67) beweist. Im Mittelalter schritt man erst Ende des 11. Jahrhunderts gegen die barbarische Ausübung des Strandrechtes ein. 1078 auf dem Konzil zu Rom und 1179 auf dem Lateranischen Konzil bedrohte die Kirche den mit der Exkommunikation, der durch falsche Seezeichen einen Schiffbruch herbeiführte. Insbesondere verbot 1266 der Kardinallegat Guido auf die Klagen der Lübecker hin die Ausübung des Strandrechts an den Küsten der Nord- und Ostsee unter Androhung schwerer kirchlicher Strafen, und 1267 bestätigte Papst Clemens IV. dieses Verbot.[2]) Die weltlichen Mächte schlossen sich dem Vorgehen der Kirche an. Schon 1220 hatte Borwin, Herzog von Mecklenburg, die Ausübung des Strandrechts in seinen Landen verboten;[3]) die Herzöge der Bretagne stellten Lots- und Geleitsbriefe aus; die Könige von England verfügten als Herzöge der Normandie, dass das Strandrecht nicht gelte, wenn Schiffbrüchige selbst mit landeten; und diesen Beispielen einzelner Fürsten folgten auch die grossen weltlichen Mächte wie der Deutsche Kaiser und die Hansa.[4]) So wurde allmählich das Droit de Bris durch regelrechte Bergungsbestimmungen verdrängt, indem in fast allen Staaten einerseits den Küstenbewohnern Bergelöhne zugesichert, andererseits harte Strafbestimmungen, meist die Todesstrafe, für absichtliche Irreführung ins Seerecht aufgenommen wurden. Typisch hierfür sind die „Rooles d' Oléron“ aus der Mitte des 12. Jahrhunderts, welche das damals für die westfranzösischen Häfen geltende Seerecht enthalten und auch die Grundlagen für das englische und französische Seerecht abgegeben haben.[5]) Erst nach dem kann man von einer Wiederaufnahme der wichtigen Kulturaufgabe reden, die Küsten zur Sicherung der Schiffahrt zu bezeichnen. Hervorzuheben ist hier wieder, dass die Kirche es für ein Gott wohl-

[1]) *Cauchy:* „Le droit maritime international“. Paris 1862. I. S. 148—152.

[2]) Mecklenburgisches Urkundenbuch (Verein f. mecklenb. Geschichte u. Altertumskunde). Schwerin. Band II. Nr. 1061. 1118.

[3]) Mecklenburgisches Urkundenbuch. Band I. Nr. 268.

[4]) *Perels:* „Das internationale öffentl. Seerecht d. Gegenwart“. Berlin 1882. S. 140.
Cauchy a. a. O. I. S. 316.
Internationale Leuchtfeuer (Annal. d. Hydrogr. 1885.) S. 572.

[5]) *Perels* a. a. O. S. 141. — *Cauchy* a. a. O. I. S. 307 f. — *Herbig:* „Einheitl. Betonnungssysteme“ (Annal. d. Hydrogr. 1887). S. 385. Anm. 3.

gefälliges Werk erklärte, an Klöstern und Kapellen, die häufig auf vorspringenden Punkten der Küste lagen, Laternenfeuer zu unterhalten, um die Seeleute vor Schiffbruch zu bewahren. So werden wir im Mittelalter Laternenfeuer von Einsiedlern bewacht auf St. Edmund's Chapel in Norfolk, St. Catherine auf Wight, auf Cordouan, Hiddensö und bei Köslin finden. Sicher sind solche Leuchten noch an vielen andern Punkten vorhanden gewesen, jedoch sind die meisten von ihnen mit der Reformation eingegangen.

1. Seezeichen am Mittelmeer.

Am frühesten nahm man die Küstenbefeuerung im Mittelalter dort wieder auf, wo zuerst Handel und Schiffahrt nach der Völkerwanderung wieder aufblühten, nämlich in Oberitalien. 1157/58 bauten die Pisaner einen Turm auf der kleinen Insel Meloria vor Livorno, 1163 einen andern zu Magnale,[1]) näher bei Livorno, das damals als Seestadt noch keine bedeutende und selbständige Rolle spielte. Nun ist eine Urkunde [2]) von 1282 vorhanden, nach der die Pisaner dem Prior Galgano die Unterhaltung und Beaufsichtigung des „Leuchtturms im Meere bei Pisa" („turrim de lanterna, quae est in mari prope Portum Pisanum") gegen Lieferung des nötigen Brennöls und Erstattung der Unterhaltungskosten übergeben. Es handelt sich also um einen Leuchtturm, und zwar um das erste nachweisliche Ölfeuer. Ferner ist aus den angeführten Worten ersichtlich, dass der Turm auf der Insel Meloria gemeint ist. In den zahlreichen Kämpfen, in die die Pisaner als Anhänger der Hohenstaufen verwickelt waren, wurde der Turm mehrmals zerstört, aber immer wieder aufgebaut. So zerstörten ihn 1267 Karl v. Anjou, 1287 die Genuesen, 1290 die Guelfen. Endlich mussten die Pisaner, im Kampfe gegen Florenz 1290 unterlegen, Meloria aufgeben; das Feuer aber verlegten sie 1304 nach dem Magnaleturm, der noch heute als Leuchtturm dient.[3]) Auch Genua baute 1139 an seinem Hafeneinlauf auf dem Capo di Faro einen Turm, der aber erst 1326 befeuert wurde. Auch er wurde 1512 zerstört und erst 1643 wiederhergestellt; noch heute gehört er zu den schönsten seiner Art.[3]) Das wechselvolle Schicksal aller dieser Türme darf nicht überraschen: Wie im Altertum so mussten die Leuchttürme auch noch im Mittelalter gleichzeitig als Kastelle

---

[1]) *B. Marangonis* Vetus Chronicon Pisanum: S. 17 u. Anm. 4. S. 28. (enthalten in Archivio Storico Italiano, Tomo VI. Parte II. Firenze 1845.)

[2]) Nach einer Mitteilung des Baurats Keller in Rom, abgedruckt in *Veitmeyer:* „L. u. L." Anlage XXXI. b.

[3]) *Cialdi:* „Cenni storici dei fari antichi piu famosi". S. 13.

dienen, als welche sie natürlich oft heiss umstritten worden sind. Die angeführten Leuchttürme sind aber sicher nicht die einzigen gewesen, die es im Mittelalter an den Küsten des Mittelmeeres gegeben hat. Wahrscheinlich haben auch Venedig, Neapel, Amalfi, La Ciotat und andere mittelmeerische Seestädte Hafenfeuer gehabt. Nachweislich brannten im Mittelmeer der Pharos von Alexandria vom Altertum bis ins 14. Jahrhundert, 1282 der Turm auf Meloria, 1326 der von Genua, im 16. Jahrhundert am Bosporus die Leuchttürme auf Panium und in Konstantinopel, endlich 1616 die Hafenleuchte von Civita vecchia.

2. Das Seezeichenwesen in Skandinavien und Russland.

Ein zweites Gebiet, wo das Mittelalter eine Blüte der Seeschiffahrt zeitigte, war die Ostsee; und hier finden wir auch sehr frühzeitig Leuchtfeuer. Über mittelalterliche Leuchtfeuer auf deutschem Boden soll noch berichtet werden, ebenso über das von Lübeck in der Zeit zwischen 1202 und 1227 errichtete Feuer auf Falsterbo. Bald nach diesem wurden in Schweden die Feuer von Kullen und Nidingen eingerichtet, beide am Sund, dem wichtigsten Zugang zur Ostsee. 1550 ordnete ein königliches Handschreiben in Schweden die Aufstellung von Seezeichen, insbesondere auch von Leuchtfeuern an; ein zweiter Erlass von 1606 betrifft dieselbe Sache. 1561 wurden weitere Schritte zur Befeuerung der Ostseeeinläufe getan, indem Skagen und Anholt Kohlenfeuer erhielten. 1651/58 wurde auf Landsort, einem wichtigen Punkt für die Ansteuerung Stockholms, ein Feuer errichtet, 1654 auf Lindesnäs. Das 1687 angezündete Feuer auf Orskär wurde 1768 zum Drehfeuer umgebaut: das erste seiner Art wie schon erwähnt.[1] In Finnland waren ebenso wie in Schweden selbst infolge der grossen Gefahren an den Schärenküsten schon frühzeitig Massregeln zur Sicherung der Schiffahrt nötig. Schon Gustav Wasa (1521—1560) ordnete die Auslegung von Tonnen und die Errichtung von Baken dort an. Unter Erich XIV. (1560—68) und Johann III. (1568—92) wurden an den wichtigsten Einläufen in die Schären Lotsenstationen geschaffen. Utö war bereits in der zweiten Hälfte des 16. Jahrhunderts durch eine Tonne bezeichnet. Mitte des 17. waren die Einläufe bei Ledsund, Lagskär, Nyhamn, Rödhamn betonnt, 1730 die Fahrwasser nach Frederikshamn und Helsingfors. 1753 wurde der erste finnische Leuchtturm auf Utö als offenes Kohlen-

[1] *Veitmeyer:* „L. u. L." Anlage XXXIX. Nr. 3. 4. 23. 24. 31. 44. 46. 59.

feuer errichtet.[1]) Erst 1788 schuf Russland in der Ostsee die Feuer auf Kap Surop, 1800 das auf Rönnskär, beide im Einlauf zum Finnischen Meerbusen.[2]) Im allgemeinen hat man nach 1700 in fast allen Staaten viel nachdrücklicher und planmässiger für die Küstenbeleuchtung gesorgt. Die Zahl der Feuer ist deshalb von da an schneller gewachsen, sodass eine weitere Aufzählung aller seitdem eingerichteten kaum möglich, aber auch ohne besonderen Wert ist. Über die Verwaltung des Leuchtfeuerwesens in den Ostseestaaten ist zu bemerken, dass diese in Schweden [3]) bereits 1652 vom Staate übernommen und der Admiralität unterstellt wurde. In Norwegen wird das Leuchtfeuerwesen vom Marinedepartement, in Dänemark vom Marineministerium, in Finnland von der Generaldirektion des Lotsen- und Betonnungsdienstes und schliesslich in Russland vom Kaiserlichen Hydrographischen Amte verwaltet.[4])

3. **Das Seezeichenwesen in Deutschland, den Niederlanden und Belgien.**

Nach den Urkunden sind Leuchtfeuer von Deutschen zuerst an der Ostseeküste errichtet worden. In einem Briefe aus der Zeit zwischen 1202 und 1227 gestattete der Dänenkönig Waldemar II. den Lübeckern den Bau eines Seezeichens („signum") auf Falsterbo und verbot die Beschädigung desselben. Dass das „signum" als Leuchtfeuer anzusprechen ist, geht daraus hervor, dass der König gleichzeitig den freien Holzhieb für den Bedarf des „signum" in seinen Landen gestattete.[5]) Falsterbo war wichtig als Sammelort der grossen lübischen Heringsflotten und neben Skanör ein berühmter Markt am Sund. Natürlich hatte Lübeck, ehe es den Falsterboturm baute, den eignen Hafen Travemünde befeuert; war doch Lübeck im Mittelalter die blühendste und mächtigste Stadt der Hansa. 1226 wurde der Stadt von Kaiser Friedrich II. der Grund und Boden, „ubi signum eiusdem portus habetur" zugesprochen[6]); das Feuer muss also damals schon bestanden haben. Um den Turm

---

[1]) Atlas de Finlande (Fennia 17. Nr. 26). Pilotage, phares et service hydrographique.

[2]) *Veitmeyer:* „L. u. L." Anl. XXXIX. Nr. 148. 194.

[3]) *Veitmeyer:* „L. u. L." Anl. XXXIX. Nr. 45.

[4]) *Johnson:* „Modern Lighthouse Service". Administration. S. 121.

[5]) Urkundenbuch der Stadt Lübeck. Herausgegeben v. d. Verein f. Lübeck. Geschichte. I. S. 27. XXIII. — Hansisches Urkundenbuch. Herausgegeben v. d. Verein f. Hansische Geschichte. I. 195.

[6]) Urk. d. Stadt Lübeck. I. 193. — Hans. Urk. I. 205.

haben die Lübecker vielfach Streitigkeiten mit den Grafen von Holstein gehabt. Im Mai 1307 befahl Albrecht, Römischer König, den Grafen, den Turm zu räumen, auch sich aller ferneren Belästigungen des Schiffsverkehrs auf der Trave zu enthalten. Im Juni 1307 schlossen darauf die Grafen mit den Lübeckern einen Vertrag über den Turm und gestanden Lübeck das Recht zur Errichtung von Seezeichen im Einlauf zur Trave zu.[1]) 1753 gibt Zacharias Conrad Uffenbach, der 1710 Niedersachsen bereist hatte, eine Beschreibung des Leuchtturms von Travemünde. Danach sei das Licht 9 Meilen weit sichtbar gewesen. In Gebrauch waren Öllampen mit Metallspiegeln, während früher Kerzen auf einem eisernen Armleuchter gebrannt worden waren.[2]) Vor Wismar, auf der Insel Liepz, soll 1266 ebenfalls ein Leuchtfeuer gestanden haben.[3]) Jedenfalls wird in einer Urkunde aus diesem Jahre der Stadt Wismar der Besitz dieser Insel und der freie Handelsverkehr zu Wasser und zu Lande bestätigt.[4]) Über eine Seeleuchte zu Warnemünde, dem Hafen Rostocks, berichtet 1757 der Chronist Henrich Nettelbladt.[5]) Nach diesem war der Einlauf nach Warnemünde durch eine Tonne bezeichnet, ausserdem aber wird der ehemalige Standort eines hölzernen Leuchtturmes angegeben. Die Laterne desselben wurde zur Zeit Nettelbladts noch im Rostocker Stadtarsenal aufbewahrt. Der Turm selbst ist höchstwahrscheinlich im 30jährigen Kriege zerstört worden; aber 1408 soll die Leuchte in einem Bürgerbrief erwähnt sein. Betonnt war Warnemünde bereits 1288; denn in diesem Jahre liess der Rat von Rostock den Hafen vertiefen „a signo, quod tunna dicitur, usque ad copiosam profunditatem maris".[6]) Stralsund war im Mittelalter eine bedeutendere Seestadt als jetzt. Nach einer Urkunde von 1306 trat nun der Abt Peter des Klosters St. Nicolai auf Hiddensö den Stralsundern den Grund und Boden für den Bau einer Seeleuchte („lucerna") auf dem Südende der Insel ab. Das Kloster übernahm die Lieferung des Brennstoffes und den Unterhalt des Wärters. Das Feuer sollte brennen „omni anno a Nativitate Marie virginis usque ad festum Walburgis virginis," d. h. vom 8. IX. bis 1. V. In demselben Jahre

---

[1]) Mecklenburg. Urk. V. 3162. 3167.

[2]) Herrn Zach. Conr. Uffenbachs merkwürdige Reisen durch Niedersachsen, Holland und Engelland. Ulm 1753. II. S. 60—62.

[3]) *Herbig:* „Einheitl. Betonnungssysteme". Annal. d. Hydrogr. 1887. S. 378.

[4]) Mecklenburg. Urk. II. 1078.

[5]) *Henrich Nettelbladt:* „Histor.-diplomat. Abhandlung v. d. Ursprung der Stadt Rostock Gerechtsame". Rostock 1757.

[6]) Mecklenburg. Urk. III. 1977.

noch bestätigte der Bischof Olaf v. Roeskilde diesen Vertrag und ermahnte alles Volk, das Gott wohlgefällige Werk zu fördern.[1]) Auf einer Karte Pommerns von E. Lubini aus der ersten Hälfte des 17. Jahrhunderts ist die Leuchte noch verzeichnet.[2]) Wahrscheinlich ist sie im 30jährigen Kriege eingegangen, denn erst 1889 wurde Hiddensö neu befeuert. Auf der Carta Marina des Olaus Magnus vom Jahre 1539[3]) ist auch an der pommerschen Küste, in der Nähe des Camminer Boddens, ein Leuchtturm eingezeichnet. Wie viele andere Seestädte an der Ostsee spielten Cammin und Wollin, die alte slavische Handelsstadt Jumne oder Vineta, in früheren Jahrhunderten eine viel bedeutendere Rolle im Seehandel als jetzt; deshalb hier so früh ein Leuchtfeuer, während oft an heute viel wichtigeren Punkten, wie an der Odermündung bei Swinemünde, keins zu finden ist. Vielleicht haben schon die Slaven bei dem alten Jumne eine Feuerbake unterhalten. Denn Adam v. Bremen berichtet von Jumne: „Ibi est olla Vulcani, quod incolae Graecum ignem vocant". Vielleicht ist „olla Vulcani" mit „Feuertopf" oder „Feuerbake" zu übersetzen, und vielleicht hat Adam „Graecum ignem" für das slavische „Kremên"=Feuerstein oder für „Kresneo"=Feuerzeug gesetzt.[4]) Falls es sich wirklich so verhalten sollte, dann wäre dies Feuer das älteste an der deutschen Ostseeküste überhaupt; denn Adam v. Bremen ist schon 1076 gestorben. Auch Kolberg, heute nur noch ein unbedeutender Hafenort, weist früh ein Leuchtfeuer auf. Im 30jährigen Kriege waren die Hafenanlagen arg in Verfall geraten; aber der Rat der Stadt nahm umfangreiche Ausbesserungen und Neuanlagen vor, und unter andern auch 1666 auf der neuen Mündervogtei den Bau eines Leuchtturms. 1700 scheint dieser aber nicht mehr in Betrieb gewesen zu sein, denn man setzte damals nur noch Laternen auf die Molen, wenn Schiffe erwartet wurden.[5]) Im 13. und 14. Jahrhundert trieb auch Köslin einen nicht unbedeutenden Handel mit Schweden, Dänemark, Lübeck und Danzig. Als Hafen diente der heutige Jamunder See, dessen Einlauf 1690 infolge Einbruchs der Ostsee völlig versandete. 1765 wird nun von einer Kapelle auf dem Gollenberg bei Köslin berichtet, auf deren Turme von dem Einsiedler der Kapelle ein Laternenfeuer mit poliertem Metallbecken als Spiegel-

---

[1]) Hans. Urk. II. 91. — *Fabricius:* „Urkunden zur Geschichte des Fürstentums Rügen". IV. Abt. I. 558. 564.

[2]) Abgebildet in *Veitmeyer:* „L. u. L." S. 38.

[3]) *Brenner:* „Die ächte Karte des Olaus Magnus v. Jahre 1539 nach dem Exemplar der Münchner Staatsbibliothek". Christiania 1886.

[4]) Archiv der Gesellschaft f. ältere deutsche Geschichtskunde. VI. S. 814-817.

[5]) *Riemann:* „Geschichte der Stadt Colberg". Colberg 1873. S. 413—414.

schirm unterhalten worden sei. Vermutlich habe die Kapelle schon in der ersten Hälfte des 13. Jahrhunderts bestanden, aber 1532 sei der Turm abgebrochen worden.[1]) In Weichselmünde wurde 1482 ein Leuchtturm erbaut, der bis 1758 brannte. In diesem Jahre wurde das Feuer nach Neufahrwasser verlegt, da der Einlauf nach Weichselmünde seit 1673 mehr und mehr versandete. 1775 wurde in Neufahrwasser wegen der durch neue Versandungen grösser gewordenen Gefahr beim Einlauf ein zweites Steinkohlenfeuer, eine sogenannte „Wippe" als Richtfeuer angezündet.[2]) Auch auf Hela wurde im 17. Jahrhundert eine Steinkohlenbliese von Danzig unterhalten, das ja im Mittelalter als Mitglied der Hansa eine grosse Rolle im baltischen Seehandel gespielt hat und auch heute noch zu den bedeutendsten deutschen Ostseehäfen gehört. 1678 wurde die Bliese auf Hela von dem Polenkönig Johann III. besichtigt. Sie ist auch auf einer Karte von Hela aus dem Jahre 1670 eingetragen. Die Zeit vorher hatte man nach einer Helenser Chronik von 1732 auf dem Kirchturm des Ortes Lichte gebrannt. Erst 1806 wurde mit dem Bau eines Leuchtturms anstelle der Bliese begonnen.[3]) Nach den Akten im Archiv zu Königsberg [4]) wurde Pillau 1562 zuerst befeuert; das heutige Feuer wurde 1813 angezündet. Verhältnismässig spät wurde Memel befeuert. Nach den Akten der Kgl. Wasserbau-Inspektion zu Memel [5]) wurde die Errichtung des Leuchtturms schon 1788 beschlossen, da sich der Schiffsverkehr mehr und mehr gehoben hatte. Die beschränkten Mittel erlaubten aber nicht, das Feuer vor 1796 anzuzünden; auch musste man statt Steinkohlen nur Talglichte brennen. Erst 1819 erhöhte man den Turm und versah ihn mit einem neuen Apparat. Wie aus einem Königlichen Erlass vom 15. II. 1806 hervorgeht, brannte das Feuer von Memel ebenso wie das von Pillau von 1806 an 10 Monate im Jahre, während beide vorher nur 7 Monate gebrannt hatten. Die dänischen Feuer dagegen wurden schon damals das ganze Jahr hindurch unterhalten. Schliesslich sei noch einmal auf die Carta marina des Olaus Magnus vom Jahre 1539 hingewiesen. Darauf sind mit Ausnahme der Feuer von

---

[1]) *Haken:* „Versuch einer diplomat. Geschichte der Stadt Cöslin". Lemgo 1765. S. 33—34.

[2]) *Hoburg:* „Geschichte der Festungswerke Danzigs". Danzig 1852. S. 121. *v. Duisburg:* „Versuch einer histor.-topograph. Beschreibung d. freien Stadt Danzig". Danzig 1809. S. 442.

[3]) Nach Carl Girth, Bürgermeister von Danzig, in *Veitmeyer:* „L. u. L." Anlage XXXVII.

[4]) *Veitmeyer:* „L. u. L." S. 42/43.

[5]) *Veitmeyer:* „L. u. L." Anlage XXXVIII c.

Kolberg, Köslin, Hela, Pillau und Memel, die der Zeit nach überhaupt nicht eingetragen sein können, sämtliche im vorstehenden angeführten Feuer an der deutschen Ostseeküste eingezeichnet. Wenn demnach auch von einzelnen derselben die Zeit der Errichtung nicht sicher bekannt ist, so haben sie doch 1539 sicher bestanden. Über den ebenfalls auf der Karte eingetragenen Leuchtturm von Neuwerk in der Elbmündung soll noch berichtet werden; besonders aber sei auf den mächtigen bei Riga eingezeichneten Feuerturm hingewiesen. Wie Riga noch jetzt die bedeutendste Seestadt der russischen Ostseeprovinzen ist, so hat es auch im Mittelalter als Glied der Hansa eine grosse Rolle gespielt.

Wenn auch im Mittelalter der Schwerpunkt des Seehandels in der Ostsee gelegen hat, so finden wir doch auch in der Nordsee sehr früh schon Tagmarken und Leuchtfeuer. Das Elbfahrwasser war im 13. Jahrhundert durch drei grosse Baken auf Scharhörn, Neuwerk und bei Cuxhaven bezeichnet. Auch die Elbkarte Melchior Lorichs vom Jahre 1568 [1]) zeigt zahlreiche Tonnen und Baken auf auf der Unterelbe, die alle mit dem Hamburger Zeichen versehen sind. Von allen ein- und auslaufenden Schiffen, auch von den Hamburgern, wurde zur Unterhaltung der Seezeichen auf der Elbe durch Hamburg Bakengeld erhoben.[2]) Ein Leuchtfeuer an der Elbe wird zuerst in einer Urkunde von 1286 erwähnt. In diesem Jahre schlossen Erzbischof Giselbrecht von Bremen, Herzog Albrecht II. von Sachsen und die Städte Hamburg, Stade und Bremen einen Vertrag über die „Insel O“ („locus, qui dicitur O“), wobei den Hamburgern gestattet wurde, auf eigene Kosten eine Feuerbake auf der Insel zu errichten: „perpetuum construent signum in loco supradicto, qui dicitur O, cum lumine perpetuo sine nostris expensis, ut velificantes die noctuque notitiam habeant huius loci“.[3]) In einer folgenden Urkunde vom 1. XI. 1299 wird den Hamburgern von den Herzögen von Sachsen die Berechtigung zum Bau der Bake nochmals bestätigt. Die Insel O erhielt dann nach dem Leuchtturm, dem „neuen Werk“, ihren jetzigen Namen. Die Wartung des Feuers und die Erhaltung des Turms wurde einem besonders verpflichteten Wärter übertragen. Aus dem 14. Jahrhundert sind Rechnungen über die Unterhaltungs-

---

[1]) *Lappenberg:* „Die Elbkarte Melchior Lorichs vom Jahre 1568“. Hamburg 1847.

[2]) Bremisches Urkundenbuch. Herausgegeben im Auftrage des Senats. Bremen. IV. 441. 442. (Urk. v. November 1405.)

[3]) Hamburgisches Urkundenbuch. Herausgegeben von Lappenberg. Hamburg 1842. S. 677/78. (Urk. v. 14. IV. 1286). — Hans. Urk. I. 1002.

kosten noch vorhanden.[1]) Der 1380 anstelle des ersten, 1373 abgebrannten Turmes errichtete neue Steinturm wurde erst 1814 zum Leuchtturm eingerichtet; vorher hatte neben ihm auf einem hohen Gerüst ein Steinkohlenfeuer gebrannt.[2]) 1316 wird ebenfalls ein Hamburger Turm erwähnt. In einer Urkunde aus diesem Jahre verpflichten sich die Bewohner des Landes Wursten, den von Hamburg errichteten Turm auf Neu-Ocht zu schützen: „turrim nove Ocht, quam dicti consules et cives Hamburgenses pro salute nostra et omnium mercatorum exstruxerunt et custodiunt multis laboribus et expensis“.[3]) Allem Anschein nach handelt es sich hier um einen Leuchtturm ähnlich dem auf Neuwerk. Ein Ort „Neu-Ocht“ ist allerdings heute nicht mehr vorhanden, was aber nicht überraschen kann; denn zahlreiche Inseln und Ortschaften an der deutschen Nordseeküste sind von den Sturmfluten im Mittelalter verschlungen worden. Nach einem mit dem Herzog Christian Albrecht von Schleswig abgeschlossenen Vertrag übernahm Hamburg 1673 auch die Unterhaltung einer Feuerbake auf Helgoland. Noch 1853 war auf dem Oberlande der steinerne Aufbau für das alte Steinkohlenfeuer vorhanden. Der bis 1903 in Betrieb befindliche Leuchtturm wurde 1811 von den Engländern gebaut.[2]) 1903 wurde, wie schon erwähnt, das neue Blitzfeuer mit Glasparabolspiegeln eingerichtet. Das erste Feuerschiff auf der Elbe wurde 1816 ausgelegt. Auf der Weser soll im 12. Jahrhundert Kaiser Heinrich V. Bremen die Jurisdiktion und damit auch das Recht verliehen haben, das Fahrwasser durch Tonnen und Baken zu bezeichnen. 1111 sollen 2 Tonnen und 7 Baken vorhanden gewesen sein, um 1300 16 Tonnen und 7 Baken.[4]) 1410 verpflichteten sich die Obmänner des Rustringer Landes, die von Bremen „uppe den Mellem ofte up dat Rode Zand eder anders“ ausgelegten Seezeichen, Baken und Tonnen zu schützen. 1426 wurde zwischen dem Rate der Stadt und der Kaufmannschaft eine Vereinbarung über die Erhebung von Tonnengeldern getroffen,[5]) die von allen ein- und auslaufenden Schiffen zur Unterhaltung der Seezeichen auf der Weser entrichtet werden sollten. 1541 bestätigte Karl V. der

---

[1]) Kämmereirechnungen der Stadt Hamburg. Herausgeg. vom Verein für Hamb. Geschichte. Hamburg. I. Kämmereirechnungen v. 1350—1400. S. LXXXVIII.

[2]) *Buchheister*: „Die Elbe und der Hafen von Hamburg“. S. 157.

[3]) Hans. Urk. II. 274.

[4]) Bremisches Urk. I. 28. (vergl. jedoch den Abschnitt über die kaiserl. Privilegien Bremens in den Erläuterungen zum Urkundenbuch.) — *Herbig*: „Einheitl. Betonnungssysteme“. Annal. d. Hydrogr. 1887. S. 377 u. 387.

[5]) Hans. Urk. V. 955. — Bremisches Urk. V. 297.

Kaufmannschaft Bremens das Recht des Legens von Tonnen,[1]) deren es damals 20 gab. 1664 wurde nach wiederholten Gesuchen der Schiffer die Anseglungstonne auf den gefährlichen Aussengründen der Weser ausgelegt, die noch heute nach ihrem Topzeichen, dem Schlüssel als Wappenzeichen Bremens, den Namen Schlüsseltonne führt.[2]) Andre wichtige Seezeichen für die Ansteuerung der Weser sind von jeher die Zeichen auf Wangerooge[3]) gewesen. Im 14. Jahrhundert zerstörten die Holländer zur Strafe für Seeräubereien die als vorzügliche Tagmarken dienenden beiden Kirchtürme auf der Insel; wieder aufgebaut, wurden die Türme im 16. Jahrhundert von der See zerstört. 1585 wandte sich die Bremer Kaufmannschaft an den Grafen Johann XVI. von Oldenburg um Wiederherstellung eines Turmes. Darauf liess Oldenburg 1597—1602 den noch heute stehenden Kirchturm errichten mit einem Laternenfeuer, wegen dessen Mangelhaftigkeit aber bald neben dem Turme eine Steinkohlenbliese angelegt wurde. 1687 wurde für das Steinkohlenfeuer ein neuer Turm gebaut, der 1825 in einer Sturmflut unterging. Bis 1830 brannte dann vorläufig wieder eine Steinkohlenbliese, bis der neue Turm befeuert wurde, der aber schon 1856 der See zum Opfer fiel. 1856 wurde dann der heutige Leuchtturm errichtet. Für die Betonnung und Befeuerung der Ems sind Urkunden aus dem 16. Jahrhundert vorhanden. 1539 erlangte Emden von dem Grafen Enno von Ostfriesland das Recht, Tonnen-, Baken-, Feuer- und Lastgeld zu erheben, wofür die Seezeichen auf der Ems bis in die Aussengründe hinaus, vor allem aber das Feuer auf Borkum zu unterhalten waren. Dieses muss also damals schon bestanden haben. 1576 baute Emden einen 150 Fuss hohen Turm bei der Kirche auf Borkum; 1760 wurde auf einer hohen Düne der Westnordwestseite der Insel ein Steinkohlenfeuer angelegt. 1719 wurde bei Norden ein Steinkohlenfeuer angezündet.[4])

Von einer Verwaltung und Organisation des Seezeichenwesens in Deutschland kann erst nach Gründung des Reiches die Rede sein. Auch noch nach 1870 hatte jeder einzelne deutsche Küstenstaat sein eignes Betonnungssystem, sodass verhängnisvolle Irrtümer bei derartiger Vielgestaltigkeit der Seezeichen vorkamen. Erst 1873 wurde das

[1]) *Lünig*: „Reichs-Archiv". Leipzig 1714. Tomus XII. S. 245.

[2]) *Herbig*: „Einheitliche Betonnungssysteme". Annal. d. Hydrogr. 1887. S. 377. 387. (Anm. 11).

[3]) *Lasius*: „Wangerooge und seine Seezeichen". Hannover 1860. — „Die Schiffahrtszeichen von Wangerooge". Eine historische Skizze. Bremen 1876.

[4]) *Veitmeyer*: „L. u. L." S. 44. — *Herbig* a. a. O. S. 377. 386 (Anm. 6). *Lünig*: „Reichs-Archiv". Tomus X. Urkunden v. Ostfriesland (insbes. S. 555).

Seezeichenwesen der Beaufsichtigung und Gesetzgebung des Reiches unterstellt; jedoch erst 1887 wurde die Betonnung und Befeuerung der deutschen Küsten nach einheitlichen Gesichtspunkten durch Bundesratsbeschluss durchgeführt. Aber noch heute besitzt jeder deutsche Küstenstaat eine eigne Verwaltung seiner Seezeichen, sodass noch immer keine derartige Einheitlichkeit vorhanden ist, wie sie mustergültig in Frankreich besteht. [1])

Seezeichen im Mündungsgebiet des Rheins und der Maas müssen schon 1284 bestanden haben. Denn in diesem Jahre befreite Graf Florenz V. von Holland Dordrecht von Baken- und Geleitsgeld („van bakiinghelde jof van gheleede"). Im 15. Jahrhundert hatte Amsterdam 60 Tonnen und 4 Zeichen in der Zuidersee ausgelegt; 1452 gestattete Herzog Philipp von Burgund der Stadt, zur Unterhaltung dieser Seezeichen Abgaben zu erheben. [2]) Leuchtfeuer müssen auf der Maas schon im 14. Jahrhundert gebrannt haben. Denn 1321 regelte Graf Gerhard von Voorne, Burggraf von Seeland, den Verkehr und die Zölle der Kampener Kaufleute auf der Maas, unter anderem auch das „viirboet ghelt"; und 1358 schloss Mechtild, Burggräfin von Seeland, mit Dordrecht einen Vertrag über die Auslegung von „viertonnen" auf der Maas und die Erhebung von Abgaben dafür. [3]) Mit dem Aufschwung der niederländischen Schiffahrt im 16. und 17. Jahrhundert fällt auch die Errichtung weiterer Leuchtfeuer zusammen. 1512 wurde der Einlauf nach Goeree an der Maasmündung befeuert, 1594 Terschelling an dem am weitesten in die Nordsee vorspringenden Punkte der Niederlande. Schnell folgen sich dann die Feuer mit steigender Entwicklung der Schiffahrt nach glücklich durchgeführtem Freiheitskampf gegen die Spanier: 1617 Urk und vor 1620 Hindeloopen an der Zuidersee; vor 1636 Vlieland, Scheveningen, Egmond, Zanddijk; 1700 Ven, 1744 West-Schouwen. [4]) Die Verwaltung der Seezeichen steht heute in den Niederlanden dem Marineministerium, in Belgien dem Ministerium der öffentlichen Arbeiten zu. [5])

4. **Seezeichenwesen in Grossbritannien und Irland.**

Die ältesten Urkunden über Seezeichen in England stammen aus dem 16. Jahrhundert, in welche Zeit auch der Aufschwung der

---

[1]) *Herbig:* „Einheitl. Betonnungssysteme". Annal. d. Hydrogr. 1887. S. 379—380.

[2]) Hans. Urk. I. 944. VIII. 144.

[3]) Hans. Urk. II. 384. III. 414.

[4]) *Veitmeyer:* „L. u. L." Anlage XXXIX. No. 20, 28, 35, 36, 40, 41, 42, 43, 65, 86.

[5]) *Johnson:* „Modern Lighthouse Service". S. 121.

englischen Schiffahrt unter Heinrich VIII. und Elisabeth fällt. 1512 wurde die heute als Trinity House bezeichnete oberste englische Leuchtfeuerbehörde in einem Freibrief Heinrichs VIII. bestätigt als eine religiöse Brüderschaft, die sich anscheinend die Fürsorge für verunglückte Seeleute zur besonderen Aufgabe machte, da sie als „maritime" Korporation bezeichnet wurde. Genauere Urkunden über die älteste Geschichte des Trinity House sind leider durch den Brand des Archivs 1714 vernichtet worden. In dem besagten Freibrief findet sich nur am Eingang die Stelle: „Out of the sincere and complete love and devotion which we have for the very glorious and indivisible Trinity, and also for Saint Clement the Confessor, His Majesty grants and gives license for the establishment of a corporation, or perpetual brotherhood, to certain of his subjects and their associates, men or women".[1]) Dieser Freibrief bezieht sich auf „The Brotherhood of the Trinity House of Deptford of Strand and St. Clement". Es bestanden aber offenbar an andern Orten ähnliche lokale Korporationen, denn in einem Freibrief von 1536 verlieh Heinrich VIII. dem Trinity House in Newcastle-upon-Tyne folgende Vorrechte: that they „may found, build, make and frame of stone, lime, and sand, by the best ways and means which they know or can, two towers, one, to wit, in the northern part of the Shelys (= Shields), at the entrance of the port of the said town, and the other upon a hill there fit and convenient for signals, meets, and bounds, for the safe and secure custody of the town and port aforesaid, and also of our subjects and others being in our alliance coming to the said town and port" . . . and that . . . „for the maintenance of the said towers and port aforesaid, with a perpetual light to be nightly maintained", they may receive certain tolls.[2]) Demnach war schon 1536 die Fürsorge der mehr und mehr den religiös-kirchlichen Charakter ablegenden Körperschaft eine technisch-praktische geworden. In der Folgezeit erweiterten Freibriefe Elisabeths, Jakobs I., Karls II. und Jakobs II. ihre Befugnisse, insbesondere ihre Vorrechte, Leuchtfeuer und Tagzeichen zu errichten. Auf die Notwendigkeit der letzteren auf der Themse beziehen sich die berühmten Akte der Elisabeth von 1566: „Forasmuch as by the destroying and taking away of certain steeples, woods, and other marks standing upon the main shores adjoining to the sea coasts of this realm of England and Wales, being as beacons and marks of ancient time accustomed for seafaring men, to save and keep them and the ships

---

1) *Davenport-Adams:* „L. a. L." S. 50.

2) *Edwards:* „Our Seamarks". S. 10.

in their charge from sundry dangers thereto incident, divers ships with their goods and merchandises in sailing from foreign parts towards this realm of England and Wales, and specially to the port and river of Thames, have by the lack of such marks of late years been miscarried, perished and lost in the sea, to the great detriment and hurt of the common weal and the perishing of no small number of people", etc.[1]) Besonders wichtig hierin ist, dass demnach Tagmarken schon lange vor 1566 in England bestanden haben müssen. Ausser vom Trinity House wurden jedoch auch von Privatpersonen Leuchtfeuer angelegt, wofür trotz mangelhafter oder überhaupt nicht vorhandener Befeuerung hohe Zölle von den vorüberfahrenden Schiffen erhoben wurden. Die Erlaubniserteilung zu solchen für die Unternehmer sehr einträglichen Bauten war namentlich unter Jakob I. (1603—1625) eine gute Einnahmequelle für die Krone. Erst 1836 unter Wilhelm IV. wurden diese Übelstände abgestellt, indem durch Parlamentsbeschluss Trinity House allein berechtigt wurde, Leuchtfeuer zu errichten, die in Privathand befindlichen aber aufzukaufen.[2]) Aber bis heute haben sich aus jener Zeit besondere Leuchtfeuerabgaben in britischen Häfen erhalten; allerdings sind sie im Laufe der Zeit mehrmals herabgemindert worden. Die oberste schottische Leuchtfeuerbehörde, The Commission of Northern Lighthouses, wurde 1786 durch Akte Georgs III. gegründet; die von Irland, The Board of Ballast of Dublin, heute The Commissioners of Irish Lighthouses, ebenfalls von Georg III.[3]) Gegenwärtig setzt sich Trinity House aus einem Direktor und 30 Mitgliedern zusammen, meist alten, erfahrenen Seeleuten. Die Geschäfte sind verteilt auf 8 Abteilungen, die regelmässig, ausserdem auch nach Bedarf Sitzungen abhalten. Sämtliche Seezeichen in Grossbritannien und Irland sind eingeteilt in Küstenseezeichen für den allgemeinen Verkehr und Hafenzeichen für örtliche Bedürfnisse. Die Hafenzeichen werden unmittelbar von den Hafenbehörden, die Küstenseezeichen unmittelbar vom Trinity House, The Commission of Northern Lighthouses und The Commissioners of Irish Lighthouses verwaltet, denen aber auch die Oberaufsicht über die Hafenzeichen zusteht. Die Seezeichen in den Kolonien werden von den dortigen Behörden verwaltet, nur einige auch vom Trinity House. Um die Einheitlichkeit in der gesamten Verwaltung zu wahren, bedürfen Neubauten der schottischen und irischen Leuchtfeuerbehörden der Genehmigung des Trinity House, welches wieder-

---

[1]) *Edwards:* „Our Seamarks". S. 11.

[2]) *Davenport-Adams:* „L. a. L." S. 50/52.

[3]) *Davenport-Adams:* „L. a. L." S. 54/55.

um dem Board of Trade unterstellt ist, der die letzte Entscheidung über Neubauten hat. Das heute in Grossbritannien und Irland bestehende einheitliche Betonnungssystem, das vielfach anderen Staaten als Muster gedient hat, ist hervorgegangen aus den Beratungen der 1882 unter dem Herzog von Edinburgh zusammengetretenen Kommission.[1])

Der älteste historisch belegte Leuchtturm auf britischem Boden ist der unter den antiken Leuchtfeuern angeführte Turm bei Dover. Es ist sehr wahrscheinlich, dass auch auf andern dafür günstig gelegenen Punkten der hohen, felsigen Kanalküste gelegentlich Signalfeuer gezeigt worden sind, namentlich von den zahlreichen Kastellen aus. Leuchtfeuer in unsrem Sinne, d. h. dauernd unterhaltene Seeleuchten, waren schon vor Aufschwung der englischen Schiffahrt im 16. Jahrhundert vorhanden: Kohlen- oder Holzfeuer auf meist nur niedrigen Steinbauten an den Einläufen der wichtigsten Häfen, aber auch auf besonders hervortretenden Vorgebirgen.[2]) Vielfach waren es, wie schon erwähnt, von Mönchen und Einsiedlern unterhaltene Leuchtfeuer. Auf ein solches, sehr altes bei Whitby, wo das einstige Kloster Strenaeshalc lag, lässt eine Stelle in Beda's Historia ecclesiastica schliessen: „monasterium,. quod dicitur Strenaeshalc, quod interpretatur sinus Fari . . . . ." [3]) Beda lebte von 674 bis 735; es wäre also dies Feuer nächst dem von Dover das älteste auf britischem Boden gewesen. Auch Alan Stevenson zitiert aus Gough's Addition to Camden „Britannia" eine nicht ganz klare Angabe über eine ähnliche Leuchte auf St. Edmund's Chapel an der Küste von Norfolk im Jahre 1272.[4]) Auch auf St. Catharine Point auf der Südseite von Wight soll um 1323 ein Einsiedler ein Feuer unterhalten haben. 1536 hob Heinrich VIII. infolge seiner Kirchenpolitik den Kapellendienst auf; das Gebäude blieb aber als Tagmarke stehen. 1785 wurde ein Leuchtturm auf diesem wichtigen Punkte erbaut, seit 1888 erstrahlt ein mächtiges elektrisches Feuer dort.[5]) Eins der ältesten englischen Feuer ist das von Spurn Point, wo 1427 neben der Kapelle von St. Nicholas ein Holzfeuer gebrannt haben soll. Im 16. Jahrhundert war es nicht mehr vorhanden, und erst 1675 wurden dort wieder zwei Kohlenfeuer als Richtfeuer angezündet. 1776 fasste Smeaton das obere Feuer in eine geschlossene Laterne

---

[1]) *Herbig:* „Einheitliche Betonnungssysteme". Ann. d. Hydrogr. 1887. S. 425.

[2]) *Edwards:* „Our Seamarks". S. 12/13. – *Davenport-Adams:* „L. a. L." S. 51.

[3]) Baedae Historia ecclesiastica gentis Anglorum ed. Holder. Freiburg 1882. Liber III. cap. 25.

[4]) *Veitmeyer:* „L. u. L." S. 47.

[5]) *Davenport-Adams:* „L. a. L." S. 192.

und schuf so, wie schon erwähnt, die erste brauchbare Konstruktion für offene Feuer.[1]) Nach 1536 wurden die in dem Freibrief aus diesem Jahre genehmigten Feuertürme von Shields errichtet. Um 1600 wurde Winterton befeuert.[2]) Das älteste schottische Feuer ist vielleicht das auf der Insel May im Firth of Forth; über dem Tore des Leuchtturms befindet sich das Bild der Sonne mit der Jahreszahl 1635.[3]) Durch die Kühnheit seines Baues sowie die Geschichte seiner Vorgänger berühmt ist der Eddystoneturm. Die Felsenklippe Eddystone war namentlich bei den häufigen Südweststürmen infolge der wütenden Brandung eine grosse Gefahr für die westliche Einseglung in den Kanal, da nach Süden ausweichende Schiffe oft an der nicht weniger gefährlichen Klippenküste der Bretagne scheiterten. 1696 begann Winstanley nach seinen eigenen Plänen den Bau des ersten Leuchtturmes auf Eddystone und vollendete ihn 1698. Phantastisch genug war er ausgefallen: nur bis 20 Fuss seiner Höhe massiv, dann ein luftiger Holzbau. Kühn hatte sein Erbauer behauptet, er würde während des furchtbarsten Sturmes sicher auf seinem Turme schlafen, aber schon am 26. XI. 1703 ging Winstanley mitsamt seinem Werke und der ganzen Besatzung in einem Orkane unter. 1706—1709 arbeitete Rudyerd, der Erbauer des zweiten Turmes, an seinem Werke. Der Turm wurde bis zur Hälfte seiner Höhe massiv aus Hausteinmauerwerk und kreuzweisen Balkeneinlagen gebaut; das Ganze war mit eichenen Bohlen umkleidet gegen das Eindringen des Wassers in die Mauerfugen. 1755 brannte der ganze Turm nieder. 1756—59 währte der Bau des dritten Turmes von Smeaton; er stand 122 Jahre und wurde nur verlassen, weil die Klippe selbst, worauf er stand, unterwaschen war. Der Turm war völlig aus Stein, enthielt 988 Tonnen Mauerwerk und war 96 Fuss hoch; eine eiserne Laterne krönte ihn. Er ist das Vorbild geworden für viele andere Feuertürme auf den Klippen der britischen Küste. 1878—82 endlich baute Sir James N. Douglass an dem vierten Turme. Er ist 170 Fuss hoch, enthält 4668 Tonnen Mauerwerk und hat 61 500 £ gekostet, gegen 40 000 £ Baukosten des Smeaton'schen Turmes.[4]) Es ist natürlich, dass man in England, an dessen stark besuchter Ostküste die Schifffahrt durch vorgelagerte Sände, auf denen Leuchttürme nicht zu gründen sind, stark gefährdet ist, zuerst auf den Gedanken kam, Leuchtschiffe zu verankern. Bereits 1674 tauchte er auf, aber damals

---

[1]) *Veitmeyer:* „L. u. L.“ Anlage XXXIX. No. 15.

[2]) *Veitmeyer:* „L. u. L.“ Anlage XXXIX. No. 22. 29.

[3]) *Davenport-Adams:* „L. a. L.“ S. 140.

[4]) *Davenport-Adams:* „L. a. L.“ S. 108 f. — *Edwards:* „Our Seamarks“. S. 25/27.

erklärte Trinity House das für eine Tollheit. Erst 1731 wurde das erste Feuerschiff der Welt auf dem Nore Sand im Themseeinlauf von David Avery ausgelegt, dem die Mittel dazu von dem reichen Robert Hamblin vorgestreckt worden waren. Durch Vertrag mit dem Trinity House wurde das Schiff Eigentum desselben, während Avery und seine Erben 61 Jahre lang Zoll dafür erheben durften.[1]) Schon 1736 wurde das zweite Feuerschiff auf Dudgeon Shoal vor dem Washbusen ausgelegt, vor allem auf Ansuchen der zahlreichen Kohlenschiffer, die an der Ostküste verkehrten. Erst 1788 wurde dann das dritte Feuerschiff auf Owers Shoal in der Ansteuerung nach Portsmouth und Southampton verankert. Von der Zeit an folgten schnell 1790 Newarp Sand, 1795 North Goodwin Sands, 1798 Sunk.[2])

5. Seezeichenwesen in Frankreich.

Wie aus den bereits angeführten Rooles d'Oléron hervorgeht, müssen in Frankreich, wenigstens in den westfranzösischen Häfen, bereits im 12. Jahrhundert Baken als Seezeichen häufiger gewesen sein, wenn man sie zur Irreführung von Schiffen benutzte. Dagegen sind von Leuchtfeuern nur zwei mit mehr oder weniger Wahrscheinlichkeit in jener Zeit anzunehmen. Die antiken Leuchttürme auf französischem Boden sind sämtlich in der Völkerwanderung zerstört worden, nur der Turm zu Boulogne trat nach Einhard's Angabe im Mittelalter noch einmal in Dienst auf Befehl Karls d. Gr., und später noch einmal unter britischer Herrschaft. Ebenfalls bis auf die Zeit Karls d. Gr. will Allard den Ursprung des berühmten Cordouanturmes zurückführen. Nach Allard[3]) kann man aus zwei Tatsachen auf das Vorhandensein eines Turmes dort seit alter Zeit schliessen. Es bestand im 13. Jahrhundert ein lebhafter Handel zwischen Cordova und der Gironde, weil die Araber ihr berühmtes Leder nach Frankreich brachten und Wein wieder mitnahmen. Auf Anregung und vielleicht sogar auf Kosten der arabischen Seefahrer soll nun im 13. Jahrhundert auf dem Felsen, der dann nach Cordova genannt wurde, ein Leuchtturm erbaut worden sein.[4]) Wahrscheinlicher sei aber der andere Schluss. Ebenso, wie Karl d. Gr.

---

[1]) *Davenport-Adams:* „L. a. L." S. 257.

[2]) *Edwards:* „Our Seamarks". S. 101/102.

[3]) *Allard:* „Les Phares". Paris 1889. S. 40 f. — *Lenthéric:* „Côtes et ports français de l'océan". Paris 1901. S. 144/145.

[4]) *Allard* a. a. O.: „On peut supposer que ce fut à leur instigation, peut-être même à leurs frais, qu'une première tour s'éleva sur le rocher qui porte leur nom."

den alten Römerturm zu Boulogne wieder befeuern liess, soll er Ludwig dem Frommen, damals Regenten von Aquitanien, den Befehl gegeben haben, auf Cordouan ein Feuer anzuzünden. Jedoch ist kein Beleg dafür vorhanden, dass der Befehl auch ausgeführt wurde. Eine Schenkungsurkunde von 1092 führt den Eremiten einer Kapelle auf Cordouan nur als Zeugen der Schenkung an, besagt aber nichts, dass dieser etwa eine Leuchte unterhalten habe.[1]) Die älteste Urkunde, die einwandsfrei das Vorhandensein eines Turmes bezeugt, stammt aus dem Jahre 1409.[2]) Dort wird berichtet, dass der Schwarze Prinz, 1362—1371 Regent der Guyenne, vor kurzem („nuper“) an der Gironde einen Turm zur Warnung der Seefahrer habe errichten lassen, dass dieser Turm aber in schlechtem Zustande sei, weshalb der Eremit Galfridus auf Cordouan anstatt 2 Groschen wie von alters her („ab antiquo tempore“), von nun an 4 Groschen Zoll zum Unterhalt des Turmes solle erheben dürfen. Dieser Turm ist auf einer Abbildung[3]) des 1584—1611 erbauten Leuchtturms links von diesem dargestellt. Die Tatsache nun, dass der Eremit den Zoll „ab antiquo tempore“ erhoben, während der Schwarze Prinz erst „nuper“ den Turm erbaut hat, macht es allerdings wahrscheinlich, dass schon vor dem 14. Jahrhundert ein Turm bestanden hat, vielleicht schon zu Zeiten des 1092 erwähnten Eremiten. Von einem Leuchtfeuer wird allerdings auch in der Urkunde von 1409 nichts berichtet, erst auf einer Seekarte von 1570[4]) ist Cordouan, dort „Corben“ genannt, als Feuer bezeichnet. Nun erzählt aber der Chronist Piganiol de la Force (1751)[5]) dort, wo er von dem Turme zur Zeit Karls d. Gr. spricht, dass Hornsignale zur Warnung der Seefahrer abgegeben worden seien. Unwahrscheinlich ist demnach nicht, dass der älteste, nicht unzweifelhaft

---

[1]) *Allard* sagt hierüber: „Tout porte à croire que cet ordre fut exécuté; ce qu'il y a de certain c'est que 280 ans plus tard il y avait sur ce point une abbaye et des ermites; car d'après M. Gaullieur, archiviste de Bordeaux, un acte de donation, passé en 1092 dans le château de Royan, et faisant partie du cartulaire de la Sauve, mentionne parmis les témoins un religieux qualifié d'abbé et d'ermite de l'île de Cordouan.“

Davenport-Adams sagt dagegen: „If tradition may be credited, the first was raised by Louis the Débonnair. But as no document is extant to support this hypothesis, we are inclined to believe that no lighthouse was built there until the thirteenth century.“

[2]) *Thomas Rymer:* „Foedera etc. Acta publica inter reges Angliae et alios.“ 1740. Tomi quarti pars prima. p. 156. (Urk. v. 8. VIII. 1409.)

[3]) Abgebildet in *Veitmeyer:* „L. u. L.“ S. 30 und *Davenport-Adams:* „L. a. L.“ S. 217.

[4]) *Veitmeyer:* „L. u. L.“ S. 31.

[5]) *Allard:* „Les Phares.“ S. 40 f.

nachgewiesene Turm und ursprünglich auch der vom Schwarzen Prinzen Ende des 14. Jahrhunderts erbaute nicht als Leuchtturm, sondern nur als Tagzeichen gedient hat. Der heute noch benutzte Turm endlich wurde von Louis de Foix 1584 begonnen und von François Boucher 1611 vollendet und ist, wenn auch nicht in seiner prächtigen Bauart, so doch in technischer Hinsicht ein Vorbild für andere Leuchttürme gewesen. Ursprünglich wurde Holz auf ihm gebrannt, seit 1717 Kohlen. 1788—1789 baute ihn Teulère um, wobei er von 37 auf 63 m erhöht wurde. 1791 wurde auf ihm die erste Lampe mit doppeltem Luftzug, 1823 der erste Fresnel'sche Apparat aufgestellt.[1]) Ein andres sehr altes Feuer soll in Dieppe[2]) bestanden haben, und zwar schon im 14. Jahrhundert; nach amtlichen Angaben besitzt Dieppe seit 1783 ein Hafenfeuer.

Einrichtung und Verwaltung der Seezeichen lagen bis zur Revolution in den Händen der lokalen kaufmännischen Korporationen in den einzelnen Küstenplätzen, die natürlich nur nach ihren lokalen Bedürfnissen die Küste bezeichneten. Durch ein 1792 von der Nationalversammlung erlassenes Gesetz kam das gesamte Seezeichenwesen unter die Oberaufsicht des Marineministers, während das Ministerium des Innern die erforderlichen Bauten auszuführen hatte. 1806 beseitigte ein kaiserliches Dekret die Oberaufsicht des Marineministers und betraute die Abteilung für Wege- und Brückenbau im Ministerium des Innern mit der Verwaltung und Unterhaltung; nur für Neubauten war die Zustimmung des Marineministers nötig. Als technischen Beirat der eigentlichen Verwaltungsbehörde hat man dann 1811 die Commission des Phares geschaffen, die alle Leuchtfeuerfragen theoretisch und praktisch zu studieren, vor allem auch die allgemeinen Grundsätze für die Befeuerung und Betonnung der Küste aufzustellen hat.[3]) Sie setzt sich aus 11 von der Regierung ernannten Mitgliedern unter Vorsitz des Ministers der öffentlichen Arbeiten zusammen; die Mitglieder sind Seeoffiziere, Inspektoren des Wege- und Brückenbaus, Gelehrte und Techniker. Die Verwaltung, an deren Spitze der Directeur Général des Phares steht, gliedert sich in den service central in Paris, dem Installation, Konstruktion und technische Vervollkommnung obliegen, und in die services locaux in den einzelnen Küsten-Departements, von welchen Stellen aus die unmittelbare

---

[1]) *Veitmeyer:* „L. u. L." Anlage XXXIX. No. 13. — *Figuier:* „Les merveilles de la science". IV. S. 426 f. u. 470 f.

[2]) *Veitmeyer:* „L. u. L." Anlage XXXIX. No. 12.

[3]) *Figuier* a. a. O. IV. S. 429 f. — *Herbig:* „Einheitliche Betonnungssysteme". Teil II. Anm. 5.

Beaufsichtigung und Unterhaltung der Leuchtfeuer und Tagzeichen der betreffenden Küstenabschnitte geschieht. Das Wärterkorps ist militärisch diszipliniert und wird durch Militäranwärter ergänzt.[1]) Da eine ausreichende Küstenbezeichnung als eine Pflicht der Humanität und der Fürsorge des Staates für seine Bürger angesehen wird, trägt dieser die Verwaltungs- und Einrichtungskosten, sodass in französischen Häfen besondere Leuchtfeuerabgaben nicht erhoben werden, ebenso wie in Spanien, Dänemark und einigen andern Staaten.[2])

6. **Seezeichenwesen in den Vereinigten Staaten.**

Wie fast überall zu beobachten ist, waren auch in den Vereinigten Staaten die ersten Seezeichen Tagmarken. Schon die ersten Kolonisten haben zur Sicherung der Schiffahrt und damit auch ihrer Verbindung mit der Heimat die Einfahrten in die Buchten und Ströme durch Baken und Tonnen bezeichnet, zumal sie solche schon von der Heimat her kannten. Über Leuchtfeuer in den Vereinigten Staaten stammt die älteste Urkunde aus dem Jahre 1763. Damals richteten die Einwohner von Nantusket, jetzt Hull in Massachusetts, an den General Court der Provinz Massachusetts Bay die Bitte um Herabminderung ihrer Abgaben, weil sie mehr als ihnen zukam zum Baue der Bake auf Allerton Point am Einlauf nach Boston beigesteuert hätten. Dass diese eine Feuerbake gewesen, geht aus Rechnungen derselben Zeit hervor, die sich auf die Lieferung von „fier-bales of pitch and ocum for the beacon at Allerton Point“ seitens der Gemeinde Nantusket beziehen.[3]) Der erste Leuchtturm war der 1715/16 auf Anordnung und Kosten des General Court der Provinz Massachusetts erbaute Turm auf Little Brewster Island, ebenfalls am Einlauf nach Boston. Seine Baukosten beliefen sich auf 2285 £, und er wurde unterhalten durch einen Zoll von 1 d für die Tonne jeden aus- oder eingehenden Schiffes.[3]) Der Turm ist dargestellt auf einem alten Holzschnitt[4]) und zeigt dort eine geschlossene Laterne, in welcher Talglichte gebrannt wurden. In dem noch heute britischen Gebiete Nordamerikas sind die beiden ältesten Leuchtfeuer in Nova Scotia errichtet worden, nämlich 1758 auf Sambro Island in der Ansteuerung

[1]) *Peck:* „Organisation, Entwicklung, neuere Fortschritte und gegenwärtiger Stand des französischen Leuchtfeuerwesens“. Marine-Rundschau 1896. Heft 11.

[2]) *Johnson:* „Modern Lighthouse Service“. Chapter XII. Light Dues.

[3]) *Johnson* a. a. O. S. 13.

[4]) abgebildet in *Veitmeyer:* „L. u. L.“ S. 49, auch Titelbild in *Johnson's* Buch.

von Halifax und 1788 auf Kap Roseway.[1]) Das älteste Leuchtfeuer auf amerikanischem Boden überhaupt ist, wie nach der Zeitfolge der europäischen Besetzung auch zu vermuten, im südlichen Amerika angelegt worden, nämlich in Coutejuba in Brasilien im Jahre 1661.[2]) Näheres darüber ist nicht angegeben. Das nächstälteste im romanischen Amerika datiert von 1741, in welchem Jahre die Spanier in Puerto de España auf Trinidad zwei Kohlenfeuer anzündeten.[3]) Weitere historische Angaben über das Seezeichenwesen in den spanisch-portugiesischen Kolonistenstaaten Mittel- und Südamerikas fehlen, das auch in dieser Beziehung weit hinter Nordamerika zurücksteht. Auch im eignen Mutterlande haben Spanier und Portugiesen im Leuchtfeuerwesen wenig geleistet. Allerdings setzt die grossartige Entwicklung desselben erst ein, als die Seemacht Spaniens und Portugals längst von der Höhe im Entdeckungszeitalter herabgesunken war.

Die Verwaltung der amerikanischen Leuchtfeuer und Tagmarken ging durch die Akte vom 7. VIII. 1789 an die Bundesregierung über und wurde dem Schatzsekretär unterstellt. Nach verschiedenen vorübergehenden Änderungen wurde sie 1820 dem 5. Auditor des Schatzamtes übertragen, damals Stephen Pleasanton, der bis 1852 dieses Amt bekleidete. 1820 waren 55 Leuchtfeuer und einige Tonnen vorhanden, die aber nur aus lokalen Bedürfnissen heraus, ohne systematischen Plan errichtet und ausgelegt worden waren. Pleasanton brachte die Zahl der Leuchtfeuer auf 325 und sorgte für einen planmässigen Ausbau der Betonnung. Das von Pleasanton eingerichtete Verwaltungssystem genügte aber mit wachsender Zahl der Seezeichen nicht mehr, sodass 1852 die noch heute bestehende oberste Leuchtfeuerbehörde, The United States Light-House Board, geschaffen, und die Verwaltung nach englischem und vor allem französischem Muster eingerichtet wurde. Insbesondere wurden die Einteilung der Feuer in Ordnungen von I bis VI und die einheitliche Charakteristikbezeichnung eingeführt, ferner Fresnel'sche Linsenapparate anstelle der alten Argand'schen Lampen mit Parabolschirmen. In der obersten Behörde sollten Leute sitzen, die die Fragen der Küstenbezeichnung sowohl nach technischen und maritimen, als auch nach kommerziellen und finanziellen Gesichtspunkten zu behandeln wüssten. Die Behörde setzt sich deshalb zusammen aus 2 höheren Seeoffizieren, 2 Ingenieuroffizieren der Armee und 2 Männern von

[1]) *Veitmeyer:* „L. u. L.“ Anlage XXXIX. Nr. 101. 147.

[2]) *Veitmeyer:* „L. u. L.“ Anlage XXXIX. Nr. 47.

[3]) *Veitmeyer:* „L. u. L.“ Anlage XXXIX. Nr. 45.

wissenschaftlichem Rufe, ausserdem aus einem Seeoffizier und einem Ingenieuroffizier als Sekretären. Der Board untersteht dem Schatzamte, der Schatzsekretär ist Präsident auch des Board. Um eine planmässige Bezeichnung des gesamten Küstengebietes der Vereinigten Staaten zu erleichtern, wurde dieses anfangs in 3, 1873 aber in 12 Abschnitte geteilt, und in jedem ein See- oder Armeeoffizier als Light-House Inspektor angestellt, der dem Light-House Board unmittelbar untersteht.[1]) Aus dem Jahre 1873 datiert auch das noch heute bestehende einheitliche Betonnungssystem [2]) der Vereinigten Staaten. Mit der steigenden Entwicklung der Binnenschiffahrt wurde auch eine planmässige Beleuchtung der Ströme und Seen nötig: 1874 wurde eine allgemeine Vermessung, Betonnung und Befeuerung des Mississippi, Ohio, Missouri und der Seen durchgeführt, und noch 4 neue Leuchtfeuerbezirke an den Strömen und Seen geschaffen, sodass jetzt im ganzen 16 bestehen.[3]) Wie bereits mehrfach erwähnt, wurde das Nebelsignalwesen in den Vereinigten Staaten auf eine besonders hohe Stufe gebracht, was bei den zahlreichen, langstehenden und dicken Nebeln an den dortigen Küsten eine Notwendigkeit war. Nach demselben Grundsatze wie in Frankreich werden besondere Leuchtfeuerabgaben in Häfen der Vereinigten Staaten nicht erhoben; aber bis jetzt hat sich Amerika vergeblich bemüht, durch internationalen Beschluss eine gänzliche Abschaffung der Leuchtfeuerabgaben herbeizuführen, namentlich infolge des Widerstandes Englands.[4])

---

[1]) *Johnson:* „Modern Lighthouse Service". S. 13—21.

[2]) *Herbig:* „Einheitl. Betonnungssysteme". Annal. d. Hydrogr. 1887. S. 424.

[3]) I.—VIII. Atlantische und Golf-Küste; IX.—XI. Grosse Seen, Lorenzstrom; XII.—XIII. Pazifische Küste; XIV.—XVI. Mississippi, Ohio, Missouri, Illinois, Tennessee.

Flussbefeuerung 1889:

Hudson	153	Meilen	durch	26	Pfahlleuchten („post-lights").
Delaware	130	„	„	9	„
St. John's Fl.	166	„	„	71	„
Mississippi	1943	„	„	736	„
Missouri	386	„	„	30	„
Ohio	968	„	„	452	„
Tennessee	222	„	„	36	„
Illinois	226	„	„	44	„

[4]) *Johnson* a. a. O. Chapter XII. Light Dues.

D. Die geographische Verbreitung und Dichte der Leuchtfeuer.

a. Im Gesamtgebiet des Atlantischen Ozeans.

1. Die Dichte der Leuchtfeuer abhängig vom Umfang des Verkehrs.

Leuchtfeuer sind Wegweiser und Warnungszeichen an den Strassen des Seeverkehrs. Dass Grenzen und Mass ihrer Verbreitung der Richtung bezw. der Dichte dieser Strassen und der Grösse des auf ihnen bewegten Verkehrs entsprechen müssen, ist deshalb klar. Für die Beurteilung der geographischen Verbreitung der Leuchtfeuer im Gesamtgebiet des Atlantischen Ozeans teilt man dasselbe zweckmässig in 5 Abschnitte.[1])

1) Nordostküsten vom Kap Kanin bis zur Strasse von Gibraltar, mit Einschluss Islands und der Azoren.
2) Nordwestküsten von der Belle-Isle-Strasse bis Kap Canaveral, mit Einschluss der Bermuda-Inseln.
3) Mittelamerikanisch-westindische Küsten vom Kap Canaveral bis zur Orinocomündung.
4) Südwestküsten von der Orinocomündung bis Staten Island, mit Einschluss der Falkland-Inseln.
5) Südostküsten von der Strasse von Gibraltar bis zum Kap Agulhas, mit Einschluss Madeira's, der Kanarischen und Kapverdischen Inseln, Ascension's und St. Helena's.

Die auffallendste Erscheinung, die Haupttatsache, ist dann die ausserordentliche Anhäufung der Leuchtfeuer in den beiden nordatlantischen Küstengebieten im Vergleich zu der spärlichen Verbreitung im mittelamerikanischen Gebiet, vor allem aber in den beiden südatlantischen Abschnitten. Dass Richtung und Umfang des ozeanischen Verkehrs diese Tatsache bedingen, leuchtet sofort ein, vergleicht man den im unmittelbaren Seeverkehr mit dem Auslande von den Grossmächten Russland, Deutschland, Frankreich, England, Vereinigte Staaten bewirkten Warenaustausch auf der nordatlantischen Route mit dem auf den mittel- und südatlantischen Routen, wie er auf der Karte 1 durch die Breite der Routen dargestellt ist.

---

[1]) s. Tabelle 27.

2. Einfluss von Gestalt und Lage auf Verkehr und Leuchtfeuerdichte.

α. Meereslage.

Einfluss der Gestalt des Atlantischen Ozeans. Wege sind „Tatsachen der Erdoberfläche, und sie sind zugleich Symbole der Beziehungen zwischen entlegenen Gruppen von Menschen.“ [1]) Daraus folgt, dass der Verkehr sowohl von physischen als auch von kulturell-wirtschaftlichen Bedingungen abhängig ist. Von den ersteren ist hier zunächst wichtig die allgemeine Gestalt des Atlantischen Ozeans, als des Gefässes, in welchem sich der Seeverkehr bewegt. Die Hauptausdehnung des Atlantischen Ozeans ist nordsüdlich, in welcher Richtung er sich zwischen der Alten und der Neuen Welt hindurchwindet. Die weite Erstreckung der breiten Landmassen Nordamerikas und Eurasiens nach Norden, im Gegensatz zu der geringen südlichen Ausdehnung der in Spitzen auslaufenden, deshalb leicht zu umfahrenden Landmassen Südamerikas und Afrikas, hat den Atlantischen Ozean im Norden zu einer Sackgasse gemacht. Deshalb erlischt dort der Leuchtfeuersaum bei der Belle-Isle-Strasse und im Weissen Meer, dagegen setzt er sich im Süden durch die Magellan-Strasse nach dem Grossen- und um Kap Agulhas nach dem Indischen Ozean fort. Eine weitere Folge davon ist, dass die Hauptstrassen des Seeverkehrs im Norden ostwestlich ziehen, im Süden aber nordsüdlich; dass im Norden das Verkehrsband gewissermassen nur an zwei sich gegenüberliegenden Punkten angeknüpft ist: an der Nordwestecke Europas und der Nordostecke Nordamerikas, während im Süden der ohnehin weit geringere Verkehr sich längs der gesamten atlantischen Küste Südamerikas und Afrikas hinzieht und sich auf viele Häfen verteilt oder überhaupt weitergeht nach dem Grossen- und dem Indischen Ozean. Erst in neuerer Zeit hat sich, entsprechend dem europäisch-nordamerikanischen, ein afrikanisch-südamerikanisches Verkehrsband zwischen Kapstadt und Rio de Janeiro bezw. den La Plata-Häfen angesponnen; bei dem geringen Umfang des Verkehrs auf dieser Strecke kommt es aber kaum in Betracht. Bei der Erörterung der ausserordentlichen Häufung der Leuchtfeuer in den sich gegenüberliegenden Küstengebieten Europas und Nordamerikas darf diese aus der Gestalt des Atlantischen Ozeans folgende Tatsache nicht übersehen werden, wenn auch natürlich in erster Linie wirtschaftliche Verhältnisse für die Richtung und den Umfang des Verkehrs und damit für die Dichte der Leuchtfeuer ausschlaggebend sind.

---

[1]) *Ratzel:* „Anthropogeographie“. II. S. 525.

Einfluss der Lage des Atlantischen Ozeans. Neben der Gestalt ist für den Verkehr von Grund aus bestimmend die Lage des Atlantischen Ozeans. Wenn dieser nun in der Grösse des Verkehrs und damit auch der Zahl seiner Feuer dem Grossen- und dem Indischen Ozean weit voransteht, so ist das im letzten Grunde bedingt durch seine Lage auf der Halbkugel der grössten Landmassen zwischen der Alten und der Neuen Welt, für welche er die Rolle eines Mittelmeeres spielt.[1] Weil Europa, insbesondere die Britischen Inseln, dann wieder im Mittelpunkt der grössten Landmassen liegt, müssen auch von dort die meisten und wichtigsten Seestrassen ausgehen und wieder zusammenlaufen, müssen dort die grössten Leuchtfeuerdichten sich ergeben.

Einfluss der Lage der einzelnen Küstengebiete. Die einzelnen Küsten des Atlantischen Ozeans sind hinsichtlich ihrer Lage zum Meere, dann aber zum Hinterlande zu beurteilen. Zunächst ist wichtig für den Umfang des Verkehrs, ob eine Küste nur an einem Binnenmeere, oder am offenen Ozean liegt. Die nach diesem Gesichtspunkte am günstigsten gelegenen Küstengebiete Europas und Nordamerikas bekunden diesen Vorteil denn auch durch die dichteste Befeuerung, wie ein Vergleich der Kanal- und Nordseeküste in Europa, der Küste der nordatlantischen Staaten in Amerika mit den weiter zurückliegenden zeigt. Der Ozean zieht den Verkehr aus den anliegenden Ländern geradezu heraus, und an den Stellen der stärksten Wirkung müssen sich die Leuchtfeuer häufen. Der Vorteil der vorgeschobeneren Lage Frankreichs und Englands vor Deutschland und den Ostseeländern zeigt sich weniger in einer dichteren Befeuerung, denn da erreicht die deutsche Nordseeküste aus später noch zu erörternden Gründen weit höhere Zahlen, als vielmehr darin, dass diese beiden Länder viel früher schon ausreichend befeuert waren, weil sie dank ihrer Lage viel früher und in grösserem Umfang transozeanische Beziehungen angeknüpft hatten. Denn während die Ostseeländer und Deutschland erst durch die neuzeitliche Entwicklung ihres Seeverkehrs zu schnellem Ausbau ihrer Befeuerung gezwungen wurden, wie das schnelle Wachsen, meist eine Verdoppelung, ihrer Durchschnittszahlen zeigt, hatten Frankreich und England offenbar nur mässige Vermehrungen ihrer Leuchtfeuer nötig, denn ihre Durchschnittszahlen wachsen viel langsamer. Nur ihrer Lage an den Knoten- und Anlaufspunkten der Seestrassen verdanken manche Inseln des

[1] „Die handelspolitische Bedeutung des Panama-Kanals". Nauticus 1904. S. 388. *Weule:* „Die geschichtliche Bedeutung des Atlantischen Ozeans". (*Helmolt:* „Weltgeschichte". VIII. S. 607.)

Atlantischen Ozeans ihre Befeuerung, so St. Helena und Ascension als Kohlen- und Trinkwasserstationen der westafrikanischen Route, ferner Fernando Noronha und Rocas an der Nordostecke Südamerikas, wo sich die europäische südatlantisch-pazifische Route mit der amerikanischen vereinigt. Auch die Azoren, Madeira, die Kanarischen und die Kapverdischen Inseln sind als äusserst günstig gelegene und wichtige Stationen der mittel- und südatlantischen Routen mit zahlreichen Feuern, meist weitsichtbaren Hauptfeuern besetzt, im scharfen Gegensatz zu der benachbarten afrikanischen Küste. Allerdings ist auch der wirtschaftliche Wert einzelner dieser Inseln recht bedeutend. Die so zeitige Befeuerung San Miguel's unter den Azoren, ferner Madeira's, besonders aber der Kanarischen Inseln ist jedoch sicher in erster Linie ihrer Bedeutung als wichtige Ansteuerungspunkte zuzuschreiben. Da die Segelschiffahrt Ende des 19. Jahrhunderts stark zurückgegangen ist,[1]) sind in erster Linie die Dampferrouten für die Befeuerung massgebend, zumal Segler viel Manövrierungsraum und beständige Winde benötigen, deshalb möglichst ausser Sicht des Landes fahren.[2]) Gerade aber auch in der Nähe der Azoren, der Kanarischen und der Kapverdischen Inseln häuft sich die Zahl der vorbeifahrenden Segler.[3]) Der Lage nach sind jedoch die wichtigsten Punkte des Atlantischen Ozeans für die Segelschiffahrt das Kap Horn und nicht minder das Kap Agulhas. Zwar werden beide nur bei der Fahrt vom Grossen — bezw. Indischen — nach dem Atlantischen Ozean in Sicht des Landes umsegelt,[4]) aber schon dadurch sind die Feuer auf der Staten Insel und auf Kap Agulhas von besonderer Wichtigkeit. Die Feuer der Magellan-Strasse kommen nur Dampfern zugute.

β. Hinterlandslage.

Würdigung der Hinterlandslage. Die neuzeitliche Entwicklung der Völkerwirtschaft hat den Wert der Meereslage zugunsten der Hinterlandslage gemindert, weil es vielmehr auf eine Verkürzung des teuren Landweges als des billigen Seeweges ankommt. Der in dem sprunghaften Aufschnellen der Leuchtfeuerzahlen seit 1890 erkennbare Aufschwung der deutschen Nordseehäfen, trotz der viel besseren Meereslage britischer und französischer Häfen, ist ein

[1]) s. jedoch *Schott:* „Die Verkehrswege d. Segelschiffahrt". S. 237. — *Krümmel:* „Zwei Jahrzehnte deutscher Seeschiffahrt". S. 487 f.

[2]) *Schott:* „Eine Forschungsreise nach d. ostasiat. Gewässern". Verhdlg. d. Ges. f. Erdk. Berlin 1893. S. 66.

[3]) *Schott:* „Verkehrswege". S. 246. 248.

[4]) *Schott* a. a. O. S. 283 f. u. 249 f.

eindringlicher Beweis für den Wert der Hinterlandslage. Zunächst ist die Grösse des Hinterlandes im Verhältnis zur Länge seiner Küste zu untersuchen. Da ergibt sich ein Hauptunterschied zwischen Inseln und Festländern: Die Möglichkeit, die Fläche des Austausches zwischen Meer und Land, in gewissem Sinne die Atmungsfläche eines Landes, ist im allgemeinen bei einer Insel weit grösser als bei einem Festlande. So fliessen in England aus zahlreichen, überall leicht erreichbaren Häfen die im Innern erzeugten Fabrikate ab und durch ebensoviele Häfen strömen Rohstoffe und Nahrungsmittel wieder zu. Dagegen strömt der überseeische Verkehr von nahezu ganz Mitteleuropa bis an die Alpen und die Karpathen von und nach der kurzen deutsch-niederländisch-belgischen Nordseeküste. Deshalb entfallen bei weitem die grössten Leuchtfeuerdichten, nicht nur die absoluten, sondern auch die relativen, auf die deutsch-niederländisch-belgische Nordseeküste und nicht auf England, trotz seines gewaltigen, den aller andern Länder weit überragenden Seeverkehrs. Die hohe Zahl der Leuchtfeuer an der genannten Küste ist ein guter Massstab für den gewaltigen Druck, mit welchem ein hochentwickeltes, sich tief ins Innere erstreckende Hinterland über eine kurze Küste zum Ozean drängt. Eine Mittelstellung zwischen Mitteleuropa und England in bezug auf das Verhältnis zwischen Hinterland und Küste nimmt Nordamerika ein. Wohl kann man auch hier im wesentlichen zwei Hauptrichtungen beobachten, in denen der Verkehr aus dem Innern, dem Tieflande zwischen Appalachen und Rocky Mountains, zum Ozean dringt: im Tale des Mississippi zum Golf von Mexiko und zwischen den Appalachen und der laurentischen Platte zum Nordatlantischen Ozean. Aber die Küste des Festlandes ist lang genug, um zwischen und neben diesen beiden Haupttoren eine Reihe weiterer bedeutender Häfen entstehen zu lassen, wie Charleston, Savannah, Brunswick, Tampa, Galveston. In der Befeuerung kommt dies zum Ausdruck, indem einerseits nicht annähernd eine derartige Häufung der Leuchtfeuer auftritt, wie an der deutsch-niederländisch-belgischen Nordseeküste, andererseits aber auch keine so gleichmässige Verteilung auf die Küste wie in Grossbritannien. Im allgemeinen ist es für die Seegeltung eines Landes zweifellos günstig, wenn ein tiefes, weites Hinterland auch eine breite Anlehnung an das Meer geniesst. Es ist aber auch zu bedenken, dass ein beschränktes Küstengebiet leichter einen gewaltigen Hafen sich entwickeln lässt, als eine lange Küste mit vielen untereinander in scharfem Wettstreit stehenden mittleren Häfen. Ein Welthafen ist aber infolge seiner Verbindungen mit allen wichtigen Ländern wohl imstande, auch ein riesiges Hinterland ausreichend zu bedienen, in vieler Beziehung sicher besser als eine Reihe minder bedeutender Häfen; denn er vermag dank seiner umfassenden Handels- und Verkehrsorganisationen selbst wieder die überseeischen Beziehungen seines Hinterlandes auszubauen und zu erweitern. Dazu kommt, dass einem solchen Hafen ersten Ranges so gewaltige technische und finanzielle Mittel zur Verfügung stehen, dass natürliche Nachteile der Lage durch umfassende Kunstbauten ausgeglichen, Vorteile aber noch erhöht werden können. Hamburg ist das beste Beispiel eines solchen Welthafens, und die Zahl von 130 Feuern im innersten Winkel der Nordsee,[1]) die höchste überhaupt im Atlantischen Ozean, ist nur ein Beleg für die Bedeutung Hamburgs.

Würdigung der Zugänglichkeit vom Meere aus. Bei der Wertung des Verhältnisses zwischen Hinterland und Küste muss aber notwendig die Zugänglichkeit der Küste berücksichtigt werden: Was nützt eine meilenlange Küste, wenn darin kein Tor sich öffnet für den Verkehr zwischen Land und Meer? In Buchten dringt der Seeverkehr ins Land, je weiter, desto besser. Darin steht Europa einzig da, dass vom offenen Ozean, von Fastnet Rock und von den Scilly Inseln, den beiden Hauptausgangs- und Ansteuerungspunkten auf der nordatlantischen Route unter 10° WL und 50° NBr, der unmittelbare Seeverkehr durch Nord- und Ostsee bis 30° OL und 60° NBr ins Innere des Erdteils vordringen kann. Diese Tatsache allein erklärt schon zum guten Teil das grosse Übergewicht der Leuchtfeuerzahlen Europas über die Nordamerikas. Dort fahren zwar auch Seeschiffe bis Duluth am Oberen und Chicago am Michigan-See, und in Südamerika dringen Seeschiffe auf dem Amazonas bis Manaos und Iquitos vor, aber diese Tatsache ist von weit weniger tiefgreifender Wirkung, weil nicht ganze Meere, sondern nur Ströme und Seen die Verkehrsträger sind. Eine Abstufung der einzelnen Küstenformen nach ihrer Zugänglichkeit vom Meere aus, um danach ihren Wert für den Verkehr zu bestimmen, ist sehr schwierig, weil ausserdem die Zugänglichkeit vom Lande aus, vor allem auch die Art und Arbeit der Bevölkerung und der wirtschaftliche Wert des ganzen Landes ins Gewicht fallen. Im allgemeinen lässt sich aber behaupten, dass die Küsten des Gebirgslandes zugänglicher sind, weil sie meist schneller zu grossen Tiefen abstürzen, und Untiefen und Klippen weniger weit vorgelagert sind, als bei den Küsten des Flachlandes, die meist von Flachsee mit weit sich in See erstreckenden veränderlichen Sänden umgeben sind. Vor allem aber bedingt eine vielfache vertikale

[1]) s. d. Tabelle der Leuchtfeuer an der deutschen Nordseeküste.

Gliederung meist auch eine grosse horizontale, sodass die Küsten des Gebirgslandes meist gebuchtet sind, insbesondere sehr oft als Fjord-, Schären-, Rias-, Valloni- oder Föhrdenküsten mit zahlreichen guten Häfen auftreten. Dagegen sind die Küsten des Flachlandes zwar auch gebuchtet, sehr häufig aber geschlossene Dünenküsten, die nur von Flüssen durchbrochen werden, welche Lagunen, Bodden, Haffe, Trichter oder Deltas bilden können, an denen dann die Häfen liegen. Küsten der ersteren Art zeigen schon infolge der grösseren Zahl der Häfen, aber auch infolge der Zerrissenheit und des Inselreichtums eine dichte, auf die ganze Küste verteilte Befeuerung; so die Fjordküsten Norwegens, Neuschottlands und der Neuenglandstaaten, ebenso die Schärenküsten Schwedens und Finnlands, die Riasküsten Irlands, der Bretagne, die Föhrdenküsten der westlichen Ostsee. Dagegen ist für Küsten der zweiten Art eine sehr dünne, an den vorhandenen Zugängen aber plötzlich sehr dicht werdende Befeuerung charakteristisch, wie das sehr deutlich an den Flachküsten Westjütlands und der Vereinigten Staaten südlich Kap Cod und am Mexikanischen Golf zu sehen ist. Am gleichmässigsten sind noch infolge der grossen Gliederung die Boddenküsten mit Feuern besetzt, z. B. die Küsten Rügens und der Dänischen Inseln. Fast ganz unzugängliche Küsten sind nur insoweit mit Feuern versehen, als es zur Sicherung und Warnung vorüberfahrender Schiffe nötig ist, wozu meist wenige, aber weitsichtbare Hauptfeuer genügen.

Würdigung der Zugänglichkeit vom Lande aus. Die Zugänglichkeit vom Meere aus muss ergänzt werden durch die vom Lande aus, soll die Küste dem Verkehr günstig sein. Auf die natürlichste und deshalb wirksamste Weise wird das Hinterland durch einen schiffbaren Strom an das Meer angeschlossen; denn auf dem Strom geht der Seeverkehr am leichtesten und bequemsten in den Binnenverkehr über. Die grossartigsten Beispiele dafür sind die zum Teil schon erwähnten amerikanischen Ströme: St. Lorenz, Hudson, Mississippi, Amazonas, La Plata; in Europa der Rhein, die Elbe. Die Bedeutung der Ströme als der natürlichsten, ältesten, wichtigsten Ein- und Ausgangstore des Hinterlandes spiegelt die Leuchtfeuerstatistik in doppelter Weise wieder: Indem die Mündungen aller Ströme, fast ohne Ausnahme, am frühesten unter allen wichtigen Punkten der Küste befeuert sind, ausserdem aber auch fast durchgängig höhere, ja die höchsten Dichten überhaupt aufweisen. Wo Ströme fehlen, werden sie durch Eisenbahnen ersetzt. So stehen Kapstadt, die Häfen Südamerikas zwischen La Plata und Amazonas, die Häfen Mexikos, der Pyrenäenhalbinsel in der Hauptsache nur durch Eisenbahnen mit ihrem Hinterland in Verbindung. Ist der Strom die bequemste Verbindung zwischen Land und Meer, so vermag andererseits die Eisenbahn beim heutigen Stande der Technik selbst grosse Hindernisse, wie hohe Küstenketten, Hochlandsränder, auch Wüsten und Steppen zu überwinden. Eisenbahnen helfen Stromschnellen umgehen und machen so einen Strom erst zu seiner Aufgabe tauglich; andererseits befähigen sie aber auch einen Hafen, in das durch einen Strom an den Mündungshafen angeschlossene Hinterland einzubrechen. Gerade die Neuzeit hat dies mehrfach gesehen in dem verschärften Kampf der Häfen um das Hinterland. Die Befreiung des Verkehrs von den ihm durch die Bodengestalt und das Stromsystem des Landes aufgezwungenen Wegen ist natürlich am weitgehendsten in hochentwickelten Ländern mit gut ausgebautem Eisenbahnnetz. Dort allein ist es deshalb möglich, dass kleine und mittlere Häfen neben den durch natürliche Verbindungen ins Hinterland zu Haupttoren desselben bestimmten Grosshäfen gedeihen. Länder mit ausgebautem Eisenbahnnetz zeigen deshalb stets auch eine gleichmässigere Befeuerung. Manche Hindernisse, wie steile Gebirgsmassen in langer Ausdehnung hinter der Küste, werden auch von Strassen und Eisenbahnen nicht völlig überwunden, weil die Schwierigkeit der Überführung durch die Höhe der Baukosten und damit der Frachten stets noch nachwirkt. Die von der Natur gegebenen Tore eines Landes werden deshalb ihren Vorrang stets noch im Umfang des Seeverkehrs und in der Zahl der Leuchtfeuer erkennen lassen, umso schärfer, je weniger ein Land sein Verkehrsnetz entwickelt hat. Afrika und Südamerika bieten deshalb die besten Beispiele: die Kongomündung mit 7 Feuern, wo der Verkehr eines Hinterlandes von 4 000 000 qkm nach dem Ozean abfliesst, und die La Plata-Häfen mit 28 Feuern, wo der Verkehr eines Stromgebietes von 3 000 000 qkm zusammenströmt. Eine ähnliche Rolle hat einst New Orleans für das Mississippibecken, ein Gebiet von 3 250 000 qkm gespielt, als das Hinterland der nordatlantischen Häfen nur bis an die Appalachen reichte. Diese Monopolstellung wurde aber untergraben, als durch die Eröffnung des Eriekanals 1826 und des Wellandkanals 1829, vor allem aber durch die Eisenbahnen über die Appalachen der Verkehr des gesamten Seengebietes und des oberen Mississippibeckens nach Osten abgeleitet wurde, sodass er jetzt über Quebec—Halifax—Boston—New York—Philadelphia—Baltimore zum Ozean abfliesst, wie in den Armen eines „kommerziellen Deltas“, dessen Scheitelpunkt etwa zwischen dem Eriesee und den Alleghanies liegt. Kohl hat in seinem Buche: „Der Verkehr und die Ansiedelungen der Menschen in ihrer Abhängigkeit von der Gestaltung der Erdoberfläche“ im einzelnen dargelegt, wie der Verkehr und die Ansiedelungen auf Inseln sich nach der Küste ziehen; auf Halbinseln in den Flanken derselben sich häufen, aber auch an der Spitze; in Meerbusen an der Spitze derselben, aber auch an den Seiten und der Basis; schliesslich stets an Meerengen und Isthmen. Es kommt dies mehr oder weniger auch in der Häufung der Leuchtfeuer zum Vorschein. Inseln sind im allgemeinen fast immer gut befeuert; Florida zeigt deutlich Leuchtfeuerdichten in den Flanken und an der Spitze bei Key West; der Finnische Busen an der Spitze und an der Basis; schliesslich sind besonders dicht befeuert der Sund und der Isthmus Hamburg—Kiel.

3. Einfluss des Klimas auf Verkehr und Leuchtfeuerdichte.

α. Mittelbarer Einfluss des Klimas.

Nach Beurteilung der Lage seien die Wirkungen des Klimas untersucht. Dieses beeinflusst den Verkehr weit weniger unmittelbar als mittelbar dadurch, dass die Gegensätze zwischen tropischem, gemässigtem und polarem Klima auch solche kultureller und wirtschaftlicher Art schaffen. Weil in den gemässigten Zonen Kultur und Wirtschaft ihre höchste Entwicklung erfahren haben, muss auch der Verkehr in den gemässigten Zonen ein regerer sein als in der tropischen und in den polaren. Entsprechend der zonaren Anordnung der Kultur- und Wirtschaftsstufen muss auch der Verkehr eine zonare Anordnung erkennen lassen, weniger in der Richtung seiner Wege, die in erster Linie durch die Gestalt des Atlantischen Ozeans und die Lage seiner Länder bedingt wird, als in der Anordnung der Häfen nach dem Umfang ihres Verkehrs; und das muss wieder mehr oder weniger auch in der Verteilung der Leuchtfeuer zum Ausdruck kommen. Es entspricht der dichten Befeuerung der europäischen und der nordamerikanischen Küste in der nördlichen gemässigten Zone in der südlichen die Zunahme der Leuchtfeuer im Kapland und an der südamerikanischen Küste etwa von Rio de Janeiro bis zum La Plata. Im mittleren Amerika ist infolge der Einschaltung des amerikanischen Mittelmeeres mit seiner Inselwelt eine zonare Anordnung nicht zu erkennen; wohl aber in Afrika, wo die die tropische Zone von den beiden gemässigten Zonen trennenden Wüstengürtel der Passate auch breit klaffende Lücken in der Befeuerung bewirken. Infolge der geringen Ausdehnung Südamerikas und Afrikas nach Süden kommt dort die polare Zone nicht mehr zur Geltung, umsomehr aber im Norden: Kein einziges Feuer brennt nördlich der Belle-Isle-Strasse in 51° NBr an den vereisten Küsten Labradors und Grönlands, deren Fjorde an sich vorzügliche Häfen bieten würden; an der vom Golfstrom begünstigten norwegisch-russischen Küste dagegen zieht sich ein nach Norden allerdings immer lückenhafter werdender Kranz von Feuern bis zum Nordkap in 71° NBr und weiter bis ins Weisse Meer hin. Der Mangel an Leuchtfeuern in Patagonien ist nicht polaren Einflüssen zuzuschreiben, sondern der wirtschaftlichen Dürftigkeit eines niederschlagsarmen Gebietes. Auch in der Richtung der Hauptseewege zeigt sich eine Symmetrie im Verkehrsbild des Atlantischen Ozeans: Der europäisch-nordamerikanischen Route entspricht eine afrikanisch-südamerikanische, der europäisch-mittelatlantischen eine amerikanisch-mittelatlantische usw., wie unsere Karte erkennen lässt. Das ist aber nicht nur in der Gestalt des Atlantischen Ozeans und der Lage seiner Länder begründet, sondern auch durch die Klimazonen, welche wirtschaftlich mehr oder weniger gleichartige Gebiete einander gegenüber lagern.

β. Unmittelbarer Einfluss des Klimas.

Ein unmittelbarer Einfluss meteorologischer Verhältnisse auf die Dichte der Leuchtfeuer lässt sich schwer nachweisen, weil die Befeuerung im Mittel- und Südatlantischen Ozean aus im wesentlichen kulturellen und wirtschaftlichen Gründen noch zu wenig ausgebaut ist, um daraufhin mit der im Nordatlantischen verglichen zu werden. Im allgemeinen lässt sich behaupten, dass die Luft in höheren Breiten, namentlich in den gemässigten Zonen, unsichtiger ist als in niederen, abgesehen von den heissen, trockenen Gebieten z. B. der afrikanischen Küste. Denn einmal ist in niederen Breiten die Intensität des Lichtes infolge höheren Sonnenstandes eine grössere, dann aber sind sowohl mechanische Trübungen der Luft durch Staub und vor allem Wasser, als auch optische durch Strahlenbrechung infolge heterogener, starke Wärmegegensätze aufweisender Luftschichten in den Breiten über 40° häufiger. Zwischen dem 40. und dem 20. Parallel, in den Rossbreiten, ist die Sichtigkeit der Luft besonders gross, da diese dort den geringsten relativen Feuchtigkeitsgehalt aufweist, der gegen die Pole und den Äquator rasch zunimmt,[1]) ausserdem aber ein starker Zufluss reiner, staubfreier und homogener Luft aus höheren Schichten stattfindet. In den äquatorialen Gegenden sind Trübungen der Luft schon wieder häufiger infolge der aufsteigenden

[1]) *Hann:* „Lehrbuch der Meteorologie." S. 174.

Luftströmung, wodurch die Homogenität gestört wird. Vor allem sind Trübungen häufig an den heissen, trockenen Küsten Afrikas. Hier erschweren die starken Strahlenbrechungen die zur Navigation notwendigen Beobachtungen ungemein.[1]) Dazu kommt, dass der Staub dieser trockenen Gebiete sich stärker und schneller erwärmt als die Luft, sodass er die ihn unmittelbar umgebende Lufthülle selbst erwärmt und von dieser Hülle wie in kleinen Luftballons in immer höhere Schichten getragen wird, sodass die ganze Luft mit trübem Dunst erfüllt ist.[2]) Gerät dieser Staub zusammen mit dem aus der Sahara durch den Wind aufgewirbelten in den Passat, dann entstehen die berüchtigten Staubfälle in der Gegend der Kapverden, wodurch über der See von Kap Juby bis Kap Verde und nach Westen bis etwa zum 35. Meridian ein oft tagelang stehender Dunst verursacht wird, der kaum eine Seemeile weit zu sehen gestattet und erst durch eintretenden Regen niedergeschlagen wird.[3]) Eigentliche Nebel sind zweifellos im Nordatlantischen Ozean häufiger, dicker und länger andauernd als im Südatlantischen. Besonders an der nordamerikanischen Küste nimmt die Häufigkeit der Nebel mit der Breite und der Annäherung an die Küste zu. Geradezu verrufen sind die Neufundland-Bank, die Küste von Neuschottland und die Nantucket-Bänke wegen gefährlicher Nebel, die durch die Wärmegegensätze infolge des Zusammentreffens des kalten Labradorstromes mit dem warmen Golfstrom dort hervorgerufen werden. April bis August ist die nebelreichste Zeit, in der sich etwa von Long Island an längs der Küste Neuschottlands und Neufundlands ein Gebiet hinzieht, in welchem 10- 60 % aller Beobachtungsstunden Nebelstunden sind. Südlich des 40. Parallel werden die Nebel seltener, die Linie mit 1 % Nebelstunden zieht etwa vom Kap Hatteras quer über den Ozean nach der Pyrenäenhalbinsel.[4]) Ebenso wie an der nordamerikanischen Küste herrschen auch an der Westküste Norwegens und der Britischen Inseln im Sommer häufige Nebel, dagegen in der Nord- und der Ostsee im Winter. Die Höchstzahlen der Nebeltage im Monat sind in der Nordsee 10—16, in der Ostsee etwa 5—10.[5]) Jedoch sind die zahlenmässigen Angaben über die Häufigkeit der Nebel mangelhaft und infolge verschiedener Auffassung der Dichte der Nebel nicht derartig

---

[1]) Africa Pilot I. S. 52/53.

[2]) *Hann* a. a. O. S. 14.

[3]) Segelhandbuch f. d. Atl. Ozean. S. 133—149 u. Tafel 21 im dazugehörigen Atlas (1902). Hamburg, L. Friederichsen & Co.

[4]) Tafel 32 u. 33 des genannten Atlas zum Segelh. f. d. Atl. Ozean; ferner Annal. d. Hydrographie 1897. Tafeln 13—24.

[5]) Segelhandb. f. d. Nordsee I, 1. S. 35. — Segelhandb. f. d. Ostsee I, 1. S. 57.

vergleichbar, dass für das gesamte europäische Küstengebiet genaue Werte berechnet werden könnten. Die Nordsee, namentlich die britische Küste, wo der Rauch der Fabriken und dicht gescharten Wohnstätten die Nebelbildung begünstigt, ist jedenfalls sehr nebelreich; jedoch ist die nordamerikanische Küste in bezug auf Nebel viel ungünstiger gestellt als die europäische. Im Südatlantischen Ozean sind Nebel weit weniger häufig, ausserdem gleichmässiger auf das Jahr verteilt als im Nordatlantischen. Zwischen 35° NBr und 35° SBr sind Gebiete gefährlicher Nebel nur die Nordwest- und die Südwestküsten Afrikas, wo längs der Küste hinziehende Streifen kalten Wassers die über ihnen lagernde heisse Luft zu Nebelbildungen veranlassen. Dass es trotz des hohen relativen Feuchtigkeitsgehalts der Luft in den äquatorialen Gegenden selten zu Nebeln kommt, liegt an dem Gleichmass des tropischen Klimas, das starke Wärmegegensätze zwischen Luft, Wasser und Land kaum aufkommen lässt, weder örtlich noch zeitlich. Im Südatlantischen Ozean wirkt ebenso das wenig gestörte Gleichmass des ozeanischen Klimas: Die im Vergleich zu der ungeheuren Wassermasse geringen Landmassen Südamerikas und Afrikas können hier keine so scharfen Gegensätze zwischen Land- und Seeklima bewirken, wie Nordamerika und Eurasien im Nordatlantischen Ozean; und daher dessen zahlreichere Nebel und auch sein viel stürmischeres Wetter. Abgesehen von dieser Ungleichheit ist im Norden wie im Süden der Westen stürmischer als der Osten. Die Häufigkeit der Stürme nimmt mit höheren Breiten zu, jedoch sind die Tropen der Schauplatz gefährlicher Wirbelstürme, besonders Westindien und die Gegend der Kapverden. Der Zeit nach ist der Nordatlantische Ozean in den Monaten Dezember bis Februar am stürmischsten, der Südatlantische im Juni bis August. Im Dezember bis Februar liegen zwei stürmischste Gebiete, in denen 30 und mehr Prozent aller Beobachtungen Sturm ergeben, südlich und östlich von Neufundland. Die ganze amerikanische Küste nördlich des 30. Parallels fällt in das Gebiet mit 10 und mehr Prozent Sturmbeobachtungen, ebenso die Bermuda-Inseln, die Azoren und die europäische Küste nördlich vom 40. Parallel. Im Südatlantischen Ozean entfallen in dieser Zeit nur die Falkland-Inseln und Feuerland in dieses Gebiet, das sich in geringem Abstand von der patagonischen Küste bis etwa 35° SBr nach Norden erstreckt. Im Juni bis August ergeben sich 10 und mehr Prozent Sturmbeobachtungen in einem Bezirk, dessen Nordgrenze von Kapstadt quer über den Ozean langsam bis zum 30. Parallel ansteigend verläuft, dann knapp an der Küste hin, bis sie beim Kap Tres Puntas in die Küste eintritt, also auch in der stürmischsten

Zeit nur die Falkland-Inseln, das südliche Patagonien und Feuerland einbeziehend.[1]) Inwiefern aber nun die für die Schiffahrt im Nordatlantischen Ozean im Vergleich zum Südatlantischen zweifellos ungünstigeren meteorologischen Verhältnisse auch das Übergewicht des Nordatlantischen Ozeans in der Zahl der Feuer begründen, ist schwer festzustellen, weil zuviel andere Gründe schon vorhanden sind. Sicher aber müssen, um im Südatlantischen Ozean die geringe Zahl der Nebenfeuer zu erklären, auch die günstigeren meteorologischen Verhältnisse, insbesondere die geringere Nebelhäufigkeit herangezogen werden. Wenn hier auch der geringere Verkehr einen weniger umfassenden Ausbau der Küstenbeleuchtung durch Nebenfeuer rechtfertigt, so mögen doch hier in vielen Fällen eben infolge der günstigeren meteorologischen Verhältnisse die Hauptfeuer allein schon genügen. Im Nordatlantischen Ozean dagegen verschärfen sicher die häufigen Nebel das Bedürfnis nach Leuchtfeuern. Insbesondere ist auf die gute Befeuerung der doch sehr dünn bevölkerten Neufundland-Insel hinzuweisen. Hier ist die gute Befeuerung vornehmlich und fast allein durch die Lage der Insel an einem Hauptseewege und durch die Häufigkeit der Nebel bedingt, die aber weniger auf dem Lande selbst lagern, vielmehr auf den von ihm abstehenden Gewässern der Neufundland-Bank. Sehr häufige Nebel verschärfen das Bedürfnis nach Leuchtfeuern, beeinträchtigen aber obendrein auch noch die Wirksamkeit der vorhandenen. Wenn nur Nebelbänke von geringer Mächtigkeit vorkommen, dann kann die Wirksamkeit der Feuer allerdings einfach durch eine Höherlegung derselben gesichert werden. Schärfer als durch die Dichte der Leuchtfeuer muss die Nebelhäufigkeit durch die Dichte der Nebelsignalstationen zum Ausdruck kommen. Im gesamten Südatlantischen Ozean finden sich nur 2 Nebelsignalstationen, je eine in Kapstadt und an der La Plata-Mündung; im Mittelatlantischen Ozean nur 17, sämtlich in den Häfen der Vereinigten Staaten am Golf von Mexiko; im Nordatlantischen Ozean aber 998. Davon entfallen 404 auf die kurze Strecke vom Kap Hatteras bis zur Belle-Isle-Strasse; die Küste der Vereinigten Staaten von der Chesapeake bis zur Fundy Bucht weist die grössten Dichten überhaupt auf. Auf die gesamten Küsten Europas kommen 589 Nebelsignalstationen, davon allein 239 auf die Britischen Inseln.

---

[1]) Tafel 25 im Atlas zum Segelhandb. f. d. Atl. Ozean.

4. **Einfluss des morphologischen Baues der Küste auf Verkehr und Leuchtfeuerdichte.**

α. Einfluss des morphologischen Baues der Küste im Verein mit Lage und Klima.

Die Bedeutung des morphologischen Baues einer Küste für die Zugänglichkeit wurde schon erörtert. Besondere Verhältnisse werden nun geschaffen, wenn eine vom Meere aus leicht zugängliche Küste zwar nach Klima und Bau für eine dichte Besiedelung geeignet ist, eines tiefen, weiten Hinterlandes aber entbehrt: Sei es dass eine Gebirgskette oder der Rand eines Hochlandes die Küste vom Innern trennt, sei es dass ein weites Hinterland überhaupt nicht vorhanden ist, wie auf einem Insellande. Das erste ist der Fall in Norwegen. Das schmale Küstenland ist der Sitz eines hochentwickelten Volkes von $2^1/_4$ Millionen. Die Kultur, die Arbeit, ja das ganze Dasein dieses Küstenvolkes ist vom Meere beeinflusst und ans Meer geknüpft. Nicht nur das Land steht unter einem ausgesprochenen Seeklima, auch das Volk lebt unter einem „geistigen Seeklima“; daher seine Eigenart und Selbständigkeit, die Kühnheit und Beharrlichkeit seiner Unternehmungen; und daher auch seine bedeutende Schiffahrt. Bezeichnend ist, dass die norwegische Handelsflotte mit 1 483 674 Registertonnen an 4. Stelle in der Welt steht, im Vergleich zur Bevölkerungszahl des Mutterlandes aber bei weitem an erster Stelle.[1]) Besonders ist Norwegens Küstenschiffahrt äusserst lebhaft. Denn da das Meer überall leicht erreichbar ist, und das Hinterland gar keinen Raum zu einem Flussschiffahrts- oder Eisenbahnnetz bietet, tritt auch der Binnenverkehr hinaus aufs Meer und wird Küstenfahrt.[2]) Bezeichnend für die innige Verknüpfung der Norweger mit dem Meere ist die Bedeutung ihrer Seefischerei: 1891 waren 171 885 Personen in der Fischerei beschäftigt, die wesentlich Seefischerei ist, und diese ist der älteste Erwerbszweig des Landes überhaupt.[3]) Nicht nur dem einzelnen bietet sie Unterhalt, sondern dem ganzen Volke liefert sie einen guten Teil seiner Nahrung, ausserdem aber in der Fischereibevölkerung einen Stamm wetterharter, geschulter Seeleute, der die beste Grundlage der Seegeltung Norwegens bildet. In ähnlicher Weise hat bei der Würdigung der Seegeltung der Niederländer als eines Küstenvolkes, der Dänen und Briten als Inselvölker der Mangel eines

---

[1]) „Norway“. Official Publication for the Paris Exhibition 1900. S. 403 u. Tabelle S. 405.

[2]) „Norway“. S. 460 f.

[3]) „Norway“. S. 98 u. 351 f.

weiten Hinterlandes in ihrer Heimat mitzusprechen. Diese wichtige Tatsache ist zu bedenken, wenn die Befeuerung der norwegischen, niederländischen, dänischen und britischen Küsten bis ins Mittelalter zurückreicht, und zwar der dänischen und britischen bis ins 13. Jahrhundert und wenn in den Gebieten der Ostsee und des nördlichen Norwegens, die doch von den Hochstrassen des Seeverkehrs nicht berührt werden, die Zahl der Feuer eine so hohe ist. In Norwegen kommt ausser dem Mangel eines Hinterlandes noch der Umstand in Betracht, dass die kulturfeindlichen Einflüsse der polaren Zone sich auf dem Lande viel eher fühlbar machen, als auf der See,[1]) dass also die Bevölkerung auch dadurch veranlasst wird, die Beziehungen zur See zu pflegen.

β. Einfluss des morphologischen Baues allein.

Nur vom Bau der Küste abhängig ist das Vorhandensein natürlicher Seehäfen.[2]) An harten, in Senkung begriffenen Küsten sind Einbruchshäfen häufig, wofür Rio de Janeiro ein typisches Beispiel ist. Ihr Wert wird noch erhöht, wenn, wie bei Southampton und Portsmouth, eine Insel vorgelagert ist, wodurch weite Flächen ruhigen Wassers zwischen Festland und Insel geschaffen werden. Durch vulkanische Aufschüttungen oder durch Anschwemmungen können schützende Wälle entstehen, hinter denen dann Aufschüttungshäfen gebildet werden. Die meisten Vorteile bieten aber unter den natürlichen Seehäfen Mündungshäfen, weil sie vom Meere wie vom Lande aus gut zugänglich sind. Fast alle Welthäfen sind denn auch Mündungshäfen. Nachteile derselben sind in kalten Breiten die leichte Eisbildung des Süsswassers und im Frühjahr der Eisgang; Montreal und Quebec sind dafür die besten Beispiele. In heissen Gegenden kommt es infolge unregelmässiger Wasserführung der Flüsse oft zu Barrenbildungen vor der Mündung, so namentlich in den Häfen der südatlantischen Staaten der Union. Nachteile aller Mündungshäfen sind Länge, Enge und Veränderlichkeit des Fahrwassers. Von grösster Wichtigkeit für Mündungshäfen sind starke Gezeiten, da sie die Fahrwassertiefe erhöhen und auch als bewegende Kraft für die Aus- und Einfahrt nutzbar sind. Zu schwache Gezeiten werfen Barren auf, und nur ein starker Strom aus Flüssen oder Buchten vermag diese wieder wegzuräumen. Küsten, die von Korallenriffen gesäumt werden, sind unzugänglich. Aber auch an solchen Küsten entstehen Häfen an den Flussmündungen, da Korallen in trübem, süssem Fluss-

---

[1]) *Hann:* „Handbuch der Klimatologie". II, 2. S. 115.

[2]) *Krümmel:* „Die Haupttypen der natürl. Seehäfen". Globus LX. *Shaler:* „Sea and Land". S. 161 f.

wasser nicht gedeihen können, und dadurch Pforten in dem Küsten- oder Wallriff offengehalten werden. Abgesehen vom Einfluss des Verkehrsumfanges bedürfen Einbruchs- und Aufschüttungshäfen weniger Feuer, weil sie in der Regel ein mehr geräumiges, weniger tief einschneidendes und verzweigtes Becken darstellen mit einem einzigen Einlauf unmittelbar vom Meere her, wie Rio de Janeiro mit 6 Feuern zeigt. Im Gegensatz dazu ziehen sich die Anlagen der Mündungshäfen in langer Reihe an beiden Ufern des Stromes und seiner Arme und Zuflüsse hin, und ausserdem ist ein langes Fahrwasser mit vielen Verzweigungen und Untiefen zu befeuern, oft bis weit in See hinaus. Mündungshäfen liegen vielfach auch im Flachland, das wenig natürliche Landmarken hat, im Gegensatz zu den Einbruchs- und Aufschüttungshäfen, die meist von hohen Küsten umgeben sind. Durch vorgelagerte Inseln und Klippen wird allerdings auch die Leuchtfeuerzahl dieser letzteren Häfen erhöht, da dann auch die Einfahrt enger, verzweigter und bisweilen sehr lang wird; so die Einfahrt nach Christiania an einer Fjordküste mit 114, nach Stockholm an einer Schärenküste mit 106, nach Portsmouth-Southampton mit 82 Feuern. In der Regel weisen aber Mündungshäfen infolge der Länge, Verzweigung und Gefährlichkeit der Einläufe höhere, ja die höchsten Leuchtfeuerdichten auf. Die Mündungen der Elbe und Weser sind vor allem wegen ihrer langen Einläufe mit 130 bezw. 117 Feuern versehen, die Rhein-Maas-Scheldemündung ist vor allem wegen ihrer vielen Einläufe mit 202 Feuern besetzt.[1]) An einer auf grössere Strecken morphologisch einheitlich gebauten Küste treten die Typen natürlicher Seehäfen gesellig auf, und dadurch wird in grossen Zügen eine gewisse Gleichmässigkeit der Befeuerung bewirkt. Die gleichmässige Befeuerung der Fjord-, Schären- und Riasküsten wurde schon erwähnt; aber auch die Häufung der Leuchtfeuer in der südlichen Nordsee beruht auf dem geselligen Auftreten von Mündungshäfen dort.

Inwiefern hohe Gezeiten für Mündungshäfen von Vorteil sind, wurde schon erwähnt; jedoch nötigen sie auch zu kostspieligen Dock- und Schleusenanlagen, soll trotz des Unterschieds im Wasserstand

---

[1]) Entfernungen von der See:

Hamburg:	117	km
Bremen:	124	„
Rotterdam:	34	„
Antwerpen:	89	„

(*Wiedenfeld:* „Die nordwesteuropäischen Welthäfen“. Heft 3 der Veröffentlichungen des Instituts für Meereskunde in Berlin. 1903. S. 29.)

ein ungestörtes Laden und Löschen möglich sein. Durch die Zahl der Anlagen wird auch die Zahl der Feuer erhöht. Dazu kommt, dass in vielen kleinen und mittleren Häfen mit geringer Fahrwassertiefe, namentlich über Barren, besondere Gezeitenfeuer, „feux de marée", nötig werden, die den Wasserstand anzeigen. Vielfach sind solche feux de marée in Frankreich die ältesten Feuer überhaupt gewesen, so das 1636 in Fécamp angezündete. Strom und Gezeiten beeinflussen auch insofern unmittelbar die Dichte der Leuchtfeuer, als sie gefährliche Bänke und Sände zusammenschwemmen, die dann befeuert werden müssen. So haben sie an der Bildung der Flämischen Bänke, sowie der Sände vor der englischen Südostküste mitgewirkt, die sämtlich sehr gefährlich und mit Feuerschiffen bezeichnet sind. Auch an sich erhöhen heftige Gezeitenströme und Meeresströmungen die Gefahren der Schiffahrt und somit die Notwendigkeit der Befeuerung.

5. **Würdigung vorhandener natürlicher Gefahren.**

Zweifellos gilt: je mehr Gefahren, desto mehr Leuchtfeuer. Wie wenig aber das Vorhandensein natürlicher Gefahren an sich in Betracht kommt für die Zahl der Schiffsunfälle an einer Küste, wie vielmehr der Umfang des Verkehrs ausschlaggebend ist, zeigt die Statistik der Schiffsunfälle an den deutschen Küsten.[1]) Die Zahl der Unfälle überhaupt hat erheblich zugenommen nur infolge der Steigerung des Verkehrs; denn die Zahl der natürlichen Gefahren ist ja dieselbe geblieben. Noch bezeichnender ist, dass die Zahlen der durch regen Verkehr verursachten Zusammenstösse und Unfälle verschiedener Art sich verdoppelt und verdreifacht haben, aber nicht die Unfälle durch Stranden, Kentern und Sinken, die mehr durch die physischen Verhältnisse der Küste bedingt werden. Die Unfälle durch Kentern und Sinken haben sogar abgenommen infolge der Zunahme der seetüchtigeren Dampfer im Verhältnis zu den viel weniger tauglichen Seglern. Am deutlichsten jedoch tritt das Ausschlaggebende des Verkehrs in der Verteilung der Unfälle auf die Küste in Erscheinung. In der Ostsee sind die Abschnitte Grosshorst-Arkona, Dahmerhöft-Birknakke, Brüsterort-Neukrug mit Swinemünde und Stettin, Kiel und Eckernföhrde, Pillau und Königsberg die drei Abschnitte der meisten Unfälle und gleichzeitig auch bedeutenden Verkehrs, Grosshorst-Arkona und Dahmerhöft-Birknakke des bedeutendsten in der Ostsee überhaupt. Dass Brüsterort-Neukrug in der Zahl der Unfälle sowie der Leuchtfeuer den

[1]) s. Tabelle 28.

benachbarten Abschnitt Neukrug-Rixhöft übertrifft, trotzdem er im Verkehr zurücksteht, beruht auf dem Umstand, dass das Fahrwasser nach Königsberg viel länger ist als das nach Danzig. In der Nordsee steigen und fallen die Zahlen der Unfälle in noch engerem Anschluss an die des Verkehrs. Nach der Zahl der Unfälle und ebenso nach dem Umfang des Verkehrs ist die Reihenfolge der Abschnitte: Elbmündung, Wesermündung, Emsmündung, Westküste von Schleswig-Holstein. Wenn auch die bei weitem grössere Zahl der Unfälle in der Nordsee im Vergleich zur Ostsee durch die zweifellos grössere Gefährlichkeit der Nordseeküsten mit erklärt werden muss, so ist doch in erster Linie der doppelte Umfang des Verkehrs in der Nordsee dafür verantwortlich zu machen, zumal die Nordseeküste nur etwa ein Drittel der Länge der Ostseeküste hat. Auch nach Abzug der Zusammenstösse und Unfälle verschiedener Art,[1]) die wesentlich durch die Verkehrssteigerung verursacht werden, bleibt die Reihenfolge der Abschnitte nach der Zahl der Unfälle dieselbe, entsprechend dem Umfange des Verkehrs: ein Beweis, dass auch Stranden, Kentern und Sinken sich häufen mit wachsendem Verkehr. Erst mit steigendem Verkehr werden vorhandene natürliche Gefahren wirklich zu Gefahren, auf den Hochstrassen des Seeverkehrs selbst solche, die man anderswo unbeachtet lassen könnte. Aber erst nachdem die vorhandenen Gefahren wirklich als solche empfunden worden sind, werden sie durch Leuchtfeuer bezeichnet und unschädlich gemacht. Infolgedessen ist das Verhältnis zwischen der Zahl der Schiffsunfälle und dem Umfang des Verkehrs dasselbe, wie zwischen der Zahl der Leuchtfeuer und dem Umfang des Verkehrs.

6. Würdigung der Bevölkerungsverhältnisse.

Die Grundlage für den Einfluss kultureller Verhältnisse auf den Verkehr und somit die Dichte der Leuchtfeuer ist die Bevölkerung der Länder des Atlantischen Ozeans. Der Verkehr spinnt die Fäden zwischen den einzelnen Siedelungen der Menschen, und es ist daher natürlich, dass die Grenzen der Verbreitung der Leuchtfeuer auch mit den Grenzen der Ökumene zusammenfallen. Nur im Nordwest-Atlantischen Ozean liegt auf Belle Isle das nördlichste Leuchtfeuer unter 51° 52′ 53″,[2]) während dauernde menschliche Siedelungen an der Westküste Grönlands bis 78°, an der Ostküste bis zum Polarkreis vorgeschoben sind. Auf Island liegt das nördlichste Feuer an der Nordküste unter 66° 6′, in Europa auf der norwegischen Insel

[1]) s. die letzte Rubrik der Unfalltabelle (Tabelle 28).

[2]) Verzeichnis der Leuchtfeuer aller Meere. 1904. Tit. VI. Nr. 769 a.

Magerö unter 71° 7'.[1]) Im Südatlantischen Ozean liegen die südlichsten Feuer auf Staten Island unter 54° 39' und auf Kap Agulhas unter 34° 49'.[2]) Nicht weniger wichtig ist die Tatsache der Abhängigkeit der Dichte der Leuchtfeuer von der der Bevölkerung: je dichter die Bevölkerung, desto verwickelter die Lebenstätigkeit, die Volkswirtschaft, und desto grösser die Notwendigkeit des Atmens, des Austausches, d. h. des Verkehrs. Die Einbeziehung aller Länder und Erdteile in die neuzeitliche Völkerwirtschaft hat die Völker in immer höherem Grade auf den Seeverkehr angewiesen, und zwar den Überseeverkehr; die Küstenfahrt ist nur ein Teil des Binnenverkehrs. Dort wo die Völker Mittel- und Westeuropas und der Vereinigten Staaten am dichtesten sitzen und zum Ozean drängen, nämlich zwischen Elbe und Seine, in Grossbritannien, zwischen Fundy und Chesapeake Bucht, dort stehen auch die Leuchtfeuer am dichtesten: durchschnittlich 10—15, im Höchstmass 54 und 64 auf je 30 Sm. Aber nicht nur die Dichte der Bevölkerung kommt für den Umfang des Seeverkehrs und der Befeuerung in Betracht: Je nach ihrer Art und Veranlagung wissen die Völker in verschiedener Weise oder auch gar nicht ihre Küste auszunutzen. Wo Klima, Küstengestalt und Volkscharakter zusammenwirken, liegt der günstigste Fall vor, und es entstehen Staaten wie Norwegen. Andererseits hat z. B. die ganze Negerrasse niemals seemännische Veranlagung gezeigt, und erst Semiten, Inder und Europäer haben die Schiffahrt an Afrikas Küste gebracht, die allerdings auch nach ihren klimatischen und morphologischen Verhältnissen nicht zur Schiffahrt lockte. Die geringe Entwicklung der Schiffahrt in Afrika kommt noch heute in der Tatsache zum Ausdruck, dass Afrika die spärlichste Befeuerung im ganzen Atlantischen Ozean zeigt. Wie dagegen ein seetüchtiges Volk die natürliche Ungunst der Küste zu überwinden und Schiffahrt und Handel zu bedeutender Höhe zu entwickeln vermag, haben die Briten in Südafrika gezeigt, wo Kapstadt, trotz seiner sehr mässigen Uferlage an einer schlecht geschützten Bucht des offenen Ozeans, einen Verkehr von mehr als 8 000 000 Registertonnen jährlich bewältigt. Die Seetüchtigkeit der Briten wird denn auch durch die Tatsache belegt, dass die Tafel- und die Falsche Bucht die einzigen Plätze an der ganzen atlantischen Küste Afrikas sind, die von jeher und ausreichend befeuert waren. In diesem Zusammenhange sei auch der Einfluss der Nachbarlage auf Handel und Verkehr im Gegensatz zu dem der rein geographischen Lage erörtert.

[1]) Verzeichnis der Leuchtfeuer aller Meere. Tit. XIII. Nr. 590 a u. 536.

[2]) Verzeichnis der Leuchtfeuer aller Meere. Tit. VIII. Nr. 459 u. 82.

Ein hochstehendes, seetüchtiges Volk hebt mittel- und unmittelbar auch die Schiffahrt und den Handel benachbarter, an sich weniger seetüchtiger Völker. In dieser Weise macht sich die Nachbarschaft der Vereinigten Staaten in Westindien und Mittelamerika sehr vorteilhaft geltend; werden doch auf der amerikanisch-mittelatlantischen Route im unmittelbaren Seeverkehr mehr als 7 000 000 Registertonnen bewegt, gegen nur 2 000 000 auf der europäisch-mittelatlantischen Route.[1]) Der bedeutende Aufschwung des amerikanischen Schiffsverkehrs in dieser Richtung kommt dann wieder in dem plötzlichen Aufschnellen der Leuchtfeuerzahlen in Mexico seit 1890 zum Ausdruck, vor allem aber auf den von den Vereinigten Staaten abhängigen Inseln Cuba und Portorico, wo die durchschnittliche Dichte der Feuer von 0,45 bezw. 0,69 auf 0,91 bezw. 1,97 auf 30 Sm emporschnellte.

7. **Würdigung der wirtschaftlichen Verhältnisse.**

Inwieweit der Verkehr von Gestalt und geographischer Lage, Klima, morphologischem Bau, im Grunde also unveränderlichen Bedingungen abhängig ist, wurde schon dargestellt. Demgegenüber sind Volksdichte, vor allem aber Volkswirtschaft sich entwickelnde, deshalb schwankende Bedingungen des Verkehrs. Hohe Volksdichte allein stellt noch nicht die höchsten Anforderungen an den Verkehr, wie Indien und China zeigen; stets aber tut das die Volkswirtschaft in ihrer höchsten Entwicklung. Denn die Gebiete der höchsten Wirtschaftsstufen sind stets auch Gebiete hoher Volksdichte, weil hier die Wirtschaft grosse Menschenmassen ernähren kann, aber auch vieler Millionen Hände bedarf. Hier werden durch die weitgehende Ausnutzung der in der Natur gegebenen Verhältnisse, vor allem aber durch die höchste menschliche Arbeitsleistung die meisten und höchsten Werte erzeugt, und andererseits die grössten Massen an Nahrungs- und Rohstoffen verbraucht. Das sind daher die Gebiete der höchsten Austausch- d. h. Verkehrsnotwendigkeit, und die hochentwickelte Technik ist wohl imstande, den Verkehr vom Naturzwang zu befreien. Umgekehrt befähigt erst der Verkehr die Wirtschaft, sich zur höchsten Stufe zu entwickeln. Denn nur bei hochentwickeltem Verkehr ist die weitgehendste örtliche Arbeitsteilung möglich, indem jedes Land in der Hauptsache nur die am besten gedeihenden Rohstoffe und die am besten herzustellenden Fabrikate zu erzeugen braucht, sowie die weitgehendste persönliche Arbeitsteilung, indem

[1]) s. unsere Karte.

jeder einzelne sich leicht an die Stelle seiner geeignetsten Verwendung begeben kann. Der ursächliche Zusammenhang zwischen Höhe der Wirtschaft, Umfang des Verkehrs und Dichte der Leuchtfeuer tritt denn auch deutlich hervor bei einem Vergleich der geographischen Verbreitung der Wirtschaftsstufen nach Friedrich mit der geographischen Verteilung der Leuchtfeuer im Atlantischen Ozean.[1]) Nach Friedrich tritt in Europa das Gebiet der höchsten Wirtschaftsstufe etwa in der Ausdehnung von Trondjem bis Kap Finisterre mit Ausschluss Irlands und Nordschottlands, in Nordamerika etwa von der Lorenzmündung bis Galvestón mit Ausschluss Neufundlands und Floridas an den Atlantischen Ozean heran; und dort sind auch durchschnittlich die höchsten Leuchtfeuerdichten zu beobachten, sowohl nach dem gegenwärtigen Stand der Befeuerung als auch nach dem der früheren Jahre. Nur in Norwegen kommen grosse Leuchtfeuerdichten auch nördlich Trondjem vor infolge der bereits geschilderten besonderen Verhältnisse; dagegen zeigen der Bottnische Busen, die Westküste der Pyrenäenhalbinsel, Irland, Nordschottland, Neufundland, Florida deutlich eine Abnahme der Feuer. Im Südatlantischen Ozean weisen die Kapkolonie und die La Plata-Länder entsprechend ihrer Wirtschaftsstufe auch die dichteste Befeuerung auf; aber auch in Mexico, Jamaica, Cuba, Portorico, Trinidad, Guayana, in Brasilien um Pernambuco und Bahia und zwischen Rio de Janeiro und Rio Grande do Sul kommt das Auftreten der höchsten Wirtschaftsstufe auch in einer Zunahme der Leuchtfeuer zum Ausdruck. In Mittelamerika ist das nicht der Fall, weil die Schiffahrt dieser Länder am Grossen Ozean bedeutender ist als am Atlantischen. Die verhältnismässig hohe Kultur der Saharastämme äussert sich nicht in der Befeuerung der Nordwestküste Afrikas. Die Wüste stellt zwar hohe Anforderungen an das wirtschaftliche Geschick ihrer Bewohner und schult sie, sodass sie in der Kultur und Wirtschaft höher stehen als die Neger des reicheren, tropischen Afrikas. Aber die Ertragsfähigkeit der Wüste ist zu gering, um zahlreiche Schiffe an ihre Küste zu locken, abgesehen etwa von mineralischen Schätzen. Nur wo die Bevölkerung sesshaft ist, wie in Marokko, hat sich mit der Hebung der Wirtschaft auch eine regere Schiffahrt eingestellt, und das zeigen denn auch die wenigen Leuchtfeuer dort an. Die Küste südlich davon, etwa bis Kap Verde, ist aber auch infolge ihrer physischen Beschaffenheit so wenig wie

---

[1]) vgl. die Karte der Wirtschaftsstufen in „*Friedrich:* Wirtschaftsgeographie“ mit unserer Karte der Leuchtfeuer im Atlantischen Ozean am Schlusse dieser Abhandlung.

möglich zur Schiffahrt geeignet. Der Durchgangsverkehr der Sahara bewegt sich zudem in der Hauptsache von der Guinea- zur Mittelmeerküste, nicht zur Westküste. Die niedere Stufe der Wirtschaft in Lappland, Patagonien, Labrador, Grönland zeigt sich dagegen wieder sehr deutlich in der Lückenhaftigkeit und dem Mangel der Küstenbeleuchtung. Im Anschluss daran sei hervorgehoben, in wie hohem Masse Wege, in diesem Falle Leuchtfeuer als die Wegweiser an den Strassen des Ozeans, Gradmesser der Kultur sind: Wie scharf prägt sich das gewaltige wirtschaftlich-kulturelle Übergewicht der nordatlantischen Länder, insbesondere der europäischen, über die mittel- und südatlantischen in der Dichte der Leuchtfeuer aus! Besonders das letzte Jahrzehnt hat den Handel Europas und Nordamerikas so riesenhaft wachsen lassen und dadurch an der Verschärfung des Gegensatzes gearbeitet. In der Leuchtfeuerstatistik[1]) spiegelt sich diese sprunghafte Entwicklung dadurch wieder, dass die Differenzen in der Zahl der Leuchtfeuer erst von 1890 bis 1904 in die Höhe schnellen, und zwar am stärksten in Europa und Nordamerika. Es ist klar, dass ein so kostspieliges und mühsames Werk wie die Befeuerung eines ausgedehnten Küstengebietes nicht so schnellen Schrittes fortschreiten kann, wie Handel und Verkehr sich oft entwickeln; dass trotzdem auch die Leuchtfeuerstatistik ein gleichzeitiges Aufschnellen zeigt, beweist am besten die Bedeutung der Leuchtfeuer als Gradmesser für Wirtschaft und Kultur. Dem riesigen wirtschaftlichen Übergewicht der nordatlantischen Länder ist auch die wirtschaftliche Abhängigkeit der südatlantischen von ihnen zuzuschreiben, die einen regen unmittelbaren Verkehr zwischen den gemässigten Zonen Südamerikas und Südafrikas nicht aufkommen lässt. Auch der Verkehr dieser beiden Gebiete mit den entsprechenden äquatorialen steht weit zurück hinter dem Verkehr Europas und Nordamerikas mit den Tropen. Wie schon erwähnt stammt die unmittelbare Verbindung der beiden südatlantischen gemässigten Gebiete erst aus neuerer Zeit. Aber nur eben in der Richtung und Zahl der Seewege ist dadurch das Verkehrsbild im Atlantischen Ozean symmetrischer geworden. Dem Umfang des Verkehrs nach liegt der Mittelpunkt ganz entschieden im Nordosten, und daraus ist die Grösse des Einflusses zu beurteilen, den die Höhe der Wirtschaft und der Kultur auf den Verkehr ausübt im Vergleich zu dem Einfluss von Gestalt, Lage, Klima und morphologischem Bau.

[1]) s. Tabelle 27.

8. Würdigung des Binnenverkehrs.

Seeverkehr und Binnenverkehr bedingen und fördern sich gegenseitig. Es muss deshalb auch ein Zusammenhang zwischen der Dichte der Leuchtfeuer und der der Binnenverkehrswege bestehen. Die Rolle, welche die Ströme als wichtigste Aus- und Zugangstore namentlich in den weniger entwickelten Ländern des amerikanischen Festlandes spielen, wurde schon gewürdigt. Hier sei nur noch darauf hingewiesen, inwieviel höherem Grade in Mitteleuropa die Ströme eine Notwendigkeit für den Seeverkehr sind als in England und auch in Frankreich. Sie sind deshalb auch in höherem Grade Grossschiffahrtswege und bewältigen einen riesigeren Verkehr als die Flüsse Englands und Frankreichs, und ihre Mündungen sind dementsprechend auch dichter befeuert. Allerdings frieren die Flüsse Englands und Frankreichs nicht zu, auch ist dort das Kanalnetz weiter ausgebaut als in Mitteleuropa, jedoch nicht so leistungsfähig, wie noch gezeigt werden wird. Den Zusammenhang zwischen Eisenbahn- und Leuchtfeuerdichte zeigt jeder Vergleich der Karte der Leuchtfeuer mit einer Eisenbahnkarte. [1]) In einem Küstenlande wie Norwegen können natürlich Eisenbahnen nicht die Rolle spielen, wie noch im südlichen Schweden. Deshalb finden wir dort grosse Leuchtfeuerdichten trotz weniger Eisenbahnen. Im übrigen wird das Verhältnis zwischen Binnenverkehr, Seeverkehr und Leuchtfeuerdichte bei der Behandlung der einzelnen Länder dargelegt werden.

9. Würdigung der Organisation des Binnenverkehrs, des Seeverkehrs und des Handels.

α. Die Organisation des Binnenverkehrs.

Nicht nur der Ausbau des Binnenverkehrsnetzes an sich ist für die Gestaltung des Seeverkehrs von Einfluss, sondern auch die Verwaltung und Handhabung der Frachtsätze. Im Gegensatz zu staatlichen Eisenbahnverwaltungen, die im allgemeinen keine Ursache haben, einzelne Bahnverbindungen vor anderen zu bevorzugen, richten Privatgesellschaften, wie sie in England, Frankreich und den Vereinigten Staaten bestehen, nur solche Verbindungen ein, die sich für sie lohnen, und suchen durch besonders niedrige Frachtsätze den Verkehr von andern Linien auf die eignen abzulenken. In den Häfen, in welchen ihre Bahnlinien enden, — keineswegs immer in den nach Ufer- und Meereslage günstigsten — steigt dann der Verkehr

---

[1]) s. S. 4 in *Scobel's* Handelsatlas. 1902.

mitunter ganz bedeutend, und manches Feuer dort würde sicher nicht brennen ohne die Tätigkeit der grossen Eisenbahngesellschaften. So werden in England Southampton, Harwich, Hull, Hartlepool zum Nachteil Londons und Liverpools von den Eisenbahngesellschaften bevorzugt, in Frankreich Dünkirchen vor Le Havre.[1]) Demgegenüber hat die Verwaltung der preussischen Staatsbahnen wohl nach den deutschen Nordseehäfen günstige Verbindungen und auch besonders niedrige Frachtsätze geschaffen; aber aus Rücksicht auf Südwest-Deutschland, das am besten über die niederländisch-belgische Küste ein- und ausführt, werden Hamburg und Bremen durchaus nicht in dem Grade bevorzugt, dass Amsterdam, Rotterdam und Antwerpen darunter leiden müssen.[2]) Für Mitteleuropa ist eben die gesamte Nordseeküste von der Elbe bis zur Schelde die Pforte zum Ozean, und die Art und Weise der Verwaltung und Frachtberechnung der Eisenbahnen war von grossem Einfluss für die Herausbildung des riesenhaften Seeverkehrs dieser Küste.

β. Die Organisation des Seeverkehrs.

Noch unmittelbarer als die Organisation des Binnenverkehrs beeinflusst die des Seeverkehrs selbst den Umfang des letzteren und damit die Dichte der Leuchtfeuer. Die Rolle, welche die grossen Schiffahrtsgesellschaften in der Entwicklung der Schiffahrt gespielt haben, wurde bereits beleuchtet. Zwar genügt schon das Vorhandensein grosser, durch den Ozean getrennter Kulturgebiete an sich, um einen überseeischen Verkehr hervorzurufen; aber der Handel mit wertvollen Fabrikaten, vor allem der Personen- und Postverkehr bedarf schneller, häufiger und regelmässiger Schiffsverbindungen, also der Linienschiffahrt mit schnellen und sicheren Dampfern. Die freie Schiffahrt verbleibt in der Hauptsache den Seglern; aber nur billige, nicht leicht verderbende Stoffe, wie Holz, Steine, Erze, Kohlen, und solche, die nur zu bestimmten Zeitpunkten in grossen Massen des Weiterschaffens harren, wie Getreide und Baumwolle zur Zeit der Ernte, werden in freier Schiffahrt befördert.[3]) Linienschiffahrt können wegen der hohen Kosten heute nur kapitalkräftige Schiffahrtsgesellschaften betreiben. Andererseits vermögen diese aber auch neue, zunächst nicht lohnende Schiffs- und Eisenbahnverbindungen und dadurch wieder neue wichtige Handelsbeziehungen

---

[1]) *Wiedenfeld:* „Welthäfen". S. 318/320.

[2]) *Wiedenfeld* a. a. O. S. 321/324.

[3]) *Wiedenfeld* a. a. O. S. 179/180.

zu schaffen. Es ist deshalb durchaus nicht gleichgültig für die Ausdehnung der Schiffsverbindungen und den Umfang des Seeverkehrs in Hamburg und Bremen, dass dort die beiden grössten Schiffahrtsgesellschaften der Welt sitzen.[1]) Auch Barbados z. B. ist ein wichtiger Stapelplatz für das ganze britische Westindien geworden, seitdem die Royal-Mail-Company ihre Dampfer dort anlegen lässt, und St. Thomas dankt es vor allem der Hamburg-Amerika-Linie, deren Dampfer dort anlaufen, dass seine frühere Bedeutung als alleiniger Stapelplatz Westindiens nicht noch mehr gesunken ist.

γ. Die Organisation des Handels.

Hand in Hand mit dem Einfluss der Organisation des Verkehrs auf Umfang und Richtung desselben geht der Einfluss der Organisation des Handels. Entgegen der natürlichen Neigung des Handels, an bestehenden und bewährten Beziehungen festzuhalten, hat die Möglichkeit zahlreicher unmittelbarer Schiffsverbindungen unter Ausschaltung althergebrachter Umschlagplätze — dank der vorzüglichen Organisation des Verkehrs — zur Folge gehabt, dass der Handel viel leichter und beweglicher organisiert worden ist. Dadurch aber ist der Wettstreit viel heftiger geworden, es wird viel mehr zur Belebung des Handels und Verkehrs getan. Der scharfe Wettstreit, zusammen mit der Steigerung der gesamten Völkerwirtschaft in der Neuzeit, nicht zuletzt eben auch durch die unmittelbare Verbindung von Erzeuger und Verbraucher, haben dann den Verkehr zu so riesigem Umfang anwachsen lassen.

δ. Einfluss dieser Organisationen auf die Befeuerung.

In der Verteilung der Leuchtfeuer macht sich die eben erwähnte Entwicklung von Verkehr und Handel einerseits in einer Zunahme der Feuer überhaupt, andererseits in dem Auftreten neuer Verdichtungspunkte neben den alten bemerkbar: Neben den von der Natur begünstigten, früher grosse Gebiete allein beherrschenden Welthäfen sind auch kleine und mittlere aufgekommen, soweit es ihnen in hartem, mit allen eben geschilderten Mitteln der Neuzeit geführtem Kampfe gelungen ist, in das Hinterland des grossen Nachbars erobernd einzudringen. Die hervorstechendsten Beispiele ehemaliger Monopolhäfen sind London und New York. Allerdings lässt sich in beiden Häfen ein Stillstand oder Rückgang der Befeuerung nicht erkennen, denn der Verkehr ist noch immer gestiegen;

---

[1]) *v. Halle:* „Amerika". S. 141.

ferner ist im allgemeinen an den schon früher dicht befeuerten Küsten Europas ein plötzliches Auftreten neuer Dichtepunkte nicht so scharf zu beobachten wie an den Küsten Amerikas; dort aber kann man das Aufkommen neuer bedeutender Häfen neben New York und New Orleans deutlich sehen an dem plötzlichen Anschwellen der Leuchtfeuerzahlen in Wilmington, Georgetown, Charleston, Savannah, Brunswick, Tampa, Apalachicola Bay, Pensacola, Galveston.

10. **Würdigung der politischen Verhältnisse.**

α. Staatliche Unterstützungen der Schiffahrt.

Wie man den Binnenverkehr durch bestimmte finanzielle Erleichterungen zu heben und in bestimmte Bahnen zu lenken suchte, so auch den Seeverkehr durch finanzielle Unterstützung der Schiffahrtsgesellschaften von seiten des Staates. Frankreich zahlt die höchsten Unterstützungsgelder. Es gewährt sowohl Bauprämien für im Inland gebaute Schiffe, als auch Reiseprämien für Fahrten von und nach Frankreich. Ausserdem aber wird die unmittelbare Einfuhr, ohne Zwischenfahrten, begünstigt durch die „Surtaxe d'Entrepôt" auf Waren, die erst über fremde Häfen nach Frankreich kommen. In den Jahren 1881—1888 wurden an Bau- und Reiseprämien $78{,}_9$ Millionen Franc, 1893—1899 an Bau-, Reise- und ausserdem an Fischereiprämien und Entschädigungen für die Beförderung der Post $296{,}_7$ Millionen gezahlt.[1]) Die meisten anderen Seemächte, namentlich auch die Vereinigten Staaten und Grossbritannien, gewähren ihren Schiffahrtsgesellschaften Unterstützungsgelder, aber keine so hohen wie Frankreich.[2]) Dass dies geeignet ist, den Verkehr zu erleichtern und zu heben, und somit auch Einfluss auf die Befeuerung hat, ist sicher, wenn dieser Einfluss auch nicht im einzelnen nachgewiesen werden kann.

β. Die Küstenbeleuchtung als Aufgabe des Staates.

Von grösstem, unmittelbarem Einfluss auf das Leuchtfeuerwesen müssen jedoch die staatlichen Verhältnisse der einzelnen Länder sein, weil fast überall die Küstenbefeuerung Sache des Staates ist. Von vornherein entscheidend ist da natürlich, ob der Staat überhaupt ein

---

[1]) *Fitger:* „Die wirtschaftliche und technische Entwicklung der Seeschiffahrt". S. 80/81.

[2]) Über die Höhe der einzelnen Leistungen werden sehr verschiedene Angaben gemacht. (*Fitger* a. a. O. S. 89/90.)

gesunder, geordneter ist. Ein in erster Linie idealen Zielen der Menschlichkeit dienendes, erst mittelbar den materiellen Wohlstand des Volkes förderndes, dazu sehr kostspieliges Werk wie die Küstenbeleuchtung wird stets erst in letzter Linie von einer Regierung unternommen werden, die noch für ihre eigne oder die Sicherheit des Staates überhaupt zu fürchten hat. Ausserdem liegt dann auch das wirtschaftliche Leben darnieder, sodass der Staat auch nicht über reiche Steuererträge verfügen kann. So liegt der Fall in fast allen mittelamerikanischen Staaten. In Colombia und Venezuela, auch auf Haïti sind Revolutionen und Kriege häufig, ist die Wirtschaft kaum entwickelt, werden die wenigen grösseren Unternehmungen meist von Ausländern betrieben. Dieser letzte Umstand und das starke Vorwalten fremder Flaggen in der Schiffahrt lässt diesen Staaten eine ausreichende Befeuerung ihrer Küsten kaum als eine Pflicht erscheinen, ebensowenig wie eine zuverlässige Bedienung und Unterhaltung der wenigen bestehenden Feuer. Haïti, die atlantische Küste Mittelamerikas, Colombias und Venezuelas weisen denn auch die geringsten durchschnittlichen Leuchtfeuerzahlen von 0,19 und 0,25 auf je 30 Sm auf, wobei allerdings zu bemerken ist, dass in den mittelamerikanischen Republiken nicht die atlantische, sondern die pazifische Küste die verkehrsreichste ist. Aber die meisten Feuer sind auch noch im deutschen amtlichen Verzeichnis als „unzuverlässig" oder überhaupt als „fraglich in ihrer Existenz" bezeichnet.[1]) Andererseits hat sich die zunehmende Befestigung der staatlichen Ordnung, und damit auch die zunehmende staatliche Fürsorge für das öffentliche Wohl in Mexico, Brasilien, Argentinien auch in einer bedeutenden Zunahme der Leuchtfeuer seit 1890 geltend gemacht; in Mexico hat sich z. B. die durchschnittliche Zahl der Leuchtfeuer auf je 30 Sm von 0,25 auf 0,85 gehoben. Dabei ist zu bedenken, dass der Aufschwung der Wirtschaft infolge der staatlichen Gesundung auch an sich auf die Steigerung der Leuchtfeuerzahlen wirken muss. Auch fast alle Kolonien der Grossmächte zeichnen sich durch dichtere Befeuerung aus, weil eine geordnete, fürsorgliche Verwaltung vom Mutterlande eingerichtet worden ist. Das ist der Fall z. B. in Guayana, Trinidad, Jamaica, Britisch-Honduras, Portorico, und auch die Küste Afrikas ist fast nur dort befeuert, wo europäische Staaten für ihre Kolonien Häfen und Anlegeplätze geschaffen haben. In Ländern aber, wo so unsichere staatliche Verhältnisse herrschen, dass eine Befeuerung von Staats wegen überhaupt nicht erwartet werden kann, oder an

[1]) Verzeichnis der Leuchtfeuer 1904. Tit. VII. Nr. 487—605; Nr. 811—819.

unbewohnten Küsten sind Leuchtfeuer durch internationalen Vertrag der Seemächte errichtet worden. So ist der Leuchtturm auf Kap Spartel nach Abschluss der sogenannten „Kap Spartel Konvention“, die 1865 zwischen Marokko und den Seemächten zustande kam, durch internationale Beiträge gebaut und unterhalten worden. Auch Kap Guardafui sollte durch internationalen Vertrag mit einem Feuer versehen werden,[1]) wozu es aber nicht gekommen ist. Eine solche internationale Befeuerung, ebenso wie die Sicherung gestrandeter Schiffe vor Räubereien der Küstenbevölkerung, ist überhaupt in der Folgezeit immer weniger dringend geworden, je weiter die Aufteilung der Erde unter die Seemächte fortschritt, da diese schon zur Sicherung der eignen Schiffahrt Leuchtfeuer in den neuerworbenen Gebieten errichteten. In diesem Zusammenhang sei darauf hingewiesen, dass nicht nur in der Befeuerung des Mutterlandes die seemännische Tüchtigkeit der einzelnen Völker und ihre Bedeutung als Seemächte sich wiederspiegelt, sondern auch in der Art, wie sie ihre Kolonien befeuern. Die ältesten und die Hauptfeuer an der gesamten afrikanischen Küste: am Kap, in Cape Coast Castle, Sierra Leone, am Senegal, haben Briten und Franzosen errichtet, und auch in Amerika zeichnen sich ihre Kolonien durch zahlreiche Feuer aus; so ausser den bereits genannten britischen auch die französischen Guadeloupe und Martinique. Wie schon erwähnt, hat auch der Übergang Portoricos in den Besitz der Vereinigten Staaten eine starke Zunahme der Leuchtfeuer auf der Insel zur Folge gehabt. Hier und auch in Cuba hatten die Spanier nur sehr kümmerlich für das Leuchtfeuerwesen gesorgt. Das entspricht aber nur den Verhältnissen im Mutterland: Spanien und Portugal zeichnen sich vor allen andern europäischen Ländern des Atlantischen Ozeans dadurch aus, dass sie die geringste durchschnittliche Leuchtfeuerdichte aufweisen, nämlich 6,11 bezw. 4,02; nur die russische Eismeerküste steht mit 0,72 noch tiefer. Für die Beurteilung der Leistungen eines Staates im Leuchtfeuerwesen ist es nun durchaus nicht gleichgültig, ob sich seine Fürsorge auf eine langgedehnte Küste, wie in den Vereinigten Staaten, oder auf einen verhältnismässig kleinen Küstenstrich verteilen muss, wie in Deutschland. Wenn die Vereinigten Staaten die durchschnittliche Dichte der Feuer in ihrem riesigen Küstengebiet auf 8,49 gebracht haben, so ist das jedenfalls eine grosse Leistung, und bei der Leuchtfeuerdichte von 64,67 an der deutschen Nordseeküste muss man bedenken, dass die Küste der Union am Atlantischen Ozean und am

[1]) „Internationale Leuchtfeuer“. Annal. der Hydrographie 1885. S. 575.

Golf 25 mal so lang ist wie die deutsche Nordseeküste; allerdings bleibt für Deutschland noch die Ostseeküste, für die Union aber auch noch die pazifische. Ferner können Kleinstaaten wie Dänemark, die Niederlande, Belgien, auch Uruguay, deren Wirtschaft in hohem Masse auf den Verbindungen über See beruht, und die deshalb in der Sicherung der Küsten nicht zurückstehen dürfen, verhältnismässig mehr Ausgaben für ihr Leuchtfeuerwesen machen als Grossstaaten, die in ihrem Binnenlande noch andere grosse Verkehrsaufgaben lösen müssen. Das ist jedenfalls zu bedenken, wenn gerade solche kleine Staaten gegen die benachbarten grossen durch höhere Leuchtfeuerzahlen hervortreten. Nicht ohne Einfluss auf die Dichte der Feuer ist ferner die Art und Weise der Verwaltung des Leuchtfeuerwesens. Dass Frankreich eine grössere durchschnittliche Dichte aufweist als Grossbritannien, dessen Schiffahrt doch etwa viermal so gross ist als die französische, beruht nicht zum geringsten Teil auf der Überlegenheit seiner vorzüglichen, bereits seit 100 Jahren staatlichen und einheitlichen Leuchtfeuerverwaltung. Diese ging plan- und gleichmässiger, in manchen grundsätzlichen und technischen Fragen auch zweckmässiger vor, als die drei mehr oder weniger selbständigen Leuchtfeuerbehörden in Grossbritannien und Irland, wo bis 1836 noch private Leuchtfeuer möglich waren, die nicht immer nach den für die Allgemeinheit zweckmässigsten Gesichtspunkten angelegt wurden. Endlich sind für den Staat als Macht ausser wirtschaftlichen auch rein politisch-militärische Gesichtspunkte bei der Befeuerung einzelner Punkte massgebend. So würde auf den Falkland-Inseln, auf St. Helena und Ascension kaum ein Feuer brennen, jedenfalls nicht schon seit langer Zeit, wenn diese Inseln für England nicht so wertvolle Stützpunkte für die Beherrschung des Südatlantischen Ozeans wären. Ähnliches lässt sich von der frühzeitigen und guten Befeuerung der Bermuda-Inseln und Jamaicas sagen, den stark befestigten britischen Flottenstationen vor den amerikanischen Küsten. Natürlich hängt die politisch-militärische Bedeutung dieser Inseln auch eng zusammen mit ihrer Lage. Auch die Befeuerung Portoricos durch die Vereinigten Staaten muss ausser vom wirtschaftlichen auch vom politisch-militärischen Gesichtspunkt aus gewürdigt werden, entsprechend dem grossen Wert Portoricos für die Sicherung der Vorherrschaft der Vereinigten Staaten im amerikanischen Mittelmeer.

γ. Die Befeuerung auf den einzelnen Entwicklungsstufen des Staates.

Die Betrachtung der Befeuerung in Kolonialgebieten führt zur Würdigung des Einflusses, den die Entwicklung eines

Landes auf die Dichte der Leuchtfeuer ausübt. In fast allen Fällen nehmen die Kolonisten von der Küste aus das unbekannte Land in Besitz, und von einzelnen günstigen Punkten dort werden wie Stichkanäle Strassen ins Innere gebaut, um das Land aufzuschliessen. Wege und Verkehrseinrichtungen gehören zum Anfang aller Kolonisation überhaupt, und daher die Leuchtfeuer an den Küsten Afrikas, obgleich oft der Schiffsverkehr in den betreffenden Häfen noch äusserst gering ist, wie in den Häfen Deutsch-Südwestafrikas und der meisten anderen Küstengebiete, mit Ausnahme etwa von Kapstadt, Lagos, Sierra Leone. Dann aber bleibt es für lange Zeit bei dem einzigen oder den wenigen gleich zu Beginn der Kolonisation errichteten Feuern; selbst wenn der Verkehr in den betreffenden Häfen bedeutend angeschwollen ist, bleibt die Leuchtfeuerzahl sehr niedrig. Das zeigen Kapstadt mit $8\,^1/_2$ Millionen Registertonnen Schiffsverkehr und doch nur 4 Feuern, und ebenso folgende Häfen Brasiliens, einer ehemaligen Kolonie: Pernambuco, Bahia, Rio de Janeiro, Santos mit $2{,}_2$, $2{,}_7$, $5{,}_3$ und $2{,}_8$ Millionen Registertonnen Verkehr und den Leuchtfeuerzahlen 3, 5, 6 und 1. Ausser der geringen Zahl der Feuer in den vorhandenen Häfen sind auf dieser Stufe der Entwicklung noch die grossen Lücken im Feuerkranz der gesamten Küste sehr charakteristisch, wie in Afrika und Südamerika zu bemerken ist. Eine Küste kann eben nur allmählich in ihrer ganzen Ausdehnung für die Aufschliessung des Landes nutzbar gemacht werden. Daraus folgt, dass es für die Entwicklung eines Landes zunächst gar nicht so entscheidend ist, ob die ganze Küste leicht zugänglich ist. Es genügt das Vorhandensein einiger weniger, oder auch nur eines einzigen guten Hafens, der dann allerdings einen riesigen Verkehr bewältigen muss und eine ausserordentliche Bedeutung erhält, die erst durch das Aufkommen anderer Häfen mit steigender Entwicklung des ganzen Landes eine Begrenzung erfährt, wie wir das bei Amerika sehen werden. Solange aber die Gesamtentwicklung noch nicht hoch ist, solange das junge Staatsgebilde noch zahlreiche grundlegende Aufgaben gleichzeitig zu lösen hat, seine Geldmittel aber doch beschränkt sind, entspricht oft die Zahl der Feuer in seinen Häfen nicht dem Umfange des Verkehrs: Man hat nur dem dringendsten Bedürfnis durch Errichtung von Hauptfeuern auf den beherrschenden Punkten der Hafeneinfahrt genügt. Der weitere Ausbau aber geschieht wesentlich nur noch durch Nebenfeuer, und deren hohe Zahl ist dann charakteristisch für die Küste eines Vollkulturlandes. In Vollkulturländern mit langer Entwicklung lässt sich umgekehrt beobachten, dass die Zahl der Leuchtfeuer in einzelnen Häfen verhältnismässig sehr hoch ist im Vergleich zu dem herrschenden Verkehr. In der Zuidersee z. B. ist die Zahl der Feuer 110, der Auslandsverkehr aller Häfen dort umfasst aber nur 350 000 Registertonnen, wogegen die gleichen Zahlen für die Rhein-Maas-Scheldemündung 202 und 31 300 000 sind. In gleicher Weise lässt sich in Skandinavien, Dänemark, an der deutschen Ostseeküste, in Frankreich beobachten, dass die Zahl der Leuchtfeuer in vielen Fällen sehr hoch ist im Vergleich zu dem bewältigten Verkehr. In Nordamerika ist das weniger zu beobachten, noch seltener aber im Südatlantischen Ozean wie schon erwähnt. Grossbritannien steht mit seinem riesenhaften, den aller andern Staaten weit überragenden Seeverkehr ausserhalb des Vergleichs. Jedenfalls aber ist sicher, dass die europäischen Staaten, dank der hochentwickelten und alten Organisation ihres Leuchtfeuerwesens, leichter und schneller die Befeuerung ihrer Küsten ausbauen und zu einer sehr ausgiebigen gestalten können, als junge Kolonialstaaten, zu denen in mancher Beziehung auch noch die Vereinigten Staaten gerechnet werden können. Selbst wenn in Europa die Hochstrassen des Seeverkehrs sich verschieben und einzelne Häfen seitwärts liegen lassen, wie in der Ost- und der Zuidersee, so macht sich das kaum durch eine Abnahme der Feuer kenntlich; denn der Küstenverkehr bleibt immer noch bedeutend, und einmal eingerichtete Feuer werden nicht ohne zwingenden Grund gelöscht. Eine andere Erscheinung der hochentwickelten europäischen Staaten ist es, dass die hohe Kultur ihrer Hinterländer den Nachteil der geringeren Grösse gegenüber denen Amerikas und Afrikas bei weitem ausgleicht. So ist es erklärlich, dass Mitteleuropa allein von der Elbe bis zur Seine 6 Welthäfen nährt, und das gewaltige Hinterland der atlantischen und der Golfküste Nordamerikas auch nur 6, das atlantische Südamerika nur 3. Der Flächengehalt des Hinterlandes ist also nicht ohne weiteres entscheidend für die Dichte der Leuchtfeuer. Diese Erscheinung wird erklärlich durch die Tatsache, dass fast alle Länder mit steigender Entwicklung aus Agrarstaaten mehr oder weniger zu Industriestaaten geworden sind. Diese letzteren sind mit ihrer auf engem Raume zusammengedrängten Bevölkerung in viel höherem Grade auf Ausfuhr und Einfuhr angewiesen, also auf Seeverkehr in der Hauptsache, als Agrarstaaten, die auf weiten Flächen eine dünnere Bevölkerung leicht ernähren können. Demnach können von den Grossmächten England und Deutschland am wenigsten, die Vereinigten Staaten und Russland am ehesten auf Seehandel verzichten, und Frankreich steht in dieser Beziehung zwischen den beiden

Gruppen. Im allgemeinen entspricht dieser Gruppierung auch die Leuchtfeuerdichte dieser Länder. Wie endlich eine aufsteigende Entwicklung in dem Steigen der Leuchtfeuerzahlen erkennbar ist, so auch eine absteigende im Stillstand derselben. Nach ihrer geographischen Lage und der Rolle, die Spanien und Portugal ehemals zur See gespielt haben, müsste die Befeuerung der Pyrenäenhalbinsel eine andere sein, als sie bereits geschildert wurde. Die Verdrängung Spaniens und Portugals aus der Reihe der Grossmächte und in vieler Beziehung aus der Reihe der Vollkulturländer spiegelt sich eben auch in der Vernachlässigung des Leuchtfeuerwesens wieder; die wenigen vorhandenen Feuer sind noch nicht einmal alle zuverlässig.[1])

b. Die Verteilung der Leuchtfeuer in den einzelnen Ländern.

I. Die russische Eismeerküste.

Die Bedeutung der russischen Eismeerküste für die Schiffahrt kann nicht in erster Linie auf den geringen Naturspenden ihres Hinterlandes beruhen, eines der unwirtlichsten Gebiete Europas, sondern auf ihrer Lage am offenen Atlantischen Ozean und auf der Eisfreiheit der fischreichen Murmanküste,[2]) wodurch sie für Russland zu einem wertvollen Ausgang zum Ozean wird. Die Verbindung der Küste mit dem Hinterlande geschah früher fast nur durch die schiffbaren Flüsse Onega, Dwina und Mesen, und auch jetzt noch geht der Hauptverkehrsstrom von der Dwinamündung aus, zumal jetzt auch eine Eisenbahn von Archangel nach Moskau und von der oberen Dwina nach Perm und Sibirien führt. Die Schiffahrt leidet natürlich unter dem harten Klima, besonders im Weissen Meere, das nur von Mai bis etwa Oktober eisfrei ist. An der Murmanküste tritt der Baltische Schild in felsigem Steilabsturz ans Meer, sodass sie wohl verhältnismässig rein von Klippen und Untiefen ist, aber nicht so zahlreiche gute Häfen bietet wie die Fjordküste Norwegens. Katharinenhafen in der Kolabucht ist der einzige bedeutendere Hafen, und nur kleine Handels- und Fischereisiedelungen finden sich an der armen, kahlen Küste. Das Weisse Meer hat flachere, sandige Küsten, und die Dwinamündung und die Onegabucht sind die für die Schiffahrt günstigsten Plätze. Im Süden tritt das Wald- und Sumpfland Nordrusslands ans Meer. Als Erzeugnisse des Landes werden verschifft Holz, Pelze, Fische. Die Schiffahrt wird

[1]) Verzeichnis der Leuchtfeuer 1904. Tit. VI. Nr. 467, 486, 487, 489, 502, 510 und andere.

[2]) Arctic Pilot I. S. 7.

vor allen von den Engländern unterhalten, seitdem 1553 die Expedition zur Aufsuchung der nordöstlichen Durchfahrt unter Willoughby und Chancellor den Seeweg ins Weisse Meer gefunden hatte. Damals war natürlich der Wert der Küste für Russland noch grösser, da es noch nicht festen Fuss an der Ostsee gefasst hatte, und das erklärt auch diese zeitigen und regen Handelsbeziehungen. Aber auch heute noch ist die Bedeutung dieser Küste für das nordrussische Flachland gross, und in Anbetracht der Lage im hohen, entlegenen Norden ist der Verkehr bedeutend: 881 000 Registertonnen Ein- und Auslauf im jährlichen Durchschnitt, und daher auch nahezu ein Leuchtfeuer auf 30 Sm. Am frühesten und dichtesten sind Archangel und die Onegabucht befeuert worden, ferner der Eingang zum Weissen Meere zwischen Kap Orlowski und der Insel Morshovetz; erst später hat man auch den Weg dorthin durch Feuer an der Murmanküste bezeichnet. Seit der Gründung von Alexandrowsk im Katharinenhafen im Jahre 1899 hat man auch diese Bucht mit 3 Feuern versehen.

II. **Norwegen.**

1. Lage und Klima. Die Eigenart Norwegens als Küstenland mit einer ausgesprochenen Küstenbevölkerung wurde bereits erörtert. Die durch die Fahrten der Normannen über Island und Grönland nach Nordamerika geschichtlich belegte Gunst seiner Lage gegenüber diesem Erdteil kommt heute nicht mehr so sehr in Betracht, seitdem Grossbritannien seine noch günstigere Lage in so vorherrschender Weise ausnutzt. Das ausserordentlich milde Klima Norwegens und der Murmanküste und die daraus folgende Eisfreiheit der Häfen wird durchaus nicht allein durch den Golfstrom bewirkt, sondern ebensosehr durch die Ausdehnung des Gebietes niederen Druckes über Nordwesteuropa nach Nordosten bis ins Eismeer, wodurch erst die die warme ozeanische Golfstromluft bringenden West- und Südwestwinde bedingt werden.[1]) Ausserdem wird durch die den Fjorden und der gesamten Küste vorgelagerten Schwellen und Bänke, jenseits deren die See erst zu grossen Tiefen abstürzt,[2]) ein Eindringen kalten Tiefenwassers in die Fjorde verhindert. Die Häfen der West- und Nordküste sind fast stets eisfrei, nur in den innersten Teilen sind die Fjorde in strengen Wintern zugefroren.[3]) Östlich Kap Lindesnäs macht sich das rauhere Ostseeklima geltend, und die Häfen frieren manchmal zu.[4]) Die häufigen Regenschauer,

[1]) *Hann:* „Handb. d. Klimatologie". II, 2. S. 140 f.
[2]) Norway Pilot II. S. 23.
[3]) *Hann* a. a. O. II, 2. S. 124.
[4]) Norway Pilot II. S. 18.

im Winter Schneefälle, stellen sich meist bei Südwestwinden ein, die bei weitem die vorwaltenden und stürmischsten sind. Da sich die Mehrzahl der barometrischen Minima des Nordatlantischen Ozeans nach der norwegischen Küste zieht, ist die Zahl der Stürme gross: Durchschnittlich 30 Tage im Jahre sind Sturmtage. Ausserdem verfängt sich der Wind sehr oft mit grosser Heftigkeit in den Fjordstrassen, und unerwartete starke Windstösse vom Hochland sind namentlich Seglern schon oft gefährlich geworden. Nebel sind nicht selten, an der West- und Nordküste im Sommer, an der Südostküste, die sich an die Verhältnisse im Ostseegebiet anschliesst, im Winter.[1]) Auch sind an der Südostküste die Nebel häufiger als an der Westküste: hier 21,9 Nebeltage im Jahre gegen nur 14,3 dort.[2]) Dadurch wird auch die Zunahme der Nebelsignalstationen in der Umgebung des Christianiafjords erklärlich, zumal hier der Verkehr besonders stark ist. Die klimatischen Verhältnisse können also die Schiffahrt in dem engen Schärenfahrwasser sehr erschweren; zudem sind die zwischen den vielen Inseln mit grosser Heftigkeit hindurchsetzenden Gezeitenströme die Ursache vieler Strandungen gewesen.[3]) Eine ausgiebige Bezeichnung der Fahrwasser durch Tagmarken und Leuchtfeuer war deshalb sehr nötig, und erst danach ist die Schiffahrt an den norwegischen Küsten zu einer nicht allzuschwierigen geworden.

2. Bau und Wegsamkeit. Für die im Bau des Landes begründete Abgeschlossenheit des Küstensaumes vom Innern der Halbinsel ist bezeichnend, dass nur an zwei Strecken des Hochlandrückens Bahnlinien von der Westküste nach dem Innern führen: In einem Quertalzuge die Ofotenbahn von Narvik über Gellivara nach Luleå und weiter nach Stockholm, die nördlichste Bahn Europas; ferner von Trondjem zwei Linien über die Senke von Jemtland mit Passhöhen von etwa 600 m, die eine über Östersund in Jemtland nach Stockholm, die andere über den Pass von Röros und im Tale des Glommen nach Christiania. Eine vierte Bahn von Bergen, der grössten Handelsstadt an der Westküste, über den Pass von Hallingdal nach Christiania ist noch im Bau.[4]) Flüsse kommen infolge ihrer geringen Entwicklung und ihrer Stromschnellen für den Verkehr nicht in Betracht. Der Seeverkehr längs der Küste bewegt sich zwischen der Festlandsküste und den dieser vorgelagerten Inselschwärmen. Das Fahrwasser wird zwar durch Klippen stark eingeengt, ist

[1]) Segelhandb. f. d. Nordsee II, 1. S. 6/9. — Norway Pilot II. S. 13/16.
[2]) Segelhandb. f. d. Ostsee I, 1. S. 57.
[3]) Norway Pilot II. S. 20 u. 18.
[4]) „Norway“. Official Publication. S. 455.

sehr gewunden und bedarf deshalb vieler kleiner Feuer, es ist aber auch gegen den Wogenschlag der offenen See geschützt. Nur bei Stadtland tritt das Hochland ohne vorgelagerte Inseln ans Meer, und die flache Küste von Jaederen südlich Stavanger entbehrt der Inseln ebenfalls. Die Umschiffung dieser Küstenstrecken ist deshalb besonders gefährlich. Das Vorwalten der Feuer von geringer Sichtweite in diesem Fahrwasser kommt darin zum Ausdruck, dass sich die Zahl aller Feuer zu der der Hauptfeuer in Norwegen etwa wie $6{,}5:1$ verhält, aber in Grossbritannien z. B. wie 4:1. Solange die Schiffahrt nur Segelfahrt war, musste die Küstenfahrt ausserordentlich gefährlich sein, „sodass es leichter war, von Bergen und Trondjem nach Hamburg und London zu fahren, als längs der Küste nach Christiania“.[1]) Erst mit Einführung der Dampfschiffahrt 1826 erreichte der Küstenverkehr die heutige Höhe. Soweit die Gneiss-Granitzone des Lofotengebirges reicht, zeichnen sich die Fjorde durch die Grösse und geringe Zahl der Inseln aus, und weiter nach Osten sind Porsanger-, Laxe-, Tana- und Varangerfjord mit noch viel weniger Inseln mehr Meeresbuchten als echte Fjorde. Erst wo zwischen Ofoten- und Buknefjord die Westseite des Hochlands an die See tritt, erreicht die Auflösung der Küste in kleine und kleinste Inseln ihren Höhepunkt, und diese Strecke ist deshalb, abgesehen vom Christianiafjord, die am frühesten und ausgiebigsten befeuerte. Die Küste südlich des Buknefjords gehört dem Baltischen Schild an und weist keine tief eingeschnittenen Fjorde und keine so zahlreichen Inseln auf, was sich wieder durch eine geringere Zahl der Leuchtfeuer kundgibt. Diese nimmt erst dort zu und erreicht ihren Höhepunkt, wo der Christianiafjord mit seinen vielen Verzweigungen tief in die Silurscholle des südöstlichen Norwegens eingesenkt ist.[2])

3. Bevölkerung und Wirtschaft. Die Siedelungen liegen fast alle auf dem flachen, gut angebauten Vorlandstreifen, hinter dem erst die Masse des Hochlands steil ansteigt. Dieses Vorland ist von Norden her zum ersten Male am Trondjemfjord breiter entwickelt und gibt dort einer dichteren Bevölkerung Raum, ebenso weiter südlich bei Aalesund, Bergen, Stavanger. Auch das niedrige Hügelland des Baltischen Schildes südlich von Stavanger trägt zahlreichere grössere Siedelungen an seinen flachen Buchten. Endlich kommt das fruchtbarste und dichtest bewohnte Gebiet Norwegens, die flache, hügelige Silurscholle am Christianiafjord. Das Norwegen südlich des Trondjemfjords ist also nicht nur durch seine Lage in

---

[1]) *Hahn:* „Schweden und Norwegen“. S. 356 (in *Kirchhoff:* „Unser Wissen von der Erde“).

[2]) *Suess:* „Das Antlitz der Erde“. II. S. 58 f.

grösserer Nähe Grossbritanniens und Deutschlands, von jeher der beiden Hauptabnehmer und Lieferanten,[1]) vor dem nördlichen ausgezeichnet, sondern auch infolge seines Baues ertragreicher und dichter bevölkert. Von hier aus werden die grössten Mengen Erze, Steine und Holz verschifft, und hierher strömen die grössten Mengen Getreide, Fabrikate und Kohlen. Gegen den Auslandsverkehr an der Südküste steht der der nördlichen Küstenstriche weit zurück, nur wo die Ofotenbahn die Eisenerzmassen aus Gellivara zur Küste bringt, steigt er auf 250 000 Registertonnen. Sonst aber herrscht im Norden der Fischereiverkehr vor. Bei den Lofoten sammeln sich im Frühjahr ganze Flotten von Fischerfahrzeugen. Tromsö ist ein Hauptsitz der Fischerei, und jenseits Hammerfest ist noch der Porsangerfjord der Hauptort des Lachsfanges. Zudem wird bei dem gänzlichen Mangel eines Hinterlandes gerade im Norden die Bevölkerung in noch höherem Grade auf die Inseln, und der örtliche Verkehr auf die See gedrängt als im Süden. Die Zahl der Feuer nördlich des Trondjemfjords darf deshalb im Vergleich zum Umfang des Auslandsverkehrs nicht zu hoch erscheinen. Andererseits kommt dieser Umfang doch auch sehr deutlich in der Verteilung der Leuchtfeuer vor 1904 und 1890 zum Vorschein: Damals waren fast überhaupt nur die Küstenabschnitte befeuert, welche heute einen lebhaften Verkehr mit dem Ausland unterhalten, und wenn auch die starke Vermehrung der kleinen Feuer seit 1890 infolge des gesteigerten Touristenverkehrs längs der gesamten Küste das ursprüngliche Bild verwischt hat, so ist doch auch heute noch das wirtschaftliche Übergewicht des begünstigteren Südens durch die Zunahme der durchschnittlichen Anzahl der Feuer vom Tromdjemfjord an nach Süden ersichtlich. Dass der Christianiafjord 114 Feuer zeigt, eine der grössten Dichten überhaupt, und auch zu allen Zeiten die grösste in Skandinavien gezeigt hat, beruht einmal auf dem Inselreichtum, der vielfachen Verzweigung und der weiten Erstreckung des Fjords ins Innere des Landes, dann aber auch auf der grossen Bedeutung Christianias. Schon die Uferlage an dem eben geschilderten Fjord ist äusserst günstig, nicht minder die Lage am Skagerrak-Kattegat, dem „skandinavischen Binnenmeer," [2]) das stets der Mittelpunkt des Verkehrs der drei skandinavischen Reiche gewesen ist, denn hier laufen die Wege aus der Ostsee, der Nordsee, dem Atlantischen Ozean zusammen. Dass es in der fruchtbarsten und bewohntesten Gegend des Landes liegt und durch das Tal des Glommen eine

[1]) „Norway". S. 429.

[2]) *Kohl:* „Die geograph. Lage der Hauptstädte Europas". S. 350.

natürliche Verbindung nach dem nördlichsten grossen Kulturmittelpunkt Norwegens, Trondjem, besitzt, wurde bereits erwähnt. Mit dieser natürlichen nordsüdlichen Strasse kreuzt sich in Christiania eine ostwestliche von Stockholm nach Bergen durch die uralte Senke zwischen Smaland und dem skandinavischen Hochland, in der die grossen Seen liegen, durch die heute der Götakanal und die Eisenbahnen Stockholm—Christiania und Stockholm—Göteborg laufen, und durch die ehemals Ostsee und Skagerrak-Kattegat in Verbindung standen.[1]) So nimmt Christiania eine Mittelstellung ein zwischen Stockholm, Trondjem, Bergen, und dieser Vorteil gegen Schwedens Hauptstadt prägt sich in seinem grösseren Auslandsverkehr und sehr scharf auch in seiner grösseren Leuchtfeuerdichte aus.

III. **Schweden.**

1. Lage, Zugänglichkeit, innere Wegsamkeit. Schon durch seine Lage an der abgeschlossenen Ostsee, deren nördlichster Teil nicht weniger entlegen ist als das Weisse Meer, ist die Seegeltung Schwedens geringer als die Norwegens, dessen Handelsflotte etwa doppelt so gross ist wie die schwedische.[2]) Nur Südschweden liegt weniger ungünstig zum Atlantischen Ozean als Norwegen. Andererseits gewährt die viel breitere Entwicklung des Hügellandes in Schweden Raum für grosse schiffbare Seen, die dank der südschwedischen Senke durch Kanäle mit der See in Verbindung gesetzt werden konnten. So verbindet der Götakanal Lidköping und Karlstad am Wenersee und Jönköping am Wettersee mit Göteborg einerseits und Norrköping andrerseits, und der langgestreckte Mälarsee schliesst die Binnenstädte Upsala, Vesterås und Eskilstuna an die Küste an. Dass auch Raum gegeben ist für ein grösseres Eisenbahnnetz, ist ebenfalls ein grosser Vorteil vor Norwegen. Am dichtesten ziehen die Eisenbahnstränge in der südschwedischen Senke, zumal auch gerade um die grossen Seen die reichsten Kupfer- und Eisengruben liegen. Jetzt haben sämtliche Häfen Südschwedens Eisenbahnanschluss. Die Hauptlinie ist hier neben den bereits genannten Stockholm-Christiania und Stockholm-Göteborg die von Stockholm nach Malmö, wichtig für die Eilverbindung der schwedischen Hauptstadt

---

[1]) *Credner:* „Über die Entstehung der Ostsee". Geogr. Zeitschrift I. S. 551/552.

[2]) Handelsflotten: Norwegen: 1 483 674 Registertonnen.
Schweden: 647 851 „
(Statist. Jahrbuch f. d. Deutsche Reich 1906.)

mit Mitteleuropa. Auf der berühmten Küstenstrasse Stockholm-Gefle-Haparanda ist heute die Eisenbahn bis Luleå fortgeführt und von dort als Ofotenbahn über Gellivara bis Narvik; weiter südlich ist auch der Anschluss nach dem Trondjemfjord hergestellt.

2. Klima des Ostseegebiets. Strömungen in der Ostsee. Da die klimatischen Verhältnisse des Ostseegebiets im grossen und ganzen einheitliche sind, so seien sie hier für alle Ostseeländer dargelegt. Weil ein Gebirge, das eine wirksame Wetterscheide abgeben könnte, nicht vorhanden ist, stellt das Ostseeklima den Übergang dar zwischen dem ozeanischen in West- und Nordwesteuropa und dem festländischen in Mitteleuropa und Russland. Nur insofern ist das skandinavische Hochland eine scharfe Scheide, als die Temperaturen des Ostseegebietes im Vergleich zu denen der norwegischen Küste einen viel festländischeren Charakter tragen. Der Unterschied zwischen dem kältesten und dem wärmsten Monat beträgt an der norwegischen Küste 12—15°, am Finnischen und Bottnischen Busen aber 22—26°, an der deutschen Ostseeküste 17—20°, in Südschweden und Dänemark 16—18°.[1]) Am schärfsten macht sich dieser Umstand für die Schiffahrt fühlbar durch das Zufrieren der Hafeneinfahrten und der Schärenfahrwasser, besonders um die Aland-Inseln und im Finnischen und Bottnischen Busen. Die Bottenvik friert fast regelmässig ganz zu, die Bottensee teilweise; jedoch auch Belte und Sund sind schon zugefroren. Am günstigsten gestellt sind die Häfen an der offenen Küste, wie Libau, das eisfrei, und Baltisch-Port, das nur 33 Tage geschlossen ist, am ungünstigsten die an engen Flussmündungen, also an Süsswasser und im Hintergrunde ruhiger Buchten gelegenen, wie die meisten deutschen Ostseehäfen. Allerdings werden in den Haupthäfen Eisbrecher gehalten, und durch den regen Dampferverkehr wird die Bildung einer festen Eisdecke sehr erschwert, aber immerhin ist die Schiffahrt in strengen Wintern für Segler geschlossen. Im allgemeinen ist südlich der Linie Riga-Stockholm ein völliger Schluss der Schiffahrt durch Eis mit Sicherheit nicht zu erwarten; aber das durch Zertrümmerung der Eisdecke bei Stürmen entstehende Treibeis wird von der Strömung bis nach Skagen getragen und sperrt bisweilen selbst die Zugänge der Ostsee. Auch der Binnenverkehr wird in allen Ostseeländern durch Gefrieren der Wasserstrassen empfindlich gestört. Am frühesten frieren die Kanäle zu, darauf erst die Seen und Flüsse. Auf die starke Behinderung der Schiffahrt im Bottnischen Busen durch das rauhe Klima ist die geringe Dichte der

---

[1]) Segelhandb. f. d. Ostsee I, 1. S. 41.

Leuchtfeuer dort im Vergleich zu der an der norwegischen Küste in gleicher Breite zurückzuführen. Das skandinavische Hochland ist jedoch keine derartige Wetterscheide, dass sie das Ostseegebiet dem Einfluss der nordatlantischen Luftdruckverhältnisse zu entziehen vermöchte. Die vorherrschenden Winde sind deshalb immer noch westliche und südwestliche, an der russischen Küste mit dem allmählichen Übergang zum europäisch-asiatischen Festlandsklima südliche und südöstliche. Die häufigsten Winde sind auch die stürmischsten. Der Winter ist bei weitem sturmreicher als der Sommer, und da das Ostseegebiet noch stark im Bereich der häufigsten Zugstrassen der Minima liegt, ist die Zahl der Stürme nicht gering. Besonders im Südwesten, wo der Übergang zu dem stürmischen Nordseegebiet stattfindet, ist die mittlere Windstärke eine höhere als im östlichen und nördlichen Teil.[1]) Nebel sind an allen Küsten der Ostsee häufig, es gibt etwa 30—50 Nebeltage jährlich gegen etwa 15—20 an der südnorwegischen Küste, in der Hauptsache in den Wintermonaten.[2]) Nebelsignalstationen finden wir deshalb ziemlich gleichmässig über das ganze Gebiet verteilt. Im Anschluss daran seien die Stromverhältnisse in der Ostsee erörtert. Die Gezeiten sind überall nur sehr schwach, am höchsten noch in den Zugängen zur Ostsee: bei Anholt 0,15 m, in Aarhus 0,38 m, in Kiel 0,07 m. Viel mehr als von den Gezeiten sind die auftretenden Strömungen abhängig vom Winde, namentlich sind die gefährlichen Sturmfluten in den engen Gewässern der südwestlichen Ostsee durch anhaltende Nordoststürme verursacht worden.[3]) Am gefährlichsten sind die Strömungen in den Belten und im Sund, wo sie ebenfalls in hohem Grade vom Winde abhängen. Im allgemeinen ist aber an der Oberfläche, besonders im Sund, der sich nach Süden weit öffnet wie ein Trichter, ein Ausfluss leichteren, süsseren Wassers, in der Tiefe, daher besonders in den tieferen Belten, ein Zufluss schwereren, salzigeren Nordseewassers nachgewiesen worden. Im Sommer, wenn die Flüsse ihren Hochstand erreichen, ist der Ausfluss am stärksten.[4])

3. Bau der schwedischen Küste. Nach ihrem Bau ist zwar die schwedische Schären-Küste ziemlich verschieden von der norwegischen Fjord-Küste, der Schiffahrt bietet sie aber im wesent-

[1]) s. die Windtafeln mit Windstärken im Segelhandb. f. d. Ostsee I, 1. Fig. 14—17.

[2]) s. d. Tabelle im Segelhandb. f. d. Ostsee I, 1. S. 57.

[3]) Segelhandb. f. d. Ostsee I, 1. S. 109. — „Die Sturmflut vom 13. XI. 1872". Zusammenstellung aus den bei dem Schleswig-Holsteinischen Zentral-Komitee für die Notleidenden eingegangenen Berichten. Glückstadt 1873.

[4]) Segelhandb. f. d. Ostsee I, 1. S. 94 f. — *Krümmel:* „Die deutschen Meere". Heft 6 der Veröffentlichungen des Instituts für Meereskunde. Berlin 1904. S. 27/28. *Ackermann:* „Beiträge zur phys. Geographie der Ostsee". S. 136 f.

lichen dieselben Vorteile. Obschon der Baltische Schild, dem Schweden fast in seiner ganzen Ausdehnung angehört, keine über 100 km ins Land einschneidenden Fjorde aufweist, sondern nur kurze Einschnitte in die durch Gletscher und Abrasion abgeflachte, hügelige, allmählich zum Meer sich senkende Küste, so wird doch ebenso wie in Norwegen durch den „Skjärgaard" ein geschütztes Fahrwasser längs der Küste geschaffen. Wo diese der vorgelagerten Inselschwärme entbehrt, wie zwischen Varberg und Sölvesborg, entsprechend dem abweichenden geologischen Charakter Schonens, eines aus paläozoïschen und mesozoïschen Sedimenten bestehenden, vielfach zerbrochenen Tafellandes, nimmt auch die Zahl der Leuchtfeuer ab. Das fällt besonders auf, da doch der Verkehr an dieser Küste sehr stark ist. Ein wesentlicher Unterschied in der Befeuerung der norwegischen und der schwedischen Küste wird sich also aus dem verschiedenen Bau derselben nicht ergeben, und beide haben denn auch fast die gleiche Durchschnittsdichte.

4. Bevölkerung und Wirtschaft. Ein wichtiger Unterschied ergibt sich aber insofern zwischen beiden Ländern, als bei sonstiger grosser Ähnlichkeit der Wirtschaft und der Aus- und Einfuhrgüter Schweden die doppelte Menschenmenge ernähren kann, und deshalb Wirtschaft und Auslandsverkehr etwa den doppelten Umfang haben wie in Norwegen.[1]) Dass dieses trotzdem in der Zahl und Dichte der Feuer eher voran- als zurücksteht, belegt am besten, wieviel grösser die Seegeltung Norwegens ist. Demgegenüber ist aber hervorzuheben, dass bereits im 13. Jahrhundert Schweden Leuchtfeuer errichtete und bereits 1550 sein Seezeichenwesen staatlich ordnete. Die natürlichen Verhältnisse Schwedens waren eben günstiger für eine frühzeitige, einheitliche Staatenbildung als die Norwegens, das langezeit von Dänemark abhängig war. Erst 1654 erhielt Norwegen auf Lindesnäs das erste Leuchtfeuer. In Schweden selbst spiegelt aber die Verteilung der Leuchtfeuer sehr wohl die wirtschaftliche Überlegenheit des Südens über den Norden wieder, besonders die grosse Bedeutung der südschwedischen Senke. Denn die grössten Dichten und die am frühesten befeuerten Abschnitte liegen dort, wo deren westöstliche Strassen in die Ostsee und in das skandinavische

---

	Bevölkerung:	Aussenhandel:	Ausslandsverkehr:
	(1905)	(1904)	(1904)
[1]) Schweden:	5 293 851	1117,4 Mill. ℳ.	18 340 212 Reg.-T.
	(1900)	(1904)	(1904)
Norwegen:	2 221 477	545,6 Mill. ℳ.	7 907 241 Reg.-T.

(Statist. Jahrbuch f. d. Deutsche Reich 1906.)

Binnenmeer münden. Zwischen diesen beiden grossen Dichtepunkten liegen nur noch zwei andere, aber kleinere: der Abschnitt Helsingborg—Malmö mit 29 Feuern, wo der rege Personen- und Postverkehr über die dänische Inselbrücke Schweden betritt, und Sölvesborg—Karlskrona mit 36 Feuern, wo der Hauptkriegshafen des Reiches liegt. Im einzelnen sei über die Lage der beiden sich ergänzenden Verkehrsendpunkte der südschwedischen Senke, Göteborg und Stockholm, noch folgendes gesagt: Göteborg geniesst ebenso wie Christiania durch seine Lage am skandinavischen Binnenmeere die Leichtigkeit der Verbindung zwischen Ost- und Nordsee; Stockholm ist der gegebene Knotenpunkt des Verkehrs aus dem Bottnischen, dem Finnischen Busen und der südlichen Ostsee und wird noch besonders begünstigt durch seine Lage am verengten Eingang des tief nach Westen einschneidenden Mälarsees und an der nach Osten führenden Inselbrücke der Aland-Inseln. Die günstige Lage zum Osten hat ehemals Schweden zu kolonisatorischen und kriegerischen Unternehmungen dorthin gelockt. Im Gegensatz zum Süden leidet der Norden unter der zunehmenden Schroffheit des Klimas. Die Bevölkerung sitzt hier viel lichter, sich im wesentlichen nur von der Land- und Forstwirtschaft und der mit letzterer verbundenen Holzindustrie nährend. Deren Erzeugnisse sind es in der Hauptsache nur, welche die Häfen des Nordens ausführen, und nur die nördlichsten, besonders Luleå, verschiffen ausserdem Eisenerze von Gellivara. Kein Wunder also, wenn die Befeuerung im Norden eine spärliche ist. Die Industrie Schwedens ist eben auch vorzugsweise im Süden ansässig, wo sie sich auf die vorzüglichen Eisenerzlager stützt, früher auch auf die heute erschöpften oder bedeutungslos gewordenen Kupfer-, Zink- und Silberschätze dort. Im allgemeinen aber leidet die Industrie ebenso wie in Norwegen unter dem Mangel an Kohlen; nur in Schonen wird ein kleineres Flöz abgebaut. Die Fischerei steht weit hinter der norwegischen zurück. Allerdings dankt Gotland die verhältnismässig hohe Dichte seiner Befeuerung mehr der grossen Zahl der Fischerfeuer, die seit 1880 stark vermehrt worden ist, als seiner gut entwickelten Landwirtschaft, für welche die silurischen Schiefer inmitten unfruchtbaren Kalkgeländes einen guten Boden abgeben.

IV. **Die russische Ostseeküste.**

1. Lage, Zugänglichkeit, Hinterlandsverbindungen. Drei natürliche Pforten sind es, durch welche fremde Einflüsse befruchtend, bisweilen auch zerstörend ins Innere der weiten

russischen Landmasse eingedrungen sind: Durch die Enge zwischen Ural und Kaspisee und weiterhin die Wolga aufwärts drangen asiatisch-mongolische; über das Schwarze Meer, Dniepr und Don entlang griechisch-byzantinische; über die Ostsee, in geringem Masse auch über das Weisse Meer, germanische Einflüsse ein. Die Pforte der Ostsee ist die wichtigste; und das erklärt es, dass ein so ausgesprochener Festlandsstaat wie Russland, dessen Handelsflotte auf der Ostsee nur 161 000, mit der Finnlands immerhin nur 502 000 Registertonnen umfasst, doch die Leuchtfeuerdichte seiner Ostseeküste auf 11 gebracht hat, nahezu das Doppelte der Dichte in Spanien. Allerdings konnte die Ostseeküste infolge ihrer vom offenen Ozean weit zurückgezogenen Lage für Russland nicht die Schwelle sein, über die es auf den Schauplatz einer Erdteile umfassenden Weltpolitik getreten ist, sie ist vor allem nur für die Stellung Russlands in Europa wichtig. Rund 400 km weit schneidet der Finnische Busen ins Land ein und bietet eine ganze Reihe vorzüglicher Häfen. Doppelt so lang ist die Schärenküste Finnlands am Bottnischen Busen, und im Süden bietet der Rigaische Busen noch einmal gute Hafenplätze. Diese zahlreichen Zugänge vom Meere aus werden, im Gegensatz zu Skandinavien, ergänzt durch ein weitverzweigtes, sehr leistungsfähiges Binnenwasserstrassennetz. In Finnland, dem „Lande der tausend Seen," steht Kuopio weit im Innern noch durch das Savolax-Karelische Seengebiet und den Saima-Kanal mit dem Finnischen Meerbusen in Verbindung. Die mächtige Newa schliesst den Ladogasee, mit 18 129 qkm der grösste Europas, ans Meer an, und dieser wieder steht mit dem etwa halb so grossen Onegasee, der Dwina und der Wolga in Verbindung. Vom Rigaischen Meerbusen führt ein ununterbrochener Wasserweg, der alte „Warägerweg," die Düna aufwärts und hinüber zum Dniepr und ins Schwarze Meer. Der Dniepr hat auch Kanalverbindung mit dem Njemen und dem Bug, dem rechten Nebenfluss der Weichsel. Dazu kommt, dass die Flussgebiete nur durch schmale, niedere Landschwellen, „Woloks", getrennt sind, und wie in alten Zeiten so wechselt auch heute noch der Verkehr ohne Mühe von einem Stromgebiet ins andere. Nach der Gunst der Verbindungen ins Innere zu schliessen, musste der durch die Ostsee vermittelte germanische Einfluss in seiner Wirkung mächtig und dauernd sein, und noch heute dringt die Kultur des Westens vornehmlich auf demselben Wege ein. Schwedische Waräger fuhren in leichten Kähnen den Finnischen Meerbusen, Newa und Wolchow hinauf und gründeten im 9. Jahrhundert als ersten russischen Staat das Fürstentum Nowgorod, später das Fürstentum Kiew, indem sie auf den natürlichen Wasserstrassen immer weiter ins Innere vordrangen. Im 13. Jahrhundert wurde diese germanische Welle von der tatarischen bis an den Finnischen Busen zurückgeworfen. Von der Mitte Russlands aus erfolgte dann die Erstarkung des eingesessenen Slawentums und die Befreiung von fremder Herrschaft. Aber jahrhundertelang wogte der Kampf zwischen Schweden und Moskowitern um den Besitz des Finnischen Busens, bis das zwar hochentwickelte, aber menschenarme Schweden vor der erdrückenden Masse Russlands weichen und den Zutritt zur Ostsee freigeben, schliesslich 1809 auch Finnland räumen musste. Die Zeiten militärisch-politischer Eroberungen waren damit für den germanischen Westen vorüber, nicht aber die kommerziell-kulturellen Einflusses. Denn die Rolle, die Nowgorod zur Zeit der Hansa als Vermittlerin westeuropäischen Handels und westeuropäischer Kultur gespielt hat, spielt noch heute Petersburg weiter, die erste Handels- und Industriestadt Russlands und der Hauptsitz der Gebildeten. Der Einfluss der westeuropäischen Kultur ist auch für die Zukunft gesichert dadurch, dass sie in Finnland und den Ostseeprovinzen, also auf russischem Boden selbst, sich trotz aller gewaltsamen Russifizierungsversuche behauptet hat, und ihr Einfluss wird vielleicht noch steigen, wenn ihr der Weg nach Innerrussland noch mehr als heute ausser durch Wasserstrassen auch durch Eisenbahnen eröffnet sein wird. Zwar haben schon jetzt nahezu alle Häfen von Uleaborg bis Libau Eisenbahnanschluss, aber im wesentlichen ist der Eisenbahnverkehr nach dem Innern auf die Hauptlinien Petersburg—Moskau und Riga—Moskau angewiesen.

2. Bau. Ihrem Bau nach bietet die Küste Kurlands keine Naturhäfen, im Gegensatz zur Südküste des Finnischen Busens, wo das paläozoïsche Plattenland der Ostseeprovinzen in gebuchtetem, zerrissenem Kalksteilrand ans Meer tritt, und nicht in einem glatten, sandigen Flachlandstreifen wie in Kurland. Finnland ist der östliche Flügel des Baltischen Schildes, und deshalb weist seine Küste wie die Schwedens Schärenfahrwasser und an zahlreichen kleinen Buchten gute Häfen auf. Dementsprechend finden wir die wenigsten Feuer an der Küste Kurlands, 1860 noch kein einziges, und erst seit der Anlage des Kunsthafens Libau, der heute eine bedeutende Getreideausfuhr bewirkt und infolge seiner Eisfreiheit ein wichtiger Platz auch für die russische Kriegsflotte ist, hat sich hier ein Leuchtfeuerdichtepunkt gebildet. Eine gleichmässige dichte Befeuerung tritt erst ein, wo die Küste buchten- und hafenreich wird, also im Rigaischen Busen. Trotz der guten Gliederung der Finnischen Küste am

Bottnischen Busen vermindert sich die Zahl der Feuer nach Norden zu, wie ja auch in Schweden, je mehr die Schiffahrt durch das harte Klima gehindert wird.

3. Bevölkerung und Wirtschaft. Günstig für die Schiffahrt ist es, dass nicht Russen, die ein ausgesprochenes Festlandsvolk sind, an der Ostseeküste sitzen, sondern seekundige schwedische und finnische Stämme und Deutsche, allerdings nicht gerade dicht: In den Ostseeprovinzen ist die Volksdichte 30, in Finnland 8, womit Finnland aber immer noch über Nordschweden steht. Nicht minder wichtig ist es, dass in Finnland und vor allem in den Ostseeprovinzen entsprechend dem höheren Kulturstand dort Landwirtschaft, Viehzucht, Forstwirtschaft, Holz- und Textilindustrie besser entwickelt sind und höhere Ausfuhrwerte erzielen als im übrigen Russischen Reich, wo Forst- und Landwirtschaft, die Grundlagen des russischen Wirtschaftslebens, vielerorts sehr mangelhaft betrieben werden. Die Entwicklung der schwachen Industrie ist zudem durch den Mangel an Kohlen gehindert; nur in Finnland bieten die zahlreichen Wasserkräfte einen Ersatz. Nach alledem muss die grösste Leuchtfeuerdichte am Finnischen Busen liegen, insbesondere im Kronstadt-Petersburger Winkel. Dass die Nordseite des Busens etwas dichter und gleichmässiger mit Feuern besetzt ist als die Südseite, ist durch die reichere Entwicklung der Schären und die geringere Höhe der Küste dort begründet, die also einer grösseren Zahl künstlicher Landmarken bedarf. Im Rigaischen Busen muss die Feuerzahl noch einmal anschwellen, ist doch Riga der dritte Hafen des Reiches überhaupt.

V. Dänemark.

1. Lage, Grösse, Zugänglichkeit, innere Wegsamkeit. Die Bedeutung der Dänischen Inseln hat zu allen Zeiten in erster Linie auf ihrer Lage beruht. Sie stellen eine bequeme und doch an den schmalen Durchbrüchen des Meeres leicht zu sperrende Brücke zwischen dem Festlande und der Skandinavischen Halbinsel dar, zwischen Süd und Nord. Auch die Durchfahrt von und zur Ostsee ist von hier aus leicht zu beherrschen, zumal der Fahrt durch die Belte im Südwesten des Kattegats zahlreiche Inseln und Untiefen im Wege liegen, ausserdem sehr verwickelte Strömungen in beiden Strassen herrschen,[1]) also in der Hauptsache nur der Sund für die Durchfahrt in Betracht kommt. Nur notgedrungen benutzen Schiffe, namentlich grosse Panzer, den Grossen Belt zur Durchfahrt, wenn ihr Tiefgang mehr als 7,2 m beträgt,

[1]) Segelhandb. f. d. Ostsee II. S. 184 f. 226 f.

die grösste Tiefe im Hauptfahrwasser des Sundes, in der Flintrinne zwischen der Insel Saltholm und der schwedischen Küste. Die Tiefen im Kleinen Belt sind noch geringer.[1]) Im Sund aber ist wieder die dänische Küste die befahrenere, weil die sicherere bei den vorwaltenden westlichen Winden.[2]) Durch den Sund muss also bei der Unwegsamkeit des Inneren der Skandinavischen Halbinsel auch zum grossen Teil der Verkehr zwischen ihrer Ost- und Westseite gehen, und trotz des Nord-Ostsee-Kanals überhaupt auch des Verkehrs der Ostseeländer mit dem Westen. Dank dieser beherrschenden Lage ihrer Inseln haben denn auch die Dänen in allerdings hin- und herwogenden Kämpfen bis 1814 Norwegen, bis 1864 Schleswig-Holstein, unter Knut d. Gr. sogar England, heute noch die Faer-Oer und Island, im Osten endlich bis 1346 Esthland, 1397 ganz Schweden, bis 1660 aber wenigstens Südschweden und heute noch Bornholm zu behaupten vermocht. Der grosse natürliche Nachteil Dänemarks ist sein geringer Flächenraum, 38 455 qkm, den man eben, gleichwie in Norwegen und Grossbritannien, durch Beherrschung der See und Eroberungen auszugleichen suchte. Diesem Nachteil steht aber wieder der Vorteil einer grossen Zugänglichkeit vom Meere wie vom Lande aus gegenüber: Kein Ort ist weiter als 60 km vom Meere entfernt, und quer durch Jütland, die grösste zusammenhängende Landmasse, ermöglicht der Limfjord einen lebhaften Binnenwasserverkehr. Dazu kommt, dass auf allen grösseren Inseln und in Jütland das Eisenbahnnetz gut ausgebaut ist. Geländeschwierigkeiten waren ja kaum vorhanden, da das ganze Gebiet Tiefland ist. An der Westküste Jütlands ist die Eisenbahn von Ribe bis Thisted am Limfjord, an der Ostküste von Kolding bis Skagen fortgeführt, und an drei Stellen verbinden Querstränge diese beiden Hauptlinien. Die Hauptlinien der Inseln sind Gjedser-Kopenhagen-Helsingör und Korsör-Kopenhagen für den Verkehr zwischen Festland und Skandinavien, und Nyborg-Odense-Strib für die Verbindung Kopenhagens mit dem Westen.

2. Bau. Die volle Ausnutzung der nach allen Seiten hin beherrschenden Lage wird im Westen beeinträchtigt durch den Bau des Landes. Die Westseite Jütlands ist eine der mächtigen Dünung des Atlantischen Ozeans und den häufigen westlichen Stürmen frei ausgesetzte, hafenlose Dünenküste, fast ohne natürliche Landmarken, mit mehreren Reihen gefährlicher, der Küste entlangziehender Strandriffe. Von Skagen und Blaavands Huk aus erstrecken sich ausserdem

[1]) Segelhandb. f. d. Ostsee II. S. 180.

[2]) Segelhandb. f. d. Ostsee II. S. 146. I, 1. S. 23/24.

noch, durch zahlreiche Strandungen besonders berüchtigt und durch Feuerschiffe gekennzeichnet, das Skagens Riff bis 2 Sm, das Horns Riff bis 20 Sm in See.[1]) Erst 1825 brach eine Sturmflut die Westmündung des Limfjords auf, aber nur kleine Fahrzeuge können dort einlaufen, ebenso wie in Nyminde Gab, der Mündung des Ringkjöbingfjords; Thorsminde, der Abfluss des Nissumfjords, ist überhaupt versandet.[2]) Erst südlich Blaavands Huk liegt, hinter der Insel Fanö geschützt, der einzige für grössere Schiffe durch kostspielige Bauten zugänglich gemachte dänische Nordseehafen Esbjerg. Dagegen besitzt die Ostküste zahlreiche gute Häfen im Hintergrunde ihrer Föhrden, untergetauchter Täler, eingesenkt in fruchtbaren Geschiebelehm. Denselben fruchtbaren, hügeligen Boden finden wir auf den Inseln wieder. Hier sind Belte und Sund und die Strassen zwischen Laaland, Falster, Moen und Seeland auch untergetauchte Täler, aber anderer Art als die tiefen Föhrden der jütischen Halbinsel, vielmehr ähnlich entstanden wie die flachen Bodden der deutschen Ostseeküste. Es waren die Abflusstäler der eiszeitlichen Schmelzwasser, die Randtäler des zurückweichenden baltischen Inlandeises, das im Westen schneller abschmolz als im Osten, also die Dänischen Inseln bereits freigab, als Hinterpommern, West- und Ostpreussen noch vereist waren; daher ihre von der der Randtäler auf deutschem Boden abweichende nördliche Richtung.[3]) Als mit der Senkung des Landes die See in diese Abflusstäler einbrach, hatte sie leichtes Spiel mit dem nachgiebigen Diluvialboden, ihn bald zerstörend und mehr zergliedernd, bald Neuland anschwemmend und Bruchstücke angliedernd. Die Reste zerstörten Landes, namentlich Steingründe und Steinriffe, andererseits Neubildungen und eiszeitliche Schuttanhäufungen[4]) gefährden heute nicht selten die Schiffahrt und geben Ursache zur Auslegung besonderer Seezeichen und Warnungsfeuer. Berüchtigt sind der Adlergrund, durch ein Feuerschiff bezeichnet, die Oderbank vor dem Stettiner Haff, der Stollergrund zwischen Kieler und Eckernförder Bucht. Nach dem Bau des Landes muss also der Schwerpunkt der dänischen Schiffahrt in der Ostsee liegen, und dort sind auch die grössten Leuchtfeuerdichten. An der Westküste Jütlands waren 1860 nur Skagen und

---

[1]) Segelhandb. f. d. Nordsee I, 2. S. 149/151. I, 3. S. 17/12.

[2]) Segelhandb. f. d. Nordsee I, 3. S. 23 u. 36.

[3]) *Keilhack:* „Tal- und Seebildung im Gebiet des Baltischen Höhenrückens". Verhdlgn. d. Ges. f. Erdkunde in Berlin. XXVI. S. 137.

[4]) *Credner:* „Über die Entstehung d. Ostsee". S. 545/548. — *Krümmel:* „Die deutschen Meere". S. 23/25. — *Ackermann:* „Beiträge zur phys. Geographie der Ostsee". S. 32 u. 38.

Hanstholm befeuert, ein guter Beleg für die bereits erörterte Tatsache, dass zunächst durchaus nicht die Gefährlichkeit einer Küste entscheidend ist, sondern der Verkehr. Noch heute ist die Strecke Skagen-Blaavands Huk nur mit wenigen Warnungsfeuern besetzt, die Jammerbucht mit nur zwei kleinen; nur die Mündungen des Lim- und des Ringkjöbingfjords zeigen mehr, und südlich Blaavands Huk Esbjerg, das auch als einziger grösserer Hafen einen Verkehr von $^1/_2$ Millionen Tonnen hat. Dagegen war die Ostküste bereits 1860 gleichmässig befeuert, und heute ist die Befeuerung stellenweise sehr dicht. Nur im Norden, wo der Dünengürtel der Westküste um Skagen herum nach Süden greift, und dort, wo die Kreideschichten der stumpfen Halbinsel nördlich Aarhus eine geschlossene Front gegen die Angriffe der See bilden, sind die Feuer spärlicher. Auch auf den beiden Inselgruppen stehen die Feuer am lichtesten, wo die Küste geschlossene Fronten bietet, also an der Nordseite Fünens, der Ostseite Langelands, der Südseite Laalands und der Nordostseite Seelands. Die grössten Dichten finden wir dort, wo vom Grossen Belt aus eine inselreiche, weit verzweigte See sich zwischen die Glieder der beiden Inselgruppen drängt. Das im wesentlichen aus Graniten aufgebaute Bornholm gehört seinem Bau nach zur Skandinavischen Halbinsel; seiner geringen Gliederung entsprechend ist es gleichmässig von Hauptfeuern besetzt, bloss zahlreiche, zeitweilige Fischerfeuer bringen eine Ungleichheit herein, wie ähnlich auf Gotland.[1]) Bei dem geringen Flächeninhalt Dänemarks kann man ebenso wie in Norwegen von einem Hinterland kaum sprechen; aber die hohe Kultur des Landes ersetzt die mangelnde Grösse.

3. Bevölkerung und Wirtschaft. Das kleine Land ernährt ein hochgebildetes Volk von $2^1/_2$ Millionen, indem die Landwirtschaft, vor allem die Viehzucht aufs höchste entwickelt ist; und wenn zu einer bedeutenden Industrie Kohlen und Erze mangeln, so übertrifft doch der Handel noch den des viel grösseren Schwedens, dessen Handelsflotte allerdings um etwa 200 000 Registertonnen grösser ist als die dänische. Was von der Lage der Dänischen Inseln gesagt wurde, gilt im eigentlichen und letzten Sinne von Kopenhagen, welches deshalb noch mehr als Paris die Hauptstadt des Landes ist, und wie schon gesagt eines hochentwickelten Landes. Wenn Kopenhagen auch heute nicht mehr die politische Hauptstadt des Nordens ist wie einst im Mittelalter, so doch noch immer der grösste Handelsplatz dort und der Hauptsitz nordischer Kunst, Wissenschaft und

[1]) Verzeichnis der Leuchtfeuer 1904. Tit. I. Nr. 556—620.

Kultur. Für den Umfang seiner Schiffahrt, nahezu 7 000 000 Registertonnen im Gesamtverkehr, fällt insbesondere noch seine günstige Uferlage ins Gewicht. Durch die vorgelagerte Insel Amager wird der Hafen Kopenhagens zu einem der besten in der Ostsee überhaupt. Seinem Schiffsverkehr nach steht er an der Spitze aller Häfen der Ostsee und des gesamten Nordens. Dass trotzdem die Dichte der Feuer an der Ostseite Seelands nicht die grösste ist, besonders der im Christianiafjord bei weitem nachsteht, beruht auf der geringen Gliederung der Küste gerade an der Ostseite Seelands.

VI. Die deutsche Ostseeküste.

1. Lage. Im Vergleich zur schwedischen und russisch-finnischen hat die deutsche Ostseeküste die Lage in grösserer Nähe der Hauptseestrassen des Weltverkehrs voraus, namentlich seit Eröffnung des 9 m tiefen Nord-Ostsee-Kanals 1895. Seitdem sind aber auch die grossen Nordseehäfen fähig gewesen, durch Einrichtung eines regelmässigen Seeleichterdienstes durch den Kanal auch in der Ostsee, wenigstens im Westbecken, den Verkehr nach den Ländern jenseits des Ozeans mehr und mehr an sich zu reissen.[1]) Da ferner durch die Nordwestrichtung der Elbe das Land hinter den westbaltischen Seenplatten an die Nordsee angeschlossen wird, die westlichen Ostseehäfen also eines grösseren Hinterlandes entbehren, so konnte der grösste deutsche Ostseehafen mit einem Gesamtschiffsverkehr von mehr als 3 000 000 Registertonnen nicht, wie man nach dem oben Gesagten vielleicht erwarten könnte, in der Südwestecke der Ostsee sich entwickeln, sondern dort, wo der Durchbruch der Oder ein Hinterland erschlossen hat. Ganz anders lagen die Verhältnisse natürlich im Mittelalter zur Zeit der Hansa, als die Ostsee selbst noch der Schauplatz allen nordeuropäischen Handels war. Damals musste der beherrschende Hafen in ihrer Südwestecke liegen, wo die Vormacht des Mittelalters, das deutsche Volk, zuerst wieder den Fuss an die Ostseeküste gesetzt hatte,[2]) und wo infolge der ausserordentlichen Gefahren einer Umschiffung Skagens auf den damals allein benutzten Seglern der naturgegebene Knotenpunkt aller Verkehrsfäden lag zwischen Westdeutschland, überhaupt Westeuropa und den Ostseeländern. Die Vormachtstellung Lübecks musste in dem Masse untergraben werden,

[1]) „Die deutschen Häfen der Nord- und Ostsee". Nauticus 1906. S. 307.

[2]) *Schulte:* „Deutschland und das Meer". Festrede, gehalten bei der Kaisergeburtstagsfeier der Universität Breslau. 1900. S. 11/12.

in dem die Ostseestaaten erstarkten.[1]) Insbesondere kam Danzig hoch, je mehr sein Hinterland Polen, zumal es diesem seit 1466 auch politisch angehörte, unter den Jagellonen im 14., 15. und 16. Jahrhundert an Macht und Selbständigkeit gewann.[2]) Abgesehen von diesen örtlichen Verschiebungen blieb doch trotz der Entdeckung des Seewegs nach Ostindien und Amerikas, und trotz dem darausfolgenden Aufschwunge der Niederlande und Englands der Handel mit den Ostseeländern selbst dem mit Ostindien gegenüber der wichtigere.[3]) Noch 1860 war der Schiffsverkehr in den deutschen Ostseehäfen grösser als in den Nordseehäfen,[4]) weil der Westen auf die Holz-, vor allem aber auf die Getreideausfuhr der Ostseeländer angewiesen war. Als aber im 19. Jahrhundert auch die Länder des Schwarzen Meeres, Amerika und Australien Getreide lieferten, Nordamerika überhaupt am westlichen Horizont immer höher emporwuchs, machte sich der Nachteil der zurückgezogenen Meereslage schärfer geltend, und die Verkehrsbeziehungen der Ostsee blieben in der Hauptsache auf die anliegenden und benachbarten Länder beschränkt.

2. Zugänglichkeit, Hinterlandsverbindungen. Der rege, wenn auch nur baltische Seeverkehr wird begünstigt durch die grosse Zugänglichkeit der deutschen Ostseeküste vom Meere aus. Vorzüglich der Westen ist reich an tiefen Buchten und guten Häfen, weniger der Osten. Für den Aufschwung Stettins ist es von grossem Vorteil gewesen, dass das Haff am weitesten von allen Buchten nach Süden ins Land eindringt, und dass dadurch auch die Möglichkeit guter Hinterlandsverbindungen geschaffen wird. Im übrigen aber ist es gerade die Mangelhaftigkeit derselben, welche das Zurückbleiben der Ostseehäfen hinter den Nordseehäfen verschuldet hat. Die vorzüglichen Häfen der Ostküste Schleswig-Holsteins entbehren des Hinterlandes überhaupt, aus bereits erwähnten Gründen auch Lübeck und die Häfen Mecklenburgs und Vorpommerns. Erst durch

---

[1]) *Schulte:* „Deutschland und das Meer". S. 13.

[2]) *Daenell:* „Der Ostseeverkehr und die Hansestädte von d. Mitte des 14. bis zur Mitte des 15. Jahrh.". Hansische Geschichtsblätter XXX. S. 8—10; S. 38.

[3]) „Die deutschen Häfen". Nauticus 1906. S. 288.

[4]) Es verhielt sich der Schiffsverkehr der deutschen Ostseehäfen zu dem der Nordseehäfen:

1850	wie	1,5	:	1,1
1860	„	1,92	:	1,85
1869	„	2,1	:	2,8
1875	„	2,9	:	3,5
1904	„	7,0	:	15,4

(Nauticus 1906. S. 298.)

den 1900 eröffneten, für 1000-Tonnenschiffe befahrbaren Elbe-Trave-Kanal anstelle des schon 1398 erbauten, nicht mehr leistungsfähigen Stecknitzkanals,[1]) der ersten Kunstwasserstrasse in Deutschland überhaupt, hat sich Lübeck einen Anteil am Elbehinterland gesichert. Selbst Stettin kann zu seinem Hinterlande nicht ohne weiteres das gesamte Odergebiet rechnen. Seit der Eröffnung des für 400-Tonnenschiffe benutzbaren Oder-Spree-Kanals 1890 anstelle des seit 1669 befahrenen Müllroser Kanals und seit der Kanalisation der oberen Oder nach 1890 hat Hamburg auch Schlesien zu seinem Hinterlande gemacht, und erst nach der Kanalisation auch der mittleren Oder wird Stettin dort erfolgreicher den Wettkampf aufnehmen können. Heute ist dessen eigentliches Hinterland nur das Gebiet der unteren Oder, der Warthe und Netze und vornehmlich Berlin durch den für 170-Tonnenschiffe eingerichteten Finow-Kanal, der bereits 1620 erbaut, im 30jährigen Krieg zerstört, unter Friedrich d. Gr. 1746 wiederhergestellt und zuletzt 1873—1888 umgebaut worden ist. Durch das Wasserstrassengesetz vom 1. IV. 1905 ist ein Grossschiffahrtsweg Stettin-Berlin beschlossen worden, sodass Stettin dann auch in Brandenburg den Kampf gegen Hamburg erfolgreicher aufnehmen kann. Für Danzig, Königsberg und Memel endlich wäre durch Weichsel, Pregel und Njemen ein weites natürliches Hinterland gegeben, wenn dies nicht durch die Zollschranken an der russischen Grenze abgeschnitten wäre. Ausserdem hat Russland für die Schiffbarmachung von Weichsel und Njemen sehr wenig getan, lagen ja die Mündungen auf fremdem Gebiet. Beide Ströme führen daher vornehmlich nur Holz aus den Wäldern Innerrusslands und der Karpathen in riesigen Flössen zum Meer. Soweit aber das Hinterland jener 3 Häfen deutsch ist, hat man es durch den Ausbau der vorhandenen Wasserstrassen erschlossen, wodurch erst Königsberg und Danzig auch zu Verkehrsmittelpunkten ihrer Provinzen geworden sind. Durch die Gilje, den Grossen Friedrichsgraben und die Deime sind Njemen, Kurisches Haff und Pregel verbunden. Leicht konnten auch die Masurischen Seen durch Kanalbauten zu einem schiffbaren Wassernetz vereinigt werden. Von diesem führt der Oberländische Kanal zum Frischen Haff, zur Nogat und zur Weichsel, die durch die kanalisierte Brahe und Netze und den 1773 erbauten, seit 1889 für 150-Tonnenschifte befahrbaren Bromberger Kanal an die Oder angeschlossen ist. Ferner hat man 1895 die Weichselmündung durch einen neuen Durchstich bei

[1]) „Der Weltverkehr". S. 468.

Schiewenhorst festgelegt,[1]) die Danziger Weichsel zu einem Kanal und Hafen ausgebaut und 1900 den Königsberger Seekanal eröffnet, der Seeschiffen von 6 m Tiefgang die Fahrt bis Königsberg gestattet. Während der Bau grosser, leistungsfähiger Binnenwasserstrassen vorwiegend in die Zeit nach 1890 fällt, ist der Ausbau des Eisenbahnnetzes bereits früher geschehen, sodass Deutschland bereits 1890 nach der Zahl der Eisenbahnkilometer auf 100 qkm an 4. Stelle unter allen Ländern der Erde stand, 1904 an 3. Stelle.[2]) An der schleswigholsteinischen Küste sind sämtliche Häfen von Lübeck bis Hadersleben untereinander und einerseits mit Hamburg, andererseits mit Jütland verbunden. Für den Verkehr Mitteldeutschlands nach Skandinavien sind wichtig die Linien Berlin-Rostock, von wo die Dampffähre die Wagen nach Gjedser überführt, Berlin-Stralsund-Sassnitz und Berlin-Stettin. Namentlich für Stettin sind bei der Mangelhaftigkeit seiner Wasserverbindungen die Eisenbahnen nach Berlin und Schlesien von höchstem Wert, da es nur so den Vorteil der grösseren Nähe Hamburg gegenüber ausnutzen kann. In noch höherem Grade ist für Danzig, Königsberg, Memel infolge der Umklammerung Ost- und Westpreussens durch Russland und bei dem nach Osten führenden Lauf der dortigen Wasserstrassen der Eisenbahnanschluss an den deutschen Südwesten eine Lebensfrage. Endlich ist auch im Klima die westliche Ostseeküste vor der mittleren und der östlichen ausgezeichnet: Die Temperaturschwankungen sind in derselben Reihenfolge: $17{,}1^0$, $18{,}2^0$ und $20{,}5^0$ [3]). Nach Lage, Zugänglichkeit, Hinterlandsverbindungen und Klima ist also im Westen eine durchschnittlich grössere Leuchtfeuerdichte zu erwarten als im Osten; hier können nur die Njemen-, die Pregel- und die Weichselmündung Dichtepunkte sein; das Stettiner Haff aber muss die grösste Dichte aufweisen.

3. Bau. Ihrem Bodenbau nach gehört die deutsche Ostseeküste der Baltischen Seenplatte und deren Vorstufen an und trägt wie diese tiefe Spuren ehemaliger Vergletscherung. Die Ostküste Schleswig-Holsteins ist von demselben Charakter wie die bereits geschilderte Jütlands: Hier wie dort tritt die Seenplatte selbst an die Küste, deren Föhrden sich als die alten Täler der Platte erweisen. Nur die Wasser sind durch Moränenhügel heute abgestaut und zu anderem Laufe gezwungen worden, und dadurch wieder sind die Häfen im Hintergrunde der Föhrden zu den besten Naturhäfen geworden, weil

[1]) Segelhandb. f. d. Ostsee III. S. 259.

[2]) Statist. Jahrbuch f. d. Deutsche Reich 1906. Internationale Übersichten S. 28.

[3]) Segelhandb. f. d. Ostsee I, l. S. 41.

sie vor Verschlammung bewahrt sind.[1]) Mit der Bucht von Wismar tritt eine andere Küstenform auf: die der Bodden, welche bereits bei den Dänischen Inseln charakterisiert worden ist. Am schönsten ist sie ausgebildet um Darss und Rügen. Hier zeigen sich dieselben wunderlichen Küstenumrisse und dieselbe flache, insel- und untiefenreiche See wie bei den Dänischen Inseln, weshalb Penck[2]) diese ganze, der jütisch-schleswig-holsteinischen Seenplatte vorgelagerte, der mecklenburgischen Platte unmittelbar angeschlossene Vorstufe als „westbaltische Inselzone“ zusammenfasst, zu der auch Fehmarn und Alsen, Usedom und Wollin gehören. Östlich der Odermündung ändert sich der Küstencharakter abermals. Ohne eigentliche Vorstufe tritt die pommersche Seenplatte an das Meer heran, und nur ein schmaler, flacher Sandstrand mit schwer zugänglichen Strandseen hinter langen Dünenreihen liegt zwischen der Platte und dem Meer. Fast gradlinig, ohne Buchten und gute Häfen zieht sich dieser Strand bis Rixhöft und überragend bis Hela hin. Dort springt die preussische Seenplatte weit zurück, zwischen ihr und der Ostsee breitet sich die ostbaltische Vorstufe aus: fruchtbares Weizenland von Weichsel und Pregel, Moor- und Waldland vom Njemen angeschwemmt, beide Deltas geschützt und gestützt durch die zwischenliegende, steil zum Meere abfallende Diluvialplatte des Samlandes. Vor dem Schwemmland und den süssen Stauseen aber, den Haffs, haben die vorherrschenden West- und Südwestwinde und die Wellen, infolge des nordöstlichen Streichens der Küste schräg auflaufend, lange Dünenreihen und Nehrungen gezogen, ebenso wie zwischen Odermündung und Rixhöft, nur dass hier die stärkeren Flüsse grössere, schiffbare Stauseen bildeten und besser imstande waren, einen schiffbaren Ausfluss durch die Dünen offen zu halten. Es ist klar, dass die buchtenreiche westliche Küste mit ihrer insel- und untiefengefüllten Flachsee mehr Feuer benötigt, als die glatte, hafenärmere östliche Küste, dass insbesondere die Strecke von der Odermündung bis Hela und die Steilküste des Samlandes nur wenige Hauptfeuer aufweisen müssen. Dieses Bild hat die Befeuerung in früheren Zeiten noch deutlicher als heute gezeigt; aber seit 1880 hat man auch die weiten Gewässer des Frischen und des Kurischen Haffs, die zwar infolge ihrer geringen Tiefe für die Seeschiffahrt ohne Bedeutung sind, aber einen regen örtlichen Verkehr vermitteln und auch von zahlreichen Fischerfahrzeugen belebt sind, mit einer Menge kleiner Feuer versehen. Nur die

---

[1]) *Partsch:* „Mitteleuropa“. S. 116.

[2]) *Penck:* „Das Deutsche Reich“. S. 473 und 476.

für die Seeschiffahrt von jeher wichtigen, langen und schmalen Einläufe nach Memel und Königsberg sind beizeiten ausgiebig beleuchtet worden. Vornehmlich seit Eröffnung des 40 km langen Königsberger Seekanals ist dort die Zahl der Feuer im Vergleich zum Verkehr eine sehr hohe geworden, und ebenso hat sich die Eröffnung des Nord-Ostsee-Kanals durch ein Aufschnellen der Feuerzahl in der Kieler Bucht bemerkbar gemacht.

4. Bevölkerung und Wirtschaft. Für den Umfang der deutschen Ostseeschiffahrt ist es eine folgenschwere Tatsache, dass grössere Bevölkerungsdichten nur um Kiel, Stettin, Danzig, Königsberg und Tilsit auftreten, und dass in allen Bundesstaaten und Provinzen an der Ostsee die Landwirtschaft vorherrscht, die keine so wertvollen und zahlreichen Ausfuhrgüter schafft und keiner so grossen Einfuhr von Rohstoffmassen bedarf wie die Industrie. Allerdings führt Stettin grosse Massen Rübenzucker aus Posen und Schlesien, zum Teil auch aus Sachsen aus, aber von der ehemals bedeutenden Ausfuhr russischen Getreides über Danzig, Königsberg, Memel geht jetzt infolge deutsch-russischer Zoll- und Tarifmassnahmen ein grosser Teil über russische Häfen, besonders über Libau, wenn auch die deutsch-russischen Handelsverträge von 1894 und 1904 manche Härten gemildert haben.[1]) Industrie hat sich nur in den grösseren Hafenplätzen selbst angesiedelt. Voran stehen da die grossen Maschinenfabriken und Schiffbauwerften in Kiel, Stettin, Danzig, Elbing. Auch Königsberg deckt die industriellen Bedürfnisse der Provinz. Stettins Industrie vornehmlich ist seit einigen Jahrzehnten in lebhafter Entwicklung begriffen, nicht zuletzt auch beeinflusst durch die Nähe des grossen Industriebezirks Berlin. Stettins Seeverkehr stützt sich also sowohl auf bedeutende Eigenindustrie, als auch auf Industrie im Hinterlande; insbesondere fällt ihm die Versorgung Berlins mit baltischem Getreide und des oberschlesischen Industriebezirks mit schwedischen Erzen zu. Der Aufschwung Stettins kommt deutlich in der raschen Zunahme der Leuchtfeuer seit 1880 zum Ausdruck, und es entspricht den tatsächlichen Verhältnissen, wenn heute die Odermündung mit Ausnahme der Kieler Bucht allen andern Küstenabschnitten in der Zahl der Feuer voransteht. Von den übrigen deutschen Ostseehäfen vermitteln Kiel, Lübeck, Wismar, Rostock, Sassnitz, aber wieder auch Stettin einen sehr regen Personen- und Postverkehr nach Skandinavien. Dass die Kieler Bucht die ausserordentliche, zu Kiels Handelsverkehr in

[1]) „Die deutschen Häfen". Nauticus 1906. S. 312.

schlechtem Verhältnis stehende Feuerzahl von 121 aufweist, ist zum Teil schon durch den Nord-Ostsee-Kanal erklärt, dann aber auch durch Kiels grosse Bedeutung als Reichskriegshafen.

VII. **Die deutsch-niederländisch-belgische Nordseeküste.**

1. Lage. Die deutsch-niederländisch-belgische Nordseeküste kennzeichnet sich durch ihre ausserordentlich dichte Befeuerung als ein eigenartiges, einheitliches Gebiet, das bereits in den allgemeineren Ausführungen zum Beleg und Vergleich öfters herangezogen worden ist. Im folgenden seien die Verhältnisse, welche hier die höchste Leuchtfeuerdichte bedingt haben, im einzelnen dargelegt. Die Nordwestecke Europas ist von jeher ein wichtiger Ort gewesen, zuerst als Übergangspunkt für den Verkehr zwischen dem Festland und England. In Flandern [1]) liefen die Strassen zusammen aus Deutschland über Köln,[2]) aus Italien und Frankreich durch die Champagne.[3]) Die berühmte mittelalterliche Tuchindustrie Flanderns und Brabants bezog aus England ihre Wolle [4]), und Brügge, der älteste Stapelplatz der Niederlande, versorgte England wieder mit den Erzeugnissen des Festlandes und des Orients. In seiner Blütezeit im 13. und 14. Jahrhundert vermittelte Brügge schon nicht mehr nur den regen Verkehr zwischen dem Festland und den Britischen Inseln, sondern auch zwischen Westeuropa und Mittelmeer einerseits und den Hansastädten und den Ostseeländern andererseits,[5]) und seitdem ist die Nordwestecke Europas ein wichtiger Strassenknotenpunkt geblieben. Die Rolle Brügges allerdings ging nach der Versandung des Zwyn auf Antwerpen über, nachdem im 15. Jahrhundert Sturmfluten die Westerschelde für Seeschiffe genug vertieft hatten.[6]) Durch die grossen Entdeckungen wurde der Schwerpunkt des Weltverkehrs aus dem Mittelmeer entschieden nach der Westküste Europas verrückt.[7]) Antwerpen, der nunmehrige Hauptplatz der Nordwestecke Europas, wurde durch den Anschluss an das die Alte und die Neue Welt verbindende Reich Karls V. auch der Stapelplatz für die Erzeugnisse

---

[1]) Wie tief die Vermittlerrolle Flanderns historisch begründet ist s. *Schulte:* „Deutschland und das Meer". S. 8.

[2]) *Götz:* „Die Verkehrswege im Dienste des Welthandels". S. 537.

[3]) *Götz* a. a. O. S. 550. — *Schulte;* „Geschichte des mittelalterlichen Handels und Verkehrs zwischen West-Deutschland und Italien". I, S. 156.

[4]) *Schulte* a. a. O. I. S. 124/127.

[5]) *Schulte* a. a. O. I. S. 348/349.

[6]) *Götz* a. a. O. S. 540/541.

[7]) *Schulte* a. a. O. I. S. 676.

Amerikas. Als jedoch die Holländer das spanische Joch abschüttelten, Antwerpen aber unterlag und spanisch blieb, besetzten die Holländer die Ufer der Westerschelde und schnitten Antwerpen von der See ab.[1]) Erst durch Aufhebung des Scheldezolles 1863 ist ihm der Weg zum Meere endgültig wieder freigegeben worden, und seitdem datiert sein neuerlicher Aufschwung zum Welthafen. Mit der Einwanderung der Kaufleute Antwerpens nach dessen Eroberung durch die Spanier 1585 übernahm Amsterdam die Rolle Antwerpens. Die Zeit der höchsten Machtentfaltung der Niederlande im 17. und 18. Jahrhundert war auch seine Blütezeit. Mit der Zertrümmerung der niederländischen Seemacht Ende des 18. Jahrhunderts durch die Engländer ging das Erbe Brügges und Antwerpens von Amsterdam auf London über. Erst nachdem Amsterdam durch kostspielige Kanalbauten im 19. Jahrhundert auch für die Schiffe der Neuzeit, für die der Einlauf durch die flache Zuidersee zu gefährlich wurde, wieder erreichbar war, hat es sich zur gegenwärtigen Höhe emporgeschwungen. Die Sicherheit Nordhollands vor feindlichen Einfällen hatte zunächst dort den grössten niederländischen Hafen entstehen lassen. Der Aufschwung Rotterdams, im Bereiche der Rheinmündung, des naturgegebenen Ortes eines Welthafens, datiert erst seit der Trennung Belgiens von den Niederlanden 1830 und der Wiedereinführung des Scheldezolles, wodurch Antwerpens zu Beginn des 19. Jahrhunderts wieder ansetzende Entwicklung noch einmal auf kurze Zeit gehemmt wurde. Was also nach der Lage der niederländisch-belgischen Küste am Kreuzpunkt der Wege zwischen Festland und Grossbritannien, zwischen Atlantischem Ozean und Nordsee erwartet werden muss, ist tatsächlich der Fall: Zu allen Zeiten hat hier ein Welthafen gelegen. In der Gegenwart hat die Nähe Englands insbesondere noch eine Reihe kleinerer Überfahrtshäfen an den vorspringenden Küstenstrichen entstehen lassen: Ostende, Vlissingen, Hoek-van-Holland. Ihrer Meereslage nach stehen Antwerpen, Rotterdam, Amsterdam im wesentlichen gleich, nur nach ihrer besonderen Zugänglichkeit ergeben sich Unterschiede. Mit steigender Entwicklung Amerikas wurde das europäisch-amerikanische Verkehrsband immer breiter und bedurfte einer grösseren Anknüpfungsfläche, sodass auch die mehr zurückgelegenen deutschen Nordseehäfen den niederländisch-belgischen zur Seite traten.[2]) Die Einrichtung eines musterhaften

[1]) *Schulte:* „Deutschland und das Meer". S. 17.

[2]) Entscheidend war dabei die politische Befreiung Amerikas. Erst dadurch wurde für Deutschland das Feld frei zum Wettkampf mit den ehemaligen Mutterländern, die bis dahin fremden Mächten den Handel mit ihren Kolonien sehr erschwert hatten. (*v. Halle:* „Amerika". S. 12/13.)

Dampferdienstes nach den aufblühenden Vereinigten Staaten, vornehmlich auch für die Auswanderung dorthin, war einer der entscheidendsten Schritte Bremens und Hamburgs auf dem Wege zu ihrer heutigen Grösse.[1]) Vor dem 16. Jahrhundert war Bremen, der alte Bischofssitz, der bedeutendste Hafen der deutschen Nordseeküste, da Hamburg noch unter der Unsicherheit seiner Grenzlage gegen die Slaven zu leiden hatte. Später aber machte sich der natürliche Vorteil geltend, den Hamburg durch seine Lage geniesst: im innersten Winkel der Nordsee, bis wohin der atlantische Verkehr vordringen kann, und von wo er wieder, besonders nach Eröffnung des Nord-Ostsee-Kanals, nach dem Nordosten Europas weiter geleitet wird. So erscheint Hamburg als das Gegenstück Lübecks, und wie jenes im Mittelalter, so ist dieses heute der erste Hafen Deutschlands. Dazu kommt, dass Hamburg schon im 17. und 18. Jahrhundert es meisterhaft verstanden hat, auch im Verkehr nach England den niederländisch-belgischen Häfen zur Seite zu treten.[2]) Bremen dagegen hat stets in erster Linie den Verkehr nach den Vereinigten Staaten gepflegt und diesem seine Grösse verdankt; noch heute steht der Verkehr mit England hinter diesem zurück.[3]) Nach Eröffnung des Suezkanals ist der atlantische Verkehrsstrom durch den Ärmelkanal noch weiter angeschwollen, sodass heute an der deutsch-niederländisch-belgischen Nordseeküste der Verkehr aus Grossbritannien, Amerika, Afrika, dem Mittelmeer, dem Indischen und dem Grossen Ozean einerseits, und aus Mittel-, Nord- und Nordosteuropa andererseits zusammenströmt.

2. Zugänglichkeit vom Meere aus. Der günstigen Lage entspricht die Zugänglichkeit vom Meere aus durchaus nicht in besonderem Grade. Von Jütland bis Flandern zieht sich ein Dünengürtel hin, noch heute einheitlich geschlossen an der Halbinsel Eiderstedt, von Helder bis Hoek-van-Holland und von der Westerschelde bis Calais, wo er allmählich schwindet.[4]) Wohl haben Sturmfluten besonders im Mittelalter furchtbare Breschen in den Dünenwall gebrochen: Zuidersee, Dollart und Jade, und die Küste in die friesischen Inseln aufgelöst, aber die flachen Busen und das Wattenmeer hinter den Inseln sind

[1]) *v. Halle:* „Amerika". S. 85 f. 95 f. — „Die deutsche Auswanderung im 20. Jahrh." Nauticus 1902. S. 265; 272/273; 280.

[2]) „Die deutschen Häfen". Nauticus 1906. S. 295.

[3]) „Die deutschen Häfen". S. 314. — Hamburgs Handelsbeziehungen mit Amerika gingen noch in der Mitte des 19. Jahrh. zum weitaus grössten Teil nach Brasilien und Westindien, erst in der neueren Zeit sind die Vereinigten Staaten in den Vordergrund gerückt. (*v. Halle:* „Amerika". S. 14; 19; 122.)

[4]) Segelhandb. f. d. Englischen Kanal. II. S. 29/30.

von Natur unzugänglich für grosse Seeschiffe. Nur wo Elbe, Weser, Rhein, Maas und Schelde zum Meere durchgebrochen sind, steht der Grossschiffahrt der Weg ins Land offen, da die Gezeiten mit der Senkung des Landes die Mündungen weit und tief aufgerissen haben, besonders wo die deutsche Bucht der Nordsee einschneidet. Aber überall hat man auch durch umfangreiche Baggerungen und Kanalisation der Strommündungen der Natur nachhelfen müssen, oder man hat wie in Bremen und Hamburg für die grössten Schiffe von etwa 10 m Tiefgang besondere Vorhäfen angelegt. 1903 betrug die Fahrwassertiefe [1]) bei Hochwasser bis

Hamburg	8,3 m [2])
Bremen	5,5 „
Amsterdam	9,0 „
Rotterdam	8,2 „
Antwerpen	10,4 „

Fast überall sucht man durch neue kostspielige Bauten die Tiefe des Suezkanalmasses, 9 m, schon bei Niedrigwasser zu erreichen; nur Bremen wird infolge der geringen Wasserführung der Weser bei dem Erreichten stehen bleiben und bloss Bremerhaven auch in Zukunft für die grössten Schiffe zugänglich erhalten. Am ungünstigsten liegen die Fahrwasserverhältnisse in Emden, da die Ems noch weniger Wasser führt als die Weser. Erst durch die 1901 eröffneten neuen grossen Hafenanlagen ist Schiffen von 5,5 m Tiefgang der Einlauf bei Hochwasser möglich gemacht worden. Unter den niederländisch-belgischen Häfen ist Amsterdam durch seine zurückgezogene Lage an der flachen Zuidersee im Nachteil. Schon 1819—25 hat man dort durch den 5,5 m tiefen nordholländischen Kanal nach Helder einen freien Zugang zum Meere sich schaffen müssen, aber erst durch den 1876 eröffneten, durch wiederholte Baggerungen schliesslich auf 9 m vertieften Nordseekanal ist dies wirklich gelungen. Neben den genannten grossen behaupten sich noch einige kleine und mittlere Häfen. Sie liegen entweder hinter den friesischen Inseln geschützt und sind nur durch „Tiefe" zugänglich, schmale und gefahrvolle Rinnen, im Schlamm und Sand der Wattenmeere durch die Gezeiten ausgeschwemmt, oder an den flachen Busen und sind ebenfalls nur durch schmale Rinnen zugänglich, die bloss durch fortwährendes Baggern auf brauchbarer Tiefe gehalten werden können. Zwischen den nordfriesischen Inseln sind da das Lister Tief, das

[1]) *Wiedenfeld:* „Die nordwesteuropäischen Welthäfen". S. 72.

[2]) Jetzt (1908) können Schiffe mit 10 m Tiefgang bei mittlerem Hochwasser bis Hamburg kommen.

Rüter Tief, die Hever, zwischen den ostfriesischen das Norderney Seegatt zu erwähnen, und im Jadebusen der Kriegshafen Wilhelmshaven, an der Zuidersee Harlingen.

3. Hinterlandsverbindungen. Viel grösser als die Zugänglichkeit vom Meere ist die vom Lande. Während die Baltische Seenplatte, nur von Elb-Trave-Kanal, Oder und Weichsel durchbrochen, längs der gesamten deutschen Ostseeküste hinzieht und sie absperrt, zumal die Platte auch noch nach der der Küste abgewandten Seite hin ihr Gefälle hat, schneidet die deutsche Nordseeküste die hinter der Seenplatte gelegenen Zonen der grossen Täler und der Grenzrücken schräg an, sodass das Innere nach der Küste offensteht.[1]) Nach der Rhein-Maas-Schelde-Mündung aber öffnet sich die Kölner Tieflandsbucht, und leicht überwinden die Kanäle, Eisenbahnen und Strassen ins Pariser Becken die Schwelle des Artois. Die Häfen der Westküste Schleswig-Holsteins sind unbedeutend, da sie des Hinterlandes entbehren. Hamburg aber stützt sich auf die bis nach Aussig für 800-Tonnenschiffe benutzbare Elbe, an die der Oder-Spree-Kanal die kanalisierte obere Oder, der Finow-Kanal die untere Oder, die Warthe und Netze anschliessen. In ähnlicher Weise verfügen die niederländisch-belgischen Häfen über die Wasserstrasse des Rheins mit dem Main, der bis Bamberg, und der Mosel, die bis Nancy schiffbar ist; der Rhein trägt bis Köln Seeschiffe[2]), bis Mannheim 1500-Tonnenschiffe, bis Strassburg noch 800-Tonnenschiffe. Die Maas ist auf 600 km für 300-Tonnenkähne, die Schelde bis 100 km an die Quelle schiffbar. An beide Flüsse ist das französische Kanalnetz angeschlossen, das zwar eine riesige Ausdehnung hat, aber doch nur durchschnittlich für 200-Tonnenkähne benutzbar ist. Ausserdem vermittelt ein in den niederländischen Marschen und im belgischen Hügelland reich verzweigtes Kanalnetz den örtlichen Verkehr. Amsterdam musste sich erst durch den 1892 eröffneten Merwede-Kanal eine Verbindung mit dem Rheine schaffen. Am ungünstigsten in Bezug auf Binnenwasserstrassen liegen die Verhältnisse für Bremen und noch mehr für Emden, da die Weser nur bis Münden 350-Tonnenkähne trägt, Emden aber überhaupt erst durch den 1899 eröffneten, 600-Tonnenkähne tragenden Dortmund-Ems-Kanal eine leistungsfähige Wasserstrasse ins Hinterland erhalten hat, die durch den Mittellandkanal Anschluss an Rhein, Weser, Elbe erhalten soll; zunächst ist allerdings nur der Anschluss an Rhein und Weser

[1]) s. die Kartenskizze in *Penck:* „Das Deutsche Reich". S. 473.

[2]) Köln steht in unmittelbarer Seeverbindung mit London, Bremen, Hamburg und den Ostseehäfen. (*Wiedenfeld* a. a. O. S. 352.)

bewilligt worden.[1]) Ergänzend tritt zum Wasserstrassennetz das Eisenbahnnetz Deutschlands, der Niederlande und Belgiens, das die grössten Dichten in Europa überhaupt aufweist: 10,3, 9 und 23,9 km auf das Quadratkilometer[2]), sodass in jeder Richtung mindestens eine, oft aber mehrere Linien zur Verfügung stehen. Nicht minder wichtig ist es, dass das gesamte deutsche Eisenbahnnetz, weil unter Verwaltung des Staates stehend, nach einheitlichen, das Gesamtwohl, nicht den Gewinn einzelner Eisenbahngesellschaften berücksichtigenden Gesichtspunkten verwaltet wird. Wenn das auch natürlich in erster Linie den deutschen Häfen zugute kommt, so sind doch den niederländisch-belgischen Hafenplätzen für viele Güter dieselben Frachtvergünstigungen gewährt worden, aus Rücksicht auf das rheinische Deutschland, für das die Rheinmündungshäfen die natürlichen Ein- und Ausfuhrtore sind.[3]) Bei der Vielseitigkeit und dem Ineinandergreifen der Wasserstrassen und Eisenbahnen ist das Hinterland der einzelnen Häfen nicht scharf abzugrenzen, nur in grossen Zügen. Mit ihren Spezialgütern dringen die einzelnen Häfen selbst in das ureigenste Hinterland ihrer Nachbarn ein. Über das weiteste Hinterland verfügt Hamburg, das auch die weitesten und meisten Handelsbeziehungen hat. Im Osten Deutschlands ist nur Pommern, West- und Ostpreussen fest genug an die Ostsee gebunden, und selbst in Russland nimmt es mit Odessa den Kampf auf. Dadurch, dass die österreichisch-ungarischen Bahnen nach dem Elbumschlagplatz Laube besonders niedrige Frachtsätze gewähren, um die Güter solange wie möglich auf ihren Linien zu halten, reicht Hamburgs Einfluss bis nach Galizien, Nordungarn, Böhmen, Mähren, Nieder- und Oberösterreich; es beschränkt also Fiume und Triest auf einen sehr engen Bereich. Das Gebiet nördlich des Mains und Nordwestdeutschland ist gemeinsamer Besitz Hamburgs und Bremens, welch letzteres also ebenfalls stark durch die mächtige Nachbarin beengt wird, in seinen Spezialgütern aber: Reis, Tabak, Baumwolle, ganz Deutschland beherrscht, ja sogar in Russland mit Odessa wetteifert, ähnlich wie Hamburg. Süddeutschland und das Rhein-Maas-Schelde-Gebiet wird von den niederländisch-belgischen Häfen gemeinsam bedient. An erster Stelle steht da Antwerpen, das an Vielseitigkeit und Ausdehnung seiner Beziehungen Hamburg am nächsten kommt. Rotterdam ist vor allem Einfuhrhafen für Rohstoffe, während Amsterdams Stärke der Handel mit den Erzeugnissen der

---

[1]) *Wiedenfeld* a. a. O. S. 312/315. — „Die deutschen Häfen". Nauticus 1906. S. 306/309.

[2]) Statist. Jahrbuch f. d. Deutsche Reich 1906. Internationale Übersichten. S. 28.

[3]) *Wiedenfeld* a. a. O. S. 321/325.

niederländischen Kolonien ist. Hamburg und Bremen bringen aber auch hier ihre Spezialgüter. Im südlichsten Deutschland, namentlich im Unterelsass, ferner in der Schweiz macht sich die Nähe der Mittelmeerhäfen geltend, weiter im Westen, in Frankreich, der Einfluss Havre's.[1])

4. Klima Nordwesteuropas. Das Klima der deutsch-niederländisch-belgischen Nordseeküste, ebenso das der Britischen Inseln und der französischen Kanal- und atlantischen Küste ist ein ausgesprochen ozeanisches, was sich am schärfsten in den geringen Unterschieden zwischen kältestem und wärmstem Monat zeigt. Am geringsten sind sie an der Westseite der Britischen Inseln und in der Bretagne, landeinwärts und nach Osten nehmen sie sehr rasch zu. Für die Seeschiffahrt ergibt sich aus diesen günstigen Wärmeverhältnissen der im Vergleich zum Ostseegebiet gar nicht zu überschätzende Vorteil, dass ein Schluss der Häfen und Strommündungen durch Eis kaum zu befürchten ist, zumal bei dem regen Dampferverkehr und dem überall, wo es nötig war, eingerichteten Eisbrecherdienst. Am ehesten sind Eisbehinderungen noch an der deutschen Nordseeküste zu erwarten, wo im Frühjahr der Eisgang in den Strommündungen die ohnehin gefährliche Fahrt noch mehr erschwert. Auf Elbe, Weser und Rhein muss auch die Binnenschiffahrt fast regelmässig im Winter geschlossen werden, wodurch sich diese Flüsse Mitteleuropas unvorteilhaft von denen Frankreichs und noch mehr Englands unterscheiden. Genaue Daten lassen sich schwer aufstellen, da die Eisverhältnisse sehr verschieden sind, bisweilen auch ein mehrmaliges Aufbrechen und Zufrieren stattfindet.[2]) Sehr bezeichnend für das ozeanische Klima sind die Niederschläge, weniger die Höhe derselben als die hohe Zahl der Regenschauer, Schneefälle usw., vornehmlich in Herbst und Winter. Eng damit zusammen hängen der hohe Feuchtigkeitsgehalt der Luft, der das ganze Jahr hindurch dem Sättigungszustand nahekommt, und die geringe Zahl der Sonnenscheinstunden, auf den Britischen Inseln nur etwa 1000—1500 Stunden im Jahresdurchschnitt.[3]) Die grosse Zahl der Nebel an den atlantischen Küsten Nordwesteuropas darf deshalb nicht überraschen. Wenn sie auch nicht die Häufigkeit und Dichte erreichen wie die Nebel an der Nordostküste Nordamerikas, so bilden sie doch eine der gewöhnlichsten und ernstesten Gefahren für die

[1]) *Wiedenfeld* a. a. O. S. 332 f.

[2]) „Die Eisverhältnisse an den deutschen Küsten der Ost- und Nordsee". Annal. d. Hydrogr. 1882. S. 460 f.

[3]) Bartholomew's Physical Atlas. vol. III. Meteorology. Plate 18.

Schiffahrt. Am berüchtigsten sind die Nebel im Kanal, wo der Rauch der zahlreichen Dampfer und der grossen Fabrik- und Hafenplätze auf dem Festlande wie den Britischen Inseln ihre Bildung sehr begünstigt. Ähnlich liegen die Verhältnisse in der deutschen Bucht der Nordsee, wo die Luft ausserdem durch Moorrauch unsichtig wird. Sehr oft sind es ferner gerade die Flussmündungen, über denen dicke Nebel lagern, weil hier Temperaturgegensätze zwischen Land, Luft und Wasser besonders häufig auftreten. Die Zeit der meisten Nebel sind die Monate des Spätherbstes und des Winters.[1]) In der Verteilung der Nebelsignalstationen spricht sich der viel grössere Nebelreichtum des ozeanischen Klimas sehr scharf dadurch aus, dass an der Küste der Britischen Inseln allein 237 Stationen liegen gegen nur 188 im gesamten Ostseegebiet. Von den 189 Stationen Englands und Schottlands liegen allein 74 an der Küste von Portland bis zum Humber, und von den 50 Stationen Frankreichs allein 38 an der Kanalküste. Ferner sind alle Strommündungen sehr dicht mit Nebelsignalstationen besetzt, da ja auch gerade hier ein sehr starker Verkehr herrscht, besonders auch ein ununterbrochener örtlicher, ebenso wie drüben in Amerika im Long-Island-Sund und in der Chesapeake-Bucht. Die Höchstzahl erreicht die Themsemündung mit 26 Stationen, darauf folgen Weser und Jade mit 15, die Liverpool-Bucht und der Clyde mit je 13. An der französischen Westküste nimmt die Zahl der Stationen rasch ab, im wesentlichen sind nur noch die Flussmündungen besetzt. Da die Luftdruckverhältnisse im Nordostatlantischen Ozean sehr beständige sind: im Südwesten Europas ein Gebiet hohen Drucks, am höchsten im Sommer, um Island ein Gebiet niederen Drucks, am niedrigsten im Winter, so ergeben sich für Nordwesteuropa das ganze Jahr hindurch vorwaltend westliche Winde, und daher das feuchte, warme, ozeanische Klima. Der Verlauf der Isobaren ändert sich im Jahre nur wenig: Im Winter ziehen sie von Südwest nach Nordost, im Sommer von West nach Ost und Südost, je nachdem das nördliche oder das südliche Druckgebiet schärfer ausgeprägt ist. Da sich das Land um den 50. Parallel im Winter etwa 4 mal stärker abkühlt als es sich im Sommer erwärmt,[2]) muss das Gefälle des Luftdrucks vom Lande zum Meere im Winter viel grösser sein als umgekehrt im Sommer. Sehr scharf zeigt sich das in der Abstufung der Isobaren auf den Britischen Inseln. Im Januar fällt der Luftdruck von der Südküste bis zur Nordküste von 762 auf 753 mm, im Juli dagegen nur von

---

[1]) Segelhandb. f. d. Nordsee I, 1. S. 35 f. I, 3. S. 15/16. — Segelhandb. f. d. Engl. Kanal II. S. 196. — Segelhandb. f. d. Französ. Westküste. S. 187 u. 300.

[2]) *Hann:* „Handb. d. Klimatologie". I. S. 136/137.

762 auf 757 mm.[1]) Diese Tatsache und der Umstand, dass die Hauptzugstrasse der Minima zwischen den Faer-Oer und Island nach dem Eismeer verläuft, sehr häufig aber auch Minima längs der Nordküste Schottlands und durch den Kanal, selbst nach dem Golf von Biscaya ziehen, erklären die grosse Stärke und Häufigkeit südwestlicher und westlicher Stürme an den Küsten Nordwesteuropas.[2]) Am meisten von Stürmen heimgesucht werden die Nordküste Schottlands, ferner die als Ansteuerungsgegenden äusserst wichtigen Südwestenden Irlands und Englands.[3]) Dazu werden infolge örtlicher Verhältnisse die Luftströmungen noch verwickelter. So folgen die Winde heftigen Gezeitenströmen, oder werden durch stark gegliederte, felsige Küsten abgelenkt und wehen dann in unregelmässigen Stössen, so z. B. um die Kanalinseln;[4]) in den norwegischen Gewässern war ja das Gleiche der Fall. Eine ausreichende, sorgfältige Befeuerung aller dieser Küsten war also eine unbedingte Notwendigkeit, wollte man schwere Gefährdungen und Unterbrechungen der so regen Schiffahrt durch die ungünstigen klimatisch-meteorologischen Verhältnisse verhüten.

5. Strömungsverhältnisse, Bau. Auch nach ihren Strom- und Tiefenverhältnissen und dem Bau ihrer Küste ist die Nordsee eins der gefährlichsten Meere überhaupt; sie fordert also auch aus diesem Grunde eine ausserordentlich sorgfältige und dichte Befeuerung. Die Gezeitenströme sind sehr verwickelt, gerade vor der niederländisch-belgischen Küste, infolge des Zusammentreffens zweier Flutwellen dort aus dem Kanal und um Schottland herum. Bei der geringen Tiefe, südlich der Doggerbank durchweg unter 45 m,[5]) wird stets die gesamte Wassermasse in Bewegung gesetzt, und ausserdem werden dadurch die Strömungen in Richtung und Geschwindigkeit leichter vom Winde beeinflusst.[6]) In den Flussmündungen und den Fahrwassern zwischen den Inseln ist der Strom sehr heftig und infolge der vielen Rinnen und Bänke sehr verschieden gerichtet. Die Küste ist als Dünenküste flach und einförmig, ohne gute natürliche Landmarken, besonders die tief gelegene niederländische Küste ist schwer auszumachen. Die Sinkstoffe der Flüsse haben sich vor den Mündungen

[1]) Bartholomew's Physical Atlas. Meteorology. Plate 23.

[2]) Segelhandb. f. d. Nordsee I, 1. S. 21 f. — Segelhandb. f. d. Engl. Kanal I. S. 11 f. — Segelhandb. f. d. Französ. Westküste. S. 13 f.

[3]) Segelhandb. f. d. Irischen Kanal. S. 5. — Segelhandb. f. d. Westküste Irlands. S. 9. — Sailing Directions for the West coast of Scotland. S. 9.

[4]) Segelhandb. f. d. Engl. Kanal II. S. 332/333.

[5]) *Krümmel:* „Die deutschen Meere". S. 7.

[6]) *Krümmel* a. a. O. S. 20. — Segelhandb. f. d. Nordsee I, 1. S. 50.

zu zahlreichen, namentlich durch ihre Veränderlichkeit gefährlichen Bänken angehäuft. Dagegen sind die Flämischen Bänke vor der belgischen Küste, ferner die Bänke vor der englischen Südostküste wahrscheinlich die Reste der ehemaligen Landverbindung zwischen Festland und Grossbritannien, wie die bei den Vorarbeiten zu einem unterseeischen Tunnel aufgefundenen Kerne anstehenden Gesteins vermuten lassen. Die Gezeiten haben dann die weicheren Schichten herausgewaschen, und daher die Gleichrichtung der Bänke mit den Gezeitenströmungen, ihre reihenförmige Anordnung und ihre 15—20 km lange Erstreckung.[1]) An den Gesteinskernen haben sich dann lockere Massen von Sand, Kies und zerbrochenen Muscheln angelagert. Durch ihre Lage oft mitten im Fahrwasser, ihre staffelförmige Anordnung und ihren steilen Abfall, der ein Anloten sehr erschwert, gefährden diese Bänke die Schifffahrt im Südwesten der Nordsee ausserordentlich und fordern eine ausgiebige Besetzung durch Seezeichen. Ausser diesen Bänken sind berüchtigt wegen der vielfachen Schiffbrüche die Haaks-Untiefen und die Terschelling-Bank vor der Einfahrt in die Zuidersee und der Borkumriff-Grund. Am gefahrvollsten ist jedoch die Fahrt in den Flussmündungen selbst, da das Fahrwasser sehr schmal, gewunden und veränderlich ist, und ausserdem natürlich hier der Verkehr am stärksten zusammenströmt, und der auslaufende am einlaufenden sich vorbeidrängen muss. Auf den Bänken vor der Küste und in den Strommündungen konnten Leuchttürme meist nicht gegründet werden, und man musste schwimmende Leuchtfeuer auslegen. Eider und Elbe weisen allein 9 Feuerschiffe auf, ebensoviel die niederländisch-belgische Küste, Weser und Jade nur 5. Die Häfen selbst sind vorzüglich, da sie als Flusshäfen Raum genug für lange Liegestellen bieten und den Übergang vom und zum Schiff sehr erleichtern. Schon infolge des scharfen Wettstreits hat man nirgends die Kosten gescheut, um etwaige natürliche Mängel abzustellen, sodass kein Hafen allein durch die Vorzüge seiner Anlagen den andern überflügeln kann. Infolgedessen ist natürlich auch die Zahl der Hafenfeuer durchweg eine sehr hohe. Die Zahl der Feuer ist aber vor allem durch die Länge des Fahrwassers von der offenen See bis in den Hafen eine so hohe. Von der offenen See bis Hamburg sind es 70 Sm, von der Ansteuerungstonne der Weser bis Bremen 66. In der Rhein-Maas-Schelde-Mündung sind ausserdem noch die Fahrwasser zwischen den Inseln zu befeuern, die zwar für grosse Schiffe nicht benutzbar sind, aber doch eine grosse Zahl kleiner Feuer aufweisen. Hinter diesen Dichtepunkten treten die Küstenstrecken stark

[1]) *Krümmel* a. a. O. S. 7/8.

zurück, an denen die Dünen noch einen geschlossenen Wall bilden, wie Helder-Hoek-van-Holland und die belgische Küste an der offenen See, aber auch die Inselküste Schleswig-Holsteins und zwischen Jade und Zuidersee. In der Zuidersee häufen sich noch einmal die Feuer, da hier eine Menge kleiner Häfen liegen, die nur durch schmale Rinnen in flacher See zugänglich sind.

6. Bevölkerung und Wirtschaft. Für die Beurteilung des riesigen Verkehrs an dieser ganzen Küste ist es von grosser Bedeutung, dass Belgien und die Niederlande selbst Gebiete allerdichtester Bevölkerung sind: 227 bezw. 154 Einwohner auf das Quadratkilometer, und dass die Volksdichte auch in den Provinzen Friesland und Groningen auf 106 bezw. 136 kommt, auch an der unteren Weser und Elbe 100 und darüber beträgt. Schon dadurch allein wird ein starker örtlicher Verkehr bedingt, sodass auch die Küsten abseits der Strommündungen nicht eben spärlich befeuert sind. Dazu kommt, dass in der flachen, fischreichen Nordsee besonders von den Niederländern eine umfangreiche Seefischerei betrieben wird, somit auch zahlreiche Fischerfahrzeuge die Küste beleben. Eine ganze Reihe stark besuchter Weltseebäder[1]) lockt überdies zur Reisezeit auch einen regen Personenverkehr hierher, für den die Schiffahrtsgesellschaften einen besonderen Seebäderdienst mit besonderen Dampfern eingerichtet haben. Entscheidend aber ist, dass Belgien, Rheinland und Westfalen die Hauptsitze der Industrie auf dem Festlande sind, und dass auch die bedeutenden Industriebezirke Südwestdeutschlands und der Schweiz durch den Rhein, Mitteldeutschlands, Böhmens und Schlesiens durch Elbe und obere Oder an die Nordsee angeschlossen sind, dass also die Nordseeküste das im wesentlichen industrielle Land westlich der Linie Hamburg—Berlin—Breslau zum Hinterlande hat, im Gegensatz zur Ostseeküste mit ihrem wesentlich agrarischen Hinterlande. Die Industrie Belgiens, Rheinlands und Westfalens stützt sich in erster Linie auf die dortigen Kohlenfelder, die reichsten und besten Mitteleuropas, die selbst den englischen an Güte der Kohlen nicht nachstehen. Nächst diesen bilden die Grundlage die benachbarten reichen Erzlager, besonders an Eisen und Zink. Zur Deckung des riesigen Bedarfs müssen aber ausserdem die Rot- und Spateisensteinlager an der Lahn bezw. der Sieg, noch mehr aber die Oolithlager Lothringens und Luxemburgs herangezogen werden, die grössten Eisenerzlager Mitteleuropas. Die zur Verhüttung der lothringisch-luxemburgischen

[1]) Sylt, Norderney, Scheveningen, Vlissingen, Ostende.

Eisenoolithe an Ort und Stelle nötigen Kohlen liefert das Saar-Kohlenfeld, welches auch die Industrie Südwestdeutschlands und der Schweiz versorgt, soweit diese sich nicht die vorhandenen Wasserkräfte nutzbar gemacht hat, wie die des Rheins bei Schaffhausen und Rheinfelden, die der Orbe bei Yverdon, die der Rhone bei Genf. Einen weit grösseren Anteil als der Bergbau und die Eisen- und Stahlindustrie jedes für sich zur Ausfuhr beisteuern, liefert aber die Gewebeindustrie, vornehmlich die Baumwoll-, Woll- und Tuchindustrie, die wiederum durch ihren riesigen Bedarf an Rohbaumwolle und Rohwolle auch die grössten Anteile an der Einfuhr beansprucht. [1]) Gerade die Einfuhr dieser Rohstoffe aber geschieht fast ausschliesslich zu Schiffe aus Amerika, Afrika, Australien. Gewebeindustrie steht in Mitteldeutschland, Böhmen und Schlesien in nicht minder hoher Blüte, während die Eisen- und Stahlindustrie in so grossartiger Entwicklung wie in Rheinland-Westfalen, abgesehen von einzelnen Sammelpunkten wie Magdeburg, Berlin, Chemnitz, kaum wieder anzutreffen ist, am ehesten noch in Oberschlesien, wo sie aber in hohem Grade auf die Einfuhr österreichisch-ungarischer und schwedischer Erze angewiesen ist. Die Grundlagen der Industrie in diesen mittleren und östlichen Gebieten sind die Steinkohlenfelder um Zwickau-Lugau, Pilsen-Kladno, Waldenburg i. Schl. und in Oberschlesien, ferner nicht minder die Braunkohlenfelder um Braunschweig-Magdeburg, Halle-Leipzig und in Böhmen. Die erstgenannten deutschen Braunkohlenfelder sind die reichsten Europas und zusammen mit den grossartigen Salz- und Erzlagern an der mittleren Elbe, am Harz und in Thüringen die Stützen der Industrie Mitteldeutschlands. Hier, zwischen Elbe, Weser, Saale und Aller, ist auch der Hauptsitz des deutschen

---

[1]) Anteil am Spezialhandel 1905 (nur deutsches Zollgebiet und Waren von mindestens 2 % Anteil):

an der Einfuhr:		an der Ausfuhr:	
Rohbaumwolle	5,4 %	Baumwollwaren	6,5 %
Weizen	4,4 „	Wollenwaren	5,0 „
Schafwolle	4,4 „	Maschinen aller Art	5,0 „
Gerste	2,6 „	Steinkohlen	4,0 „
roher Kaffee	2,3 „	Zucker	3,1 „
rohes Kupfer	2,0 „	Seidenwaren	2,6 „
		grobe Eisenwaren	2,4 „
		Gold- und Silberwaren	2,0 „
		baumwoll. u. wollene Kleider- u. Putzwaren	2,0 „

(Statist. Jahrb. f. d. Deutsche Reich 1906.)

Zuckerrübenbaus, und an der oberen Elbe, im böhmischen Kessel, liegt das österreichische Hauptanbaugebiet. Mit diesem Zweige steuert auch die Landwirtschaft ein Bedeutendes zur Ausfuhr bei, während sonst ihre Erzeugnisse nur in geringer Menge zur Ausfuhr gelangen. Denn im Deutschen Reiche, in den Niederlanden und Belgien vermag die Landwirtschaft den Bedarf des Inlandes nicht zu decken, vielmehr ist eine bedeutende Einfuhr von Getreide, Vieh, Fleisch und anderen Nahrungsmitteln notwendig, die aber auch wieder zum grossen Teil zu Schiff aus Amerika und Australien geschieht. Eine Einfuhr über See fordert aber die Landwirtschaft selbst auch. Unter anderm braucht sie jährlich ganz gewaltige Massen Chilisalpeter zur Düngung, und die Einfuhr desselben bildet neben der Einfuhr von Reis aus Ostindien eine der sichersten Grundlagen für die deutsche Segelschiffahrt.[1]) Nach alledem ist klar, dass sowohl die Masse der Aus- und Einfuhrgüter eine ungeheure sein muss, als auch die Art der Güter eine überaus mannigfaltige. Dabei ist wichtig, dass z. B. 1901 die Aus- und Einfuhr allein des deutschen Zollgebietes zu 50 bezw. 60 % zur See bewirkt wurde,[2]) und zwar zum weitaus grössten Teil über die Nordseeküste. Seitdem muss sich dieses Verhältnis infolge der immer weiter gestiegenen Entwicklung des Überseeweltverkehrs noch mehr zugunsten des Seeverkehrs verschoben haben. Was die Niederlande und Belgien anbelangt, so betreiben beide einen ganz bedeutenden Handel mit Grossbritannien, Russland, den Vereinigten Staaten, Indien und Südamerika,[3]) und der muss auch fast ausschliesslich Seehandel sein. Für die Vielseitigkeit des Seeverkehrs ist es nicht gleichgültig, dass sich in den grossen Hafenplätzen selbst auch Industrien angesiedelt haben. Sie dienen natürlich in erster Linie der Schiffahrt, wie die grossartigen Schiffswerften und Ausrüstungsfirmen an der unteren

---

[1]) *Schott:* „Die Verkehrswege der Segelschiffahrt". S. 280.

[2]) „Die Stellung der Grossmächte zum Seeverkehr und seinen Hauptwegen". Nauticus 1904. S. 188.

[3])

	Niederlande:		Belgien:	
Es entfielen von der Einfuhr 1904 auf:	Niederländ. Indien ..	15,5 %	Grossbritannien ..	335,4 Mill. Franken
	Russland	13,8 „	Vereinigte Staaten	222,3 „ „
	Grossbritannien	10,4 „	Russland	212,1 „ „
	Vereinigte Staaten ..	9,6 „	Brit. Indien	141,7 „ „
von der Ausfuhr 1904 auf:	Grossbritannien	21,8 „	Grossbritannien ..	392,3 „ „
	Vereinigte Staaten ..	4,9 „	Vereinigte Staaten	86,3 „ „
	Niederl. Indien	3,4 „	Russland	26,7 „ „
			Brit. Indien	25,9 „ „

(Statesman's Yearbook 1906.)

Elbe und Weser, oder verarbeiten überseeische Erzeugnisse, wie Kautschuk- und Schokoladefabriken, Kaffeeröstereien, Reisschälfabriken. Viele Öl- und Seifensiedereien verarbeiten tropische Öle und Fette, Schmalz- und Margarinefabriken tierische und pflanzliche Fette, Dampfmühlen Getreide aus den Vereinigten Staaten. Noch bezeichnender ist jedoch der weitverzweigte Eigenhandel [1]) der grossen Hafenplätze, besonders in Kolonialwaren, weniger in Massenrohstoffen und Fabrikaten. So ist Hamburg der erste Kaffeemarkt in Europa; Bremen auf dem Festlande der Hauptsitz des Baumwoll- und Petroleumhandels und der erste Reis- und Tabakshafen der Welt; Antwerpen dank der belgischen Herrschaft im Kongostaat einer der ersten Kautschuk- und Elfenbeinmärkte. Der vorzüglichen Organisation des Handels und der Schiffahrt verdankt es vor allem Bremen, dass es gegen die von der Natur viel mehr begünstigten Häfen am Rhein und an der Elbe seine Stellung als Welthafen behauptet hat. Weil es den Auswandererverkehr frühzeitig organisiert hat, nimmt es noch heute im Personenverkehr nach den Vereinigten Staaten die erste Stelle ein. Aber auch in den andern grossen Häfen des Festlandes hat man durch treffliche Organisationen selbständige und vielseitige Handels- und Verkehrsbeziehungen geschaffen und auf diese Weise die ehemalige Vorherrschaft Londons und Liverpools gebrochen, andererseits aber auch unter sich die Selbständigkeit gewahrt. Heute sitzen an Grossschiffahrtsgesellschaften mit mindestens 50 000 Registertonnen Schiffsbestand und 10 000 000 Mark Kapital in Hamburg sieben, Bremen und Rotterdam je zwei, Amsterdam eine; nur Antwerpen entbehrt einer eigenen grossen Schiffahrtsgesellschaft, wie die belgische Handelsflotte überhaupt dem bedeutenden Handel des Landes nicht entspricht.[2])

VIII. **Die französische atlantische Küste.**

1. Lage. Seiner Lage nach ist Frankreich eins der begünstigtsten Länder Europas überhaupt. Das Bezeichnendste an ihr ist, dass sie sowohl zum Mittelmeer als auch zum Atlantischen Ozean eine günstige ist; denn während der Gesamtschiffsverkehr an der atlantischen Küste etwa der doppelte desjenigen an der viel kürzeren Mittelmeerküste ist, übertrifft doch wieder der Verkehr Marseille's den Havre's um das doppelte. Jedenfalls sind durch das Vorhandensein der Mittelmeerküste Verkehrsspannungen zwischen Nord und Süd gegeben, die die

[1]) *Wiedenfeld* a. a. O. S. 297 f.
[2]) *Wiedenfeld* a. a. O. S. 235.

atlantische Küste beleben und in ihrem Werte heben müssen, wenn auch andererseits mancher Zufluss aus dem Innern Frankreichs nach dem Süden abgelenkt werden wird. Der gänzliche Mangel eines so wirksamen Verkehrshindernisses zwischen dem mittelmeerischen und dem atlantischen Frankreich, wie sie die Alpen für Mitteleuropa darstellen, fällt dabei schwer ins Gewicht. Die französische Kanalküste hat einen grossen Anteil an der Gunst der Lage, wie sie für die niederländisch-belgische Küste bereits erörtert worden ist. Ähnlich wie an der weiter nach Nordosten liegenden deutschen Nordseeküste der Verkehr mit dem Norden Europas an Bedeutung gewinnt, so an der südfranzösischen atlantischen Küste der Verkehr mit dem Süden Europas. Nicht minder wichtig aber als die Vermittlung des Verkehrs zwischen den mittelmeerischen und den nördlichen Ländern Europas ist für die gesamte atlantische Küste Frankreichs der Verkehr mit Amerika. Die günstige Lage zu Nordamerika insbesondere wird belegt durch die hervorragende Rolle, welche die Franzosen in der Erschliessung und Besiedelung desselben gespielt haben, und wenn auch heute die Felseninseln St. Pierre und Miquelon die einzigen, ärmlichen Reste des ehemals riesigen französischen Kolonialbesitzes dort sind, so stehen doch die Vereinigten Staaten im Aussenhandel Frankreichs mit an erster Stelle, in der Einfuhr nur von Grossbritannien übertroffen. Eine wichtige Verkehrstatsache ist es auch, dass Frankreich im Verein mit Grossbritannien und den Vereinigten Staaten die Kabel des Atlantischen Ozeans beherrscht.[1])

---

[1]) Transatlantische Kabel:

a. britische:

Valentia (Irland)—Hearts Content (Neufundl.):	4 Kabel.
Waterville (Irland)—Halifax:	1 „
Porthcurno (Cornwall) — Madeira — St. Vincent (Kapverden) — Pernambuco:	2 „

b. französische:

Brest—St. Pierre—New-York:	1 „
Brest—New-York:	1 „
Brest—St. Louis—Pernambuco:	1 „

c. deutsche:

Borkum—Azoren—New-York:	2 „

d. amerikanische:

Canso—Waterville:	3 „
Canso—Sennan Cove (Cornwall):	2 „
Canso—Azoren—Waterville:	1 „

(„Das Weltkabelnetz"; mit Karte. Nauticus 1905.)

2. Zugänglichkeit der Küste vom Meere aus. Die Gliederung der Küste und damit die Zugänglichkeit vom Meere aus ist am grössten zwischen Seine und Gironde. Neben den Trichtermündungen der Somme, Seine, Loire, Charente und Gironde sind es vor allem die zahlreichen Riasbuchten der Bretagne, die gute Häfen bieten. Solche sind St. Malo auf der Nord-, Lorient auf der Südseite, vorzüglich aber der grosse Kriegshafen Brest, wo die ostwestliche, meist von paläozoïschen Sedimenten gefüllte Mulde zwischen der nördlichen und der südlichen, vorherrschend altkristallinischen bezw. cambrischen Antiklinale ans Meer tritt.[1]) Am unzugänglichsten ist die fast geschlossene Dünenküste südlich der Gironde und die bis zu 100 m hohe Kreidesteilküste zwischen Seine und Somme, und endlich der Steilabsturz bei Kap Grisnez. Diese 3 Abschnitte kennzeichnen sich auch scharf durch ihre spärliche Befeuerung.

3. Wegsamkeit des Inneren. Auch die Wegsamkeit des Landes ist gross. Die Strassen nach der atlantischen Küste sind festgelegt durch die 3 orographischen Provinzen: das Pariser und das Garonnebecken und zwischen beiden die Bretagne. Die Nebenflüsse der Seine sind auf Paris gerichtet, den natürlichen Mittelpunkt des Beckens, und so laufen auch die Strassen von allen Seiten zusammen:[2]) durch die trouée de l'Oise aus Belgien, längs der Marne vom Mittelrhein, längs der Seine und Yonne aus dem Rhone-Saône-Tal, das wieder durch die trouée de Belfort mit dem Oberrheintal verbunden ist, endlich längs des Loing von der unteren und oberen Loire. Ausserdem werden dort, wo Mosel und Maas die aufgebogenen Ränder der schalenförmig das Becken füllenden, äusseren, mesozoïschen Schichten durchbrechen und das Becken betreten oder verlassen, natürliche Zugänge von Osten geschaffen. Im Sammelpunkt des Garonnebeckens, in Bordeaux, vereinigen sich die Strassen aus Spanien über Bayonne und vom Mittelmeer über Toulouse, um dann durch die Senke von Poitou, die alte aquitanische Völkerpforte, nach Tours an der mittleren Loire zu ziehen. Nebenher verläuft noch eine Strasse von Toulouse über Limoges nach Orleans. Von der mittleren Loire aber ist der Übergang zur Seine leicht. Nur etwa 100 km liegen Paris und Orleans auseinander, die beiden ihr Stromgebiet beherrschenden Städte, durch die Ähnlichkeit ihrer Lage vielfach verbunden: Sie sind Gegenstücke an dem Isthmus zwischen Seine und Loire, der in seinen höchsten Erhebungen kaum 150 m

---

[1]) *Suess:* „Das Antlitz der Erde". II. S. 108/109.

[2]) *Kohl:* „Lage der Hauptstädte Europas". S. 136 f. — *Götz:* „Verkehrswege". S. 521 f.

erreicht und den Verkehr zwischen beiden Stromgebieten vermittelt. Noch heute bezeichnen aus dem Zentralmassiv herabgeschwemmte Sande einen alten Loirelauf zur unteren Seine, der erst trocken wurde, als die Loire mit dem Rückzug des von Nantes bis Blois sich erstreckenden miocänen Meeresarmes in dessen Bett einbrach. Beide strassensammelnde, selbst wieder eng verbundene Becken öffnen sich nun in den Trichtermündungen ihrer Ströme zum Meere. Zwischen Seine- und Loiremündung aber springt die Bretagne weit nach Westen vor und rückt somit aus dem Bereich der grossen Strassen heraus. Weil die Bretagne somit eines grossen Anteils am Innern Frankreichs entbehrt, ist der Handelsverkehr an ihrer Küste geringer, als man nach ihren zahlreichen guten Häfen und ihrer amerikanahen Lage vermuten könnte. Das Umgekehrte ist der Fall an der Dünenküste östlich Kap Grisnez, wo man unter grossen Kosten leistungsfähige Kunsthäfen hat anlegen müssen. Calais, Gravelines, Dünkirchen haben das nordfranzösische Industriegebiet zum Hinterlande, und durch Anschluss an das belgische und französische Kanalnetz ist die Möglichkeit der weiteren Ausdehnung gegeben. Das französische Kanalnetz gehört zu den ältesten [1]) und verzweigtesten überhaupt; aber gerade infolge seines Alters ist es nur für etwa 300-Tonnenkähne eingerichtet, und es hat ausserdem zahlreiche Schleusen, sodass der Verkehr auf ihm nur mässig ist. Fast alle Ströme sind durch Kanäle verbunden; zu nennen sind der Kanal von Brest nach der Vilaine und der Loire in der grossen ostwestlichen Mulde, der Canal du Midi zwischen Garonne und Mittelmeer, der Canal du Centre zwischen Loire und Saône, der Canal de Bourgogne zwischen Yonne und Saône, der Rhone-Rhein-Kanal, der Marne-Rhein-Kanal und die Kanäle von der Oise und Aisne ins französisch-belgische Kohlen- und Industriegebiet, welche die Hauptstadt von dorther versorgen. Die Flüsse selbst sind infolge ihrer reissenden und unbeständigen Wasserführung für die Schiffahrt nicht annähernd von dem Wert wie Rhein und Elbe. Der leistungsfähigste ist die Seine; [2]) bis Paris ist sie kanalisiert, Paris steht mit London in regelmässiger Dampferverbindung; bis Rouen kommen bei Hochflut Schiffe von $7{,}6$ m Tiefgang, bis Havre ist das Fahrwasser bei Hochwasser 9 m tief. Die Somme [3]) trägt bei Hochflut bis Le Hourdel Schiffe von 4—5 m Tiefgang, Nantes [4]) ist bei Springflut durch den Seekanal für Schiffe von

[1]) „Der Weltverkehr". S. 471/472. — *Götz:* „Verkehrswege". S. 722 f.

[2]) Segelhandb. f. d. Engl. Kanal II. 203 u. 186.

[3]) Segelhandb. f. d. Engl. Kanal II. S. 111.

[4]) Segelhandb. f. d. Französ. Westküste. S. 220.

$6{,}_6$ m Tiefgang, Bordeaux [1]) bei Springflut für solche von $8{,}_3$ m erreichbar. Eisenbahnen besitzt Frankreich $8{,}_5$ km auf das Quadratkilometer; besonders dicht sind sie im industriellen Norden und Nordosten; in der Hauptsache folgen sie den bereits angegebenen Hauptstrassenrichtungen. Die wichtigeren Häfen haben alle Eisenbahnanschluss, namentlich auch die Häfen der abseitsliegenden Bretagne. Von den Hinterlandsverbindungen Havre's, des bedeutendsten atlantischen Hafens, sei noch bemerkt, dass es durch den 1882—1887 erbauten Tancarville-Kanal, der von den hohen Gezeiten abgeschlossen ist, auch für Flussschiffe erreichbar geworden ist; ferner aber auch, dass seine Eisenbahnverbindungen unter dem Tarifgebaren der Ost-, der Nord- und der Mittelmeerbahngesellschaft zu leiden haben, welche die in ihrem Bereich liegenden Häfen, vornehmlich Dünkirchen und Marseille, bevorzugen.[2]) Dadurch hat Havre aus dem industriereichen Nordfrankreich nicht den Zufluss, den man erwarten könnte, sondern ist im wesentlichen auf Paris und Ostfrankreich angewiesen, greift auch noch nach der Westschweiz und dem südlichen Elsass über.[3]) Auch im Personenverkehr, sowohl nach den Britischen Inseln als nach Amerika, macht sich der Wettstreit kleinerer, aber günstiger gelegener Häfen, der sogenannten „ports de vitesse" geltend; als solche sind zu nennen: Calais, Boulogne, Dieppe, auch Cherbourg für die Amerikafahrt.

4. Strömungsverhältnisse, Bau. Die Stromverhältnisse an der französischen atlantischen Küste bergen für die Schiffahrt mancherlei Gefahren. Vom Winde in erster Linie abhängig sind die gefährlichen Stromversetzungen im Golfe von Biscaya, wodurch schon sehr viele Schiffbrüche auf den Klippen von Ouessant und am Kap Finisterre verursacht worden sind.[4]) Die Gezeiten im Golfe von Biscaya bieten nichts Aussergewöhnliches, nur in der Gironde, und ebenso in der Seine, stürzt der Strom bei Springflut so heftig herein, dass die Boreerscheinung, hier Maskaret genannt, auftritt und kleineren Schiffen gefährlich wird.[5]) Dagegen ist der Strom um Ouessant zwischen den Klippen hindurch sehr heftig, ebenso um die Halbinsel Cotentin und um Kap Grisnez herum, weil sich dort die Küste dem Strome vorlegt; schliesslich sind die Stromverhältnisse besonders ver-

[1]) Segelhandb. f. d. Französ. Westküste. S. 344.

[2]) *Wiedenfeld* a. a. O. S. 320.

[3]) *Wiedenfeld* a. a. O. S. 352.

[4]) Segelhandb. f. d. Französ. Westküste. S. 22/26. — „Über Schiffbrüche in der Umgegend des Kap Finisterre". Annal. d. Hydrogr. 1898.

[5]) Segelhandb. f. d. Engl. Kanal II. S. 194/195. — Segelhandb. f. d. Französ. Westküste. S. 303.

wickelt zwischen und über den Bänken im Einlauf zur Nordsee.[1]) Schon dadurch erscheint die französische Kanalseite gefährlicher als die englische und bedarf daher einer sehr sorgfältigen Befeuerung. Die grossen Unterschiede zwischen Hoch- und Niedrigwasser [2]) haben auch bewirkt, dass in den meisten Häfen die Leuchtfeuer gleichzeitig als Gezeitenfeuer eingerichtet sind, also durch Farbenänderung und andere Charakteristiken den Wasserstand im Hafeneinlauf anzeigen. Auch im Bau der Küste lassen sich die 3 bereits genannten orographischen Provinzen erkennen. Von der Bucht von Carentan bis Calais treten die Jura- und Kreideplatten des Pariser Beckens ans Meer, mit vorwiegend steilem Abbruch, am schönsten an der Falaisenküste zwischen Seine und Somme und am Kap Grisnez. Nur stellenweise ist flacher Sandstrand mit Dünen oder Schwemmland vorgelagert, wo die nordwestlich gerichteten, sehr flachen Falten des Tafellandes das Meer erreichen, namentlich wo die in solchen Falten fliessenden Flüsse Somme, Authie, Canche in Trichtern münden. Ausserdem bilden aber fast überall vorgelagerte sandige oder steinige, bei Niedrigwasser trockenfallende Strandriffe grosse Gefahren für die Annäherung bei West- und Nordwinden, wenn der Strom ein auflandiger ist. Das grösste und gefährlichste ist das aus Juraklippen gebildete Calvados-Riff, das sich so ziemlich längs der ganzen Küste des Departements Calvados und zwar bis $2^1/_4$ Sm Abstand erstreckt.[3]) Die Küste östlich Calais ist eine niedrige Dünenküste und gehört zum belgischen Flachland, auch insofern, als die die Einfahrt in die Nordsee sehr erschwerenden Flämischen Bänke sich auch noch vor die französische Küste ziehen und die Auslegung von 4 Feuerschiffen erfordert haben. In scharfem Gegensatz zu der inselarmen, schlecht gegliederten Küste des von mesozöischen und tertiären Schichten gefüllten Pariser Beckens steht die von Inselschwärmen umlagerte, reichgegliederte Küste des vorwiegend altkristallinischen und paläozoïschen, nur noch einige 100 m hohen Rumpfgebirges der Bretagne. Zu ihm gehören auch die Halbinsel Cotentin mit den britischen Kanalinseln und die nördliche Vendée, jenseits des Kanals die Halbinsel Cornwall-Devon und der Südwesten Irlands. Das ist das alte, im allgemeinen westsüdwestlich streichende armorikanische Gebirge, dessen Abbruch die

[1]) Segelhandb. f. d. Engl. Kanal I. Strömungstafeln I—VI.

[2]) In der Bucht von St. Malo beträgt die Fluthöhe bei Springtide über 11 m, in Havre 6,7 m, bei Ouessant 5,9 m, in St. Nazaire 5,2 m, in Bordeaux 5,1 m. (Segelhandb. f. d. Engl. Kanal I. S. 31/32. — Segelhandb. f. d. Französ. Westküste. S. 211 u. 300.)

[3]) Segelhandb. f. d. Engl. Kanal II. S. 222 f.

atlantische Küste von der Shannonmündung bis in die Vendée bildet.[1]) Diese ganze Küste trägt deshalb in Gliederung und Bau ein im wesentlichen einheitliches Gepräge. Mit vereinten Kräften haben hier das überaus feuchte Klima, die wütende Brandung, die hohen und reissenden Gezeiten die weicheren Gesteine herausgefressen, tausend Einschnitte und Buchten bildend, und nur die härteren, meist Granitstöcke und quarzitische Sandsteine, in tausend Klippen, grossen und kleinen Inseln, Halbinseln und Vorsprüngen stehen gelassen. Auf dem Cotentin und ebenso um die Vilaine- und die Loiremündung ist die Auflösung noch nicht so gross, die Küste ist vielfach hügelig und flach, mit sandigen oder schlammigen Anlagerungen in den meist geräumigen Buchten; aber immerhin ist die Zahl der Klippen und Inseln eine grosse, besonders in der Bucht zwischen dem Cotentin und der Bretagne, wo neben den meist hohen, steilen Kanalinseln das Minquiers-Riff liegt, das grösste und gefährlichste der französischen Nordküste.[2]) Den höchsten Grad der Zerrissenheit erreicht die Küste erst in der Bretagne selbst, wo sie eine typische Riasküste ist mit fast durchweg steilem, aber mässig hohem Abfall. Gefährlicher als die Südseite mit ihren geräumigeren Buchten und besseren Häfen ist die Nordseite von den Héaux-Klippen bis Ouessant, von der man mindestens 10 Sm Abstand halten soll.[3]) Das Garonnebecken endlich ist im Süden durch die flache Dünenküste der Landes vom Meere abgeschlossen, nur der Adour hat unter mehrfachem Wechsel des Bettes die Dünenkette durchbrochen.[4]) Bayonne ist für Schiffe von 5—6 m Tiefgang zugänglich, ebenso die fisch- und austernreiche Bucht von Arcachon.[5]) Den natürlichen Ausgang des Garonnebeckens bilden die Gironde und die durch Einbrüche des Meeres entstandenen tiefen Buchten des Pertuis Breton und des Pertuis d'Antioche. Noch immer greift die See die Jurawände der Insel Ré und die Kreideklippen von Oléron und der Küste zwischen Charente und Gironde an.[6]) Die Einfahrten in die Trichtermündungen selbst sind ebenso wie an der Nordseeküste eng, lang und

---

[1]) *Suess:* „Das Antlitz der Erde". II. S. 115.

[2]) Segelhandb. f. d. Engl. Kanal II. S. 310 f.

[3]) Segelhandb. f. d. Engl. Kanal II. S. 535.

[4]) *Lenthéric:* „Côtes et ports français de l'Océan". S. 24 f. u. Planche II.

[5]) Segelhandb. f. d. Französ. Westküste. S. 368/369 u. 360.

[6]) *Lenthéric* a. a. O. S. 149 f.

gefahrvoll, für tiefgehende Schiffe umso mehr, als die Wasserführung der französischen Flüsse geringer und unregelmässiger, die Bänke und Sände deshalb noch veränderlicher sind, endlich auch Barrenbildungen leichter vorkommen als in den Nordseeflüssen. Nach der Gestaltung der Verkehrswege und nach den physischen Verhältnissen der französischen atlantischen Küste müssen die Bretagne und die Halbinsel Cotentin eine reichliche und gleichmässige Besetzung besonders mit Hauptfeuern aufweisen, entsprechend ihrer vorspringenden Lage an einer Hauptstrasse des Seeverkehrs, ihrer grossen Gefährlichkeit und ihrer reichen Gliederung. Trotz ihrer Geschlossenheit müssen aber die Küsten des Pariser und des Garonnebeckens, vor allem die Trichtermündungen und Überschwemmungsbuchten, viel grössere Leuchtfeuerdichten zeigen, ebenso die Buchten und Mündungen südlich der Bretagne, weil hier an diesen zwar geschlossenen Küsten doch die Hauptstrassen aus dem Innern das Meer erreichen. 1890, 1880, 1875 und 1860 war der Unterschied noch nicht so gross, weil die gefährlichen und zahlreichen Vorsprünge der Bretagne schon sehr zeitig befeuert sein mussten.

5. Bevölkerung und Wirtschaft. Für die Küste der Bretagne ist es von Wichtigkeit, dass sie im Gegensatz zum Innern der Halbinsel ziemlich dicht besiedelt ist von einer seetüchtigen, weil in erster Linie auf die See angewiesenen Fischerbevölkerung. Namentlich die französische Neufundlandfischerei wird von hier aus betrieben. Es herrschen also hier ähnliche Verhältnisse wie in Norwegen. Im Gegensatz dazu steht die Küste des Pariser Beckens, die ebenfalls stark bevölkert ist, deren Verkehrsbedeutung aber auf dem industriellen Hinterland beruht. Im Kohlenbecken von Valenciennes, in den Departements Nord und Pas de Calais, greifen die belgischen Kohlenschichten nach Frankreich herüber, und sie sind die Grundlage des grössten französischen Industriebezirks geworden. Namentlich die Gewebeindustrie ist entwickelt, weniger die Eisen- und Stahlindustrie, die um Nancy, Longwy, in Creuzot und St. Etienne ihren Hauptsitz hat. Überhaupt werden in Frankreich weniger Massengüter verarbeitet, sondern mehr feine und wertvolle Fabrikate erzeugt in einer hochentwickelten Seiden-, Spitzen- und Lederindustrie und einem nicht minder hochstehenden Kunstgewerbe, worin Frankreich langezeit die unbestrittene Führung gehabt hat und in vielen Beziehungen heute noch hat. Im Schiffsverkehr kennzeichnet sich das dadurch, dass keine derartigen Gütermassen befördert werden wie in England, Deutschland und den Vereinigten Staaten. Auch ist Frankreich nicht in dem Masse Industriestaat

geworden wie Deutschland oder noch mehr England,[1]) sodass auch die Nahrungsmitteleinfuhr nicht den riesigen Umfang hat wie in den genannten beiden Ländern. Auf die Landwirtschaft stützt sich die Ausfuhr der nordfranzösischen Häfen insofern, als der französische Zuckerrübenbau, der älteste Europas, im Norden seinen Hauptsitz hat und nicht unbeträchtliche Mengen Rübenzucker für die Ausfuhr liefert. Wichtig ist, dass etwa $^2/_3$ des Gesamthandels Seehandel sind,[2]) da die Pyrenäen und die Alpen den Verkehr über die Landgrenzen stark hindern. Der Wert der atlantischen Küste wird dadurch noch besonders gehoben, dass Grossbritannien und die Vereinigten Staaten im Aussenhandel Frankreichs an allererster Stelle stehen.[3]) Für Nantes—St. Nazaire[4]) ist der Versand der Sardinen, deren Fang an der ganzen Westküste lebhaft betrieben wird, für Bordeaux[5]) der Weinversand höchst wichtig, für beide die Einfuhr der Erzeugnisse Afrikas, Süd- und Mittelamerikas, mit welchen Ländern sie in lebhaftem Handel stehen. Beide Häfen führen ausserdem die Erzeugnisse des mehr gartenmässig betriebenen Landbaus und der Viehzucht aus, die beide im Hinterlande hochentwickelt sind. Über Bordeaux werden auch viele Erzeugnisse des mittelmeerischen Frankreichs verschifft. Da aber im Süden die vornehmlich den Seeverkehr nährende Industrie lange nicht so blüht, wie im Norden, so ist allmählich Le Havre zum ersten atlantischen Hafen Frankreichs geworden, und Bordeaux auf

---

[1]) Erwerbstätige nach Berufsabteilungen:

	Fischerei, Land- u. Forstwirtschaft:	Industrie u. Bergbau:
Frankreich	8,421,319	6,373,239
Deutschland	8,292,692	8,281,220
England u. Wales	1,152,495	8,350,176

(Statist. Jahrbuch f. d. Deutsche Reich 1906.)

[2]) 1904

	zur See:	zu Lande:
Ausfuhr	3612 Mill. Franc.	2132 Mill. Franc.
Einfuhr	3972 „ „	1749 „ „

(Generalhandel).

(Statesman's Yearbook).

[3]) 1904

Ausfuhr nach	Grossbritannien	1214 Mill. Franc.
Einfuhr von	Grossbritannien	524 „ „
Ausfuhr nach	d. Verein. Staaten	251 „ „
Einfuhr von	d. Verein. Staaten	483 „ „

Gesamtausfuhr .... 4451 Mill. Franc.
Gesamteinfuhr .... 4502 „ „
(Spezialhandel).

(Statesman's Yearbook).

[4]) *Dorn:* „Die Seehäfen des Weltverkehrs". I. S. 591 f.

[5]) *Dorn* a. a. O. I. S. 577 f.

die zweite Stufe gesunken. Mit Deutschland und Grossbritannien hat aber Frankreich nicht Schritt halten können in der Entwicklung von Industrie und Handel, was unter anderm mit dem Stillstand seiner Volksvermehrung und der finanziellen Sättigung des französischen Volkes zusammenhängt. Damit ist auch sein Schiffsverkehr stark zurückgeblieben, der ehemals nur von dem Grossbritanniens übertroffen wurde, heute aber auch von dem Deutschlands und der Vereinigten Staaten. Dem Stillstand, ja Rückgang hat die französische Regierung wie schon erwähnt durch weitgehende finanzielle Unterstützungen, und nicht zuletzt eben auch durch die vorzügliche Küstenbeleuchtung zu steuern versucht, allerdings vergeblich. Das aber hat der französische Staat erreicht, dass die Organisation des französischen Leuchtfeuerwesens eine der besten überhaupt ist, und dass die französische Küste die grösste durchschnittliche Leuchtfeuerdichte überhaupt aufweist, abgesehen von der unter besonderen Hinterlandsverhältnissen stehenden deutsch-niederländisch-belgischen Nordseeküste; und was noch besonders wichtig ist: Schon seit 1860 nimmt Frankreich diese hervorragende Stellung im Leuchtfeuerwesen ein, damals stand sogar die deutsche Nordseeküste in der Dichte der Feuer zurück.

IX. Die Britischen Inseln.

1. Lage. Die Britischen Inseln liegen im Mittelpunkt der Landhalbkugel, von allen Ländern Europas dem nordamerikanischen Festlande am nächsten, vor der Nordwestfront Europas, ungefähr gleichweit vom Kap Verde und vom Nordkap, vom Mittelmeer und von der Ostsee, vom Golf von Biscaya und von der deutschen Nordseebucht, gegenüber der hochwichtigen nordwesteuropäischen Verkehrsecke. So charakterisiert sich die Lage der Britischen Inseln als Mittelpunkts- und gleichzeitig als Randlage. In der geschichtlichen Entwicklung ist es begründet, dass die Briten bis jetzt vorwiegend nur die Wirkungen der Randlage gefühlt haben: zur Blütezeit der Mittelmeerländer die Nachteile der Entlegenheit, seit der Entwicklung auch des atlantischen Europas aber die Vorteile der Randlage, nämlich Unabhängigkeit von fremder Macht, Freiheit der Bewegung, infolgedessen Verfügung über mannigfaltige, reiche Hilfsmittel und Macht und Einfluss. Erst mit steigender Entwicklung der anderen Erdteile in der Neuzeit, besonders Nordamerikas, hat sich auch die Mittelpunktslage geltend gemacht. Der Nachteil derselben, die Möglichkeit der Einkreisung und Abschliessung, ist jedoch kaum zu fürchten, zumal bei der Vorherrschaft der Briten zur See; dagegen geniessen

sie den Vorteil, dass aus allen Teilen der Welt Handel und Verkehr auf ihren Inseln zusammenströmt und davon wieder ausstrahlt, heute mehr als je, trotz der Anknüpfung unmittelbarer Verbindungen zwischen andern Ländern.

2. Zugänglichkeit vom Meere aus. Schon im Inselcharakter liegt es, dass die Zugänglichkeit vom Meere aus eine grosse ist: In Grossbritannien liegt kein Ort weiter als 120 km, in Irland weiter als 90 km von der Küste. Diese ist auf beiden Hauptinseln im Westen, vornehmlich Nordwesten, stärker gegliedert, deshalb reicher an Naturhäfen als im Osten, wo sie viel glattere Umrisse zeigt, und wo meist nur tief ins Land schneidende Flussmündungen, in Schottland föhrdenartige Buchten gute Naturhäfen bilden. Eine besondere, die Zugänglichkeit vom Meere aus steigernde Eigentümlichkeit sind die Einschnürungen Grossbritanniens durch westöstlich gegenüberliegende Einschnitte, so durch den Bristol-Kanal und den Themsetrichter, durch die Liverpool-Bucht und den Wash und Humber, durch den Firth of Clyde und den Firth of Forth und Firth of Tay, endlich durch den Firth of Lorne und den Moray Firth.[1])

3. Wegsamkeit des Innern. Die innere Wegsamkeit ist nicht minder gross. Durch den Rumpfgebirgscharakter der britischen Gebirge und ihre wenig geschlossene, gruppenweise Anordnung sind weder für Wasserstrassen noch Eisenbahnen grosse natürliche Hindernisse gegeben. Bei dem geringen Gefälle und der Stauung in den Mündungstrichtern sind die britischen Flüsse träg und tief, deshalb trotz ihrer geringen Länge schiffbar, ausserdem fast alle durch Kanäle verbunden. Diese stammen aber in ihrer Mehrzahl aus der Zeit 1761—1830, sind im allgemeinen nur für 50-Tonnenkähne eingerichtet und infolge des Wettstreites der Eisenbahnen vernachlässigt worden.[2]) Viel wichtiger sind deshalb die Eisenbahnen, und England wurde noch 1904 in der Dichte des Eisenbahnnetzes, $11{,}_7$ km auf das Quadratkilometer, nur von Belgien übertroffen. In England wurden auch die ersten Eisenbahnen überhaupt eingerichtet: Stockton—Darlington 1825 und Liverpool—Manchester 1830. Heute haben alle wichtigeren Häfen von Penzance in Cornwall bis Thurso am Pentland Firth Eisenbahnanschluss. Im Norden verläuft die wichtigste Verkehrsstrasse, auch von einem Kanal benutzt, in der mittel-

[1]) Den Zusammenhang zwischen dieser Küstengestaltung und der Gliederung des Landes im Innern hat *Kohl* näher dargelegt in seinem Buche: „Der Verkehr und die Ansiedelungen der Menschen". S. 273 f.

[2]) *Wiedenfeld* a. a. O. S. 310/311.

schottischen Senke, den Lowlands zwischen Edinburgh und Glasgow.[1]) Im mittleren England ist das Hauptverkehrsfeld [2]) die grosse Erosions- und Denudationssenke in den leicht verwitternden Triasschichten zwischen dem Bergland von Wales, dem Penninischen Gebirge und dem Juraeskarpement. Diese Strecke öffnet sich nach 3 Seiten: durch Dee und Mersey nach der Liverpool-Bucht, durch den Trent nach dem Humber, durch den Severn nach dem Bristol-Kanal. In jeder dieser Richtungen ziehen Kanäle. Aber auch nach der Themse hinüber war leicht durch das Juraeskarpement eine Kanalverbindung zu schaffen, flossen doch ehemals die Wasser des Waliser Berglands selbst zur Themse, ehe sie durch rückschreitende Erosion des Severn, eines „subsequent river", angezapft und zu Nebenflüssen desselben wurden. Ausser diesem Verkehrsfelde sind in Mittelengland noch die Querverbindungen Hull—Liverpool im Aire-Tale und Newcastle—Carlisle im Tale des Tyne wichtig. Die Hauptrichtung des Verkehrs ist aber von Nordwest nach Südost, und in London, dem Mittelpunkt des Tieflandes, am untersten, wichtigsten Themseübergang, am Endpunkt des Seeverkehrs auf der Themse, vereinigen sich die wichtigsten Verkehrslinien. Schon zur Römerzeit waren in den Hauptrichtungen Strassen angelegt,[3]) und später, vor Einführung der Eisenbahnen, hat man die Hauptstrassen durch Kanäle ergänzt. Jedoch hat es in England ähnlich wie in Frankreich der Wettkampf der Eisenbahngesellschaften unter sich und mit den Dockgesellschaften verhindert, dass London und Liverpool, auch andere grosse Hafenplätze, die Gunst ihrer Verbindungen voll und ganz ausnutzen können. Denn es geniessen mittlere, oft entfernter gelegene Häfen dieselben oder auch niedrigere Frachtsätze, und gerade in London müssen wichtige Docks gute Eisenbahnanschlüsse entbehren.[4]) Manchester hat sich deshalb auch durch den 1894 eröffneten Seekanal nach dem Mersey einen unabhängigen Zugang zur See geschaffen. In Irland sind ebenfalls fast alle Flüsse des mitten zwischen die Gebirgsgruppen gelagerten Tieflandes durch Kanäle verbunden, deren bedeutendste der Grand und der Royal Canal von Dublin zum Shannon sind, die man bereits im 18. Jahrhundert angelegt hat. Viel wichtiger sind auch hier die Eisenbahnen, die von Belfast, mehr noch von Dublin ausstrahlen, wo der Verkehr aus England über Anglesey und Holyhead

---

[1]) *Kohl:* „Lage der Hauptstädte Europas". S. 181 f. — *Kohl:* „Der Verkehr u. d. Ansiedelungen". S. 267/268.

[2]) *Kohl* a. a. O. 271 u. 277.

[3]) *Götz:* „Die Verkehrswege". S. 353.

[4]) *Wiedenfeld* a. a. O. S. 318/319.

Irland betritt.[1]) Aus der Gestaltung des Binnenverkehrsnetzes in Grossbritannien ergibt sich, dass gleichwie in Frankreich der Schwerpunkt des Verkehrs an denjenigen Küsten liegen muss, wo das Tiefland an die See tritt, und durchaus nicht dort, wo die reichste Gliederung herrscht. Vom gebirgigen Nordwesten wogt der Verkehr nach dem tieferen Südosten und fliesst gewissermassen zusammen auf der Küstenstrecke zwischen Wight und Firth of Forth. Das ist die Europa zugekehrte Front, auf dieser Strecke sind Verkehr und Leuchtfeuer am dichtesten zusammengedrängt, in höchstem Grade natürlich in dem gegebenen Mittelpunkte dieser Küste, der Themsemündung. An der Westküste sind es nur 3 schmale Stellen, an denen das Tiefland zwischen den Gebirgsgruppen an die See reicht: Firth of Clyde, Liverpool-Bucht und Bristol-Kanal. Hier bricht der Verkehr in allerdings sehr starken Strömen, besonders in den beiden letzten Toren, zum Meere durch, und sehr hohe Leuchtfeuerdichten bezeichnen auch scharf diese 3 Punkte. Ähnlich, wenn auch nicht so deutlich, unterscheidet sich in Irland der Westen vom Osten. Hier ist die grosse Masse des Tieflands, „the midland plain", fast allseitig von Berggruppen umstellt, nur zwischen Dublin und Dundalk reicht sie in breiter Ausdehnung an die See, sonst nur mit schmalen Ausläufern zwischen den Bergen hindurch: an der Galway-, Killala-, Belfast-Bucht, am Waterford Harbour. An allen diesen Punkten sind Häfen entstanden, da von dort nach dem Hinterland günstige Verbindungen bestanden, und die Häfen auch leicht durch Kanäle an das Hauptwasserstrassennetz in der midland plain angeschlossen werden konnten, wie Belfast und Waterford. Dass trotz des westlichen Laufes des Shannon der Zutritt zur See nach Osten hin leichter ist, wird dadurch belegt, dass der Shannon erst unter Stromschnellen seinen Weg durch die Berge von Killaloe nach Westen sich bahnen muss, auf die er mit tiefer schneidender Erosion geraten ist. Die verkehrsreichsten Häfen Londonderry, Belfast, Dundalk, Dublin, Waterford, Cork müssen also auf der Grossbritannien zugekehrten Ostseite liegen,[2]) und diese ist deshalb wieder dichter befeuert als die mehr gegliederte Westseite. Der Kanal und die „marine antechamber" Grossbritanniens, die Gewässer zwischen der Bretagne, Irland und Cornwall, sind zudem der Schauplatz eines riesigen Durchgangsverkehrs, bedürfen also einer besonders hohen Zahl von Ansteuerungs- und Leitfeuern auch ausserhalb der Häfen. Es seien

[1]) *Kohl:* „Lage der Hauptstädte Europas". S. 195/196.

[2]) *Kohl:* „Der Verkehr und die Ansiedelungen". S. 267.

die grossen und berühmten Feuer auf North und South Foreland, Dungeness, St. Catherine, Eddystone, Lizard, den Scilly-Inseln, Tuskar Rock, Galley Head, Fastnet Rock genannt. Dem Verkehr zwischen Grossbritannien, den Orkney- und den Shetland-Inseln hindurch nach und von dem offenen Ozean dienen die grossen Feuer auf Fair Island, Pentland Skerries, Sule Skerry und auf den Orkney- und Shetland-Inseln selber.

4. Strömungsverhältnisse, Bau der Küsten. Die Gezeiten sind in den britischen Gewässern sehr verwickelt infolge der Zerteilung der Flutwelle durch die vielen Inseln. Besonders heftig und gefährlich sind sie im Bristol-Kanal, wo die Fluthöhe bei Springtide über 12 m beträgt, in der Irischen See und ihren Zugängen,[1]) in den Meeresstrassen zwischen Schottland und den Orkney-Inseln und schliesslich an der Vereinigung von Nordsee und Kanal. Auch infolge ihres Baues sind die britischen Küsten von zahlreichen Gefahren besetzt. Die gebirgige Westküste ist die Wetterseite und Angriffsfront des Atlantischen Ozeans. Hier haben die in ihrer Lagerung stark gestörten Gneisse, Granite und kristallinen Schiefer, palaözoïschen Quarzitsandsteine, Schiefer und Kalke, auch die tertiären Basalte der Zerstörung durch Wetter und Wellen je nach ihrer Härte sehr ungleichen Widerstand geleistet. Die härtesten Gesteine bilden noch heute Klippen, Inseln, Halbinseln und Vorsprünge, die kaum zu zählen sind, da die Küste sich auch noch gesenkt hat. Dazu kamen die Gletscherwirkungen der Eiszeit, sodass wir in Schottland und im Norden Irlands Fjordküsten, im Süden und in England und Wales, wo diese Wirkungen geringer waren, Riasküsten haben. Im Südosten, hinter den Gebirgen und zwischen ihnen, liegt geschützt das Tiefland, in Irland vorwaltend aus Kohlenkalk bestehend, in England aus mesozoïschen und tertiären Schichten, die die Fortsetzung der Schichten des Pariser Beckens bilden. Diese wenig gestörten, im allgemeinen noch horizontalen, geringe Härteunterschiede zeigenden Sandstein-, Kalk- und Kreideschichten fallen viel gleichmässiger dem Ansturm der Wellen und Gezeiten zum Opfer, indem sie noch heute streckenweise fast glatt abbrechen. Der Schutt bildet am Fusse des Steilabfalles flachen Stein- und Sandstrand, oder aber er wird durch die Strömung verschleppt und bildet gefährliche Untiefen. Die Bänke an der Südostküste, besonders vor Norfolk und in der Doverstrasse, sind schon gekennzeichnet worden. Die

---

[1]) Segelhandb. f. d. Irischen Kanal. Strömungstafeln I—XII. — Segelhandb. f. d. Südküste Irlands und den Bristolkanal. Strömungstafeln I—XII.

glatte Küste Irlands am St. Georgs-Kanal wird durch das breite Herantreten der massigen Wicklowberge geschaffen, ähnlich die wenig gegliederte Ostküste Schottlands durch den Steilabfall des massigen Hochlands; dazu kommt die geschütztere Ostlage. Dem Bau der Küste aus hartem, paläozoïschem Gestein entsprechend sind auch die Bänke vor der genannten irischen[1]) Küste mehr steinig und kiesig als sandig. Sowohl die klippenreiche, zerrissene, zu grösserer Tiefe abstürzende Westküste als die glattere, mit Bänken in flacher See besetzte Ostküste bedarf einer sorgfältigen Beleuchtung, namentlich durch weit sichtbare Hauptfeuer, die denn auch ziemlich gleichmässig auf die ganze Küste verteilt sind. Nur die dem Verkehre abgewandte Nordküste, die Orkney- und noch mehr die Shetland-Inseln sind spärlich damit bedacht. Auch Irland steht in der Zahl der Feuer hinter Grossbritannien zurück, aber weit mehr in der der kleinen Feuer, denn mit Hauptfeuern ist es entsprechend seinem Küstenbau nicht eben spärlich besetzt. Sehr bezeichnend für den Küstenbau ist es, dass fast nur vor der Südostküste Englands und Irlands zahlreiche Feuerschiffe liegen, an der Westküste im allgemeinen nur dort, wo Flüsse Flachwasser und Bänke geschaffen haben, wie in der Liverpool-Bucht. Jedoch hat das riesige Verkehrsbedürfnis fast überall Häfen entstehen lassen ohne Rücksicht auf die Beschaffenheit der Küste, z. B. eine Reihe Überfahrtshäfen an der steilen und keineswegs besonders zugänglichen Küste der Doverstrasse. Der Einfluss des Küstenbaues auf die Dichte der Befeuerung wird dadurch verwischt, und deshalb sind zusammenhängende Strecken sehr spärlicher Befeuerung als Folge des Küstenbaues kaum zu beobachten. Die Trichtermündungen und die fjord- und föhrdenartigen Buchten sind natürlich auch hier die Stellen der grössten Leuchtfeuerdichten. Voran steht darin die Themsemündung, deren 99 Feuer sich allerdings wegen der breiten Öffnung auf 2 Abschnitte von je 30 Sm verteilen. Die Themse trägt bis Deptford die grössten Schiffe, bis London Bridge solche von 8,2 m Tiefgang. Die Einfahrt ist sehr schwierig, da weder die niedrige Küste von Essex noch die etwas höhere von Kent gute Landmarken bietet, zumal bei dem so häufig unsichtigen Wetter.[2]) Die Schiffahrt ist deshalb fast ausschliesslich auf Seezeichen angewiesen. Die Gezeitenströme setzen mit grosser Heftigkeit durch und über die Bänke hinweg. Diese sind sehr zahlreich und dadurch werden sehr viele Fahrwasser gebildet. Infolgedessen und weil

[1]) Segelhandb. f. d. Irischen Kanal. S. 58.

[2]) In den Hoofden kommen kaum 40—50 heitere Tage im Jahre vor. (Segelhandb. f. d. Nordsee I, 4. S. 29.)

der Themsetrichter selbst wieder mehrere Flussmündungen aufweist, an deren Buchten wichtige Vorhäfen Londons liegen,[1] ist die Zahl der Feuer, besonders auch der Feuerschiffe, von jeher sehr gross gewesen. Da die Sände bis weit in die offene See vorgeschoben sind, und der Trichter sich breit öffnet, musste gerade auch die Zahl der weitsichtbaren Hauptfeuer eine ausserordentlich grosse sein. Kein Mündungstrichter erreicht wieder eine derartige Breite, abgesehen von dem mehr einen Meerbusen als einen Mündungstrichter darstellenden Bristol-Kanal; aber reich an gefährlichen Bänken und engen Fahrrinnen dazwischen sind auch die Liverpool-Bucht mit der Dee-, Mersey- und Ribblemündung, der Humber und der Wash. Im Mersey sind die Gezeiten und die Flusswasser stark genug, um die Sinkstoffe aus der Einfahrt herauszuschwemmen, und da Liverpool nur sehr wenig von der offenen See entfernt ist, sind die Fahrwassertiefen hier sehr günstig: selbst bei Niedrigwasser noch $8,_{23}$, bei Hochwasser aber 17 m, gegen $7,_{8}$ und $13,_{4}$ m bei Gravesend vor London.[2] Am ungünstigsten liegen die Tiefenverhältnisse im immer mehr verflachenden Wash, der deshalb vom Hauptverkehrsstrom gemieden wird, zumal auch vor der Bucht wie an der ganzen Küste von Norfolk gefährliche Bänke liegen, und die Verbindungen nach dem Hinterlande durch die Marschen des Fenbezirkes erschwert sind. Der Gesamtverkehr beträgt nur etwa 850000 Registertonnen, und eine besonders dichte Befeuerung war deshalb nicht nötig. Auch im Humber ist die Gefahr der Versandung vorhanden. Trotzdem herrscht ein sehr umfänglicher Verkehr, über 10 000 000 Registertonnen. Die verhältnismässig geringe Feuerzahl, nur 19, wird durch die geringe Breite erklärt, nur 4 Sm an der Mündung, wodurch die Zahl der Fahrrinnen eine beschränkte ist. Unterschieden von diesen Mündungsbuchten in flachem Tiefland mit eingedeichten Ufern und zahlreichen Sandbänken ist der Bristol-Kanal. Dieser ist in das Bergland von Cornwall und Wales eingeschnitten, seine Ufer sind demnach vorwiegend hügelig oder steil, so besonders an der Nordseite. Dazu lassen die ausnehmend hohen und heftigen Gezeiten keine ausgedehnten Bänke sich ansetzen; nur oberhalb der Holms-Inseln dehnen sich solche aus, die aber bei der grossen Fluthöhe meist genügende Wasserbedeckung haben. Bezeichnend ist

[1]) Die wichtigsten Vorhäfen sind Harwich am Stour und Rochester am Medway, ferner auf der Halbinsel Kent weit vorgeschoben Ramsgate an dem tiefen Fahrwasser zwischen der Küste und den berüchtigten, allein durch 4 Feuerschiffe und eine Leuchttonne bezeichneten Goodwinsänden.

[2]) *Wiedenfeld* a. a. O. S. 72.

deshalb die geringe Zahl der Feuerschiffe im Bristol-Kanal. Die hohe Feuerdichte wird in erster Linie, vornehmlich an der mehr gegliederten Nordseite, durch die grosse Anzahl guter Naturhäfen bewirkt, weniger durch die vorhandenen Klippen. Sämtliche Häfen bewältigen sehr umfänglichen Verkehr dank der Nähe reicher Kohlenfelder. In der hohen Zahl der bedeutenden Häfen ist auch die auffallend hohe Dichte der Feuer an der Mündung des Tyne, des Wear und des Tees begründet; denn die Küste ist nur mässig hoch, teils steil, teils flach, ohne weite Trichter. Besonders die Zahl der Hauptfeuer ist gross, da lange, enge Fahrwasser zwischen Sänden und Bänken nicht vorhanden sind, die vor allem viel kleine Feuer nötig machen. Dasselbe gilt auch vom Bristol-Kanal. Dagegen bieten die Gewässer hinter der Insel Wight in Solent, Southampton Water und Spithead-Rhede geteilte, geräumige Ankergründe. Die Festlandsküste ist ausserdem flach und mit viel Bänken besetzt. Der Gesamtverkehr dort umfasst mehr als $13^1/_2$ Millionen Registertonnen. Infolgedessen ist hier einer der grössten Dichtepunkte der Leuchtfeuer. Am geräumigsten jedoch, durch grosse Inseln reich gegliedert, mit vielen guten Häfen versehen, ist der Firth of Clyde, der deshalb nächst der Themsemündung die grösste Zahl der Feuer überhaupt zeigt, obgleich er dem Verkehr nach nicht an allererster Stelle mit steht. Dass auch hier die Zahl der Hauptfeuer so bedeutend ist, liegt am Bau der Küste, die vorwaltend gebirgig und steil ist und erst am Clydefluss selbst niedrig und flach wird. Nicht viel nach steht ihm der ähnlich gebaute, nur nicht so gegliederte, aber ebenfalls weit ins Land einschneidende Firth of Forth. In weiterem Abstand folgen dann Firth of Tay, Moray Firth und Firth of Lorne. Überall sind es weniger Sandbänke als Klippen und noch mehr die grosse Zahl der Häfen, wodurch eine hohe Feuerzahl erreicht wird. Dem Bau der Fjorde und Föhrden Schottlands entspricht im allgemeinen auch der Bau der Riasbuchten und der Mündungen Irlands, das grosse, sandige Trichtermündungen im Tiefland überhaupt nicht aufweist. Denn fast alle Flussmündungen sind tief in felsigen Boden eingesenkt, der Eingang liegt zwischen Felsenvorsprüngen, nur im Innern der Bucht sind bisweilen geringe Anschwemmungen zu beobachten. Wie in Schottland sind deshalb auch in Irland alle Buchten und Mündungen Punkte grösserer Feuerdichten.

5. Bevölkerung und Wirtschaft. Der die meisten Feuer aufweisende Südosten Grossbritanniens, das Tiefland, ist auch das Gebiet der dichtesten Bevölkerung und des emsigsten Erwerbslebens. Die heutige Bedeutung Grossbritanniens zur See ist undenkbar ohne

die grossartige britische Industrie. Diese bringt riesige Massen an Geweben und Metallwaren, an Kohlen und Chemikalien zur Ausfuhr und fordert wieder eine gewaltige Einfuhr von Baumwolle, Wolle, Holz und anderen Rohstoffen. Da die Landwirtschaft völlig in den Hintergrund getreten ist, müssen ausserdem gewaltige Mengen Getreide, Fleisch und andere Nahrungsmittel eingeführt werden, sodass der Verkehr zur See im wahren Sinne des Wortes eine Lebensfrage für die Briten ist[1]), und dadurch wieder die Küstenbeleuchtung in viel höherem Masse Pflicht des Staates wird als z. B. in den Vereinigten Staaten oder auch in Deutschland. Nur in Irland herrscht die Landwirtschaft noch vor,[2]) sie ist aber ebenso wie in Grossbritannien fast nur Viehzucht, welche durch das Klima der Britischen Inseln sehr begünstigt wird. Hauptausfuhrhafen für die Erzeugnisse der irischen Viehzucht ist Cork, das auch infolge seiner vorgeschobenen Lage für den Personen- und Postverkehr nach Amerika wichtig ist. Hauptsitz der britischen Industrie ist der mittelenglische Bezirk um Birmingham, Nottingham, Stoke, Manchester, also das Hauptverkehrsfeld, die grosse

---

[1]) Ein- und Ausfuhr Grossbritanniens 1904:

	Einfuhr:	Ausfuhr:
I. Food, Drink and Tobacco	231 402 188 £	16 926 585 £
II. Raw Materials	182 212 813 £	35 679 626 £
davon:		
Coal, Coke and Patent Fuel	2 689 „	26 862 386 „
Wood and Timber	23 637 859 „	67 593 „
Cotton	55 024 825 „	—
Wool	23 316 455 „	1 613 737 „
Oil Seeds, Nuts, Oil, Fats and Gums	25 290 505 „	2 759 019 „
III. Manufactured Articles	135 168 326 £	243 825 894 £
davon:		
Iron and Steel and Manufactures	8 216 772 „	28 066 671 „
Other Metals and Manufactures	20 953 877 „	6 991 421 „
Machinery	4 312 440 „	21 065 191 „
Cotton	6 648 062 „	83 873 746 „
Wool	11 428 539 „	27 474 649 „
Other Textile Fabrics	19 385 895 „	12 414 591 „
Chemicals, Drugs, Dyes and Colours	9 211 770 „	13 647 449 „
Leather and Manufactures	10 893 182 „	4 758 999 „

(Statesman's Yearbook 1906.)

[2]) 1901 waren beschäftigt von der Bevölkerung

	in Land- u. Forstwirtschaft, Fischerei:	Industrie u. Bergbau:
England und Wales	8 %	58,3 %
Schottland	12 „	60,4 „
Irland	44,6 „	32,6 „

(Statist. Jahrbuch f. d. Deutsche Reich 1906.)

Triassenke, und weiterhin das Penninische Bergland um Sheffield, Leeds, Bradford. Sie stützt sich in erster Linie auf die Kohlen- und Eisengruben im nördlichen Wales, in den Penninen und in der Senke selbst. Die meisten Kohlen werden ausgeführt aus den Kohlenfeldern am Tyne und am Nordufer des Bristol-Kanals, wo Anthrazit und die beste Dampferkohle, besonders für die britische Kriegsflotte von höchstem Wert, gefördert wird. Am Solway Firth werden Kohlen sogar unter dem Meere abgebaut. Die schottischen Kohlen- und Eisengruben liegen in den Lowlands, die deshalb auch der Hauptsitz der schottischen Industrie sind. In Irland wird Industrie, und zwar vorwiegend Leinenweberei, nur im Nordosten betrieben in der Nachbarschaft der schottischen Kohlenfelder. In Irland selbst sind Kohlen nur sehr spärlich vorhanden, nämlich am unteren Barrow und unteren Shannon. Mittelpunkt der Industrie ist Belfast, daher der bedeutende Umfang seines Schiffsverkehrs. Der vorwiegend landwirtschaftliche Charakter Irlands prägt sich darin aus, dass es im Schiffsverkehr und damit wieder in der Befeuerung ganz bedeutend hinter Grossbritannien zurücksteht. Allerdings kommt hierbei auch sein geringerer Kulturstand überhaupt infolge der englischen Herrschaft stark in Betracht. Ähnlich liegen die Dinge im nördlichen Schottland. Auf den felsigen, unwirtlichen Hochflächen der Grampians und des nordwestlichen Hochlands wird fast nur Schafzucht getrieben. Der Schiffsverkehr an den noch dazu Europa abgewandten Küsten dieser Teile Schottlands ist deshalb nur gering. Allerdings nimmt der Touristenverkehr in dem durch die äusseren und inneren Hebriden gegen die Wogen des Ozeans geschützten Fahrwassern längs der Westküste zu. Insbesondere ist durch den die Wurzel der Halbinsel Cantyre durchschneidenden Crinankanal ein inneres Fahrwasser vom Firth of Clyde hinter der Insel Jura nach dem Firth of Lorne und weiter hinter den Inseln Mull und Skye nach dem North Minch geschaffen und auch besonders befeuert worden. Die ziemlich grosse Zahl der Feuer im Firth of Tay, Moray Firth und Firth of Lorne entspricht nicht in dem Masse dem Umfange des Verkehrs wie die Zahl der Feuer im südlichen England: Die Feuer des Nordens dienen vornehmlich nur dem Durchgangsverkehr wie schon erwähnt, noch mehr aber der bedeutenden Fischerei. Diese hat zwar ihre Hauptsitze an der gesamten britischen Nordseeküste, so in Wick, Banff, Peterhead, Aberdeen, North Shields, Hull, Yarmouth, vor allem in Grimsby, aber gerade auch um die Inseln der West- und Nordküste Schottlands wird lebhafte Heringsfischerei betrieben. Die Fischerei ruft stets einen lebhaften örtlichen Verkehr hervor, aber infolge des Inselcharakters Grossbritanniens und Irlands spielt sich ausserdem auch ein grosser Teil des Binnenverkehrs über die Küstengewässer ab, sodass die Eisenbahngesellschaften den Wettbewerb der Küstenschiffahrt sehr wohl spüren. Der Küstenverkehr ist insbesondere deshalb so rege, weil durch die Dreiteilung des Britischen Archipels in England, Schottland, Irland zahlreiche innere Verkehrsspannungen entstehen, die wieder unterm Einfluss der Spannung zwischen England und dem Festland stehen, ganz abgesehen von der Stellung der Britischen Inseln im Weltverkehr.[1]) Für den Umfang des britischen Verkehrs über den Ozean ist in hohem Masse bedingend die Ausdehnung und hohe Entwicklung des britischen Kolonialreiches. Kommt doch ein ganz gewaltiger Teil der Einfuhr aus Australien, Ostindien und Britisch-Nordamerika, und vollends stehen die genannten Kolonien und ausserdem Südafrika unter den Ausfuhrländern an erster Stelle.[2]) Schliesslich seien noch die bedeutendsten, durch zahlreiche Feuer ausgezeichneten Häfen kurz gekennzeichnet. Infolge der grossen Seenähe des Innern kann von einer Abgrenzung des Hinterlandes der einzelnen Häfen keine Rede sein, alle greifen mit ihren Hinterlandsbeziehungen ineinander. London ist bei weitem der erste Hafen überhaupt. Denn alle Vorteile der Lage,[3]) wie sie für die Britischen Inseln geschildert wurden, müssen in verstärktem Masse dem Hafen zugute kommen, in welchem sich die Fäden des Binnenverkehrs vereinigen wie andererseits auch des Seeverkehrs, hier an der Südostecke der Hauptinsel. Die Grösse des Londoner Schiffsverkehrs beruht in erster Linie auf der Tatsache, dass London ein Umschlagsplatz allerersten Ranges ist, wenn auch die Neuzeit seine ehemalige Alleinherrschaft untergraben hat. Noch heute vermittelt es als Hauptstadt des Britischen Reiches den grössten

---

[1]) *Kohl:* „Der Verkehr und d. Ansiedelungen". S. 265 f.

[2]) Aussenhandel Grossbritanniens 1904:

	Einfuhr:	Aufuhr:
Gesamt	551 038 628 £	300 711 040 £
Britische Besitzungen	120 018 406 „	111 937 870 „
Vereinigte Staaten	119 227 802 „	20 197 579 „
Frankreich	51 107 046 „	15 254 034 „
Deutschland	33 944 322 „	25 103 270 „
Niederlande	34 689 639 „	8 200 340 „
Belgien	27 536 425 „	9 051 949 „
Russland	31 402 838 „	8 229 577 „

(Statesman's Yearbook 1906.)

[3]) *Kohl:* „Der Verkehr und d. Ansiedelungen". S. 265 u. 269/270. — *Kohl:* „Lage der Hauptstädte Europas". S. 163 f.

Teil des Handels mit den Kolonien, noch heute ist es dank seiner alten Beziehungen der erste Geldmarkt der Welt. Es hat die Führung im Handel mit Wolle, Tee, Rohrzucker, wertvollen und edlen Metallen, Getreide, und auch für die meisten anderen Rohstoffe und Kolonialwaren ist es ein bedeutender Markt geblieben.[1]) Zudem erfordern die Bedürfnisse der $4^1/_2$ Millionen Einwohner schon für sich einen lebhaften Seeverkehr. Den Personenverkehr nach dem Festland hat es aber fast ganz an die besser gelegenen, von den Eisenbahngesellschaften bevorzugten Häfen an der Kanalküste abgeben müssen. Die Bedeutung Newhavens, Folkestones, Dovers, auch die von Harwich beruht in erster Linie darauf. Den Personenverkehr über den Ozean hat London an Southampton abgegeben, mit dem es in schnellster Eisenbahnverbindung steht, und wo die Reisenden die gefahrvolle Fahrt durch die Doverstrasse sich sparen können. Southampton wird auch von vielen fremden Dampferlinien angelaufen und ist damit zu einem Einschiffshafen ersten Ranges geworden. Ausserdem liegt an der Spithead-Rhede Portsmouth, der erste britische Kriegshafen, und schliesslich ist der Bade- und Sportverkehr an der Insel Wight besonders gross. Der zweite Kriegshafen an der Südküste ist Plymouth, der auch von Amerikafahrern auf der Heimreise angelaufen wird, um besonders eilige Fahrgäste abzusetzen. Der Abgangshafen der meisten Personenozeandampfer ist jedoch Liverpool, dank seiner Lage im Mittelpunkt der Britischen Inseln an der Irischen See, dem britischen Binnenmeere, von wo ausser dem St. Georgs-Kanal, dem Hauptausgang Grossbritanniens nach dem Atlantischen Ozean, noch der Nord-Kanal wie eine Hintertür nach dem Nordatlantischen Ozean sich öffnet. Durch seine Lage im Winkel des mittelenglischen Industriebezirks ist Liverpool auch der gegebene Aus- und Einfuhrhafen für diesen Bezirk, wengleich Manchester durch seinen Seekanal unabhängig und ein nicht zu unterschätzender Mitbewerber geworden ist. Infolge seiner alten Beziehungen zu Nordamerika ist Liverpool noch heute der erste Baumwollmarkt der Welt und für England Haupteinfuhrhafen von amerikanischem Getreide, Tabak, Kaffee. Trotz des starken Wettbewerbs Hamburgs und Antwerpens hat es heute noch die Führung im Handel mit Palmöl und Kautschuk aus Westafrika und Brasilien.[2]) Gestützt auf ihre Wasserstrassen und Eisenbahnen ins mittelenglische Industriegebiet beteiligen sich jedoch auch London, noch mehr aber die Humberhäfen an der Bedienung desselben. Dass

---

[1]) *Wiedenfeld* a. a. O. S. 294/296.
[2]) *Wiedenfeld* a. a. O. S. 296/297.

diese letzteren einen lebhaften Handel mit den Nord- und Ostseeländern unterhalten, überhaupt die Häfen von Aberdeen bis hinab nach London, ergibt sich aus ihrer Lage gegenüber den Nordseeküsten und dem Eingang zur Ostsee. Da Hull [1]) und ebenso Bristol [2]) über natürliche Wasserstrassen ins Hinterland verfügten, waren sie ehemals nächst London die ersten Häfen des Landes, bis sie Liverpool nach Ausbau seiner Wasserstrassen überflügelte. Heute noch ist Bristol durch seine Lage an der erwähnten „marine antechamber" ein wichtiger Einfuhrhafen für Erzeugnisse Irlands, Spanien-Portugals, Nord- und Mittelamerikas. Am Bristol-Kanal selbst ist, gestützt auf die grossartigen Kohlenfelder, eine blühende Industrie erstanden, nämlich in Eisen, Porzellan, Ton, Glas, sodass auch der Eigenhandel der dortigen Häfen gross genug ist. Alles überragt aber die Kohlenausfuhr Cardiffs, mit mehr als 14 000 000 Tonnen jährlich der grösste Kohlenhafen der Welt. Ihm folgen darin die Häfen am Tyne und Tees,[3]) die sich aber auch auf die Industrie ihres Kohlenbezirks stützen, auch durch ihre eigenen grossen Werften berühmt sind. Die erste Hafen- und Industriestadt Schottlands, besonders berühmt durch ihren grossartigen Maschinen- und Schiffsbau, ist Glasgow,[4]) mit lebhaftem Verkehr nach Nordamerika und Westindien, dank seiner Lage an der erwähnten Hintertür nach dem Nordatlantischen Ozean und in der Verlängerung des St. Georgs-Kanals. Die Häfen der schottischen Ostküste stehen ihm sämtlich nach, auch Leith-Edinburgh,[5]) dessen Verkehr sich gleichfalls vom mittelschottischen Industriebezirk nährt. Dundee ist Hauptort der britischen Jute- und Leinenindustrie. Im Norden führt Aberdeen aber wesentlich nur die Werte des Hochlands aus: Granit und die Erzeugnisse der Viehzucht. Die Bedeutung der grössten irischen Häfen Belfast, Dublin, Cork wurde bereits gekennzeichnet. Hier sei nur noch darauf hingewiesen, dass die beiden ersteren in ihrer Meereslage Gegenstücke zu Glasgow und Liverpool sind, sich aber infolge der geringen Entwicklung ihres Hinterlandes durchaus nicht mit jenen messen können.

---

[1]) *Dorn:* „Die Seehäfen des Weltverkehrs". I. S. 983 f.

[2]) *Dorn* a. a. O. I. S. 1059 f.

[3]) *Dorn* a. a. O. I. S. 994 f.

[4]) *Dorn* a. a. O. I. S. 1019 f.

[5]) *Dorn* a. a. O. I. S. 1006 f.

X. Die atlantische Küste der Pyrenäenhalbinsel.

Die Befeuerung der spanischen und portugiesischen Küsten steht sowohl an Dichte wie an Zuverlässigkeit weit hinter der aller andern europäischen Küsten zurück. Nur undeutlich kommen deshalb die Einflüsse der Lage, des Klimas, des Baues der Küste, auch der wirtschaftlich-kulturellen Verhältnisse zum Ausdruck. Die ganze Küste ist vielmehr gleichmässig spärlich mit Feuern besetzt. Man hat sich eben meist damit begnügt, längs der Küste die wichtigsten Punkte und Hafeneinfahrten mit Hauptfeuern zu versehen. Den durch die physischen Verhältnisse und die Entwicklung des Verkehrs geschaffenen besonderen Zuständen hat man nur sehr wenig durch einen Weiterausbau mit mittleren und kleinen Feuern Rechnung getragen. Es seien deshalb nur die hervorstechendsten Züge des Bildes dargelegt, welches die Befeuerung zeigt. Die Gunst der Lage zwischen Mittelmeer und Atlantischem Ozean, am Südwestende Europas, dem natürlichen Ausgangspunkt für die Fahrt nach Afrika, Süd- und Mittelamerika, verlieh den Spaniern und Portugiesen nur so lange eine führende Stellung, als nicht andere, durch die Natur ihrer Heimat und ihre Veranlagung zu überseeischem Handel und Kolonisation besser befähigte Völker wettbewerbend auftraten. Denn die geringe Gliederung der Halbinsel, die Abgeschlossenheit ihrer Küsten vom Innern, die Abgeschlossenheit der Halbinsel überhaupt[1]) verschulden es, dass meist nur die Bevölkerung der schmalen Küstenbezirke Beziehungen zur See pflegt. Dazu kommt die geringe Veranlagung der Spanier und Portugiesen für Handel und Gewerbe, ihre Unduldsamkeit in religiösen und politischen Dingen, die geringe Höhe der Kultur überhaupt. So übertrifft der Handel[2]) Spaniens und Portugals nur sehr wenig den Schwedens und Norwegens, die von Natur viel weniger begünstigt sind und nur eine Bevölkerungsdichte von 12 und 7 haben gegen 37 und 59 in Spanien und Portugal. Die Handelsflotte[3]) der beiden nordischen Staaten überragt aber bei

[1]) *Kohl:* „Der Verkehr u. d. Ansiedelungen". S. 285.

[2]) Aussenhandel im Durchschnitt der Jahre 1900—1901—1902—1903:

Spanien	1437,8	Mill. Mark.
Portugal	541,3	„ „
Schweden	1018,1	„ „
Norwegen	532,4	„ „ .

(Statist. Jahrb. f. d. Deutsche Reich.)

[3]) Handelsflotten:

Spanien	774 579	Registertonnen.
Portugal	113 535	„
Schweden	647 851	„
Norwegen	1 483 674	„

(Statist. Jahrbuch f. d. Deutsche Reich 1906. — Gothaer Hofkalender 1906.)

weitem die Spaniens und Portugals, und die Schiffahrt in den spanischen und portugiesischen Häfen fährt zum geringsten Teil unter der nationalen Flagge. Das alles mag es erklären, dass auch die Befeuerung der Küste eine recht spärliche ist. Durch eine etwas dichtere tritt besonders der östliche Teil der Nordküste hervor. In den baskischen Provinzen ist dank der reichen Erzlager die Industrie gut entwickelt, das Land gut angebaut; auch Fischerei wird lebhaft betrieben an dieser ganzen Küste. Die Häfen Bilbao, Santander, Gijon gehören zu den verkehrsreichsten der Halbinsel und führen die Eisenerze des benachbarten Gebirges, Santander ausserdem Zink, Gijon Kohlen aus Asturien aus. Sie bedienen das obere Ebrotal, aber auch Altkastilien und Leon, da nur von den genannten Häfen aus im Tale des Nervion und der Besaya, über den Puerto de Pajares, die Eisenbahn das hinter der Küste hinziehende und sie vom Hinterland trennende Cantabrische Gebirge überschreitet. In Galicien geht die nur wenig gebuchtete Steilküste vor dem Cantabrischen Gebirge in eine typische Riasküste über. Hier liegen die besten Naturhäfen Spaniens, die Kriegshäfen Ferrol, Coruña, Vigo, die von englischen, deutschen und französischen Dampferlinien angelaufen werden. Aber trotz ihrer reichen Gliederung, ihrer vorgeschobenen Lage an einer Hauptstrasse des Seeverkehrs und ihrer Gefährlichkeit infolge häufiger Stürme, Nebel und Stromversetzungen ist die Küste Galiciens [1]) doch weit spärlicher befeuert als die sehr ähnliche Küste der Bretagne. Nur auf Kap Finisterre ist ausser dem Leuchtturm noch eine Nebelsignalstation eingerichtet, die einzige an der spanischen atlantischen Küste überhaupt; an der portugiesischen Küste bestehen deren 4, und zwar in der Umgebung der Tajomündung. Einflüsse des Küstenbaues sind darin zu erkennen, dass die in der Hauptsache glatte und von Sandstrand gesäumte, nur an den Flussmündungen durchbrochene Küste Portugals durchweg sehr spärlich befeuert ist. Die Flüsse, auch die spanischen, sind für die Schiffahrt wenig nutzbar, da sie vom Hochland in Stromschnellen zur Küste herabkommen, ausserdem sehr unregelmässige Wasserführung und infolgedessen gefährliche, veränderliche Barren vor der Einfahrt haben. Nur der Guadalquivir ist bis Sevilla für Schiffe von $5{,}2$—$5{,}5$ m Tiefgang schiffbar.[2]) Immerhin zeichnen sich die Flussmündungen durch eine grössere Feuerzahl aus; so die Minho- und die Dueromündung mit Porto, dem zweiten

[1]) Segelhandb. f. d. Nord- und Westküste Spaniens u. Portugals. S. 30. „Über Schiffbrüche in der Umgebung des Kap Finisterre". Annal. d. Hydrographie 1898. S. 437 f.

[2]) Segelhandb. f. d. Nord- und Westküste Spaniens u. Portugals. S. 482

Hafen Portugals, mit bedeutender Weinausfuhr. Trotzdem der Gesamtschiffsverkehr Lissabons [1]) nahezu 10 000 000 Registertonnen beträgt, und die Tajomündung eine weite Bucht bildet, ist sie nur mit 10 Feuern versehen. Lissabon zieht vor allen andern Häfen Vorteil aus der Gunst der Lage der Pyrenäenhalbinsel. Denn wenn auch sein eigner Handel nicht allzu umfänglich ist, — Wein und Kork werden als wichtige Erzeugnisse Portugals viel ausgeführt — so wird es doch von sehr vielen nach dem Mittelmeer und dem Suezkanal, nach Westafrika und Südamerika bestimmten Dampfern angelaufen. Nach dem Golf von Cadiz öffnet sich die Halbinsel durch das Tiefland des Guadalquivir. Von hier sind die spanischen Entdeckungsfahrten ausgegangen, und noch heute liegt hier der Schwerpunkt des Verkehrs Spaniens nach dem Atlantischen Ozean. Lediglich auf dieser Verkehrsbedeutung beruht es, dass hier noch einmal die Zahl der Feuer zunimmt, denn die Küste selbst ist eine flache, glatte Dünenküste. Sämtliche Häfen des Golfes haben gegen Versandung zu kämpfen, vor allem Cadiz [2]) selbst. Es war ehemals durch seine Lage nahe den spanischen Kolonien der erste Hafenplatz des Landes, ist jetzt aber von Bilbao, Valencia, Barcelona überholt worden. Hauptausfuhrgut ist Wein, demnächst Olivenöl aus Andalusien, Salz von der Küste. Auch Sevilla führt grosse Mengen Wein, Öl und Südfrüchte aus. Huelva ist der Ausfuhrhafen der berühmten Kupferminen am Rio Tinto.

XI. **Die atlantische und die Golfküste Nordamerikas.**

1. Lage. Im Gegensatz zu Europa nimmt Nordamerika auf der Landhalbkugel eine Randlage ein und schon aus diesem Grunde keine so beherrschende Stellung im Verkehr. Mit der weiteren Entwicklung Südamerikas, Australiens und Ostasiens wird es jedoch in höherem Grade als jetzt die Vorteile der mittleren Lage zwischen Europa und den genannten Gebieten geniessen, vornehmlich nach Fertigstellung des Panamakanals.[3]) Schon heute macht sich die grössere

---

[1]) *Dorn:* „Die Seehäfen des Weltverkehrs“. I. S. 538 f.

[2]) *Dorn* a. a. O. I. S. 503 f.

[3]) Zunächst wird der Panamakanal eine politisch-militärische wie wirtschaftliche Stärkung und Sammlung der Vereinigten Staaten herbeiführen, indem er erst eigentlich den Westen mit dem Osten zu einer Einheit zusammenschweisst. Dann aber rückt er die Oststaaten näher an Ostasien und Australien, die Weststaaten an Europa, und Nordamerika überhaupt an Südamerika heran. Dadurch aber vermögen die Vereinigten Staaten in Zukunft dort noch schärfer wettbewerbend neben Europa aufzutreten, da für dieses wesentliche Verkürzungen der Seewege und Vergünstigungen

Nähe der Vereinigten Staaten zu Mittel- und Südamerika, ihre Lage am amerikanischen Mittelmeer, welches den Austausch zwischen der gemässigten und der tropischen Zone vermittelt, in einem immer grösseren Anwachsen ihres Handels und Verkehrs mit dem südlichen Amerika gegenüber dem Europas in gleicher Richtung geltend. Für die bisherige Gestaltung der Verkehrsbeziehungen Nordamerikas war aber entscheidend das staffelförmige Vorspringen seines Nordostens gegen Europa, wodurch es von allen Teilen der Neuen Welt den Nordwesteuropäern, den Hauptträgern der neuzeitlichen Kultur, am nächsten und bequemsten lag: 1583 nahm Sir Humphrey Gilbert im Auftrage Elisabeths Besitz von Neufundland, der ersten britischen Kolonie auf amerikanischem Boden.

2. Zugänglichkeit vom Meere aus. Die Erschliessung durch die Europäer wurde ausserdem dadurch gefördert, dass gerade der Nordosten am gegliedertsten, deshalb am zugänglichsten vom Meere aus war: Tief schneiden Lorenz-Golf, Delaware- und Chesapeake-Bucht ins Land ein, den grössten Ozeandampfern die Fahrt bis Montreal, Philadelphia, Baltimore gestattend; und die ganze Küste nördlich New York ist überreich an mehr oder weniger tief eindringenden Buchten und vorzüglichen Naturhäfen, wie die New-York-, die Boston-, die Halifax-Bucht. Abgesehen von Delaware- und Chesapeake-Bucht wird die Küste südlich New York glatter und weniger gegliedert. In der Hauptsache sind es nur noch Flussmündungen, welche gute Häfen bilden. Jedoch darf der Nachteil einer geringeren Küstengliederung im Vergleich zu Europa nicht überschätzt werden. Für so tüchtige Seefahrer wie Briten, Holländer und Franzosen hätte schliesslich das Vorhandensein auch nur weniger guter Häfen genügt, um von da aus das ungeheure Gebiet zu erschliessen. Es sei nur an die Rolle erinnert, welche San Francisco heute noch für den Westen spielt.

3. Wegsamkeit des Innern. Viel wichtiger als die Gliederung der Küste war hier, dass die für die Wegsamkeit des Innern grundlegenden orographischen und hydrographischen Verhältnisse derartig günstige waren, dass die europäischen Pioniere und Siedler ohne grosse Schwierigkeiten von der atlantischen Küste bis zum Felsengebirge, von der Golfküste bis nahezu ans Eismeer vordringen konnten. Diese Tatsache war umso wichtiger in einem Gebiete mehr

---

durch den Kanal nicht bewirkt werden. — *Voigt:* „Der Panamakanal u. s. wirtschaftl. Bedeutung“ in *v. Halle's* „Amerika“. — „Die wirtschaftl. Bedeutung eines mittelamerik. Kanals für Deutschland“. Nauticus 1901. — „Die handelspolitische Bedeutung des Panamakanals“. Nauticus 1904.

als doppelt so gross wie ganz Europa, wo also die Überwindung des Raumes eine der allerersten und entscheidendsten Kulturaufgaben bildete. Es ist einer der tiefsten und gründlichsten Unterschiede zwischen Nordamerika und Europa, dass dort die Weite des Raumes fast in jeder Beziehung, nicht zuletzt auch im Unternehmungsgeist des gesamten Volkes, ganz andere, „unbegrenzte" Möglichkeiten der Entwicklung schafft. Vom gesamten Nordamerika kommt für die vorliegende Abhandlung nur das Land östlich des Felsengebirges in Betracht, wo der kulturelle und wirtschaftliche Schwerpunkt liegt, und wo der Verkehr unzweifelhaft zum Atlantischen Ozean neigt. Das einzige grosse Verkehrshindernis sind hier die Appalachischen Ketten für den westöstlichen Verkehr. Die Faltung dieser von Montgomery in Alabama bis zum Lorenz-Golf und, die Cabot-Strasse übersetzend, bis zur Belle-Isle-Strasse reichenden, im allgemeinen von Südwest nach Nordost, nur längs des Hudson und Connecticut südnördlich ziehenden Parallelketten ist schon in archäischen und paläozoïschen Zeiten erfolgt, von der atlantischen Seite, der inneren, nach Nordwesten allmählich auslaufend. Denudation, Erosion, Abrasion haben seitdem die einst kühnen Gipfel abgetragen und die Täler stark vertieft, sodass nur wie Mauerreihen mässig hohe, aber bloss durch Erosionsquertäler, sogenannte „water" und „wind gaps" gekerbte, durch tiefe Erosionslängstäler getrennte Ketten stehen geblieben sind. Dazu kamen gewaltige Längs- und Querbrüche, die vor allem das atlantische Vorland längs der Blue Ridge, der höchsten und geschlossensten, östlichen Randkette, absinken liessen, sodass sich jetzt am Fusse derselben das „Piedmont", ein flaches Hügelland ausbreitet, und vor diesem wieder die noch tiefer abgesunkene, nach der Küstengestaltung zu schliessen jetzt noch sich senkende „Coastal Plain". Für den Verkehr am hinderlichsten sind die Südostketten, vor allem die Blaue. Erst nach 1880 sind hier unter grossen Schwierigkeiten, auch infolge der bei den grossen Temperaturgegensätzen rasch fortschreitenden Verwitterung, Querbahnen gebaut worden, wie die westcarolinische Bahn im Tale des French Broad über Asheville, Nord-Carolina.[1]) Nach Nordosten werden die Ketten niedriger, die Querbahnen häufen sich, deren wichtigste die von New York– Philadelphia – Baltimore nach Allegheny—Pittsburgh sind; selbst Kanäle überschreiten die Gebirgsketten. Für die Staaten Pennsylvanien und New York bilden die Ketten auch nicht mehr die Westgrenzen, wie für Virginien und Nord-Carolina. Grundlegend für den Verkehr war aber der grosse Querbruch des Mohawktales, der nahezu rechtwinklig anschliesst an

---

[1]) *Deckert:* „Nordamerika". S. 140.

den grossen Längsbruch des Hudson—Champlainsee—Richelieu-Tales. In diesem Querbruch verläuft der 1825 eröffnete, jetzt 2 m tiefe Eriekanal, ebenso die Eisenbahn zwischen Boston—New York und dem Seengebiet. Die Möglichkeit, in Pennsylvanien und New York die Appalachen bequem zu überschreiten, hat der hafenreichen Nordostküste überhaupt erst ein weites Hinterland und damit ihren hohen Wert verliehen. Ausser dem genannten, New York mit Montreal verbindenden Längsbruchtal ist noch ein grosses Längstal für den Verkehr bestimmend: Das wichtigste der Appalachen überhaupt, das vom Hudson bis ins Tiefland von Alabama zwischen den Alleghanyketten im Südosten und dem flach gewellten Cumberlandgebirge im Nordwesten ziehende „Great Appalachian Valley", in dem unter andern Flüssen der Tennessee bis zu seinem Durchbruch nach Westen im berühmten Pass von Chattanooga, und der Shenandoa bis zu seiner Mündung in den Potomac am Water-Gap von Harpers Ferry fliessen. Die Hauptbahn von Tennessee nach Virginien verläuft ebenfalls im Great Valley. So scheiden die Süd-Appalachen das Land zwischen der atlantischen Küste und dem Felsengebirge in zwei ungleich grosse Gebiete: das atlantische Vorland und das Flachland des Mississippi-Missouri und der grossen Seen. Allerdings ist das letztere erst mit dem Vorschreiten der Kultur nach Westen in die Prärien, besonders des Ackerbaus seit der Mitte des 19. Jahrhunderts, mehr und mehr zu einem einheitlichen Verkehrsgebiet geworden, während vordem der Mississippi nicht die Mittellinie, sondern die Westgrenze desselben bildete. Das atlantische Vorland steht mit dem Westen in Verbindung einmal durch das Tiefland von Georgia-Alabama und durch die Appalachenübergänge in Pennsylvanien-New York, dann aber noch durch die gewaltige Wasserstrasse des Lorenzstromes und der grossen Seen. Einen vierten selbständigen Ausgang besitzt das Flachland des Westens durch den Mississippi nach dem Golf von Mexiko. Wie überall so waren auch hier die natürlichen Wasserstrassen die ältesten und grundlegenden Verkehrswege, umsomehr als man sehr frühzeitig, fast mit der Befreiung von der britischen Herrschaft,[1]) begann, sie durch Kanäle zu verbessern und zu ergänzen. Vor allem ist der Lorenzstrom durch Ausbaggerungen im St. Peter- und St. Claire-See und durch den Bau mehrerer Seitenkanäle zur Umgehung der Stromschnellen und Wasserfälle oberhalb Montreal, nämlich des Wellandkanals 1824—29 zur Umgehung des Niagarafalls und der Sault-St.-Mary-Kanäle [2]) 1856 und 1895

[1]) *Ratzel:* „Die Vereinigten Staaten v. Nordamerika". II. S. 387 f.

[2]) 1900 ging durch die Sault-St.-Mary-Kanäle ein Verkehr von 23078766 Tonnen. (*v. Halle:* „Amerika". S. 286.)

zur grossartigsten Binnenwasserstrasse gemacht worden, sodass grosse Ozeandampfer bis Montreal, mittlere Seeschiffe von etwa 4 m Tiefgang aber bis Duluth und Chicago gelangen können. Durch den Eriekanal und den zum Ontariosee abzweigenden Oswegokanal haben sich die Vereinigten Staaten einen eignen Ausgang von den Seen zum Ozean geschaffen, dessen Ausbau zu einer für Ozeandampfer benutzbaren Wasserstrasse in der Hauptsache nur Sonderbedenken New Yorks entgegenstehen, das durch den Ausbau seine Vorherrschaft als Umschlagplatz bedroht glaubt. Durch den 1849 eröffneten Champlainkanal in dem erwähnten Längsbruch ist der Hudson auch mit dem Lorenzstrom verbunden worden. Auf kanadischer Seite ist der Ottawa bis zur Hauptstadt gleichen Namens schiffbar gemacht worden, und eine unmittelbare Kanalverbindung mit dem Huronsee ist geplant. Nächst dem St. Lorenz ist der Mississippi die wichtigste Wasserstrasse, die aber unter dem häufigen und unerwarteten Wechsel des Wasserstandes leidet, da keine grossen Seen wie beim St. Lorenz zur Regelung vorhanden sind. Er ist bis St. Paul schiffbar, von wo aus leicht ins Stromgebiet des Red River und des Winnipegsees zu gelangen ist. Wichtiger ist aber seine Verbindung mit dem Michigansee durch den Illinois-Michigan-Kanal seit 1849 und vor allem durch den neuen Chicago-Drainage-Kanal, dessen Ausbau zum Grossschiffahrtsweg geplant ist. Der Übergang vom oberen Mississippi ins Gebiet der kanadischen Seen ist deshalb so leicht, weil nur die Endmoränen der eiszeitlichen Gletscher niedrige Wasserscheiden bilden. Die ehemaligen Schmelzwasserseen dieser Gletscher, der Lake Warren und der Lake Agassiz, flossen nach dem Mississippi ab, der letztere See durch das Tal des Red River hinüber zum Minnesota, und heute benutzen der Illinois-Michigan- und der Chicago-Drainage-Kanal das alte Abflusstal des Michigansees zum Desplaines- und Illinoisfluss. Von andern Nebenflüssen des Mississippi ist am wertvollsten der Ohio mit Wabash und Tennessee, der durch Kanäle mehrmals mit dem Erie- und dem Ontariosee verbunden ist und ins Industriegebiet der Appalachen führt. Missouri, Platte und Arkansas mit Canadian River endlich sind als Steppenflüsse mit stark wechselndem Wasserstand für die Schiffahrt wenig günstig und nur insofern wertvoll, als sie den Eisenbahnen die Richtung bis nahe an den Fuss des Felsengebirges angeben, wo dem Missouri die Wasserstrasse des Columbiaflusses entgegenkommt, der Platte auf den Evans-Pass zielt, der Arkansas in den Bergbaubezirk von Colorado führt, von wo aus auch Übergänge nach dem Grossen Salzsee und nach Santa Fé führen, dem alten nordamerikanischmexikanischen Stapelplatz. Unter den Flüssen des atlantischen Vorlandes ist am wertvollsten der Hudson, der bis Troy, wohin noch die Gezeiten gehen, 3 m Tiefe aufweist und vor allem durch den Eriekanal gute Verbindung mit dem Hinterlande besitzt. Die übrigen sind im allgemeinen nur auf kürzere Strecke schiffbar: soweit die Gezeiten reichen oder bis zu den Stromschnellen und Wasserfällen, unter denen sie die Bruchlinie zwischen Piedmont und Coastal Plain überschreiten. An dieser Bruchlinie, der „Fall Line“, sind bedeutende Städte erstanden, deren Industrie an den Fällen die Wasserkraft des Flusses und unterhalb derselben seine Schiffbarkeit ausnutzt; so Columbus am Chattahoochee, Macon am Ocmulgee, Augusta am Savannah, Richmond am James, Trenton am Delaware. Ehe die viel leistungsfähigeren Eisenbahnen den Wert der Binnenwasserstrassen stark herabsetzten, wollte man nach einheitlichem, grossartigem Plane, den schon 1808 der Finanzminister Gallatin in einem Berichte an den Senat entwickelt hatte,[1]) die atlantischen Flüsse mit dem Mississippi und den grossen Seen verbinden. Infolge der ungeahnten Entwicklung der Eisenbahnen führte man aber den ursprünglichen Plan nur teilweise aus, und die Kanäle vom Delaware, Susquehannah, Potomac nach dem Ohiogebiet wurden meist nur bis in die Bergbau- und Industriebezirke der Alleghanies vorgeführt. Wichtiger ist heute die Kanalverbindung zwischen Hudson, Delaware- und Chesapeake-Bucht, Albemarle- und Pamlico-Sund, die der Küstenschiffahrt die gefährliche Fahrt an der Aussenseite der Küste hin erspart. Auch die Lagunenküste von Carolina und Georgia würde einer Durchführung des Küstenkanals durch die Wurzel Floridas bis in den Golf keine grossen Schwierigkeiten machen, zumal streckenweise schon von der Natur seichte Binnenfahrwasser geschaffen sind.[2]) Etwa 1840 begann das Zeitalter der Eisenbahnen in den Vereinigten Staaten. Schnell wuchsen die Schienenstränge über die niedrigen Ketten der Appalachen Pennsylvaniens und New Yorks hinweg und noch schneller in das weite Flachland des Westens hinein, ihn so an die atlantische Küste anschliessend, weil der obere Mississippi als nordsüdliche Wasserstrasse nach der Golfküste einen Wettkampf überhaupt nicht aufnehmen konnte. 1869 wurde die erste pazifische Bahn eröffnet, die Union und Central Pacific Rail Road von Omaha in Nebraska über den Evans-Pass nach dem Grossen Salzsee und nach San Francisco. Seitdem sind nördlich und südlich derselben mehrere

[1]) *Ratzel:* „Nordamerika“. II. S. 389/390.

[2]) Sailing Directions for the East Coast of the United States. S. 738/739.

Parallellinien entstanden, besonders auch in Britisch-Nordamerika die Canadian Pacific R. R. von Halifax bis Vancouver, die die Vorbedingung des Zusammenschlusses der Kolonie zur Dominion of Canada war. Neben den ostwestlichen, das atlantische Vorland über die Appalachen hinweg mit dem Westen verbindenden Bahnen ist am wichtigsten die das atlantische Vorland von New York über Philadelphia, Baltimore, Richmond, Atlanta, Montgomery nach Mobile und New Orleans der Länge nach durchziehende Linie, welche dann längs der Golfküste nach Mexiko und als Southern Pacific R. R. nach Kalifornien weitergeführt ist, ferner die längs der atlantischen Küste zur Verbindung der Häfen untereinander bis nahe an die Südspitze Floridas vorgeführte Bahn. Da Eisenbahnen die mangelnden Landstrassen ersetzen müssen, bestehen natürlich zahlreiche Verbindungen zwischen den Hauptlinien, namentlich in den hoch kultivierten Staaten östlich des Mississippi, wo kein bedeutender Hafen des Eisenbahnanschlusses entbehrt. Heute übertrifft die Länge der Eisenbahnen in den Vereinigten Staaten allein schon die der Eisenbahnen ganz Europas, und Kanada steht darin nur wenig hinter dem Mutterland zurück.[1]) So ergeben sich nach der Lage, der Zugänglichkeit vom Meere aus und den Verkehrsrichtungen im Innern zunächst zwei Küstenstrecken mit dichter und sehr zeitiger Befeuerung: die atlantische Küste von der Lorenzmündung bis zur Chesapeake-Bucht und die Golfküste an der Mississippimündung; die erstere Strecke ist die europanahe, also bei weitem die wichtigere, deshalb die dichter befeuerte. Zwischen beiden liegt dann noch dicht befeuert die Küste von Carolina-Georgia, wo das atlantische Vorland grössere Breite annimmt, also selbst ein Hinterland bildet, ausserdem aber auch mit dem Mississippiflachland zusammenhängt. Innerhalb der erstgenannten Nordoststrecke gibt es aber je nach der Lage wieder bedeutende

---

[1]) Von noch grösserem Einfluss als in Europa muss in Amerika mit seinen riesigen Entfernungen die Handhabung der Frachtsätze auf die Steigerung des atlantischen Seeverkehrs sein. Erst infolge der ausserordentlich niedrigen Eisenbahnfrachten vermochte die Landwirtschaft der westlichen Staaten ihre Erzeugnisse zu so geringen Preisen und in so gewaltigen Massen an die Ostküste und auf den Weltmarkt zu werfen. Die Frachten sind besonders auch deshalb so niedrig, weil die Eisenbahngesellschaften in scharfem Wettstreit unter einander und ebenso mit den Schiffahrtsgesellschaften stehen, sowohl mit denen für Binnenschiffahrt als für Seeschiffahrt. Die Fracht für Getreide und Obst von San Francisco z. B. über die Ostküste unmittelbar nach europäischen Häfen ist so bemessen, dass die Beförderung auf dem sonst billigeren Seeweg um Kap Horn auch nicht billiger ist. (*v. Halle:* „Amerika". S. 306. — *Schott:* „Die Verkehrswege der transozeanischen Segelschiffahrt". S. 276.)

Unterschiede: Abgesehen von der Lorenzmündung ist am frühesten und besten mit Feuern besetzt die Küste Neuschottlands am offenen Ozean, daran anschliessend die Küste der Neuenglandstaaten und die der grossen Buchten südlich davon, als die Strecke, welche noch ebenso günstig wie Neuschottland gelegen ist, ebenso gute Häfen, aber ausserdem noch die beste Verbindung ins Hinterland des Westens hat. Im Lorenzgolf ist nur die Westseite, wo an vorzüglichen Buchten, wie die Chaleur- und die Miramichi-Bucht, mehrere gute Häfen Neubraunschweigs liegen, dichter befeuert, aber erst seit 1880.

4. Klima. Das Klima Nordamerikas ist ein ausgesprochen festländisches. Über dem stark durchwärmten Atlantischen Ozean lagert im Winter ein Gebiet geringen, über dem kalten nordamerikanischen Festland ein Gebiet hohen Luftdrucks. Daraus folgen für Nordamerika vorwiegend eisig kalte, trockene Nordwestwinde, für das atlantische Europa warme, feuchte Südwestwinde. Im Sommer tritt der umgekehrte Fall ein, nur dass über dem erhitzten Nordamerika das Gebiet geringen Druckes weniger scharf ausgeprägt ist. Daraus ergeben sich für Nordamerika südlich Kap Hatteras feuchte Südostwinde, die aber nördlich davon mehr und mehr nach Südwest drehen, also der Küste parallel wehen, für Europa dagegen wiederum[1]) vorwiegend Südwest- und Westwinde. Der mässigende, ausgleichende Einfluss der Winde vom Atlantischen Ozean, die das Klima des atlantischen Europas zu einem ausgesprochen ozeanischen machen, kommt also Nordamerika nur im Sommer, und dann auch nur in Carolina, Georgia, Florida zugute. Deshalb unterscheidet sich das Klima der atlantischen Küsten Nordamerikas kaum von dem festländischen des weiten Innern. Eine Ausnahme bildet Florida, das ein ziemlich gemässigtes Klima geniesst; auch die grossen Seen wirken auf das Klima des Gebiets östlich und südöstlich von ihnen mässigend ein.[2]) Dazu kommt die horizontale und vertikale Gestaltung des Festlandes. Vom Norden her dringt die kalte Hudson-Bucht, der „Eiskeller" Nordamerikas, mitten in der Landmasse weit nach Süden vor; von Süden kommt dieser gewaltigen kalten Wassermasse der heisse Golf von Mexiko entgegen. Durch die hohen, breiten Gebirgsmassen des Westens werden die Einflüsse des Grossen Ozeans auf einen schmalen pazifischen Küstenstreifen beschränkt. Im Osten aber vermögen die niedrigen Appalachen dem atlantischen Vorland keinen wirksamen Schutz gegen die Nordwestwinde zu

[1]) *Hann:* „Handb. d. Klimatologie". I. S. 171 f. — Segelhandb. f. d. Atl. Ozean. Windtafeln S. 52/53. — Bartholomew's Physical Atlas. Meteorology. Plate 12 und 14.

[2]) *Hann* a. a. O. II, 2. S. 272/273.

gewähren, und eine Gebirgsschranke zwischen dem kalten Norden und dem heissen Süden ist überhaupt nicht vorhanden. Eisige Winter, heisse Sommer sind deshalb bezeichnend für Nordamerika, und da keine Gebirgsscheide vorhanden ist, gleichen sich die gewaltigen Gegensätze gewaltsam aus: Blizzards, Northers, Tornados fegen die Prärien und das Flachland des Mississippi, suchen aber auch in furchtbaren Wirbeln die Golfküste, als Hurricanes die atlantische Küste heim; „killing frosts" und „cold waves" dringen bis Florida vor.[1]) Über die Häufigkeit der Stürme und Nebel an den amerikanischen Küsten wurde das Wesentlichste bereits im allgemeinen Teil gesagt. Hier sei noch erwähnt, dass das kalte Wasser des Mississippi vor der Mündung im warmen Golf von Mexiko ebenfalls Nebel erzeugt,[2]) was auch durch das plötzliche Auftauchen von Nebelsignalstationen dort sich kennzeichnet. Ausser Sturm und Nebel ist an der Nordostküste das Eis eins der grössten Hindernisse für die Schiffahrt, weshalb die Hauptfeuer dort gleichzeitig Eissignalstationen sind, so auf St. Paul Island in der Cabot-Strasse, auf den Magdalen-Inseln, auf Belle-Isle. Eisberge treiben bis 40° NBr.[3]) Im St. Lorenz-Golf und -Strom ist die Schiffahrt vom November bis April durch Eis geschlossen, die Belle-Isle-Strasse ist von Ende November bis Mitte Juni, die Cabot-Strasse von Ende Dezember bis Mitte April, der Lorenzstrom bei Quebec von Ende November bis Ende April durchschnittlich geschlossen.[4]) Die Häfen Neufundlands, Neuschottlands und der Vereinigten Staaten bis zur Chesapeake-Bucht frieren wohl zu, wo aber die Flut eine sehr hohe ist, wie in der Fundy-Bucht, die eine Fluthöhe von 21 m hat, die höchste der Erde überhaupt, oder wo ein lebhafter Verkehr herrscht, wie in den Haupthäfen Neuschottlands und der Vereinigten Staaten, ist ein gänzlicher Schluss der Schiffahrt kaum zu befürchten. Treibeis bildet aber stets eine Gefahr, auch noch in den innersten Teilen der Chesapeake-Bucht. Die grossen Seen frieren nicht zu, wohl aber Ströme und Kanäle; wenn auch die Schnellen des St. Lorenz eine zusammenhängende Eisdecke nicht aufkommen lassen, so genügt doch eine einzige Eisstauung, um den durchgehenden Verkehr zu sperren.

5. Strömungsverhältnisse. Von den Meeresströmungen ist für die Schiffahrt der Golfstrom seit seiner Entdeckung durch

[1]) *Hann:* „Handb. der Klimatologie". II, 2. S. 281/282. — Bartholomew's Physical Atlas. Meteorology. Plate 28.

[2]) *Ratzel:* „Nordamerika". I. S. 360.

[3]) Segelhandb. f. d. Atl. Ozean. S. 35.

[4]) St. Lawrence Pilot. I. S. 7/8.

Alaminos wichtig gewesen für die Fahrt vom Golf von Mexiko und von Westindien nach dem Norden und nach Europa. Zwischen den Korallenriffen in der Floridastrasse ist er als Floridastrom von grosser Stärke und Geschwindigkeit, 2—3 Knoten,[1]) weshalb die Befeuerung dieser Riffe eine schon sehr früh empfundene Notwendigkeit war. Für die Fahrt vom Norden nach Westindien und der Golfküste wird der zwischen der Küste und dem Golfstrom nach Süden setzende Labradorstrom benutzt. Er ist bedeutend schwächer, wird deshalb leichter vom Winde beeinflusst, und läuft zudem dicht unter der Küste; deshalb ist Vorsicht sehr von nöten, vornehmlich am Kap Fear, Kap Lookout, Kap Hatteras, bei Nantucket Island und vor Neuschottland und Neufundland, von wo aus gefährliche Bänke sich weit in See erstrecken. Durch Stromversetzungen sind auf Sable Island vor Neuschottland häufig Schiffbrüche verursacht worden,[2]) weshalb die Insel schon seit langer Zeit mit 2 Feuern versehen ist. In der Belle-Isle-Strasse setzt gewöhnlich ein Strom in den Lorenzgolf, vereinigt sich südlich Anticosti mit dem Strom aus dem St. Lorenz und verlässt den Golf durch die Cabot-Strasse. Jedoch beeinflussen ihn die Gezeiten und die Winde, sodass er bisweilen in den beiden Strassen umgekehrt läuft. [3]) Die Einfahrt ist also nicht nur infolge der Stürme, der Nebel und des Eises gefahrvoll, und dem entspricht die frühzeitige Einrichtung von Hauptfeuern auf Belle-Isle, auf St. Paul und den Magdalen-Inseln. Die eigentlichen Gezeitenströme setzen über die bereits erwähnten Bänke an den Küstenvorsprüngen mit grosser Heftigkeit hinweg; im Golf von Mexiko jedoch sind Ebbe und Flut nur schwach.

6. Bau der Küsten. Ihrem Bau nach gehört die Nordküste des Lorenzgolfes dem Kanadischen Schild an, ist Gneiss, mässig hoch, doch steil, mit vorgelagerten Schären; sie ist aber nicht in so tiefe Buchten zerrissen, wie die ebenfalls mässig hohe, steile, aber aus paläozoïschen und zum Appalachischen Faltengebirge gehörenden Schichten gebildete Küste Neubraunschweigs, Neuschottlands und Neufundlands. Hier, in den drei letztgenannten Gebieten, hat das Meer die weicheren Schichten, vor allem die karbonischen Sandsteine Neubraunschweigs und Neuschottlands, in den Synklinalen herausgewaschen, während die härteren Kerngesteine der Antiklinalen als Halbinseln zwischen den tiefen Buchten stehen geblieben sind. [4]) Dazu kamen Verglet-

[1]) West India Pilot I. S. 53/54.

[2]) Sailing Directions for the South-East Coast of Nova Scotia and Bay of Fundy. S. 26.

[3]) St. Lawrence Pilot I. S. 17 f..

[4]) *Suess:* „Das Antlitz der Erde.“ II. S. 49.

scherungen, Senkungen und Brüche, wie die Fundy-Bucht einen darstellt, infolgedessen das Meer in die Täler eindrang, sodass wir heute typische Fjordküsten hier haben. Dieselben Verhältnisse herrschen am Golf von Maine, da die Neuenglandstaaten ja ebenfalls zum Appalachischen Gebirge gehören. Weniger von der Fjordbildung ergriffen, weil aus härteren archäischen und altpaläozoïschen Gesteinen bestehend, und weil ihre Falten mit der Richtung der Küste laufen, sind die Westküsten der Inseln Neufundland und Cape Breton und die Nordküste der Halbinsel Gaspé. Wie die Nordküste des Lorenzgolfes so zeigen deshalb auch diese Küstenstrecken nur wenige Hauptfeuer, im Gegensatz zu der gleichmässigen, dichten Befeuerung der übrigen Küsten dort. Dass die Zahl der Feuer, besonders der kleinen, an den Fjordküsten dieser Kolonialländer nur etwa halb so gross ist wie an der Fjordküste des alten Kulturlandes Norwegen, darf nicht überraschen. Am tiefsten schneiden ins Land ein, am geräumigsten und schon deshalb durch eine grössere Feuerzahl ausgezeichnet sind, ausser der Fundy-Bucht, die Chaleur- und die Miramichi-Bucht in Neubraunschweig, Halifax Harbour und die Mahone-Bucht in Neuschottland, die Passamaquoddy-, Penobscot-, Casco- und Boston-Bucht am Golf von Maine. Neuschottland völlig durchsetzend, mit Inseln angefüllt und als wichtige Durchfahrten gut befeuert sind Gut of Canso, Great und Little Bras d'Or. Von den grossen Inseln im Lorenzgolf ist die Prince-Edward-Insel aus weichem, triassischem Sandstein, Anticosti aus hartem, silurischem Kalk gebaut, was sich hier in einer weitgehenden Zergliederung und dichten Befeuerung, dort in einer geschlossenen Steilküste mit nur wenigen Hauptfeuern kundgiebt. Schon am Kap Cod ändert sich die Gestaltung der Küste. Die Aussenseite der Halbinseln und Inseln ist flache Dünenküste mit seichten Strandseen, nur die Innenküste ist noch felsig, mässig hoch, mit guten Naturhäfen an tiefen, fjordähnlichen, inselreichen Buchten und Sunden, wie die Narragansett- und die New-York-Bucht, der Nantucket- und der Long-Island-Sund. In diesen Buchten und Sunden ist die Befeuerung wie in den echten Fjorden eine dichte, an den äusseren Dünenküsten jedoch stehen nur wenige, weitleuchtende Warnungsfeuer. Am rechten Ufer des Hudson beginnt das Tiefland, immer breiter wird die Coastal Plain, sodass die Delaware- und die Chesapeake-Bucht auch weit im Innern von ganz flachem oder doch nur niedrig-hügeligem Land umsäumt werden, während die Dünenketten der Aussenküste immer geschlossener werden. Bis hinein nach Mexiko bleibt die Küste durchweg flach, meist mit Dünen besetzt, aus tertiären Schichten oder meist noch jüngerem Schwemmland bestehend, mit Zeichen säkularer Schwankungen. Durch den Mangel guter Naturhäfen und natürlicher Landmarken und durch viele Untiefen ist sie für den Verkehr im allgemeinen nicht günstig sondern gefährlich. Auf weite Strecken, wo mehr oder weniger geschlossene Dünenketten die Küste säumen, also namentlich zwischen New-York-, Delaware- und Chesapeake-Bucht, um Kap Hatteras, an der Ostküste Floridas und westlich der Mississippimündung, ist sie deshalb nur mit wenigen, weitleuchtenden Warnungsfeuern besetzt oder überhaupt nicht beleuchtet. Wo aber Flüsse in langem, engem und gewundenem Laufe münden, oder wo Buchten liegen mit ebensolchem Fahrwasser zwischen Sänden und Untiefen, da schnellt die Zahl der Feuer, namentlich der kleinen, plötzlich hoch empor. Die Feuerzahl ist in den Buchten umso grösser, wenn sich an diese noch lange, schiffbare Flussläufe anschliessen, wie in der Delaware- und der Chesapeake-Bucht, die nur ertränkte untere Stromtäler sind; auch der untere, ertränkte Lauf des Hudson ist als „mud gully" bis etwa 100 engl. Meilen vom Sandy-Hook-Feuerschiff zu verfolgen.[1]) Die Chesapeake-Bucht ist mit 320 km die längste Bucht, infolge der Einmündung des Susquehannah, Potomac, Rappahannock, York und James auch die gegliedertste, und weist deshalb 112 Feuer auf, die höchste Zahl, auch an Hauptfeuern, in Amerika überhaupt. An der Golfküste zeichnen sich durch grössere Leuchtfeuerdichten aus: die Tampa-, die Apalachicola-, die Pensacola-, die Mobile-, die Atchafalaya- und die Galveston-Bucht. Mit der Änderung der Küstengestalt hängt es auch zusammen, dass südlich Kap Cod die Zahl der Feuerschiffe bedeutend zunimmt. An der gesamten Nordostküste mit ihrem felsigen Absturz zu meist grösseren Tiefen konnten Feuerschiffe nur selten verankert werden, wohl aber auf den Sand- und Schlammgründen der seichten Buchten südlich Kap Cod und auf den von den Küstenvorsprüngen aus sich oft weit in See erstreckenden gefährlichen Bänken. So liegen Feuerschiffe aus im Nantucket-, Vineyard- und Long-Island-Sund, in der New-York-, Delaware- und Chesapeake-Bucht, auf den Nantucket Shoals, der Five Fathom Bank, den Fenwick, Winterquarter und Frying Pan Shoals. Einige Küstenabschnitte sind noch besonders hervorzuheben. Schon die Apalachicola-, die Pensacola-, die Galveston-Bucht waren echte Haffbildungen mit langen, schmalen, dünenbesetzten Nehrungen vor weiten, brackigen Haffseen. In grösserer Ausdehnung finden wir Haffküsten am Kap Hatteras, hinter dem der Currituck-, Albemarle- und

[1]) Sailing Directions for the East Coast of the United States. S. 488/489.

Pamlico-Sund sich ausdehnen, nur durch seichte, oft von Sturmfluten verstopfte oder neu aufgerissene Inlets zugänglich und deshalb nur von Küstenfahrern belebt. Ferner sind die Mobile-Bucht mit dem Mississippi- und Chandeleur-Sund grosse Haffe, wenn auch hier die Nehrungen noch nicht so geschlossen sind. Hier herrscht ebenfalls ein reger örtlicher Verkehr, und dem entspricht eine ziemlich dichte Befeuerung durch viele kleine Feuer, wie auch im Currituck-, Albemarle- und Pamlico-Sund. Der Mississippi selbst hat durch Absatz seiner gewaltigen Sinkstoffmassen seine Mündung fingerartig immer weiter hinausgeschoben. Während die Tiefe unterhalb New Orleans' bis 30 m betrug, verschlammten die Mündungsarme, die „Passes", immer mehr. 1875 dämmte Ingenieur Eads deshalb den Südpass ein, und 1876 war durch die so verstärkte Strömung die Einfahrt von 2,5 auf 6 m vertieft.[1]) Heute können die grössten Schiffe nach einer allerdings etwa 150 km langen, deshalb durch 31 Feuer bezeichneten Fahrt New Orleans erreichen. Die Küste von der Winyah-Bucht in Süd-Carolina bis zum St. Johnsfluss in Florida ist dadurch vor der übrigen Schwemmlandküste ausgezeichnet, dass hier der Küstenstrom infolge der stark zurückgezogenen Lage dieser Küstenstrecke zwar die zahllosen „Sea Islands" an der Aussenseite noch glatt schwemmen, nicht aber die Flüsse ablenken und durch lange Nehrungen abschliessen konnte, wie in Nord-Carolina und Florida namentlich den Kap-Fear- und den St. Johnsfluss.[2]) Diese Küstenstrecke weist deshalb mehrere, für grosse Schiffe zugängliche Flusshäfen, wie Georgetown, Charleston, Savannah, Brunswick, Jacksonville auf, und dementsprechend auch eine dichtere Befeuerung, zumal die Einfahrten über die Mündungsbarren und zwischen den Bänken im Flusse hindurch sehr schwierig sind. Dass die durch die Inseln vielfach verzweigten Flussläufe ein Binnenfahrwasser bilden, wurde schon erwähnt; einige Feuer kommen auf dessen Rechnung. Schliesslich ist noch die von Korallenriffen gesäumte Südküste Floridas zu betrachten. Die Riffe erstrecken sich in langer Kette von Kap Florida bis zu den Tortugas Keys, nahezu 200 km westlich Kap Sable, und sind infolge der heftigen Strömung dort besonders gefährlich,[3]) deshalb in ihrer ganzen Ausdehnung mit Hauptfeuern besetzt. 5 Feuer entfallen dabei auf die stark befestigte

---

[1]) *Ratzel:* „Nordamerika". II. S. 402.

[2]) *Weidemüller:* „Die Schwemmlandküsten der Ver. Staaten v. Nordamerika". S. 30.

[3]) *Andree:* „Geographie des Welthandels". I. S. 328. — *Schott:* „Die Verkehrswege der transozeanischen Segelschiffahrt". S. 277.

Flotten- und Kabelstation Key West. Zwischen den Riffen und der Mangroveküste Floridas führt ein seichtes Küstenfahrwasser[1]) hindurch, ebenfalls durch einige kleine Feuer bezeichnet.

7. Bevölkerung und Wirtschaft. Bei der Würdigung des Einflusses kultureller Verhältnisse ist zunächst auch hier festzustellen, dass die Gebiete der ältesten und höchsten Kultur und der dichtesten Bevölkerung auch die dichtest befeuerten Küsten besitzen. Die schnelle Entwicklung des Leuchtfeuerwesens in Nordamerika, wie sie im historischen Teil dieser Arbeit geschildert wurde, entsprach dem Volkscharakter der Amerikaner: Wie sie mit Tatkraft und kühnem Unternehmungsgeist, nur mit den gerade notwendigen Mitteln in kurzer Zeit die grossen Verkehrsaufgaben in ihrem weiten Lande gelöst haben, so haben sie auch in kurzer Zeit ihr gesamtes, gewaltiges Küstengebiet befeuert, wenn auch natürlich die durchschnittliche Feuerdichte hinter der Europas zurücksteht, weil einzelne Küstenstrecken, entsprechend der noch unentwickelten Kultur des Hinterlandes, nur spärlich oder gar nicht beleuchtet zu sein brauchen. Im Gegensatz zu den Grossmächten Europas ist es für die Vereinigten Staaten bezeichnend, dass sowohl die Landwirtschaft als auch die Industrie grosse Massen Ausfuhrgüter liefert, sodass sich die Vereinigten Staaten seit 1875, mit einem Rückschlag um 1890, immer stärker zu einem Lande aktiver Bilanz entwickelt haben.[2])

---

[1]) West India Pilot. II. S. 622.

[2]) Statesman's Yearbook 1906. Plate 1. Im Fiskaljahr 1904/05 wurden ausgeführt für 882 985 783 $ Erzeugnisse der Land- und Forstwirtschaft, für 594 576 027 $ Fabrikate und Bergbauerzeugnisse. Die Ausfuhr und die Fähigkeit des Wettbewerbs der amerikanischen Landwirtschaft gegenüber der europäischen ist so gross, weil sie bei dem Überfluss anbaufähigen Bodens und dem verhältnismässig geringen Bedarf des viel dünner besiedelten Inlands sich viel besser den jeweiligen Weltmarktverhältnissen anpassen kann. (*v. Halle*: „Amerika". S. 189 f.). Die amerikanische Industrie hat sich dieselbe Anpassungsfähigkeit durch die Bildung der gewaltigen Trusts erworben, welche unter hohen Schutzzöllen die Preise im Inland hochhalten und dadurch im Ausland die Preise unterbieten und umso stärker ausführen können. (*v. Halle* a. a. O. S. 258.) Beeinträchtigt wird die Selbständigkeit und freie Entwicklung der amerikanischen Wirtschaft durch den Mangel einer grossen amerikanischen Handelsflotte. Ehemals von gewaltigem Umfang ist sie infolge des Übergangs vom Segelschiff zum Dampfschiff und infolge des Bürgerkrieges stark zurückgegangen. Erst seit einigen Jahren hat man durch Ankauf und Vereinigung mehrerer bestehender britischer und amerikanischer Dampferlinien, durch die Gründung der „International Mercantile Marine Company", des sogenannten „Morgan-Trusts", hierin Wandel zu schaffen versucht. („Die amerikanische Handelsmarine und der Morgan-Trust". Nauticus 1903. Auch *Wiedenfeld* a. a. O. S. 252 f.)

Ganz abgesehen von dem Lande des Felsengebirges und der pazifischen Küste ist Nordamerika infolge seiner Erstreckung durch fast alle Klimazonen und der Weite seines Flachlandes für den Anbau nahezu aller Getreidearten und sonstigen Nutzpflanzen geeignet. Für den Aussenhandel am wichtigsten ist die Baumwolle, die jetzt in einem Staatengürtel von Nord-Carolina bis Texas angebaut wird, in den feinsten Sorten auf den Sea Islands, in den grössten Mengen aber in Texas. Tabak wird in Ohio, Kentucky, Tennessee, Nord-Carolina, Virginien, Maryland gebaut, die besten Sorten am Connecticut und Susquehannah.[1]) Unter den Getreidearten steht allen voran Mais, in allen Südstaaten, besonders auch am unteren Missouri und mittleren Mississippi wird er geerntet. Nächst dem wird Weizen gebaut, in den Staaten am Missouri ausser Montana, in den Staaten zwischen Ohio und Mississippi, am Delaware und Susquehannah; in Kanada vor allem am Red River und Saskatchewan. Neben Weizen erzielen Kanada und die Neuenglandstaaten auch guten Hafer, wo feuchtes, kühles Klima herrscht. Reis und Zuckerrohr gedeihen am besten in den heissen, sumpfigen Niederungen der Golf- und atlantischen Küste. Südfrüchte liefert besonders Florida, Obst das milde Gebiet im Südosten der grossen Seen und das Hügelland um die Süd-Appalachen, Gemüse die süd- und mittelatlantischen Staaten. In der Viehzucht lassen sich drei grosse Gebiete unterscheiden: Die Nordoststaaten und die kanadischen Provinzen Quebec, Ontario mit Milchwirtschaft und Fleischschafzucht zur Versorgung der dichten Industriebevölkerung dort; die Maisländer am mittleren Mississippi und unteren Missouri mit grossartiger Rinder- und Schweinemast, deren Erzeugnisse vornehmlich zur Ausfuhr bestimmt sind; endlich die Prärien und die Weststaaten mit Herdenzucht von Schafen, Rindern und Pferden. Die Wollschafzucht ist auch in Tennesee und Kentucky bedeutend. Holz wird vor allem in Kanada, an den grossen Seen, in den Nord-Appalachen und den Alleghanies, in Georgia, Florida, Alabama, Arkansas geschlagen. An den Holzschlag knüpft sich fast überall eine blühende Holz- und Papierindustrie, die namentlich die Wasserkräfte der Wald- und Gebirgsflüsse ausnützt. In erster Linie gründet sich jedoch die Industrie auf die Kohlen- und Erzschätze, an denen Nordamerika so reich ist.[2]) Das Hauptkohlengebiet,

[1]) Statesman's Yearbook 1906. Plate 2.

[2]) Es erzeugten 1904:

Kanada	6 813 000	metrische Tonnen	Kohlen.
Vereinigte Staaten	319 611 000	„ „	
Grossbritannien und Irland	236 158 000	„ „	
Deutschland	169 451 000	„ „	

welches die besten Kohlen und gleichzeitig bei weitem den grössten Teil der gesamten Förderung der Vereinigten Staaten liefert, zieht sich von Pennsylvanien längs der Westseite der Appalachen bis nach Alabama hin; berühmt sind die Anthrazitlager am Susquehannah, Schuylkill und Lehigh. Daran schliessen sich an das Illinois- und Missouribecken, etwa ebenso gross wie das erste; ferner das Michigan-, das Texas-Kohlenfeld, und schliesslich die Hauptkohlengebiete Kanadas, die Felder in Neubraunschweig und Neuschottland, nämlich im Innern der Fundy-Bucht und auf Cape Breton. Die ergiebigsten Eisenerzgruben liegen am Oberen See, wo auch die reichsten Kupferfunde gemacht worden sind: bis 15 000 Zentner schwere gediegene Massen auf der Halbinsel Kewenaw.[1]) Dann aber kommen reiche Eisenerze auch in Alabama um Birmingham und Bessemer vor, wie überhaupt in den archäischen und paläozoïschen Schichten der Appalachen, vereint mit Kohlen und anderen Erzen; so besonders in Neuschottland an der Fundy-Bucht und auf Neufundland an der Conception- und der Notre-Dame-Bucht. In der St. George-Bucht auf Neufundland werden übrigens auch Kohlen abgebaut. Einen für die eigene Wirtschaft Nordamerikas wie für den Welthandel nicht minder wertvollen Bodenschatz stellt das Petroleum dar, das vornehmlich in Pennsylvanien und im Lima-Indiana-Bezirk, auch in Ontario gefördert wird. Schliesslich sind die südatlantischen Staaten noch reiche Fundstätten der für die Landwirtschaft wichtigen Phosphate. Die Industrie konnte sich also am besten entwickeln: in den Vereinigten Staaten in den atlantischen Staaten von Maine bis Maryland und in einem Gebiet, das im Süden begrenzt ist etwa von Ohio, Mississippi, Des-Moines, im Norden durch die Seen;[2]) in Kanada aber auf der Ontariohalbinsel. Denn diese Gebiete wurden mit am frühesten kolonisiert, hier harrten reichste Kohlen-, Petroleum- und Erzlager der Ausbeutung, hier standen starke Wasserkräfte zur Verfügung, wo Kohlen nicht unmittelbar zur Hand waren.[3]) Heute übertrifft die Eisenindustrie der Vereinigten Staaten die Deutschlands und Gross-

---

Kanada	275 000	metrische Tonnen	Roheisen.
Vereinigte Staaten	16 762 000	„ „	
Grossbritannien und Irland	8 833 000	„ „	
Deutschland und Luxemburg	10 058 000	„ „	

(Statist. Jahrb. f. d. Deutsche Reich 1906.)

[1]) *Credner:* „Elemente der Geologie". S. 390/391.

[2]) *v. Halle:* „Amerika". S. 200/201. — Statesman's Yearbook 1906. Plate 2.

[3]) Von den Niagarafällen waren 1903: 60000 HP, von den Anthonyfällen des Mississippi 1900: 7500 HP ausgenutzt.

britanniens.[1]) Hauptsitz derselben ist Pennsylvanien, besonders Pittsburgh-Allegheny. Sehr frühzeitig hat sich auch die Baumwollindustrie in Amerika entwickelt; ihr Hauptsitz sind die Neuenglandstaaten, vorzüglich Massachusetts, wo auch die Woll- und die Lederindustrie am höchsten entwickelt sind, sodass für die letztere eine starke Einfuhr ausländischer Häute nötig ist. Neben der Baumwollindustrie ist für Amerika besonders noch bezeichnend die grossartige Fleisch- und Mühlenindustrie, deren Hauptsitze im Mais- und Weizengebiet liegen, nämlich in Chicago und Minneapolis, welches letztere die Wasserkräfte der Anthonyfälle für seine Mühlen ausnutzt. Neben diesen beiden steht als dritte grosse Lebensmittelindustrie die der Obst- und Gemüsekonserven in den südlichen atlantischen Staaten und im Südosten der grossen Seen.

8. Die einzelnen Häfen und ihr Hinterland. Für den Schiffsverkehr Nordamerikas ist zunächst grundlegend die Tatsache, dass der Aussenhandel fast ausschliesslich Seehandel ist. Denn allein von den 2636 Millionen Dollar, die der Aussenhandel der Vereinigten Staaten 1904/05 betrug, kamen 2148 Millionen Dollar auf den Handel mit Europa, Südamerika, Asien, Ozeanien und Afrika. Nach den wirtschaftlichen Verhältnissen des Hinterlandes ergibt sich dann für die Häfen Nordamerikas eine scharfe Zweiteilung: von der Lorenzmündung bis zur Chesapeake-Bucht die Häfen des industriellen Nordens mit riesigem Verkehr und dementsprechend hohen Leuchtfeuerzahlen; von da bis Galveston die Häfen des landbebauenden Südens mit im Durchschnitt viel geringerem Verkehr und viel niedrigeren Leuchtfeuerzahlen. Das starke Überwiegen des industriellen Nordens in Verkehr und Leuchtfeuern wird auch dadurch erklärlich, dass die Industrie ununterbrochen hochwertige Ausfuhrgüter schafft, deshalb regelmässige und häufige Schiffsverbindungen fordert aber auch lohnt. Dagegen hat der Süden nur zur Zeit der Ernten riesige Massen zu versenden, lohnt also am besten nur die freie Segelschiffahrt.[2]) Am höchsten schwillt der Verkehrsstrom und mit ihm die Feuerdichte natürlich an derjenigen Küste an, welche die beste Meereslage hat, also an der europanahen Nordostküste, da Europa mit 1562 Millionen Dollar von 2636 Millionen bei weitem den grössten Anteil am Aussenhandel der Vereinigten Staaten hat. Dass die Zweiteilung der Küste nach wirtschaftlichen Gesichtspunkten mit der

[1]) Statesman's Yearbook 1906. Plate 1. — *v. Halle:* „Amerika". Tabellen 3 u. 4 auf S. 220 u. 222.

[2]) *Wiedenfeld* a. a. O. S. 179/180. — *Schott:* „Die Verkehrswege der transozeanischen Segelschiffahrt". S. 275.

nach morphologischen annähernd zusammenfällt, erhöht natürlich noch den Gegensatz zwischen beiden Teilen. Im einzelnen ergeben sich nach den wirtschaftlichen Verhältnissen für die Häfen Neufundlands und Neuschottlands Erze, Kohlen und Holz als Ausfuhrgüter; ausserdem wird hier der Seeverkehr in ausserordentlichem Masse gehoben durch die berühmte internationale Seefischerei auf den grossen Bänken und in den Küstengewässern, die jährlich ganze Flotten englischer, französischer und amerikanischer Fischerfahrzeuge an diese Küste führt. Auf Neufundland ist der wichtigste Hafen St. Johns, auf Neuschottland Halifax. Halifax ist Endpunkt der Canadian Pacific R. R., da diese als Intercolonial Railway von Montreal-Quebec über Truro bis hierher vorgeführt worden ist; es ist deshalb, solange der Lorenzstrom durch Eis geschlossen ist, der erste Ausfuhrhafen Kanadas, ausserdem stark befestigte Flottenstation. Durch regen Verkehr und grössere Leuchtfeuerzahlen zeichnen sich noch aus Sydney und die Häfen der Fundy-Bucht mit grosser Kohlen- und Erzausfuhr. Die verhältnismässig dicht befeuerte Prince-Edward-Insel führt vornehmlich landwirtschaftliche Erzeugnisse aus, die auf ihrem Triasboden gut gedeihen. Über Quebec-Montreal strömen grosse Massen Getreide, Holz und Erze aus dem Seengebiet. Dass die Lorenzmündung im Vergleich zur Elbmündung, die doch bedeutend geringere Ausdehnung hat, nur wenig Feuer aufweist, wird, abgesehen vom viel geringeren Verkehr, auch dadurch erklärt, dass das Bett des Lorenzstromes als ein tiefer Graben mit steilen, felsigen Rändern[1]) viel weniger Bänke und Untiefen zeigt, als das der unteren Elbe, die ihren Weg durch schlammiges, sandiges Tiefland bahnen muss. In die Bedienung des riesigen Industrielandes der Vereinigten Staaten teilen sich neben den vielen kleinen und mittleren Häfen der nordatlantischen Küste wie Portland, Providence, Newport-News, Norfolk, Portsmouth, in erster Linie New York, dann Boston, Philadelphia, Baltimore. New York ist dank seiner Lage nahezu in der Mitte der atlantischen Küste Nordamerikas, an einer vorzüglich geschützten, den grössten Schiffen leicht zugänglichen Bucht, am Hudson, der die günstigste Verbindung ins Hinterland darstellt, noch immer der erste Hafen Nordamerikas überhaupt, mit den vielseitigsten unmittelbaren Schiffsverbindungen nach allen Teilen der Welt und einem Auslandsverkehr von mehr als 17 000 000 Registertonnen. Als erster Umschlagsplatz Nordamerikas zählt es nahezu alle Erzeugnisse und Bedürfnisse des Landes unter seine Aus- und Einfuhrgüter.

[1]) *Suess:* „Das Antlitz der Erde". II. S. 48/49 mit Skizze.

Ausgeführt wird vornehmlich Baumwolle, Petroleum, Fleisch, Tabak, Getreide, eingeführt Zucker, Wein. Boston, heute mit einem Auslandsverkehr von über $4^1/_2$ Millionen Registertonnen der zweite Hafen Nordamerikas, war ehemals bedeutender als New York, dank seiner europanäheren Lage und seiner Bedeutung als politischer und geistiger Mittelpunkt des britischen Amerika im 18. Jahrhundert. Als Sitz der Harvard-Universität, der ältesten und berühmtesten des Landes, ist seine geistige Bedeutung auch heute noch sehr hoch; aber in wirtschaftlicher und politischer Beziehung ist es von New York weit überflügelt worden, indem dieses erst nach dem Unabhängigkeitskriege die ganze Gunst seiner Verkehrslage ausnutzen konnte. Bostons Warenverkehr ist im allgemeinen dem New Yorks ähnlich; mit Liverpool und Antwerpen sind seine Handelsbeziehungen besonders lebhaft. Philadelphia ist infolge grösserer Sand- und Schlammanhäufungen des Delaware weniger leicht zugänglich als New York und Boston; es führt in erster Linie die Erzeugnisse seines unmittelbaren Hinterlandes aus: Petroleum und Kohlen. Neben diesen selben Gütern kommen in Baltimore noch grosse Mengen Tabak aus Virginien und Nord-Carolina zur Einschiffung, sowie Güter des Westens, da es diesem von den genannten Welthäfen am nächsten liegt. Jedoch verteilen sich die riesigen Getreide-, Fleisch- und Holzmassen des Westens, für welche Chicago der erste Markt der Erde ist, und die vornehmlich auf den Seen, Flüssen und Kanälen befördert werden, auf fast alle Häfen der Nordostküste, zugleich mit dem Obst und den Konserven aus den atlantischen Staaten.[1]) Da in den Küstenbezirken selbst riesige Bevölkerungsmassen mit den vielseitigsten Bedürfnissen sich zusammendrängen,[2]) die grossen Häfen selbst auch Hauptsitze von Industrie und Handel sind, ist ihr Schiffsverkehr umso grösser und umso sicherer gegründet. Ferner herrscht längs dieser ganzen Küste, durch deren Sunde, Buchten und Küstenkanäle begünstigt, ein äusserst lebhafter Küstenverkehr, sowohl zwischen den einzelnen Häfen, als auch nach denen Kanadas und der Golfküste. Im Golf von Maine, im Long-Island-Sund und in der Chesapeake-Bucht wird schliesslich noch bedeutende Fischerei betrieben, besonders auf Austern. Nach Süden reihen sich an die Häfen Carolinas,

[1]) Getreide wird viel von Seglern befördert; dagegen sind für Petroleum seit 1888 besondere „Tankdampfer“ eingestellt worden, die sich noch billiger stellen als Segler. (*Schott:* „Die Verkehrswege der transozeanischen Segelschiffahrt“. S. 270/271.)

[2]) Einwohner 1900:

New York-Brooklyn	$3^1/_2$ Millonen.
Philadelphia	1,3 „
Boston und Baltimore	je $^1/_2$ Million.

Georgias, Floridas: Wilmington, Charleston, Beaufort S. C., Brunswick, Fernandina-Jacksonville, als bedeutendster Savannah. Die mannigfaltigen Industriefabrikate treten in der Ausfuhr zurück, verdrängt von den Rohstoffen des Südens und den Erzeugnissen des Landbaues dort: in erster Linie Baumwolle, ist doch Savannah der dritte Baumwollhafen Nordamerikas; dann Terpentin, Pech, Holz der Terpentinkiefer, die in den Wäldern hier gut gedeiht; Phosphat, Tabak, schliesslich Südfrüchte und Frühgemüse. Auf diese, durch ihre Leuchtfeuerdichte scharf hervortretende Hafenreihe folgen, durch weite Strecken spärlicher Befeuerung oder Lücken derselben getrennt, Key West an der Südspitze Floridas, lebhaften Verkehr mit Westindien unterhaltend und Mittelpunkt der Schwammfischerei an den Korallenriffen, dann Tampa mit grosser Tabakindustrie und regem Verkehr mit Kuba. Der Verkehr aller genannten Häfen des Südens wird aber weit übertroffen von dem der inneren Golfhäfen, denn diese sind die gegebenen Pforten des Mississippiflachlandes. Über Galveston und New Orleans werden die grössten Baumwollmassen verschifft, ausserdem auch über Mobile und Pensacola, aber in geringerem Masse. In den letzteren kommt vornehmlich Holz und Terpentin aus Alabama und Arkansas zur Ausfuhr. Reis und Rohrzucker wird ebenfalls über die Golfküste ausgeführt. Durch den Mississippi dehnen sich die Hinterlandsbeziehungen New Orleans' aber bis tief in das Mais- und Weizengebiet aus, sodass es auch grosse Mengen Getreide und Fleisch, auch viel Vieh aus den Prärien an sich zieht und mit über 3,3 Millionen Registertonnen Auslandsverkehr zum ersten Hafen des Südens wird. Der Verkehr der Golfhäfen wird noch bedeutend steigen, je mehr die Kohlen- und Petroleumschätze in Texas ausgebeutet werden, und damit auch Industrie im Süden Fuss fasst, wie es schon jetzt die Baumwoll- und Zuckerindustrie getan hat, hier im Anbaugebiet selbst.

XII. Die Küsten des Mittel- und Südatlantischen Ozeans.

Schon auf der Pyrenäenhalbinsel war die durchschnittliche Leuchtfeuerdichte eine geringe, jedoch immer noch über 4 bezw. 6. Nirgends im Mittel- und Südatlantischen Ozean ist sie grösser als 3, am höchsten noch, etwa 2, in Britisch-Honduras und auf einigen gut angebauten Inseln Westindiens. Die selbständigen Inseln des Nordatlantischen Ozeans erreichen noch nicht mal diese Dichte. Wo überhaupt eine Küstenbeleuchtung stattgefunden hat, brennen an der Einfahrt der wichtigeren Häfen 1—2 Feuer, oder auf wichtigen Landvorsprüngen oder vorgelagerten Inseln. Selbst die Haupthäfen wie Havana, Rio de Janeiro, Buenos Aires, Kapstadt besitzen selten mehr als 5 Feuer. Die Ursachen dieser spärlichen Befeuerung im Mittel- und Südatlantischen Ozean wurden schon in den allgemeinen Ausführungen erörtert. Jedenfalls ist sie noch zu wenig entwickelt, als dass man, wie an den europäischen und nordamerikanischen Küsten, im einzelnen die Wirkung der verschiedenen physischen und kulturellen Verhältnisse verfolgen könnte.

c. **Schlussbetrachtung.**

Am Schluss der Betrachtung der geographischen Verbreitung und Dichte der Leuchtfeuer ergibt sich, dass zunächst überall der Umfang des Seeverkehrs entscheidend ist für die Errichtung von Leuchtfeuern. Erst nachdem der Verkehr einen grösseren oder auch sehr grossen Umfang angenommen hat, wird die Befeuerung dichter, und es lassen sich die Wirkungen auch anderer Faktoren erkennen. Diese sind einmal naturgegebene, physische, im Grunde mehr oder weniger unveränderliche, nämlich Lage, Zugänglichkeit, Hinterlandsverbindungen, Klima und Küstenbau, dann aber auch kulturelle, entwicklungsfähige, deshalb weniger beständige, aber in ihrer Wirkung wieder mannigfaltigere, nämlich Bevölkerungs-, wirtschaftliche und politische Verhältnisse. Die kulturellen Faktoren des Hinterlandes können zwar so mächtig werden, dass sie die physischen Verhältnisse der Küste, z. B. ungünstige Lage oder geringe Zugänglichkeit, in ihrer Wirkung stark beeinträchtigen, sie können sie aber nie völlig ausschalten; im Gegenteil kennzeichnen sich z. B. zahlreiche vorhandene natürliche Gefahren erst an der Küste eines Vollkulturlandes durch eine dichte Befeuerung. In jedem Falle aber darf die Dichte und der Zustand der Befeuerung einer Küste als ein ziemlich empfindlicher und zuverlässiger Gradmesser für die Höhe der Wirtschaft und der Kultur in dem betreffenden Hinterlande angesehen werden.

E. Erläuterungen zu den Tabellen und zur Karte.

Als Grundlagen für die Statistik der Leuchtfeuer dienten die vom Deutschen Reichs-Marine-Amt herausgegebenen Verzeichnisse der Leuchtfeuer und Schallsignale aller Meere aus den Jahren 1875/77,[1]) 1880, 1890, 1904; für 1860 wurde das in ministeriellem Auftrage von Domke und Engel herausgegebene Leuchtfeuerverzeichnis benutzt. Nebenfeuer, die mit dem Hauptfeuer im Verzeichnis unter einer laufenden Nummer angeführt sind, wurden nicht besonders gezählt, da sie meist in demselben Turme liegen und vom Hauptfeuer aus gespeist werden.[2]) Als „im Bau" bezeichnete Feuer wurden ebenfalls nicht berücksichtigt, ebenso solche nicht, die nur beim Versagen anderer angezündet werden.[3]) Schliesslich wurden auch in ihrem Vorhandensein als „fraglich" bezeichnete Feuer nicht gezählt.[4]) Dass zuweilen die Zahl der Leuchtfeuer von mindestens 10 Sm Sichtweite in den Tabellen sinkt gegen früher, ist auch darauf zurückzuführen, dass in wenig geordneten Staaten die Feuer nicht leisten, was sie nach den amtlichen Angaben der betreffenden Staaten sollen, oder dass die Feuer infolge mangelhaften Unterhalts ihre ursprüngliche Leistungsfähigkeit verloren haben; die Angabe über die Sichtweite ist dann auf Meldungen der Kapitäne in den Verzeichnissen geändert worden. Um die Verteilung der Leuchtfeuer an der Küste festzustellen, musste zunächst eine geschlossene Küstenlinie konstruiert werden. Da dem Seemanne eine ausreichend befeuerte Küste im allgemeinen in 10 Sm Abstand als eine durch Feuer in ihren Hauptpunkten bezeichnete Linie erscheinen soll, wurde die im Abstand von 10 Sm längs der Küste verlaufende Linie als Küstenlinie zu Grunde gelegt. Der Abstand wurde dabei von den äussersten der Küste vorgelagerten Inseln und Klippen gerechnet; jedoch wurden diejenigen ausgeschlossen, die ohne Zwischenglieder vereinzelt weiter als 10 Sm vom Festlande ablagen, z. B. Helgoland und Roche Bonne. Natürlich wurden Inseln, deren Bedeutung eine abgesonderte Behandlung rechtfertigte, ebenfalls ausgeschlossen; so wurden von den Dänischen Inseln Seeland, Moen, Falster, Laaland und dann wieder Fünen, Ärö, Langeland zu zwei Gruppen zusammengefasst und als zwei geschlossene Gebiete behandelt, getrennt vom Festland und von einander durch Sund, Grossen und Kleinen Belt. Andererseits wurden Küsteneinschnitte, deren Eingang enger als 20 Sm war,

[1]) Dies waren die ältesten vom Reichs-Marine-Amt herausgegebenen Verzeichnisse, die zur Verfügung standen.

[2]) Verzeichnis der Leuchtfeuer 1904. Tit. IV; No. 573.

[3]) Verzeichnis der Leuchtfeuer 1904. Tit. VI; No. 2346a, 2347a, 2349, 2350a.

[4]) Verzeichnis der Leuchtfeuer 1904. Tit. VII; No. 552.

ebenfalls nicht in die Küstenlänge einbezogen, weite Buchten und Trichtermündungen nur soweit, bis sich die beiderseitigen Linien von 10 Sm Abstand vom Ufer schnitten. Auf diese Weise war es möglich, Willkürlichkeiten in der Einbeziehung von Inseln oder Buchten bei der Bestimmung der Küstenlänge zu vermeiden; vor allem aber wurde die für die eigentlichen Seeleuchten, für die Feuer von mindestens 10 Sm Sichtweite, tatsächlich in Betracht kommende Küstenlänge zu Grunde gelegt. Um ein möglichst getreues Bild der Leuchtfeuerverteilung zu erhalten, wurden dann auf der erhaltenen Küstenlinie als Längeneinheit Strecken von 30 Sm abgetragen, und für jede derselben die Zahl der Feuer bestimmt. Um aber den Massstab der Karte nicht allzugross werden zu lassen, wurden auf dieser stets 5 Einheiten von 30 Sm zu einer grösseren Einheit von 150 Sm zusammengefasst, und auf Grund dieser grösseren Längeneinheit eine Skala der Leuchtfeuer aufgestellt. Wo die Natur der Küste eine Trennung in Längeneinheiten von 30 Sm nicht erlaubte, wurden auch in den Tabellen 2 oder mehrere dieser kleineren Einheiten zu einem einzigen Abschnitt zusammengefasst, für den dann die Leuchtfeuerdichte bestimmt wurde; so umfasst die Themsemündung 2 Einheiten, die französische Kanalküste von Kap de la Hague bis Tréguier 4 Einheiten. Wenn irgend möglich wurde jedoch eine solche Zusammenfassung vermieden, weil dabei eine gewisse Willkür nicht zu umgehen war. Als Zahlen des Seeverkehrs wurden, um Zufälligkeiten, die durch Schwankungen im Seeverkehr einzelner Häfen hervorgerufen werden und die in der Dichte der Leuchtfeuer, welche nur dauernde Verhältnisse wiederspiegelt, nicht zum Ausdruck kommen können, möglichst auszuschalten, der jährliche Durchschnitt aus dem vierjährigen Zeitraum 1900—1903 berechnet und eingestellt. Eine gleichmässige Darstellung des Verkehrs an den gesamten Küsten des Atlantischen Ozeans und ein zuverlässiger Vergleich der einzelnen Gebiete daraufhin war jedoch nicht möglich, da die Statistik des Seeverkehrs in den einzelnen Staaten nach zum Teil stark abweichenden Gesichtspunkten geführt wird.[1]) Vor allem aber veröffentlichen die Vereinigten Staaten und die Niederlande keine Angaben über den Küstenverkehr, Brasilien trennt Küstenverkehr und Auslandsverkehr überhaupt nicht, und von den wenig geordneten Staaten Mittel- und Südamerikas sind zuverlässige Angaben über den Seeverkehr überhaupt nicht zu erlangen. Im übrigen sei auf die Erläuterungen auf den Tabellen und der Karte selbst verwiesen.

---

[1]) Es bestehen z. B. Abweichungen in der Berechnung des Verhältnisses zwischen Brutto- und Nettoregistertonnen, ferner in der Einbeziehung der Zwischenfahrten. Im übrigen s. den Aufsatz: „Ueber die Seeschiffahrtsstatistik einiger fremder Staaten“ im II. Vierteljahrsheft zur Statistik des Deutschen Reiches, Jahrg. 1902.

I. Russ

1. Eismeer-Küste v. Kap Kanin

Zahl der Küstenabschnitte	Länge der Küstenabschnitte in Seemeilen	1860				1875/77				1880			
		Anzahl der Leuchtfeuer überhaupt	Anzahl der Leuchtfeuer von mindest. 10 Sm. Sichtweite	Anzahl der Feuerschiffe	Anzahl der Nebelsignal-stationen	Anzahl der Leuchtfeuer überhaupt	Anzahl der Leuchtfeuer von mindest. 10 Sm. Sichtweite	Anzahl der Feuerschiffe	Anzahl der Nebelsignal-stationen	Anzahl der Leuchtfeuer überhaupt	Anzahl der Leuchtfeuer von mindest. 10 Sm. Sichtweite	Anzahl der Feuerschiffe	Anzahl der Nebelsignal-stationen
1—7	210	—	—	—	—	—	—	—	—	—	—	—	—
8	30	1	1	—	—	1	1	—	—	1	1	—	—
9	30	—	—	—	—	—	—	—	—	—	—	—	—
10	30	—	—	—	—	—	—	—	—	—	—	—	—
11	30	—	—	—	—	—	—	—	—	—	—	—	—
12	30	—	—	—	—	—	—	—	—	1	1	—	—
13	30	1	1	—	—	1	1	—	—	3	1	—	—
14	30	—	—	—	—	—	—	—	—	—	—	—	—
15	30	—	—	—	—	—	—	—	—	—	—	—	—
16	30	1	1	—	—	1	1	—	—	1	1	—	—
17	30	—	—	—	—	2	2	—	1	2	2	—	1
18—24	210	—	—	—	—	—	—	—	—	—	—	—	—
25	30	—	—	—	—	1	1	—	—	1	1	—	—
26	30	—	—	—	—	—	—	—	—	—	—	—	—
27	30	1	1	—	—	1	1	—	1	1	1	—	1
28	30	—	—	—	—	—	—	—	—	—	—	—	—
29	30	—	—	—	—	—	—	—	—	—	—	—	—
30	30	—	—	—	—	1	1	—	—	1	1	—	—
31	30	—	—	—	—	—	—	—	—	—	—	—	—
32	30	—	—	—	—	—	—	—	—	—	—	—	—
33	30	—	—	—	—	—	—	—	—	—	—	—	—
34	30	—	—	—	—	—	—	—	—	—	—	—	—
35	30	—	—	—	—	—	—	—	—	—	—	—	—
36	30	—	—	—	—	—	—	—	—	—	—	—	—
37	30	—	—	—	—	—	—	—	—	—	—	—	—
38	15	—	—	—	—	—	—	—	—	—	—	—	—
37,5	1125	4	4	—	—	8	8	—	2	11	9	—	2
		0,10	0,10	—	—	0,22	0,22	—	—	0,29	0,26	—	—

2. Ostseeküste von der schwedischen

Zahl der Küstenabschnitte	Länge der Küstenabschnitte in Seemeilen	1860				1875/77				1880			
1	10	—	—	—	—	—	—	—	—	—	—	—	—
2	30	—	—	—	—	—	—	—	—	1	1	—	—
3	30	—	—	—	—	—	—	—	—	—	—	—	—
4	30	—	—	—	—	—	—	—	—	2	—	—	—
5	30	—	—	—	—	—	—	—	—	—	—	—	—
6	30	—	—	—	—	—	—	—	—	—	—	—	—
7	30	—	—	—	—	—	—	—	—	—	—	—	—
8	30	1	1	—	—	2	1	1	2	2	1	1	2
9	30	—	—	—	—	—	—	—	—	—	—	—	—
10	30	—	—	—	—	—	—	—	—	1	1	—	—
11	30	—	—	—	—	—	—	—	—	—	—	—	—

land.

bis zur norwegischen Grenze.

1890				1904					
Anzahl der Leuchtfeuer überhaupt	Anzahl der Leuchtfeuer von mindest. 10 Sm. Sichtweite	Anzahl der Feuerschiffe	Anzahl der Nebelsignalstationen	Anzahl der Leuchtfeuer überhaupt	Anzahl der Leuchtfeuer von mindest. 10 Sm. Sichtweite	Anzahl der Feuerschiffe	Anzahl der Nebelsignalstationen	Ein- und ausgegangener Seeverkehr in 1000 Registertonnen	Die wichtigsten Häfen und Punkte der Küste
—	—	—	—	—	—	—	—	—	
1	1	—	—	1	1	—	—	—	Morshowetz Isl.
—	—	—	—	—	—	—	—	—	
—	—	—	—	1	1	—	—	—	Intzi Spitze.
—	—	—	—	—	—	—	—	—	
1	1	—	—	1	1	—	—	—	Zimnegorski.
4	1	1	1	6	1	1	1	—	Archangel; Dwina Mdg.
—	—	—	—	1	—	—	—	—	Unskaya B.
—	—	—	—	—	—	—	—	—	
1	1	—	—	3	3	—	2	—	}Onega B.
2	2	—	1	2	2	—	—	—	
—	—	—	—	—	—	—	—	—	
1	1	—	—	1	1	—	—	—	Sosnovetz Isl.
—	—	—	—	—	—	—	—	—	
1	1	—	1	1	1	—	1	—	Kap Orlowski.
—	—	—	—	1	1	—	1	—	Sozonowa.
—	—	—	—	—	—	—	—	—	
1	1	—	1	1	1	—	1	—	Swjatoi Noss.
—	—	—	—	—	—	—	—	—	
—	—	—	—	1	1	—	—	—	Semi Ostrowski.
—	—	—	—	—	—	—	—	—	
—	—	—	—	2	2	—	1	—	Gawrilowski, Teriberski.
—	—	—	—	3	2	—	—	—	Kola B, Katharinenhafen.
—	—	—	—	1	1	—	—	—	Zyp Navolotzki.
—	—	—	—	1	—	—	—	—	Kap Nyemetzki.
—	—	—	—	—	—	—	—	—	
12	9	1	4	27	19	1	7		Summa
0,32	0,26	—	—	0,72	0,51	—	—		Dichte = durchschnittliche Anzahl der Feuer auf je 30 Sm.

bis zur deutschen Grenze.

								Verkehr m. d. Auslande	
2	—	1	1	2	—	1	1	141	Torneå, Kemi.
1	1	—	—	1	1	—	—	155	Uleaborg.
—	—	—	—	4	—	1	1	50	Brahestad.
2	—	—	—	2	—	—	1	—	Ulkokalla.
6	3	—	—	6	1	—	—	93	Gamla Karleby.
2	—	1	1	6	—	1	1	153	Jakobstad, Nykarleby.
1	1	—	—	1	1	—	—	—	}N Quarken.
2	1	1	2	4	1	1	2	—	
1	—	—	—	5	—	—	—	125	Nikolaistad.
2	2	1	1	3	1	1	1	38	Kaskö.
2	—	—	—	4	1	—	—	61	Kristinestad.

Fortsetzung nächste Seite.

I. Russland

Zahl der Küstenabschnitte	Länge der Küstenabschnitte in Seemeilen	1860				1875/77				1880			
		Anzahl der Leuchtfeuer überhaupt	Anzahl der Leuchtfeuer von mindest. 10 Sm. Sichtweite	Anzahl der Feuerschiffe	Anzahl der Nebelsignal-stationen	Anzahl der Leuchtfeuer überhaupt	Anzahl der Leuchtfeuer von mindest. 10 Sm. Sichtweite	Anzahl der Feuerschiffe	Anzahl der Nebelsignal-stationen	Anzahl der Leuchtfeuer überhaupt	Anzahl der Leuchtfeuer von mindest. 10 Sm. Sichtweite	Anzahl der Feuerschiffe	Anzahl der Nebelsignal-stationen
12	30	—	—	—	—	—	—	—	—	1	1	—	—
13	30	—	—	—	—	—	—	—	—	—	—	—	—
14	30	1	1	—	—	1	1	—	1	1	1	—	1
15	30	—	—	—	—	2	1	—	—	2	1	—	—
16	30	—	—	—	—	1	1	—	—	1	—	—	—
17—21	150	2	2	—	—	4	3	—	3	6	3	—	3
22	30	1	1	—	—	—	—	—	—	—	—	—	—
23	30	1	1	—	—	1	1	—	1	1	1	—	1
24	30	—	—	—	—	1	1	—	—	1	1	—	—
25—26	60	18	5	4	3	25	10	4	13	32	8	4	12
27	30	5	3	2	1	8	3	1	1	8	3	1	2
28	30	4	4	—	—	3	3	—	1	6	3	—	1
29	30	—	—	—	—	5	4	—	1	6	4	—	1
30	30	2	1	—	—	—	—	—	—	1	1	—	—
31	30	1	1	—	—	1	1	—	—	2	2	—	2
32	30	—	—	—	—	—	—	—	—	—	—	—	—
33	30	1	1	—	—	1	1	—	—	1	1	—	—
34	30	6	5	1	1	8	5	1	1	8	5	—	1
35	30	—	—	—	—	2	—	—	—	2	—	—	—
36	30	—	—	—	—	—	—	—	—	—	—	—	—
37	30	—	—	—	—	2	1	—	—	2	1	—	—
38	30	—	—	—	—	—	—	—	—	—	—	—	—
37,33	1120	43	26	7	5	67	37	7	24	87	39	6	26
		1,15	0,69	—	—	1,79	0,99	—	—	2,33	1,04	—	—

II. Nor

Von der russischen bis

1	30	—	—	—	—	—	—	—	—	—	—	—	—
2	30	—	—	—	—	—	—	—	—	—	—	—	—
3	30	—	—	—	—	—	—	—	—	—	—	—	—
4	30	—	—	—	—	—	—	—	—	—	—	—	—
5	30	—	—	—	—	—	—	—	—	—	—	—	—
6	30	—	—	—	—	—	—	—	—	—	—	—	—
7	30	—	—	—	—	—	—	—	—	—	—	—	—
8	30	—	—	—	—	1	1	—	—	1	1	—	—
9	30	1	1	—	—	1	1	—	—	1	—	—	—

(Fortsetzung.)

1890 Anzahl der Leuchtfeuer überhaupt	1890 Anzahl der Leuchtfeuer von mindest. 10 Sm. Sichtweite	1890 Anzahl der Feuerschiffe	1890 Anzahl der Nebelsignal-stationen	1904 Anzahl der Leuchtfeuer überhaupt	1904 Anzahl der Leuchtfeuer von mindest. 10 Sm. Sichtweite	1904 Anzahl der Feuerschiffe	1904 Anzahl der Nebelsignal-stationen	Ein- und ausgegangener Seeverkehr in 1000 Registertonnen (Seeverkehr mit dem Auslande)	Die wichtigsten Häfen und Punkte der Küste
7	1	—	—	11	1	—	1	277	Björneborg.
2	—	1	1	7	—	1	1	163	Raumo, Nystad.
1	1	—	1	1	1	—	1	—	
2	1	—	—	2	1	—	—	—	Aland Inseln.
2	—	—	—	3	1	—	—	—	
18	4	—	3	80	7	—	4	494	Eckerö, Mariehamn, Degerby, Nadendal, Åbo.
—	—	—	—	14	—	—	—	385	Hangö, Ekenäs.
1	1	—	1	14	2	—	1	—	Stor Jussarö, Rönnskär.
7	1	—	—	19	2	1	2	507	Helsingfors, Borga.
84	9	5	16	132	11	5	18	4560	Innerster Finnischer Meerbusen; Lovisa, Kotka, Frederikshamn, Wiborg, Kronstadt, St. Petersburg, Narwa.
10	3	1	2	12	3	1	2	—	Reval.
7	3	—	2	6	3	—	3	—	Baltisch-Port.
16	6	—	2	18	6	—	2	—	Moon Sund; Pernau.
3	1	—	—	4	1	1	1	—	Kap Tachkona.
2	2	—	2	2	2	—	1	—	Dager Ort.
—	—	—	—	—	—	—	—	—	
1	1	—	1	1	1	—	1	—	Filsand.
10	6	—	1	25	8	—	1	—	Swalfer Ort, Lyser Ort, Rigaer B; Riga.
2	—	—	—	4	—	—	—	—	Windau.
2	1	—	—	2	1	—	—	—	Steinort.
3	1	—	1	17	1	1	2	—	Libau.
—	—	—	—	1	1	—	—	—	Pappensee.
201	50	11	38	413	59	15	48		Summa
5,38	1,33	—	—	11,06	1,57	—	—		Dichte = durchschnittliche Anzahl der Feuer auf je 30 Sm.

wegen.

zur schwedischen Grenze.

1890 Anzahl der Leuchtfeuer überhaupt	1890 Anzahl der Leuchtfeuer von mindest. 10 Sm. Sichtweite	1890 Anzahl der Feuerschiffe	1890 Anzahl der Nebelsignal-stationen	1904 Anzahl der Leuchtfeuer überhaupt	1904 Anzahl der Leuchtfeuer von mindest. 10 Sm. Sichtweite	1904 Anzahl der Feuerschiffe	1904 Anzahl der Nebelsignal-stationen	Seeverkehr in 1000 Registertonnen (Seeverkehr m. d. Ausld.)	Die wichtigsten Häfen und Punkte der Küste
—	—	—	—	6	—	—	—	11	Varangerfjord; Vadsö.
1	—	—	—	5	1	—	—	64	Vardö.
—	—	—	—	3	—	—	—	—	Baadsfj.
—	—	—	—	8	—	—	—	—	Tanafj; Berlevaag, Gamvik.
—	—	—	—	2	—	—	—	—	Mehavn.
—	—	—	—	10	—	—	—	—	Laxefj; Porsangerfj; Nord Kap.
—	—	—	—	2	—	—	—	—	Gjesvär.
1	1	—	—	3	1	—	—	—	Ingö.
1	—	—	—	7	—	—	—	33	Kvalö; Hammerfest.

Fortsetzung nächste Seite.

II. Norwegen

Zahl der Küstenabschnitte	Länge der Küstenabschnitte in Seemeilen	1860				1875/77				1880			
		Anzahl der Leuchtfeuer überhaupt	Anzahl der Leuchtfeuer von mindest. 10 Sm. Sichtweite	Anzahl der Feuerschiffe	Anzahl der Nebelsignalstationen	Anzahl der Leuchtfeuer überhaupt	Anzahl der Leuchtfeuer von mindest. 10 Sm. Sichtweite	Anzahl der Feuerschiffe	Anzahl der Nebelsignalstationen	Anzahl der Leuchtfeuer überhaupt	Anzahl der Leuchtfeuer von mindest. 10 Sm. Sichtweite	Anzahl der Feuerschiffe	Anzahl der Nebelsignalstationen
10	30	—	—	—	—	—	—	—	—	—	—	—	—
11	30	—	—	—	—	—	—	—	—	—	—	—	—
12	30	—	—	—	—	—	—	—	—	—	—	—	—
13—14	60	—	—	—	—	—	—	—	—	—	—	—	—
15—16	60	—	—	—	—	—	—	—	—	—	—	—	—
17	30	1	1	—	—	1	1	—	—	1	1	—	—
18	30	—	—	—	—	—	—	—	—	—	—	—	—
19	30	1	1	—	—	1	1	—	—	1	1	—	—
20	30	—	—	—	—	—	—	—	—	—	—	—	—
21	30	—	—	—	—	—	—	—	—	—	—	—	—
22	30	—	—	—	—	—	—	—	—	—	—	—	—
23	30	—	—	—	—	—	—	—	—	—	—	—	—
24—25	60	—	—	—	—	—	—	—	—	—	—	—	—
26	30	—	—	—	—	—	—	—	—	—	—	—	—
27	30	—	—	—	—	—	—	—	—	—	—	—	—
28	30	1	1	—	—	1	1	—	—	1	—	—	—
29	30	3	2	—	—	4	2	—	—	4	1	—	—
30	30	2	—	—	—	5	2	—	—	5	1	—	—
31	30	1	1	—	—	2	2	—	—	3	1	—	—
32	30	—	—	—	—	—	—	—	—	—	—	—	—
33	30	—	—	—	—	1	1	—	—	1	1	—	—
34	30	—	—	—	—	—	—	—	—	2	2	—	—
35	30	—	—	—	—	—	—	—	—	—	—	—	—
36	30	—	—	—	—	1	1	—	—	1	—	—	—
37	30	—	—	—	—	—	—	—	—	—	—	—	—
38	30	—	—	—	—	—	—	—	—	—	—	—	—
39	30	2	2	—	—	3	3	—	—	4	3	—	—
40	30	—	—	—	—	—	—	—	—	1	1	—	—
41	30	—	—	—	—	—	—	—	—	—	—	—	—
42	30	4	4	—	—	3	1	—	—	4	—	—	—
43	30	2	1	—	—	3	2	—	—	4	—	—	—
44	30	1	1	—	—	3	3	—	—	3	2	—	—
45	30	5	2	—	—	8	3	1	1	9	2	1	1
46	30	—	—	—	—	3	3	—	1	4	1	—	—
47	30	—	—	—	—	1	1	—	—	1	—	—	—
48	30	—	—	—	—	2	1	—	—	2	—	—	—
49	30	2	2	—	—	3	3	—	—	3	2	—	—
50	30	5	1	—	—	5	1	—	—	6	2	—	—
51	30	7	1	—	—	8	2	—	—	10	1	—	—
52	30	8	2	—	—	11	3	—	—	12	3	—	—
53	30	1	1	—	—	2	2	—	—	3	1	—	—
54	10	3	3	—	—	3	3	—	—	3	1	—	—

(Fortsetzung.)

1890: Anzahl der Leuchtfeuer überhaupt	1890: Anzahl der Leuchtfeuer von mindest. 10 Sm. Sichtweite	1890: Anzahl der Feuerschiffe	1890: Anzahl der Nebelsignalstationen	1904: Anzahl der Leuchtfeuer überhaupt	1904: Anzahl der Leuchtfeuer von mindest. 10 Sm. Sichtweite	1904: Anzahl der Feuerschiffe	1904: Anzahl der Nebelsignalstationen	Ein- und ausgegangener Seeverkehr in 1000 Registertonnen (Seeverkehr mit dem Auslande)	Die wichtigsten Häfen und Punkte der Küste
—	—	—	—	1	—	—	—	—	Galten.
—	—	—	—	1	—	—	—	—	Sorvör.
1	—	—	—	7	—	—	—	—	Altenfj; Sörö Sund.
—	—	—	—	4	—	—	—	—	Knävangenfj, Fuglö Sund, Lyngenfj, Gröt Sund.
—	—	—	—	—	—	—	—	—	
4	1	—	—	13	1	—	—	43	Tromsö; Malangenfj.
—	—	—	—	4	—	—	—	—	Bergsfj.
2	1	—	—	21	1	—	—	6	Andfj, Vaagsfj; Harstad.
—	—	—	—	7	—	—	—	—	Gavlfj.
4	—	—	—	7	—	—	—	—	Langenes, Nyk Sund.
2	—	—	—	10	—	—	—	—	Hasselfj.
1	—	—	—	9	—	—	—		Lofoten Inseln.
—	—	—	—	—	—	—	—		
2	1	—	—	2	1	—	—		
2	—	—	—	2	—	—	—	—	
2	1	—	—	5	1	—	—		
6	1	—	—	20	2	—	—		
9	2	—	—	45	7	—	—	250	Svolvär; Ofotenfj; Narvik; Tysfj, Sagfj.
3	1	—	—	8	4	—	—	83	Foldenfj; Bodö; Saltenfj.
—	—	—	—	7	1	—	—	—	Tenholm, Kunna.
1	1	—	—	12	1	—	—	—	Myköerne, Melfj.
2	2	—	—	15	2	—	—	—	Tränen, Ranenfj, Aasvär.
—	—	—	—	17	—	—	—	—	Donnäsö, Vefsenfj.
4	—	—	—	12	2	—	—	—	Vega, Brönnö Sund.
2	—	—	—	12	—	—	—	—	Bindalfj.
—	—	—	—	2	1	—	—	—	Nordöerne.
14	4	—	—	27	5	—	—	6	Foldenfj, Namsenfj; Namsos; Stokk Sund.
5	2	—	—	18	3	—	—	—	Halten Isl; Frö Havet.
—	—	—	—	4	—	—	—	—	Frö Isl.
6	—	—	—	34	3	—	2	483	Fröien, Hitteren, Smölen, Trondjemfj; Trondjem.
7	2	—	—	11	5	—	—	32	Kristiansund.
7	3	—	—	13	6	—	—	—	Björn Sund, Ona.
16	3	—	1	32	10	—	—	37	Moldefj; Molde, Aalesund.
6	2	—	1	15	3	—	1	—	Skongnes, Haugsholm.
4	—	—	—	12	2	—	—	—	Nordfj.
5	1	—	—	15	4	—	—	3	Florö.
4	1	—	—	10	4	—	—	—	Sognefj.
10	2	—	—	34	3	—	—	731	Bergen; Björnefj.
11	2	—	—	33	5	—	—	107	Hardangerfj; Haugesund.
18	4	—	—	38	5	—	1	132	Buknefj; Kopervik, Skudesnäs, Stavanger, Sandnes.
3	1	—	—	5	4	—	—	—	Obrestad.
3	2	—	—	7	4	—	—	11	Ekersund.

Fortsetzung nächste Seite.

II. Norwegen

Zahl der Küstenabschnitte	Länge der Küstenabschnitte in Seemeilen	1860				1875/77				1880			
		Anzahl der Leuchtfeuer überhaupt	Anzahl der Leuchtfeuer von mindest. 10 Sm. Sichtweite	Anzahl der Feuerschiffe	Anzahl der Nebelsignalstationen	Anzahl der Leuchtfeuer überhaupt	Anzahl der Leuchtfeuer von mindest. 10 Sm. Sichtweite	Anzahl der Feuerschiffe	Anzahl der Nebelsignalstationen	Anzahl der Leuchtfeuer überhaupt	Anzahl der Leuchtfeuer von mindest. 10 Sm. Sichtweite	Anzahl der Feuerschiffe	Anzahl der Nebelsignalstationen
55	30	2	1	—	—	2	2	—	—	2	1	—	1
56	30	1	1	—	—	3	3	—	—	4	3	—	—
57	30	2	2	—	—	2	1	—	—	3	1	—	—
58	30	2	2	—	—	3	3	—	—	3	2	—	—
59	30	14	7	—	1	17	7	—	3	23	6	—	9
58,33	1750	71	40	—	1	103	60	1	5	125	41	1	11
		1,22	0,69	—	—	1,76	1,03	—	—	2,14	0,70	—	—

III. Schwe

Von der norwegischen bis

1	30	2	2	—	—	3	3	—	—	4	4	—	1
2	30	1	1	—	—	3	2	—	1	3	2	—	2
3	30	3	3	—	—	6	5	—	1	6	5	—	1
4	30	1	1	—	1	2	2	—	1	5	3	—	1
5	30	1	1	—	—	3	2	—	—	3	2	—	—
6	30	1	1	—	—	2	1	1	1	2	1	1	1
7	30	3	1	—	—	5	1	—	—	10	2	2	3
8	30	2	1	1	1	2	1	1	1	2	2	1	1
9	30	1	1	—	—	2	1	—	—	4	1	—	—
10	30	—	—	—	—	1	1	—	—	2	2	—	—
11	30	—	—	—	—	—	—	—	—	—	—	—	—
12	30	—	—	—	—	4	1	1	1	5	1	1	1
13	30	1	1	—	—	1	1	—	1	1	1	—	1
14	30	2	1	—	—	3	2	1	1	3	3	1	3
15	30	—	—	—	—	—	—	—	—	—	—	—	—
16	30	—	—	—	—	—	—	—	—	1	1	—	—
17	30	—	—	—	—	—	—	—	—	—	—	—	—
18	30	1	1	—	—	4	2	—	—	6	3	—	—
19	30	—	—	—	—	2	1	—	—	3	1	—	1

(Fortsetzung).

1890: Anzahl der Leuchtfeuer überhaupt	1890: Anzahl der Leuchtfeuer von mindest. 10 Sm. Sichtweite	1890: Anzahl der Feuerschiffe	1890: Anzahl der Nebelsignalstationen	1904: Anzahl der Leuchtfeuer überhaupt	1904: Anzahl der Leuchtfeuer von mindest. 10 Sm. Sichtweite	1904: Anzahl der Feuerschiffe	1904: Anzahl der Nebelsignalstationen	Ein- und ausgegangener Seeverkehr in 1000 Registertonnen	Die wichtigsten Häfen und Punkte der Küste
								Seeverkehr m. d. Ausld.	
3	1	—	1	18	3	—	1	10	Sogndal, Flekkefj; Farsund.
6	3	—	—	10	4	—	1	19	Lindesnäs; Mandal.
10	4	—	—	25	5	—	3	423	Christiansand, Lillesand.
15	4	—	—	32	9	—	1	321	Grimstad, Arendal, Tvedestrand, Österrisör.
38	7	—	10	114	13	—	15	3985	Kragerö, Langesund, Porsgrund, Larvik; Christianiafj; Frederikshald, Frederikstad, Drammen, Christiania.
240	60	—	13	796	126	—	25		Summa
4,11	1,03	—	—	13,64	2,16	—	—		Dichte = durchschnittliche Anzahl der Feuer auf je 30 Sm.

d e n.

zur russischen Grenze.

1890: Anzahl der Leuchtfeuer überhaupt	1890: Anzahl der Leuchtfeuer von mindest. 10 Sm. Sichtweite	1890: Anzahl der Feuerschiffe	1890: Anzahl der Nebelsignalstationen	1904: Anzahl der Leuchtfeuer überhaupt	1904: Anzahl der Leuchtfeuer von mindest. 10 Sm. Sichtweite	1904: Anzahl der Feuerschiffe	1904: Anzahl der Nebelsignalstationen	Ein- und ausgegangener Seeverkehr in 1000 Registertonnen	Die wichtigsten Häfen und Punkte der Küste
								Seeverkehr m. d. Auslande	
20	11	—	—	31	15	1	2	254	Koster Isl.; Stromstad; Abyfj.
17	3	—	2	30	9	—	2	334	Lysekil, Uddevalla, Marstrand.
18	7	—	2	41	7	—	2	2271	Göteborg, Lidköping, Karlstad, Kongelf.
6	4	—	1	8	5	1	2	90	Nidingen; Varberg.
8	2	—	—	9	2	—	—	327	Falkenberg, Halmstad.
11	3	1	3	13	3	1	3	—	Hallands Väderö, Kullen, Höganäs.
23	6	3	4	29	8	3	6	5328	Helsingborg, Landskrona, Malmö; Hven Isl.
3	2	1	1	5	2	1	1	—	Skanör, Falsterbo.
5	2	—	1	9	4	1	2	1089	Trelleborg, Ystad.
3	2	—	—	2	1	—	1	—	Sandhammar.
5	—	—	—	11	—	—	—	140	Simrishamn, Kristianstad.
11	3	—	—	36	3	—	—	345	Sölvesborg, Karlshamn, Ronneby, Karlskrona.
2	2	—	1	2	2	—	1	—	Utklippan.
5	2	1	3	10	3	1	3	259	S Einlauf z. Kalmarsund, Ölands Södra Udde; Kalmar.
1	1	—	—	1	1	—	—	—	O Seite v. Öland.
1	1	—	—	1	1	—	—	—	
—	—	—	—	1	1	—	—	—	
17	5	—	1	34	8	—	1	219	N Einlauf z. Kalmarsund, Ölands Norra Udde; Oskarshamn, Vestervik.
17	1	—	1	41	3	—	1	272	Söderköping, Linköping, Vadstena, Jönköping, Norrköping.

Fortsetzung nächste Seite.

III. Schweden

Zahl der Küstenabschnitte	Länge der Küstenabschnitte in Seemeilen	1860: Anzahl der Leuchtfeuer überhaupt	1860: Anzahl der Leuchtfeuer von mindest. 10 Sm. Sichtweite	1860: Anzahl der Feuerschiffe	1860: Anzahl der Nebelsignal-stationen	1875/77: Anzahl der Leuchtfeuer überhaupt	1875/77: Anzahl der Leuchtfeuer von mindest. 10 Sm. Sichtweite	1875/77: Anzahl der Feuerschiffe	1875/77: Anzahl der Nebelsignal-stationen	1880: Anzahl der Leuchtfeuer überhaupt	1880: Anzahl der Leuchtfeuer von mindest. 10 Sm. Sichtweite	1880: Anzahl der Feuerschiffe	1880: Anzahl der Nebelsignal-stationen
20—24	150	6	4	—	—	12	5	1	1	17	7	1	4
25	30	2	2	—	—	3	3	1	1	3	3	1	2
26	30	3	3	—	—	4	3	1	—	5	5	1	2
27	30	4	2	1	1	4	2	1	1	4	2	1	2
28	30	—	—	—	—	2	2	—	—	4	2	—	1
29	30	—	—	—	—	—	—	—	—	—	—	—	—
30	30	1	1	—	—	1	1	—	—	2	1	—	—
31	30	—	—	—	—	1	1	—	—	1	1	—	—
32	30	—	—	—	—	1	1	—	—	1	1	—	—
33	30	—	—	—	—	1	1	1	1	1	1	1	1
34	30	—	—	—	—	—	—	—	—	1	—	—	—
35	30	2	2	—	—	2	2	—	1	4	2	—	2
36	30	—	—	—	—	—	—	—	—	—	—	—	—
37	30	1	1	—	—	1	1	—	—	1	1	—	1
38—39	60	—	—	—	—	—	—	—	—	1	1	—	—
40	30	1	1	—	—	1	1	—	—	1	1	—	—
40	1200	39	31	2	3	76	49	9	13	106	62	11	31
		0,97	0,77	—	—	1,90	1,22	—	—	2,65	1,55	—	—

Got

Zahl der Küstenabschnitte	Länge der Küstenabschnitte in Seemeilen	1860: Anzahl der Leuchtfeuer überhaupt	1860: Anzahl der Leuchtfeuer von mindest. 10 Sm. Sichtweite	1860: Anzahl der Feuerschiffe	1860: Anzahl der Nebelsignal-stationen	1875/77: Anzahl der Leuchtfeuer überhaupt	1875/77: Anzahl der Leuchtfeuer von mindest. 10 Sm. Sichtweite	1875/77: Anzahl der Feuerschiffe	1875/77: Anzahl der Nebelsignal-stationen	1880: Anzahl der Leuchtfeuer überhaupt	1880: Anzahl der Leuchtfeuer von mindest. 10 Sm. Sichtweite	1880: Anzahl der Feuerschiffe	1880: Anzahl der Nebelsignal-stationen
1	20	—	—	—	—	—	—	—	—	—	—	—	—
2	30	1	1	—	—	1	1	—	—	1	1	—	—
3	30	—	—	—	—	—	—	—	—	—	—	—	—
4	30	—	—	—	—	3	1	—	—	3	1	—	—
5	30	—	—	—	—	—	—	—	—	—	—	—	—
6	30	1	1	—	—	1	1	—	—	1	1	—	—
7	30	—	—	—	—	1	—	—	—	2	1	—	1
8	30	1	1	—	—	1	1	—	1	1	1	—	1
7,67	230	3	3	—	—	7	4	—	1	8	5	—	2
		0,39	0,39	—	—	0,91	0,52	—	—	1,04	0,65	—	—

Gotska

Zahl der Küstenabschnitte	Länge der Küstenabschnitte in Seemeilen	1860: Anzahl der Leuchtfeuer überhaupt	1860: Anzahl der Leuchtfeuer von mindest. 10 Sm. Sichtweite	1860: Anzahl der Feuerschiffe	1860: Anzahl der Nebelsignal-stationen	1875/77: Anzahl der Leuchtfeuer überhaupt	1875/77: Anzahl der Leuchtfeuer von mindest. 10 Sm. Sichtweite	1875/77: Anzahl der Feuerschiffe	1875/77: Anzahl der Nebelsignal-stationen	1880: Anzahl der Leuchtfeuer überhaupt	1880: Anzahl der Leuchtfeuer von mindest. 10 Sm. Sichtweite	1880: Anzahl der Feuerschiffe	1880: Anzahl der Nebelsignal-stationen
1	75	1	1	—	—	2	2	—	—	2	2	—	—

(Fortsetzung.)

1890: Anzahl der Leuchtfeuer überhaupt	1890: Anzahl der Leuchtfeuer von mindest. 10 Sm. Sichtweite	1890: Anzahl der Feuerschiffe	1890: Anzahl der Nebelsignalstationen	1904: Anzahl der Leuchtfeuer überhaupt	1904: Anzahl der Leuchtfeuer von mindest. 10 Sm. Sichtweite	1904: Anzahl der Feuerschiffe	1904: Anzahl der Nebelsignalstationen	Ein- und ausgegangener Seeverkehr in 1000 Registertonnen (Seeverkehr mit dem Auslande)	Die wichtigsten Häfen und Punkte der Küste
67	8	1	4	106	16	2	7	2043	Einläufe n. Stockholm; Nyköping, Södertelje, Stockholm, Eskilstuna, Vesterås, Upsala.
9	4	1	3	11	3	1	3	—	Svartklubben, Grundkallen: Südquarken.
6	2	1	2	10	3	1	2	—	Öregrund.
12	2	2	3	18	4	2	3	684	Gefle B, Finngründe; Gefle.
7	5	—	1	13	5	—	2	539	Söderhamn, Hudiksvall.
1	1	—	—	2	1	—	—	—	Balsö, Gran.
2	2	—	1	5	2	—	2	697	Sundsvall.
4	1	—	1	10	1	—	1	494	Hernösand.
2	1	—	1	3	1	—	1	128	Örnsköldsvik.
1	1	1	1	3	1	1	1	—	Sydostbrotten.
3	1	—	—	4	2	—	—	189	Umeå.
4	2	—	2	4	3	—	2	—	Holmö Gadd, Stora Fjäderägg: Westquarken.
—	—	—	—	—	—	—	—	—	
3	3	—	—	6	2	—	—	181	Skellefteå.
8	3	—	—	12	4	1	1	1252	Piteå, Luleå.
3	1	—	—	3	1	—	—	149	Haparanda.
305	94	12	39	524	127	17	52		Summa
7,62	2,35	—	—	13,10	3,17	—	—		Dichte = durchschnittliche Anzahl der Feuer auf je 30 Sm.

land.

1890: Leuchtfeuer überhaupt	1890: mindest. 10 Sm.	1890: Feuerschiffe	1890: Nebelsignalstationen	1904: Leuchtfeuer überhaupt	1904: mindest. 10 Sm.	1904: Feuerschiffe	1904: Nebelsignalstationen	Seeverkehr	Häfen und Punkte
—	—	—	—	1	—	—	—		Fårösund.
1	1	—	1	2	1	—	1		Fårö.
2	1	—	—	3	2	—	—		Halls Huk, Stenkyrke Huk.
6	—	—	—	9	1	—	—		Visby, Vestergarn.
15	3	—	—	14	3	—	—		Stora Karlsö, Burgsvik.
1	1	—	—	1	1	—	—		Hoborg.
21	2	—	1	23	2	—	1		Faludden, När; Ronehamn.
4	2	—	1	4	2	—	1		Östergarn, Slite.
50	10	—	3	57	12	—	3		Summa
6,52	1,3	—	—	7,43	1,56	—	—		Dichte = durchschnittliche Anzahl der Feuer auf je 30 Sm.

Sandön.

1890: Leuchtfeuer überhaupt	1890: mindest. 10 Sm.	1890: Feuerschiffe	1890: Nebelsignalstationen	1904: Leuchtfeuer überhaupt	1904: mindest. 10 Sm.	1904: Feuerschiffe	1904: Nebelsignalstationen	Seeverkehr	Häfen und Punkte
4	4	1	1	3	3	1	1		

IV. Däne

Born

Zahl der Küstenabschnitte	Länge der Küstenabschnitte in Seemeilen	1860: Anzahl der Leuchtfeuer überhaupt	1860: Anzahl der Leuchtfeuer von mindest. 10 Sm. Sichtweite	1860: Anzahl der Feuerschiffe	1860: Anzahl der Nebelsignalstationen	1875/77: Anzahl der Leuchtfeuer überhaupt	1875/77: Anzahl der Leuchtfeuer von mindest. 10 Sm. Sichtweite	1875/77: Anzahl der Feuerschiffe	1875/77: Anzahl der Nebelsignalstationen	1880: Anzahl der Leuchtfeuer überhaupt	1880: Anzahl der Leuchtfeuer von mindest. 10 Sm. Sichtweite	1880: Anzahl der Feuerschiffe	1880: Anzahl der Nebelsignalstationen
1	30	1	1	—	—	1	1	—	—	1	1	—	—
2	30	1	1	—	—	1	1	—	—	1	1	—	—
3	30	1	—	—	—	2	—	—	—	2	—	—	—
4	30	—	—	—	—	—	—	—	—	—	—	—	—
4	120	3	2	—	—	4	2	—	—	4	2	—	—
		0,75	0,50	—	—	1,00	0,50	—	—	1,00	0,50	—	—

An

Zahl der Küstenabschnitte	Länge der Küstenabschnitte in Seemeilen	1860: Anzahl der Leuchtfeuer überhaupt	1860: Anzahl der Leuchtfeuer von mindest. 10 Sm. Sichtweite	1860: Anzahl der Feuerschiffe	1860: Anzahl der Nebelsignalstationen	1875/77: Anzahl der Leuchtfeuer überhaupt	1875/77: Anzahl der Leuchtfeuer von mindest. 10 Sm. Sichtweite	1875/77: Anzahl der Feuerschiffe	1875/77: Anzahl der Nebelsignalstationen	1880: Anzahl der Leuchtfeuer überhaupt	1880: Anzahl der Leuchtfeuer von mindest. 10 Sm. Sichtweite	1880: Anzahl der Feuerschiffe	1880: Anzahl der Nebelsignalstationen
1	80	2	1	1	1	2	2	1	1	3	2	1	1

Seeland, Moen,

Zahl der Küstenabschnitte	Länge der Küstenabschnitte in Seemeilen	1860: Anzahl der Leuchtfeuer überhaupt	1860: Anzahl der Leuchtfeuer von mindest. 10 Sm. Sichtweite	1860: Anzahl der Feuerschiffe	1860: Anzahl der Nebelsignalstationen	1875/77: Anzahl der Leuchtfeuer überhaupt	1875/77: Anzahl der Leuchtfeuer von mindest. 10 Sm. Sichtweite	1875/77: Anzahl der Feuerschiffe	1875/77: Anzahl der Nebelsignalstationen	1880: Anzahl der Leuchtfeuer überhaupt	1880: Anzahl der Leuchtfeuer von mindest. 10 Sm. Sichtweite	1880: Anzahl der Feuerschiffe	1880: Anzahl der Nebelsignalstationen
1	20	1	1	—	—	1	1	—	—	1	1	—	—
2—3	60	4	3	—	—	4	3	—	—	4	3	—	—
4	30	4	2	—	—	6	2	—	—	11	2	—	—
5	30	1	—	—	—	2	1	—	—	2	1	—	—
6	30	—	—	—	—	—	—	—	—	—	—	—	—
7	30	1	1	—	—	1	1	—	—	2	1	1	1
8	30	1	1	—	—	1	1	—	—	1	1	—	—
9	30	2	1	—	—	4	1	—	—	4	1	—	—
10—11	60	4	2	1	1	8	4	1	1	17	10	1	3
12	30	1	1	—	—	2	1	—	—	2	2	—	—
11,67	350	19	12	1	1	29	15	1	1	44	22	2	4
		1,63	1,03	—	—	2,49	1,29	—	—	3,77	1,89	—	—

mark.

holm.

1890: Anzahl der Leuchtfeuer überhaupt	1890: Anzahl der Leuchtfeuer von mindest. 10 Sm. Sichtweite	1890: Anzahl der Feuerschiffe	1890: Anzahl der Nebelsignalstationen	1904: Anzahl der Leuchtfeuer überhaupt	1904: Anzahl der Leuchtfeuer von mindest. 10 Sm. Sichtweite	1904: Anzahl der Feuerschiffe	1904: Anzahl der Nebelsignalstationen	Ein- und ausgegangener Seeverkehr in 1000 Registertonnen	Die wichtigsten Häfen und Punkte der Küste
1	1	—	—	1	1	—	1		Christiansö.
6	2	—	1	13	2	—	1		Sandvig, Hammeren, Hasle, Allinge.
5	3	—	1	6	2	—	1		Rönne, Due Odde.
4	—	—	—	15	—	—	—		Snogebäk, Nexö, Svaneke.
16	6	—	2	35	5	—	3		Summa
4,00	1,50	—	—	8,75	1,25	—	—		Dichte = durchschnittliche Anzahl der Feuer auf je 30 Sm.

holt.

3	2	1	1	7	3	1	2		

Falster, Laaland.

								Seeverkehr mit dem Auslande	
1	1	—	—	2	1	—	—	—	Hesselö.
8	3	—	—	23	3	—	1	121	Jsefj; Sejrö; Frederiksvaerk, Frederikssund, Röskilde, Holbaek, Nykjöbing, Kalundborg.
18	3	1	2	43	12	1	3	689	Korsör, Skaelskör, Naestved, Vordingborg, Stubbekjöbing, Nykjöbing, Bandholm.
4	1	—	—	2	1	—	—	80	Nakskov.
1	—	—	—	3	—	—	—	5	Nysted.
2	2	1	1	8	2	2	4	297	Gjedser; Guldborg Sund.
3	1	—	—	15	9	—	—	—	Grönsund, Klintholm.
5	1	1	1	18	10	1	2	152	Faxe B; Stege, Prästö, Faxe; Kjöge B; Kjöge, Storeheddinge.
27	11	2	5	65	14	2	18	5644	Amager, Saltholm; Kopenhagen, Skodsborg, Humlebaek, Helsingör.
3	2	—	—	5	1	—	—	—	Nakkehovd, Gilleleje.
72	25	5	9	184	53	6	28		Summa
6,17	2,14	—	—	15,77	4,53	—	—		Dichte = durchschnittliche Anzahl der Feuer auf je 30 Sm.

IV. Dänemark

Fünen, Ärö,

Zahl der Küstenabschnitte	Länge der Küstenabschnitte in Seemeilen	1860				1875/77				1880			
		Anzahl der Leuchtfeuer überhaupt	Anzahl der Leuchtfeuer von mindest. 10 Sm. Sichtweite	Anzahl der Feuerschiffe	Anzahl der Nebelsignalstationen	Anzahl der Leuchtfeuer überhaupt	Anzahl der Leuchtfeuer von mindest. 10 Sm. Sichtweite	Anzahl der Feuerschiffe	Anzahl der Nebelsignalstationen	Anzahl der Leuchtfeuer überhaupt	Anzahl der Leuchtfeuer von mindest. 10 Sm. Sichtweite	Anzahl der Feuerschiffe	Anzahl der Nebelsignalstationen
1	10	—	—	—	—	1	—	—	—	1	—	—	—
2	30	1	1	—	—	2	1	—	—	2	2	—	—
3	30	5	2	—	—	7	2	—	—	12	2	—	—
4	30	—	—	—	—	1	—	—	—	1	—	—	—
5	30	—	—	—	—	1	—	—	—	2	—	—	—
6	30	1	—	—	—	1	—	—	—	2	—	—	—
7	30	2	1	—	—	2	1	—	—	2	1	—	—
8	30	—	—	—	—	1	—	—	—	1	—	—	—
7,33	220	9	4	—	—	16	4	—	—	23	5	—	—
		1,23	0,54	—	—	2,18	0,54	—	—	3,14	0,69	—	—

Jütland

Zahl der Küstenabschnitte	Länge der Küstenabschnitte in Seemeilen	1860				1875/77				1880			
1	20	1	—	—	—	1	—	—	—	2	—	—	—
2	30	1	1	—	—	2	1	—	—	3	1	—	—
3	30	3	3	—	—	5	4	1	—	7	3	1	1
4	30	1	1	—	—	1	1	—	—	1	1	—	—
5	30	1	1	—	—	1	—	—	—	4	1	—	—
6	30	1	1	1	—	1	1	1	1	1	1	1	1
7	30	2	—	2	1	2	1	2	2	2	2	2	2
8	30	3	1	—	—	4	1	—	—	7	2	—	—
9	30	1	1	—	—	1	1	—	—	2	1	1	1
10	30	—	—	—	—	1	1	—	—	1	1	—	1
11	30	—	—	—	—	—	—	—	—	—	—	—	—
12	30	1	1	—	—	1	1	—	—	1	1	—	—
13	30	—	—	—	—	2	—	—	—	4	—	1	—
14	30	—	—	—	—	—	—	—	—	1	1	—	—
15	30	—	—	—	—	—	—	—	—	—	—	—	—
16	30	—	—	—	—	—	—	—	—	8	4	1	1
15,67	470	15	10	3	1	22	12	4	3	44	19	7	7
		0,95	0,63	—	—	1,40	0,88	—	—	2,80	1,21	—	—

(Fortsetzung.)

Langeland.

1890 Anzahl der Leuchtfeuer überhaupt	1890 Anzahl der Leuchtfeuer von mindest. 10 Sm. Sichtweite	1890 Anzahl der Feuerschiffe	1890 Anzahl der Nebelsignalstationen	1904 Anzahl der Leuchtfeuer überhaupt	1904 Anzahl der Leuchtfeuer von mindest. 10 Sm. Sichtweite	1904 Anzahl der Feuerschiffe	1904 Anzahl der Nebelsignalstationen	Ein- und ausgegangener Seeverkehr in 1000 Registertonnen (Seeverk. m. d. Auslande)	Die wichtigsten Häfen und Punkte der Küste
1	—	—	—	1	—	—	—	—	Bagenkop.
3	1	—	1	3	2	—	1	—	Fakkebjerg, Tranekjär.
22	2	—	—	49	10	—	3	202	Frankeklint; Rudkjöbing, Svendborg, Nyborg; Sprogö.
2	1	—	—	3	1	—	—	12	Kjerteminde.
3	1	—	—	5	2	—	—	170	Odense, Bogense.
5	1	—	—	10	2	—	3	22	Strib, Middelfart; Fanö.
2	1	—	—	9	7	—	—	34	Assens; Baagö.
4	1	—	1	12	1	—	1	100	Faaborg, Aeröskjöbing, Marstal.
42	8	—	2	92	25	—	8		Summa
5,73	1,09	—	—	12,55	3,41	—	—		Dichte = durchschnittliche Anzahl der Feuer auf je 30 Sm.

(Fredericia-Esbjerg.)

1890 Anzahl der Leuchtfeuer überhaupt	1890 Anzahl der Leuchtfeuer von mindest. 10 Sm. Sichtweite	1890 Anzahl der Feuerschiffe	1890 Anzahl der Nebelsignalstationen	1904 Anzahl der Leuchtfeuer überhaupt	1904 Anzahl der Leuchtfeuer von mindest. 10 Sm. Sichtweite	1904 Anzahl der Feuerschiffe	1904 Anzahl der Nebelsignalstationen	Ein- und ausgegangener Seeverkehr in 1000 Registertonnen (Seeverkehr mit dem Auslande)	Die wichtigsten Häfen und Punkte der Küste
8	—	—	—	13	3	—	1	249	Hejls, Kolding, Fredericia, Vejle.
3	1	—	—	16	6	—	1	102	Horsens, Samsö.
13	6	1	1	18	5	1	3	521	Aarhus, Ebeltoft; Hjelm, Schultz Grund.
3	1	—	—	5	1	—	1	12	Grenna; Fornäs.
4	1	—	—	31	20	1	1	454	Randers, Mariager, Hobro, Aalborg; Limfj.
1	1	1	1	1	1	1	1	—	Läsö Rinne.
2	2	2	2	2	2	2	2	—	Läsö Trindel, Kobbergrund.
12	2	—	2	14	2	—	2	310	Läsö, Säby, Frederikshavn.
2	2	1	1	3	3	1	2	—	Skagen, Höjen; Skagens Riff.
1	1	—	1	5	2	—	5	1	Hirshals,RubjergKnude;Hjörring.
—	—	—	—	2	—	—	2	—	Jammerbucht.
3	1	—	1	9	1	—	7	—	Hanstholm, Vorupör.
26	1	1	1	61	3	—	7	33	Limfj; Lemvig, Struer, Nykjöbing, Thisted, Skive, Viborg, Lögstör, Nibe.
1	1	—	—	6	1	—	3	—	Bovbjerg.
—	—	—	—	10	1	—	1	1	Nyminde Gab; Ringkjöbing.
18	6	2	3	29	11	2	3	509	Blaavandshuk, Fanö; Esbjerg, Ribe; Horns Riff. Vyl.
97	26	8	13	225	62	8	42		Summa
6,19	1,06	—	—	14,36	3,95	—	—		Dichte = durchschnittliche Anzahl der Feuer auf je 30 Sm.

V. Deutsches Reich. Ostseeküste von

Zahl der Küstenabschnitte	Länge der Küstenabschnitte in Seemeilen	1860				1875/77				1880			
		Anzahl der Leuchtfeuer überhaupt	Anzahl der Leuchtfeuer von mindest. 10 Sm. Sichtweite	Anzahl der Feuerschiffe	Anzahl der Nebelsignalstationen	Anzahl der Leuchtfeuer überhaupt	Anzahl der Leuchtfeuer von mindest. 10 Sm. Sichtweite	Anzahl der Feuerschiffe	Anzahl der Nebelsignalstationen	Anzahl der Leuchtfeuer überhaupt	Anzahl der Leuchtfeuer von mindest. 10 Sm. Sichtweite	Anzahl der Feuerschiffe	Anzahl der Nebelsignalstationen
1	30	1	1	—	—	1	1	—	—	7	1	—	—
2	30	—	—	—	—	—	—	—	—	1	1	—	—
3	15	1	1	—	—	1	1	—	—	1	1	—	—
4	30	1	1	—	—	2	2	—	—	15	1	—	—
5	30	3	3	—	—	4	3	—	—	5	4	—	—
6	30	1	1	—	—	1	1	—	—	2	2	—	1
7	30	—	—	—	—	—	—	—	—	—	—	—	—
8	30	—	—	—	—	1	—	—	—	2	1	—	—
9	30	1	1	—	—	1	1	—	—	1	1	—	—
10	30	—	—	—	—	2	1	—	—	3	2	—	—
11	30	2	2	—	—	6	2	3	3	7	2	3	4
12	30	1	1	—	—	2	2	1	1	2	2	1	1
13	30	1	1	—	—	1	1	—	—	1	1	—	—
14	30	1	1	—	—	1	1	—	—	2	2	—	—
15	30	1	1	—	—	1	1	—	—	6	1	—	—
16	30	3	3	—	—	6	3	—	—	9	4	—	—
17	30	—	—	—	—	2	1	—	—	2	1	—	—
18	30	5	2	—	—	10	4	—	2	18	3	1	3
19	30	2	—	—	—	2	—	—	—	2	1	—	—
18,5	555	24	19	—	—	44	25	4	6	86	31	5	9
		1,29	1,03	—	—	2,37	1,35	—	—	4,64	1,67	—	—

Nordseeküste von der dänischen Grenze bis

Zahl der Küstenabschnitte	Länge der Küstenabschnitte in Seemeilen	1860				1875/77				1880			
1	20	2	2	—	—	3	3	—	—	6	3	—	—
2	30	3	1	—	—	2	—	—	—	6	1	—	—
3	30	13	3	7	4	21	4	9	7	48	4	9	9
4	30	4	2	1	1	10	4	2	2	21	9	5	6
5	30	2	1	—	—	4	2	—	—	12	3	1	1
4,67	140	24	9	8	5	40	13	11	9	93	20	15	16
		5,15	1,92	—	—	8,56	2,78	—	—	19,99	4,28	—	—

der russischen bis zur dänischen Grenze.

1890 Anzahl der Leuchtfeuer überhaupt	1890 Anzahl der Leuchtfeuer von mindest. 10 Sm. Sichtweite	1890 Anzahl der Feuerschiffe	1890 Anzahl der Nebelsignalstationen	1904 Anzahl der Leuchtfeuer überhaupt	1904 Anzahl der Leuchtfeuer von mindest. 10 Sm. Sichtweite	1904 Anzahl der Feuerschiffe	1904 Anzahl der Nebelsignalstationen	Ein- und ausgegangener Seeverkehr in 1000 Registertonnen (Gesamtverkehr)	Die wichtigsten Häfen und Punkte der Küste
13	2	—	1	22	1	—	—	468	Kurisches Haff; Memel.
1	1	—	—	1	1	—	—	—	Nidden.
1	1	—	—	1	1	—	—	—	Brüsterort.
27	1	—	—	42	2	—	1	980	Frisches Haff; Pillau, Königsberg, Elbing.
5	4	—	1	11	4	—	2	1385	Danziger B, Hela; Neufahrwasser.
2	2	—	1	2	2	—	1	—	Rixhöft.
—	—	—	—	3	—	—	1	—	Leba.
2	1	—	—	4	1	—	1	85	Stolpmünde; Scholpin.
2	1	—	—	4	1	—	1	29	Rügenwaldermünde; Jershöft, Funkenhagen.
3	2	—	—	5	2	—	1	58	Kolbergermünde; Grosshorst.
17	4	3	4	53	10	1	5	4011	Stettiner Haff; Swinemünde, Stettin, Ahlbeck, Heringsdorf.
6	3	2	2	16	4	2	5	1762	Greifsw. Bodden; Greifswald, Stralsund, Sassnitz, Binz, Göhren.
1	1	—	1	2	2	—	1	112	Arkona; Stubbenkammer, Lohme.
2	2	—	2	9	2	—	2	14	Hiddensö, Darsser Ort; Barth.
6	1	—	—	16	1	—	1	733	Warnemünde, Rostock.
14	6	—	1	15	6	—	2	1497	Neustädter Bucht; Wismar, Travemünde, Lübeck, Neustadt, Burg a. Fehmarn.
4	2	—	—	7	2	1	1	193	Orth, Heiligenhafen.
33	3	1	3	121	6	3	4	2172	Kieler, Eckernförder B, Kaiser-Wilhelm-Kanal, Schlei, Flensburger Föhrde; Kiel, Schleswig, Flensburg, Sonderburg.
2	1	—	—	7	1	—	—	152	Alsen, Apenrade, Hadersleben.
141	38	6	16	341	49	7	29		Summa
7,62	2,05	—	—	18,43	2,65	—	—		Dichte = durchschnittliche Anzahl der Feuer auf je 30 Sm.

zur niederländischen Insel Rottumeroog.

1890 Anzahl der Leuchtfeuer überhaupt	1890 Anzahl der Leuchtfeuer von mindest. 10 Sm. Sichtweite	1890 Anzahl der Feuerschiffe	1890 Anzahl der Nebelsignalstationen	1904 Anzahl der Leuchtfeuer überhaupt	1904 Anzahl der Leuchtfeuer von mindest. 10 Sm. Sichtweite	1904 Anzahl der Feuerschiffe	1904 Anzahl der Nebelsignalstationen	Gesamtverkehr	Die wichtigsten Häfen und Punkte der Küste
7	3	—	—	7	3	—	—	174	Röm, Sylt; Munkmarsch, Hoyerschleuse.
6	1	—	—	9	2	—	—	651	Föhr, Amrum, Pellworm; Hörnum, Dagebüll, Wyk, Wittdün.
56	3	9	10	130	19	9	10	19118	Nordstrand, Eider u. Elbe, Kaiser-Wilhelm-Kanal; Husum, Tönning, Rendsburg, Cuxhaven, Glückstadt, Hamburg.
31	10	5	12	117	19	5	15	6772	Weser, Jade, Wangerooge-Baltrum; Geestemünde, Bremerhaven, Bremen, Wilhelmshaven.
14	3	1	1	39	13	1	1	1780	Norderney-Rottum, Ems, Dollart; Norddeich, Emden, Delfzijl.
114	20	15	23	302	56	15	26		Summa; Dichte = durchschnittl.
24,41	4,28	—	—	64,67	11,99	—	—		Anzahl der Feuer auf je 30 Sm.

V. **Deutsches Reich** (Fortsetzung).

Zahl der Küstenabschnitte	Länge der Küstenabschnitte in Seemeilen	1860				1875/77				1880			
		Anzahl der Leuchtfeuer überhaupt	Anzahl der Leuchtfeuer von mindest. 10 Sm. Sichtweite	Anzahl der Feuerschiffe	Anzahl der Nebelsignalstationen	Anzahl der Leuchtfeuer überhaupt	Anzahl der Leuchtfeuer von mindest. 10 Sm. Sichtweite	Anzahl der Feuerschiffe	Anzahl der Nebelsignalstationen	Anzahl der Leuchtfeuer überhaupt	Anzahl der Leuchtfeuer von mindest. 10 Sm. Sichtweite	Anzahl der Feuerschiffe	Anzahl der Nebelsignalstationen
1	70	1	1	—	—	1	1	—	—	2	1	--	1

VI. **Niederlande**

Von Rottumeroog bis zur

Zahl der Küstenabschnitte	Länge der Küstenabschnitte in Seemeilen	1860				1875/77				1880			
1	30	1	1	—	—	2	2	—	—	3	3	—	—
2–3	60	12	9	—	—	52	16	—	1	74	17	—	4
4	30	1	1	—	—	2	2	—	—	9	4	—	—
5—6	60	35	13	1	1	69	19	6	5	117	44	3	3
7	30	9	1	1	—	12	6	3	3	14	5	2	1
7	210	58	25	2	1	137	45	9	9	217	73	5	8
		8,29	3,57	—	—	19,57	6,73	—	—	31,00	10,43	—	—

VII. **Frank**

Von der belgischen bis zur spanischen Grenze

Zahl der Küstenabschnitte	Länge der Küstenabschnitte in Seemeilen	1860				1875/77				1880			
1	30	9	5	—	—	13	7	3	2	15	7	3	4
2	20	1	1	—	—	1	1	—	—	1	1	—	—
3	30	5	2	—	—	6	3	—	1	8	4	—	1
4	30	8	4	—	—	10	4	—	1	11	4	—	3
5	30	3	1	—	—	3	1	—	—	3	1	—	—
6	30	3	2	—	—	3	2	-	—	3	2	—	—
7	30	23	8	—	1	31	8	—	4	62	12	—	4
8	30	8	5	—	—	14	3	—	1	15	3	—	2
9	30	8	5	—	—	10	3	—	—	14	3	—	—
10—13	120	27	14	—	1	48	23	1	3	48	22	1	6
14	30	5	3	—	—	11	9	—	1	11	9	—	1
15	30	6	3	—	—	7	4	—	—	7	4	—	—
16	30	3	3	—	—	3	3	—	—	4	4	—	2

Helgoland.

1890				1904				Ein- und ausgegangener Seeverkehr in 1000 Registertonnen	Die wichtigsten Häfen und Punkte der Küste
Anzahl der Leuchtfeuer überhaupt	Anzahl der Leuchtfeuer von mindest. 10 Sm. Sichtweite	Anzahl der Feuerschiffe	Anzahl der Nebelsignalstationen	Anzahl der Leuchtfeuer überhaupt	Anzahl der Leuchtfeuer von mindest. 10 Sm. Sichtweite	Anzahl der Feuerschiffe	Anzahl der Nebelsignalstationen		
2	1	—	1	4	1	—	1		

und Belgien.
französischen Grenze.

1890				1904				Seeverkehr m. d. Auslande	
5	4	—	—	9	5	—	—	30	Schiermonnikoog-Ameland; Groningen.
82	21	2	8	110	24	3	12	354	Terschelling-Helder, Zuidersee; Harlingen, Stavoren, Kampen, Enkhuizen.
11	2	—	—	32	3	—	1	3 321	Jjmuiden, Zaandam, Amsterdam.
136	42	2	7	202	53	3	8	31 298	Rhein- Maas- Schelde - Mdg.; Rotterdam, Vlissingen, Terneuzen, Antwerpen.
21	6	3	4	26	8	3	6	3 611	Belgien; Blankenberghe, Ostende, Nieuport.
255	75	7	19	379	93	9	27		Summa
36,43	10,71	—	—	54,14	13,29	—	—		Dichte = durchschnittliche Anzahl der Feuer auf je 30 Sm.

r e i c h.
(mit Einschluss der britischen Kanalinseln).

1890				1904				Gesamtverkehr	
16	7	3	4	25	11	4	6	4902	Dünkirchen, Calais.
1	1	—	—	1	1	—	1	—	Kap Gris Nez.
11	4	—	1	12	4	—	1	3230	Boulogne.
13	3	—	4	12	4	—	5	1066	Somme Mdg.; Abbeville, St. Valery, Le Tréport, Dieppe.
3	2	—	2	3	2	—	2	15	St. Valery en Caux.
3	2	—	1	5	2	—	2	133	Fécamp; Kap d'Antifer.
67	10	—	6	76	12	—	8	8806	SeineMdg. Kap LaHève; LeHavre, Rouen,Honfleur,Trouville,Caen.
17	2	—	1	18	6	—	1	73	Carentan, Barfleur.
11	3	—	—	10	7	—	1	3358	Cherbourg.
62	25	1	7	78	36	—	6	2025	Brit. Kanalinseln; Kap La Hague; Les Héaux, Granville, St. Malo, St. Servan, Tréguier.
12	9	—	3	11	10	—	1	93	Sept Îles; Moirlaix.
9	5	—	—	9	5	—	—	28	Roscoff, L'Abervrach.
5	5	—	2	11	9	—	2	—	NOspitze v. Ouessant, Four Canal, St. Mathieu.

Fortsetzung nächste Seite.

VII. Frankreich

Zahl der Küstenabschnitte	Länge der Küstenabschnitte in Seemeilen	1860				1875/77				1880			
		Anzahl der Leuchtfeuer überhaupt	Anzahl der Leuchtfeuer von mindest. 10 Sm. Sichtweite	Anzahl der Feuerschiffe	Anzahl der Nebelsignal-stationen	Anzahl der Leuchtfeuer überhaupt	Anzahl der Leuchtfeuer von mindest. 10 Sm. Sichtweite	Anzahl der Feuerschiffe	Anzahl der Nebelsignal-stationen	Anzahl der Leuchtfeuer überhaupt	Anzahl der Leuchtfeuer von mindest. 10 Sm. Sichtweite	Anzahl der Feuerschiffe	Anzahl der Nebelsignal-stationen
17—18	60	6	6	—	—	12	8	—	2	15	6	—	2
19	30	3	2	—	—	3	2	—	—	3	2	—	—
20	30	5	2	—	—	9	4	—	—	10	3	—	—
21	30	6	4	—	—	11	7	—	—	17	7	—	—
22—23	60	18	9	—	—	37	16	—	—	39	12	—	1
24	30	2	2	—	—	4	1	—	—	5	1	—	—
25	30	4	1	—	—	4	2	—	—	7	2	—	—
26	30	13	8	—	—	18	10	—	—	21	5	—	—
27	30	12	4	—	—	25	16	4	1	46	18	7	3
28	30	—	—	—	—	2	2	—	—	2	2	—	—
29	30	1	1	—	—	1	1	—	—	1	1	—	—
30	30	—	—	—	—	1	1	—	—	1	1	—	—
31	30	2	2	—	—	6	3	—	—	10	4	—	—
30,67	920	181	97	—	2	293	144	8	16	379	140	11	30
		5,90	3,16	—	—	9,55	4,69	—	—	12,36	4,56	—	—

Roche

1	70	—	—	—	—	1	1	1	1	1	1	1	1

VIII. Spanien von der

1	30	3	2	—	—	6	3	—	—	7	3	—	—
2	20	1	1	—	—	2	2	—	—	2	2	—	—
3	30	3	1	—	—	5	3	—	—	5	3	—	—
4	30	2	1	—	—	7	2	—	—	7	2	—	—
5	30	2	—	—	—	3	2	—	—	3	2	—	—
6	30	1	1	—	—	3	1	—	—	4	1	—	—
7	30	3	2	—	—	3	3	—	—	3	3	—	—
8	30	3	2	—	—	4	2	—	—	4	2	—	—

(Fortsetzung).

1890 Anzahl der Leuchtfeuer überhaupt	1890 Anzahl der Leuchtfeuer von mindest. 10 Sm. Sichtweite	1890 Anzahl der Feuerschiffe	1890 Anzahl der Nebelsignalstationen	1904 Anzahl der Leuchtfeuer überhaupt	1904 Anzahl der Leuchtfeuer von mindest. 10 Sm. Sichtweite	1904 Anzahl der Feuerschiffe	1904 Anzahl der Nebelsignalstationen	Ein- und ausgegangener Seeverkehr in 1000 Registertonnen	Die wichtigsten Häfen und Punkte der Küste
18	9	—	3	25	12	—	2	515	NWspitze v. Ouessant; Brest; Douarnenez B, Chaussée de Sein.
4	2	—	—	4	2	—	1	11	Audierne.
11	4	—	—	12	9	—	—	60	Glenan Isl; Pont l'Abbé, Concarneau.
17	7	—	—	21	10	—	—	280	Île de Groix; Pont Aven, Lorient, Hennebont; NWspitze v. Belle Île.
49	15	—	1	85	32	—	3	Gesamtverkehr 3501	Belle Île, Quiberon B, Loire Mdg., Noirmoutier Isl; Vannes, St. Nazaire, Nantes.
5	1	—	—	6	2	—	2	28	L'Île d'Yeu.
9	2	—	—	9	7	—	2	130	Les Sables d'Olonne.
23	6	—	1	26	14	—	1	2299	Île de Ré, Île d'Oléron; l'Aiguillon, La Flotte, Bassin de la Pallice, Rochefort, Bassin de la Rochelle, Charente.
48	17	8	4	96	18	2	3	4653	La Seudre, Gironde; Cordouan; Royan, Blaye, Plaigne, Bordeaux, Pauillac.
2	2	—	—	1	1	—	—	—	Hourtin.
1	1	—	—	2	1	—	—	20	Arcachon.
1	1	—	—	1	1	—	—	—	Contis.
10	4	—	—	10	6	—	—	522	Bayonne, St. Jean de Luz.
428	149	12	40	569	224	6	50		Summa
13,95	4,86	—	—	18,55	7,33	—	—		Dichte = durchschnittliche Anzahl der Feuer auf je 30 Sm.

Bonne

2	1	1	1	4	1	1	2		

französischen Grenze bis Kap Tarifa.

10	5	—	—	10	4	—	—		Kap Higuera; San Sebastian, Guetaria.
2	2	—	—	3	1	—	—		Kap Machichaco.
11	3	—	—	12	3	—	—		Bilbao, Santona.
7	2	—	—	11	1	—	—		Santander, Comillas.
4	2	—	—	4	2	—	—		Rivadesella.
6	1	—	—	8	1	—	—		Villaviciosa, Gijon, Caudas.
3	3	—	—	3	1	—	—		Kap Penas; Aviles.
4	2	—	—	6	2	—	—		Kap Busto; Rivadeo.

Fortsetzung nächste Seite.

VIII. **Spanien**

Zahl der Küstenabschnitte	Länge der Küstenabschnitte in Seemeilen	1860 Anzahl der Leuchtfeuer überhaupt	1860 Anzahl der Leuchtfeuer von mindest. 10 Sm. Sichtweite	1860 Anzahl der Feuerschiffe	1860 Anzahl der Nebelsignalstationen	1875/77 Anzahl der Leuchtfeuer überhaupt	1875/77 Anzahl der Leuchtfeuer von mindest. 10 Sm. Sichtweite	1875/77 Anzahl der Feuerschiffe	1875/77 Anzahl der Nebelsignalstationen	1880 Anzahl der Leuchtfeuer überhaupt	1880 Anzahl der Leuchtfeuer von mindest. 10 Sm. Sichtweite	1880 Anzahl der Feuerschiffe	1880 Anzahl der Nebelsignalstationen
9	30	—	—	—	—	1	—	—	—	1	—	—	—
10	30	1	1	—	—	3	1	—	—	3	1	—	—
11	30	4	3	—	—	7	4	—	—	7	4	—	—
12	30	2	2	—	—	2	2	—	—	2	2	—	—
13	30	2	1	—	—	2	1	—	—	2	1	—	—
14	30	3	3	—	—	5	5	—	—	5	5	—	—
15	30	2	2	—	—	4	4	—	—	4	4	—	—
16	20	4	—	—	—	6	1	—	—	10	3	—	—
17	30	5	—	—	—	4	1	—	—	4	1	—	—
18	30	1	1	—	—	3	1	—	—	3	1	—	—
19	30	2	1	—	—	2	2	—	—	2	2	—	—
18,33	550	44	24	—	—	72	40	—	—	78	42	—	—
		2,40	1,31	—	—	3,93	2,18	—	—	4,25	2,29	—	—

IX. **Portugal vom Minho**

Zahl der Küstenabschnitte	Länge der Küstenabschnitte in Seemeilen	1860 Anzahl der Leuchtfeuer überhaupt	1860 Anzahl der Leuchtfeuer von mindest. 10 Sm. Sichtweite	1860 Anzahl der Feuerschiffe	1860 Anzahl der Nebelsignalstationen	1875/77 Anzahl der Leuchtfeuer überhaupt	1875/77 Anzahl der Leuchtfeuer von mindest. 10 Sm. Sichtweite	1875/77 Anzahl der Feuerschiffe	1875/77 Anzahl der Nebelsignalstationen	1880 Anzahl der Leuchtfeuer überhaupt	1880 Anzahl der Leuchtfeuer von mindest. 10 Sm. Sichtweite	1880 Anzahl der Feuerschiffe	1880 Anzahl der Nebelsignalstationen
1	20	—	—	—	—	1	—	—	—	2	—	—	—
2	30	1	1	—	—	2	2	—	—	2	2	—	—
3	30	—	—	—	—	—	—	—	—	—	—	—	—
4	30	1	1	—	—	1	1	—	—	1	1	—	—
5	30	—	—	—	—	—	—	—	—	—	—	—	—
6	30	2	2	—	—	2	2	—	—	2	2	—	—
7	30	1	1	—	—	1	1	—	—	1	1	—	—
8	30	4	3	—	—	5	3	—	—	7	5	—	—
9	30	2	1	—	—	2	2	—	—	2	2	—	—
10	30	—	—	—	—	—	—	—	—	1	1	—	—
11	30	—	—	—	—	—	—	—	—	—	—	—	—
12	30	1	1	—	—	1	1	—	—	1	1	—	—
13	30	—	—	—	—	—	—	—	—	—	—	—	—
14	30	1	1	—	—	1	1	—	—	2	1	—	—
13,67	410	13	11	—	—	16	13	—	—	21	16	—	—
		0,95	0,80	—	—	1,17	0,95	—	—	1,53	1,17	—	—

(Fortsetzung).

1890				1904					
Anzahl der Leuchtfeuer überhaupt	Anzahl der Leuchtfeuer von mindest. 10 Sm. Sichtweite	Anzahl der Feuerschiffe	Anzahl der Nebelsignalstationen	Anzahl der Leuchtfeuer überhaupt	Anzahl der Leuchtfeuer von mindest. 10 Sm. Sichtweite	Anzahl der Feuerschiffe	Anzahl der Nebelsignalstationen	Ein- und ausgegangener Seeverkehr in 1000 Registertonnen	Die wichtigsten Häfen und Punkte der Küste
1	—	—	—	2	—	—	—		Vivero.
3	1	—	—	3	1	—	—		Barquero B; Cedeira.
7	4	—	—	8	3	—	—		Kap Prior; Ferrol, Coruña.
2	2	—	—	2	2	—	—		Sisargas Isl; Camarinas B.
2	1	—	—	3	2	—	1		Kap Tourinana, Corcubion B, Kap Finisterre.
5	5	—	—	6	3	—	—		Muros B, Arosa B; Villagarcia.
4	4	—	—	7	4	—	—		Pontevedra B; Vigo, Kap Silleiro.
11	1	—	—	10	2	—	—		Guadiana; Ayamonte,. Huelva, Palos.
4	1	—	—	4	1	—	—		Guadalquivir; Chipiona.
6	1	—	—	7	—	—	—		Cadiz.
2	2	—	—	3	2	—	—		Kap Trafalgar, Kap Tarifa.
94	42	—	—	112	35	—	1		Summa.
5,13	2,29	—	—	6,11	1,91	—	—		Dichte = durchschnittliche Anzahl der Feuer auf je 30 Sm.

bis zum Guadiana.

4	1	—	—	8	1	—	—		Minho Mdg., Vianna.
3	2	—	—	6	2	—	—		Povoa, Leixoes, Oporto; Douro Mdg.
—	—	—	—	1	1	—	1		Aveiro.
2	2	—	—	4	2	—	—		Figueira.
1	1	—	—	2	1	—	—		San Martinho.
3	2	—	1	3	2	—	1		Berlingas Inseln, Kap Carvoeiro.
1	1	—	—	1	1	—	1		Kap Roca.
8	6	—	1	10	7	—	1		Tajo Mdg.; Lissabon.
2	2	—	1	3	3	—	1		Kap Espichel; Setubal.
1	1	—	—	2	1	—	—		Kap Sines; Milfontes.
—	—	—	—	—	—	—	—		
1	1	—	—	2	1	—	—		Kap S. Vincente, Sagres.
—	—	—	—	3	1	—	—		Lagos.
5	1	—	—	10	1	—	—		Faro, Tavira.
31	20	—	3	55	24	—	5		Summa
2,27	1,46	—	—	4,02	1,79	—	—		Dichte = durchschnittliche Anzahl der Feuer auf je 30 Sm.

X. Grossbritannien

Irland.

Zahl der Küstenabschnitte	Länge der Küstenabschnitte in Seemeilen	1860				1875/77				1880			
		Anzahl der Leuchtfeuer überhaupt	Anzahl der Leuchtfeuer von mindest. 10 Sm. Sichtweite	Anzahl der Feuerschiffe	Anzahl der Nebelsignalstationen	Anzahl der Leuchtfeuer überhaupt	Anzahl der Leuchtfeuer von mindest. 10 Sm. Sichtweite	Anzahl der Feuerschiffe	Anzahl der Nebelsignalstationen	Anzahl der Leuchtfeuer überhaupt	Anzahl der Leuchtfeuer von mindest. 10 Sm. Sichtweite	Anzahl der Feuerschiffe	Anzahl der Nebelsignalstationen
1	15	1	1	—	—	1	1	—	—	1	1	—	—
2	30	10	1	1	—	12	2	—	—	12	2	1	—
3	30	1	1	—	—	1	1	—	1	1	1	—	1
4	30	2	2	—	—	3	3	—	1	4	3	—	1
5	30	3	2	—	—	3	2	—	1	9	2	—	2
6	30	2	1	—	—	2	1	—	1	2	1	1	1
7	30	6	3	—	1	8	2	—	1	12	3	—	2
8	30	8	5	1	4	10	7	1	3	10	5	2	5
9	30	1	1	—	—	3	2	2	2	3	2	2	2
10	30	2	1	2	2	3	2	3	3	4	2	3	3
11	30	1	1	—	1	1	1	—	1	1	1	—	1
12	30	5	5	1	2	6	4	1	2	7	3	1	2
13	30	4	3	—	—	4	3	—	—	5	3	—	1
14	30	5	3	—	—	9	3	—	2	10	3	1	3
15	30	—	—	—	—	—	—	—	—	1	1	—	—
16	30	3	3	—	—	3	3	—	—	3	3	—	—
17	30	2	1	—	—	2	2	—	—	2	2	—	—
18	30	1	1	—	—	2	2	—	—	2	2	—	—
19	30	1	—	—	—	1	—	—	—	1	—	—	—
20	30	4	4	—	—	5	5	—	—	19	5	—	—
21	30	3	3	—	—	3	3	—	—	4	3	—	—
22	30	1	1	—	—	2	2	—	—	2	2	—	—
23	30	3	2	—	—	4	4	—	—	4	4	—	—
24	30	1	1	—	—	2	2	—	—	2	2	—	—
25	30	1	1	—	—	1	1	—	—	1	1	—	—
26	30	5	5	—	—	6	6	—	—	6	6	—	—
27	30	—	—	—	—	1	1	—	—	1	1	—	—
28	30	1	1	—	—	1	1	—	—	1	1	—	—
29	30	1	1	—	—	1	1	—	—	3	2	—	—
28,5	855	78	54	5	10	100	67	7	18	133	67	11	24
		2,73	1,89	—	—	3,51	2,35	—	—	4,67	2,35	—	—

Insel

Zahl der Küstenabschnitte	Länge der Küstenabschnitte in Seemeilen	1860				1875/77				1880			
1	30	1	—	—	—	2	—	—	—	—	—	—	—
2	30	3	1	—	—	4	2	—	—	3	1	—	1
3	30	3	3	—	—	6	1	—	—	7	1	—	—
4	30	3	3	1	1	4	2	1	1	4	2	1	1
4	120	10	7	1	1	16	5	1	1	14	4	1	2
		2,5	1,75	—	—	4,00	1,25	—	—	3,5	1,00	—	—

und Irland.

Irland.

Anzahl der Leuchtfeuer überhaupt (1890)	Anzahl der Leuchtfeuer von mindest. 10 Sm. Sichtweite (1890)	Anzahl der Feuerschiffe (1890)	Anzahl der Nebelsignalstationen (1890)	Anzahl der Leuchtfeuer überhaupt (1904)	Anzahl der Leuchtfeuer von mindest. 10 Sm. Sichtweite (1904)	Anzahl der Feuerschiffe (1904)	Anzahl der Nebelsignalstationen (1904)	Ein- und ausgegangener Seeverkehr in 1000 Registertonnen (Gesamtverkehr)	Die wichtigsten Häfen und Punkte der Küste
1	1	—	—	1	1	—	—	—	Inishtrahull.
20	2	—	—	21	2	—	1	740	Loch Foyle; Londonderry, Coleraine.
1	1	—	1	1	1	—	1	—	Rathlin Isl.
8	3	—	—	11	2	—	—	—	Maidens Isl., Loch Larne.
9	3	1	3	15	4	1	5	4902	Belfast B; Belfast.
2	1	1	1	2	1	1	1	—	S. Rock, Ardglass.
15	3	—	2	29	3	—	3	853	Dundrum B; Newry River, Dundalk, Drogheda.
11	6	1	8	14	7	1	8	4848	Dublin B; Dublin.
6	2	2	2	5	2	2	3	—	Wicklow, Arklow.
5	2	3	3	6	2	3	3	166	Wexford.
2	2	1	2	2	2	1	2	—	Tuskar Rock.
9	4	1	2	14	4	1	2	988	Waterford.
5	3	—	1	5	3	—	1	—	Dungarvon, Youghal; Mine Hd.
13	4	1	4	27	4	1	7	1267	Cork, Kinsale.
3	1	—	1	5	1	—	1	—	Galley Hd.
3	3	—	1	3	3	—	1	93	Fastnet Rock, Skibbereen.
2	2	—	1	3	2	—	1	—	Bull Rock, Skelligs.
4	2	—	—	4	2	—	—	—	Valentia; Tearaght.
4	—	—	—	4	—	—	—	132	Tralee B; Tralee.
22	6	—	—	21	6	—	1	325	Shannon Mdg.; Limerick.
4	3	—	—	7	3	—	—	74	Galway B; Galway.
2	2	—	—	2	1	—	—	—	Slyne Hd.
4	4	—	—	5	4	—	—	86	Clew B; Westport.
2	2	—	—	1	1	—	—	—	Eagle Isl.
1	1	—	—	1	1	—	—	—	Broadhaven.
9	6	—	—	10	5	—	—	215	Killala, Sligo, Donegal B; Sligo.
1	1	—	—	1	1	—	—	—	Aran Isl.
1	1	—	1	1	1	—	1	—	Tory Isl.
3	2	—	—	3	2	—	—	—	Loch Swilly.
172	73	11	33	224	71	11	42		Summa
6,03	2,56	—	—	7,86	2,49	—	—		Dichte = durchschnittliche Anzahl der Feuer auf je 30 Sm.

Man.

Anzahl der Leuchtfeuer überhaupt (1890)	Anzahl der Leuchtfeuer von mindest. 10 Sm. Sichtweite (1890)	Anzahl der Feuerschiffe (1890)	Anzahl der Nebelsignalstationen (1890)	Anzahl der Leuchtfeuer überhaupt (1904)	Anzahl der Leuchtfeuer von mindest. 10 Sm. Sichtweite (1904)	Anzahl der Feuerschiffe (1904)	Anzahl der Nebelsignalstationen (1904)	Ein- und ausgegangener Seeverkehr in 1000 Registertonnen	Die wichtigsten Häfen und Punkte der Küste
4	—	—	—	4	—	—	—		Peel.
5	1	—	1	4	1	—	1		Chicken Rock; Castletown.
7	2	—	1	7	2	—	1		Douglas.
5	2	1	1	7	3	1	2		Ramsey; Ayre Pt.
21	5	1	3	22	6	1	4		Summa
5,25	1,25	—	—	5,5	1,5	—	—		Dichte = durchschnittliche Anzahl der Feuer auf je 30 Sm.

Grossbritannien

Zahl der Küstenabschnitte	Länge der Küstenabschnitte in Seemeilen	1860				1875/77				1880			
		Anzahl der Leuchtfeuer überhaupt	Anzahl der Leuchtfeuer von mindest. 10 Sm. Sichtweite	Anzahl der Feuerschiffe	Anzahl der Nebelsignalstationen	Anzahl der Leuchtfeuer überhaupt	Anzahl der Leuchtfeuer von mindest. 10 Sm. Sichtweite	Anzahl der Feuerschiffe	Anzahl der Nebelsignalstationen	Anzahl der Leuchtfeuer überhaupt	Anzahl der Leuchtfeuer von mindest. 10 Sm. Sichtweite	Anzahl der Feuerschiffe	Anzahl der Nebelsignalstationen
1	30	1	1	—	—	1	1	—	—	1	1	—	—
2	30	1	—	—	—	1	1	—	—	1	1	—	—
3	30	2	2	—	—	2	2	—	—	2	2	—	—
4	30	—	—	—	—	—	—	—	—	—	—	—	—
5	30	—	—	—	—	—	—	—	—	—	—	—	—
6	30	2	1	—	—	1	1	—	—	1	1	—	—
7	30	1	1	—	—	1	1	—	—	1	1	—	—
8	30	1	1	—	—	1	1	—	—	1	1	—	—
9	30	6	3	—	—	7	5	—	—	10	6	—	1
10	30	1	1	—	—	2	2	—	—	2	2	—	—
11	30	5	2	—	—	5	4	—	—	5	4	—	—
12	30	21	8	—	—	33	9	—	1	46	12	1	6
13	30	1	—	—	—	1	—	—	—	1	—	—	—
14	30	1	1	—	—	1	1	—	—	1	1	—	—
15—16	60	14	8	1	2	18	7	1	2	21	6	1	3
17	30	6	3	—	2	10	4	1	2	22	4	2	3
18	30	11	7	3	4	17	9	3	4	34	9	5	6
19	30	3	1	—	—	5	3	—	1	7	3	—	1
20	30	5	3	—	2	5	2	—	3	8	3	—	4
21	30	2	—	—	—	3	1	1	—	3	1	1	1
22	30	1	1	—	—	1	1	—	—	1	1	—	1
23	30	2	—	1	—	2	—	1	1	5	2	1	1
24	30	—	—	—	—	—	—	—	—	—	—	—	—
25	40	2	2	—	—	2	2	—	1	2	2	—	1
26	30	1	1	—	—	8	2	—	—	8	2	—	1
27	30	7	2	1	1	7	2	1	1	7	2	1	1
28	30	10	8	1	1	26	11	3	2	33	12	3	4
29	30	2	2	—	—	3	3	—	1	3	3	—	1
30	30	—	—	—	—	—	—	—	—	2	2	—	1
31	30	1	1	—	—	3	2	—	—	4	2	—	—
32	30	3	1	—	1	4	1	—	1	6	1	—	1
33	30	1	1	1	1	1	1	1	1	1	1	1	1
34	30	—	—	—	—	—	—	—	—	—	—	—	—
35	30	2	2	—	1	2	2	—	1	2	2	—	1

(ohne Kanalinseln).

1890				1904					
Anzahl der Leuchtfeuer überhaupt	Anzahl der Leuchtfeuer von mindest. 10 Sm. Sichtweite	Anzahl der Feuerschiffe	Anzahl der Nebelsignalstationen	Anzahl der Leuchtfeuer überhaupt	Anzahl der Leuchtfeuer von mindest. 10 Sm. Sichtweite	Anzahl der Feuerschiffe	Anzahl der Nebelsignalstationen	Ein- und ausgegangener Seeverkehr in 1000 Registertonnen	Die wichtigsten Häfen und Punkte der Küste
1	1	—	—	3	1	—	—	—	Kap Wrath, Loch Eriboll.
1	1	—	—	1	1	—	—	—	South Ear.
5	2	—	—	7	2	—	—	—	Portree; Inner Sound, Raasay Sound.
—	—	—	—	1	—	—	—	—	Uig.
—	—	—	—	1	—	—	—	—	Loch Dunvegan.
1	1	—	—	4	2	—	—	—	Hyskier Rock, Sleat Sound.
1	1	—	—	1	1	—	—	—	Ardnamurchan Pt.
1	1	—	1	1	1	—	1	—	Skerryvore.
7	6	—	1	19	7	—	1	—	Dubh Artach, Mull Sound, Firth of Lorn; Oban.
2	2	—	—	2	2	—	1	—	Loch Indail.
5	4	—	1	9	5	1	1	—	Jura Sound, Islay Sound, Mull of Cantyre.
66	14	2	8	87	13	2	13	15212	Firth of Clyde; Glasgow, Greenock, Ardrossan, Irvine, Troon, Ayr, Stranraer, Campbelltown.
1	—	—	—	1	1	—	1	—	Port Patrick.
1	1	—	—	1	1	—	1	—	Mull of Galloway.
23	7	2	5	29	8	2	7	Gesamtverkehr 1928	Firth of Solway; Wigton, Dumfries, Carlisle, Maryport, Workington, Whitehaven.
21	4	2	3	37	4	2	7	2675	Morecambe B; Barrow, Lancaster, Fleetwood.
25	9	5	7	59	8	9	13	23849	Liverpool B; Preston, Liverpool, Manchester, Runcorn, Chester.
7	3	—	1	9	3	—	1	} 2698	Great Ormes Hd.; Beaumaris.
8	3	—	4	10	3	—	5		Skerries, N. u. S. Stack; Holyhead.
4	1	1	1	7	1	1	1	254	Carnarvon B; Carnarvon.
1	1	—	1	1	1	—	1	—	Bardsey Isl.
9	3	1	1	8	2	1	2	53	Cardigan B; Aberystwyth.
—	—	—	—	1	—	—	—	29	Cardigan.
2	2	—	2	2	2	—	2	—	Smalls, S. Bishop.
11	4	—	1	14	4	—	1	545	Milford.
7	2	1	1	10	2	1	1	378	Caermarthen B; Llanelly.
39	13	3	4	65	14	3	10	32254	Bristol Channel; Swansea, Cardiff, Newport, Gloucester, Bristol, Bridgewater.
4	4	—	2	5	4	—	2	424	Lundy N, Barnstaple B; Barnstaple, Bideford.
2	2	—	1	2	2	—	2	—	Lundy S.
2	1	—	—	3	1	—	—	48	Padstow.
8	1	—	1	6	1	—	1	—	St. Ives B; St. Ives, Hayle.
1	1	1	1	2	2	1	2	—	Seven Stones, Kap Cornwall.
1	1	—	—	1	1	—	—	} 42	Round Isl. } Scilly Isl.
2	2	—	1	3	2	—	1		Bishop Rock, St. Agnes } Scilly Isl.

Fortsetzung nächste Seite.

Grossbritannien

Zahl der Küstenabschnitte	Länge der Küstenabschnitte in Seemeilen	1860				1875/77				1880			
		Anzahl der Leuchtfeuer überhaupt	Anzahl der Leuchtfeuer von mindest. 10 Sm. Sichtweite	Anzahl der Feuerschiffe	Anzahl der Nebelsignalstationen	Anzahl der Leuchtfeuer überhaupt	Anzahl der Leuchtfeuer von mindest. 10 Sm. Sichtweite	Anzahl der Feuerschiffe	Anzahl der Nebelsignalstationen	Anzahl der Leuchtfeuer überhaupt	Anzahl der Leuchtfeuer von mindest. 10 Sm. Sichtweite	Anzahl der Feuerschiffe	Anzahl der Nebelsignalstationen
36	30	1	1	—	—	2	2	—	1	2	2	—	2
37	30	2	1	—	—	3	3	—	—	3	3	—	1
38	30	1	1	—	—	2	1	—	1	4	1	—	1
39	30	3	1	—	1	4	1	—	1	7	1	—	2
40	30	1	1	—	1	1	1	—	—	1	1	—	1
41	30	4	1	—	—	7	1	—	—	9	1	—	—
42	30	1	—	—	—	2	—	—	—	2	—	—	—
43	30	4	2	1	1	6	3	1	1	8	3	1	2
44—45	60	11	3	3	3	28	4	3	5	42	4	4	5
46	30	4	3	1	1	8	4	1	1	11	4	1	1
47	30	3	1	—	—	4	2	—	—	6	4	1	1
48	30	3	1	—	1	6	2	—	1	11	2	—	1
49	30	7	3	1	2	10	5	2	2	12	4	2	3
50—51	60	28	18	13	17	31	21	13	16	43	23	14	16
52	30	1	—	—	—	1	—	—	—	1	—	—	—
53	30	8	5	4	4	9	7	4	5	17	7	4	5
54	30	4	4	2	2	5	5	3	2	6	6	3	3
55	30	3	3	2	2	5	3	2	2	9	5	4	4
56	30	7	4	3	2	18	5	3	2	33	6	4	3
57	30	3	2	—	—	3	2	—	1	3	2	—	1
58	30	3	3	—	—	4	3	—	—	4	3	—	—
59	30	11	7	1	—	19	11	—	1	26	11	—	1
60	30	4	3	—	—	5	4	—	—	10	4	—	—
61	30	3	2	—	—	3	3	—	—	5	3	—	1
62	30	21	4	—	—	30	6	—	2	40	6	—	3
63	30	9	4	—	2	13	6	—	2	23	8	1	3
64	30	1	—	—	—	1	—	—	—	2	—	—	—
65	30	6	4	—	—	6	4	—	—	13	5	—	1
66	30	2	1	—	—	2	1	—	—	3	1	—	—
67	30	3	—	—	—	3	—	—	—	6	—	—	—
68	30	6	3	—	—	6	3	—	—	10	3	—	—
69	30	1	—	—	—	1	—	—	—	1	—	—	—
70	30	2	1	—	—	2	1	—	—	3	1	—	—
71	30	2	1	—	—	2	2	—	—	2	2	—	—
72	30	—	—	—	—	—	—	—	—	—	—	—	—
72,33	2170	289	152	39	54	425	197	44	68	619	216	55	100
		3,99	2,10	—	—	5,87	2,72	—	—	8,56	2,99	—	—

(Fortsetzung).

1890: Anzahl der Leuchtfeuer überhaupt	1890: Anzahl der Leuchtfeuer von mindest. 10 Sm. Sichtweite	1890: Anzahl der Feuerschiffe	1890: Anzahl der Nebelsignalstationen	1904: Anzahl der Leuchtfeuer überhaupt	1904: Anzahl der Leuchtfeuer von mindest. 10 Sm. Sichtweite	1904: Anzahl der Feuerschiffe	1904: Anzahl der Nebelsignalstationen	Ein- und ausgegangener Seeverkehr in 1000 Registertonnen	Die wichtigsten Häfen und Punkte der Küste
2	2	—	2	2	2	—	2	—	Wolf Rock, K. Lands End.
4	3	—	1	8	1	—	1	460	Penzance, Lizard Hd.
3	1	—	1	8	3	—	1	1337	Falmouth, Truro, Fowey.
10	2	—	2	14	2	—	3	1860	Eddystone; Plymouth, Salcombe.
1	1	—	1	1	1	—	1	—	Start Pt.
14	1	—	—	17	1	—	—	761	Dartmouth, Brixham, Teignmouth, Exeter.
2	—	—	—	4	—	—	—	—	Lyme Regis.
8	3	1	2	13	4	1	4	400	Bill of Portland; Weymouth.
52	7	5	7	82	9	4	7	13588	Insel Wight und Rhede; Poole, Southampton, Portsmouth, Cowes.
13	3	1	1	13	3	1	3	259	Little Hampton, Shoreham.
7	4	1	2	7	3	1	3	976	Newhaven; Beachy Hd.
9	2	—	1	11	2	—	1	—	Hastings, Rye.
13	4	2	4	19	7	3	7	3155	Folkestone, Dover; S. Foreland.
60	26	17	21	99	32	17	26	35735	Themse Mdg.; Ramsgate, Faversham, Whitstable, Rochester, London, Colchester, Harwich, Ipswich.
4	3	1	—	4	3	1	2	—	Southwold.
19	11	7	8	27	11	7	9	716	Lowestoft, Yarmouth, Winterton.
5	5	3	3	6	5	3	3	—	Hasborough, Cromer.
10	5	4	4	15	6	6	4	849	The Wash; Lynn, Boston, Wisbeach.
36	6	5	4	19	6	3	5	10391	Grimsby, Goole, Hull; Humber River.
3	2	—	1	6	2	—	1	116	Flamborough Hd.; Scarborough.
4	3	—	—	4	2	—	1	221	Whitby.
29	11	—	2	36	10	—	7	27781	Tees River, Tyne River; Middlesborough, Stockton, Hartlepool, Sunderland, Newcastle.
12	4	—	—	15	4	—	2	3499	Blyth.
7	4	—	1	7	3	—	1	65	Longstone; Berwick.
58	8	—	3	70	10	—	5	10038	Firth of Forth; Leith, Granton, Borrowstonness, Grangemouth, Alloa, May Isl., Kirkcaldy.
37	10	2	4	35	9	2	6	1111	Firth of Tay; Dundee, Arbroath, Montrose; Bell Rock.
6	—	—	—	8	1	—	1	—	Stonehaven.
16	5	—	3	15	4	—	2	2012	Aberdeen, Peterhead.
9	1	—	—	11	2	—	1	113	Kinnaird Hd.; Fraserborough.
8	—	—	—	12	—	—	—	70	Banff.
27	5	—	—	38	6	—	—	893	Firth of Moray; Inverness.
4	—	—	—	3	—	—	—	—	Dunbeath, Lybster.
6	1	—	—	7	1	—	1	248	Wick; Noss Hd.
2	2	—	—	3	2	—	1	—	Dunnet Hd.
—	—	—	—	—	—	—	—	—	
769	243	67	126	1051	259	72	189		Summa; Dichte = durchschnittl.
10,63	3,36	—	—	14,53	3,59	—	—		Anzahl der Feuer auf je 30 Sm.

(Seeverkehr Southwold bis Tees River: Gesamtverkehr)

Hebriden.

Zahl der Küstenabschnitte	Länge der Küstenabschnitte in Seemeilen	1860				1875/77				1880			
		Anzahl der Leuchtfeuer überhaupt	Anzahl der Leuchtfeuer von mindest. 10 Sm. Sichtweite	Anzahl der Feuerschiffe	Anzahl der Nebelsignalstationen	Anzahl der Leuchtfeuer überhaupt	Anzahl der Leuchtfeuer von mindest. 10 Sm. Sichtweite	Anzahl der Feuerschiffe	Anzahl der Nebelsignalstationen	Anzahl der Leuchtfeuer überhaupt	Anzahl der Leuchtfeuer von mindest. 10 Sm. Sichtweite	Anzahl der Feuerschiffe	Anzahl der Nebelsignalstationen
1	30	1	—	—	—	1	1	—	—	1	1	—	—
2	30	—	—	—	—	—	—	—	—	—	—	—	—
3	30	1	1	—	—	1	1	—	—	1	1	—	—
4	30	1	1	—	—	1	1	—	—	2	1	—	—
5	30	1	1	—	—	1	1	—	—	1	1	—	—
6	30	—	—	—	—	—	—	—	—	—	—	—	—
7	30	1	1	—	—	1	1	—	—	1	1	—	—
8	30	—	—	—	—	—	—	—	—	—	—	—	—
9	30	—	—	—	—	1	1	—	—	1	1	—	—
10	30	—	—	—	—	—	—	—	—	—	—	—	—
11	30	—	—	—	—	—	—	—	—	—	—	—	—
12	30	—	—	—	—	—	—	—	—	—	—	—	—
12	360	5	4	—	—	6	6	—	—	7	6	—	—
		0,42	0,33	—	—	0,50	0,50	—	—	0,58	0,50	—	—

Orkney

Zahl der Küstenabschnitte	Länge der Küstenabschnitte in Seemeilen	1860				1875/77				1880			
1	20	—	—	—	—	—	—	—	—	—	—	—	—
2	30	—	—	—	—	—	—	—	—	—	—	—	—
3	30	1	1	—	—	2	2	—	—	2	2	—	—
4	30	1	1	—	—	1	1	—	—	1	1	—	—
5	30	1	1	—	—	2	2	—	—	2	2	—	—
6	30	2	1	—	—	3	2	—	—	4	2	—	—
7	30	1	1	—	—	1	1	—	—	1	1	—	—
6,67	200	6	5	—	—	9	8	—	—	10	8	—	—
		0,89	0,75	—	—	1,35	1,19	—	—	1,50	1,19	—	—

Shetland

Zahl der Küstenabschnitte	Länge der Küstenabschnitte in Seemeilen	1860				1875/77				1880			
1	20	—	—	—	—	—	—	—	—	—	—	—	—
2	30	—	—	—	—	—	—	—	—	—	—	—	—
3	30	—	—	—	—	—	—	—	—	—	—	—	—
4	30	—	—	—	—	—	—	—	—	—	—	—	—
5	30	1	1	—	—	1	1	—	—	1	1	—	—
6	30	2	2	—	—	2	2	—	—	2	2	—	—
7	30	—	—	—	—	—	—	—	—	—	—	—	—
8	30	—	—	—	—	—	—	—	—	—	—	—	—
9	30	1	1	—	—	1	1	—	—	1	1	—	—
8,67	260	4	4	—	—	4	4	—	—	4	4	—	—
		0,46	0,46	—	—	0,46	0,46	—	—	0,46	0,46	—	—

Hebriden.

1890				1904					
Anzahl der Leuchtfeuer überhaupt	Anzahl der Leuchtfeuer von mindest. 10 Sm. Sichtweite	Anzahl der Feuerschiffe	Anzahl der Nebelsignalstationen	Anzahl der Leuchtfeuer überhaupt	Anzahl der Leuchtfeuer von mindest. 10 Sm. Sichtweite	Anzahl der Feuerschiffe	Anzahl der Nebelsignalstationen	Ein- und ausgegangener Seeverkehr in 1000 Registertonnen	Die wichtigsten Häfen und Punkte der Küste
2	1	—	—	1	1	—	1	—	Butt of Lewis.
—	—	—	—	1	1	—	—	—	Tiumpan Head.
3	1	—	—	3	1	—	—	545	Stornoway.
2	1	—	—	4	1	—	—	—	East Loch Tarbert.
3	1	—	—	4	1	—	—	—	Ushinish.
1	—	—	—	3	—	—	—	—	Castle Bay.
1	1	—	—	1	1	—	—	—	Barra Head.
—	—	—	—	—	—	—	—	—	
1	1	—	—	1	1	—	—	—	Monach Islands.
—	—	—	—	—	—	—	—	—	
—	—	—	—	1	1	—	—	—	Flannan Islands.
1	—	—	—	3	—	—	—	—	Loch Roag.
14	6	—	—	22	8	—	1		Summa
1,17	0,50	—	—	1,83	0,66	—	—		Dichte = durchschnittliche Anzahl der Feuer auf je 30 Sm.

Inseln.

—	—	—	—	—	—	—	—		
—	—	—	—	2	1	—	—		Noup Hd.
3	2	—	—	6	3	—	—		Hoy Sound.
1	1	—	—	3	2	—	1		Stroma Isl., Hoxa Sound.
2	2	—	—	3	1	—	—		Pentland Skerries, Holm Sound.
3	3	—	—	5	4	—	—	469	Kirkwall; Auskerry, Start Pt.
1	1	—	—	2	1	—	—		Dennis Hd.
10	9	—	—	21	12	—	1		Summa
1,50	1,35	—	—	3,15	1,78	—	—		Dichte = durchschnittliche Anzahl der Feuer auf je 30 Sm.

Inseln.

—	—	—	—	—	—	—	—		
—	—	—	—	2	—	—	—		St. Magnus B.
—	—	—	—	—	—	—	—		
—	—	—	—	3	—	—	—		Scalloway.
1	1	—	—	1	1	—	—		Sumburgh Hd.
3	2	—	—	5	1	—	—	296	Lerwick.
—	—	—	—	1	1	—	—		Out Skerries.
—	—	—	—	1	—	—	—		Balta Sound.
1	1	—	—	1	1	—	—		Muckle Flugga.
5	4	—	—	14	4	—	—		Summa
0,57	0,46	—	—	1,61	0,46	—	—		Dichte = durchschnittliche Anzahl der Feuer auf je 30 Sm.

Sule

Zahl der Küstenabschnitte	Länge der Küstenabschnitte in Seemeilen	1860				1875/77				1880			
		Anzahl der Leuchtfeuer überhaupt	Anzahl der Leuchtfeuer von mindest. 10 Sm. Sichtweite	Anzahl der Feuerschiffe	Anzahl der Nebelsignalstationen	Anzahl der Leuchtfeuer überhaupt	Anzahl der Leuchtfeuer von mindest. 10 Sm. Sichtweite	Anzahl der Feuerschiffe	Anzahl der Nebelsignalstationen	Anzahl der Leuchtfeuer überhaupt	Anzahl der Leuchtfeuer von mindest. 10 Sm. Sichtweite	Anzahl der Feuerschiffe	Anzahl der Nebelsignalstationen
1	70	—	—	—	—	—	—	—	—	—	—	—	—

Insel

Zahl der Küstenabschnitte	Länge der Küstenabschnitte in Seemeilen	1860				1875/77				1880			
1	70	—	—	—	—	—	—	—	—	—	—	—	—

XI. Faer

Zahl der Küstenabschnitte	Länge der Küstenabschnitte in Seemeilen	1860				1875/77				1880			
1	20	—	—	—	—	—	—	—	—	—	—	—	—
2—4	90	—	—	—	—	—	—	—	—	—	—	—	—
5	30	—	—	—	—	—	—	—	—	—	—	—	—
6	30	—	—	—	—	—	—	—	—	—	—	—	—
7—8	60	—	—	—	—	—	—	—	—	—	—	—	—
7,67	230	—	—	—	—	—	—	—	—	—	—	—	—
		—	—	—	—	—	—	—	—	—	—	—	—

Island.

Zahl der Küstenabschnitte	Länge der Küstenabschnitte in Seemeilen	1860				1875/77				1880			
1	30	—	—	—	—	—	—	—	—	1	1	—	—
2	30	—	—	—	—	—	—	—	—	—	—	—	—
3—4	60	—	—	—	—	—	—	—	—	—	—	—	—
5	30	—	—	—	—	—	—	—	—	—	—	—	—
6—7	60	—	—	—	—	—	—	—	—	—	—	—	—
8	30	—	—	—	—	—	—	—	—	—	—	—	—
9	30	—	—	—	—	—	—	—	—	—	—	—	—
10—14	150	—	—	—	—	—	—	—	—	—	—	—	—
15	30	—	—	—	—	—	—	—	—	—	—	—	—
16	30	—	—	—	—	—	—	—	—	—	—	—	—
17—23	210	—	—	—	—	—	—	—	—	—	—	—	—
24	30	—	—	—	—	—	—	—	—	—	—	—	—
25—37	390	—	—	—	—	—	—	—	—	—	—	—	—
37	1110	—	—	—	—	—	—	—	—	1	1	—	—
		—	—	—	—	—	—	—	—	0,03	0,08	—	—

Skerry.

1890: Anzahl der Leuchtfeuer überhaupt	1890: Anzahl der Leuchtfeuer von mindest. 10 Sm. Sichtweite	1890: Anzahl der Feuerschiffe	1890: Anzahl der Nebelsignalstationen	1904: Anzahl der Leuchtfeuer überhaupt	1904: Anzahl der Leuchtfeuer von mindest. 10 Sm. Sichtweite	1904: Anzahl der Feuerschiffe	1904: Anzahl der Nebelsignalstationen	Ein- und ausgegangener Seeverkehr in 1000 Registertonnen	Die wichtigsten Häfen und Punkte der Küste
—	—	—	—	1	1	—	—		

Fair.

1890: Anzahl der Leuchtfeuer überhaupt	1890: Anzahl der Leuchtfeuer von mindest. 10 Sm. Sichtweite	1890: Anzahl der Feuerschiffe	1890: Anzahl der Nebelsignalstationen	1904: Anzahl der Leuchtfeuer überhaupt	1904: Anzahl der Leuchtfeuer von mindest. 10 Sm. Sichtweite	1904: Anzahl der Feuerschiffe	1904: Anzahl der Nebelsignalstationen	Ein- und ausgegangener Seeverkehr in 1000 Registertonnen	Die wichtigsten Häfen und Punkte der Küste
—	—	—	—	2	2	—	2		

Oer.

1890: Anzahl der Leuchtfeuer überhaupt	1890: Anzahl der Leuchtfeuer von mindest. 10 Sm. Sichtweite	1890: Anzahl der Feuerschiffe	1890: Anzahl der Nebelsignalstationen	1904: Anzahl der Leuchtfeuer überhaupt	1904: Anzahl der Leuchtfeuer von mindest. 10 Sm. Sichtweite	1904: Anzahl der Feuerschiffe	1904: Anzahl der Nebelsignalstationen	Ein- und ausgegangener Seeverkehr in 1000 Registertonnen	Die wichtigsten Häfen und Punkte der Küste
—	—	—	—	—	—	—	—		
—	—	—	—	—	—	—	—		
—	—	—	—	4	4	—	—		Siderö, Trangjisvaag Fj.
1	—	—	—	5	4	—	—		Thorshavn.
—	—	—	—	—	—	—	—		
1	—	—	—	9	8	—	—		Summa
0,13	—	—	—	1,17	1,04	—	—		Dichte = durchschnittliche Anzahl der Feuer auf je 30 Sm.

Island.

1890: Anzahl der Leuchtfeuer überhaupt	1890: Anzahl der Leuchtfeuer von mindest. 10 Sm. Sichtweite	1890: Anzahl der Feuerschiffe	1890: Anzahl der Nebelsignalstationen	1904: Anzahl der Leuchtfeuer überhaupt	1904: Anzahl der Leuchtfeuer von mindest. 10 Sm. Sichtweite	1904: Anzahl der Feuerschiffe	1904: Anzahl der Nebelsignalstationen	Ein- und ausgegangener Seeverkehr in 1000 Registertonnen	Die wichtigsten Häfen und Punkte der Küste
2	1	—	—	2	2	—	—		Kap Reykjanes, Skagispitze.
5	—	—	—	11	2	—	—		Fax B; Reykjavik.
—	—	—	—	—	—	—	—		
—	—	—	—	1	1	—	—		Brede B; Stykkisholmr.
—	—	—	—	—	—	—	—		
—	—	—	—	3	—	—	—		Patrek-, Arnar-, Dyre Fjord.
—	—	—	—	4	3	—	—		Isafj.
—	—	—	—	—	—	—	—		
—	—	—	—	1	—	—	—		Skagafj.
—	—	—	—	2	—	—	—		Oefj.
—	—	—	—	—	—	—	—		
—	—	—	—	1	—	—	—		Seidisfj.
—	—	—	—	—	—	—	—		
7	1	—	—	25	8	—	—		Summa
0,19	0,03	—	—	0,67	0,21	—	—		Dichte = durchschnittliche Anzahl der Feuer auf je 30 Sm.

XII. Azoren

Zahl der Küstenabschnitte	Länge der Küstenabschnitte in Seemeilen	1860				1875/77				1880			
		Anzahl der Leuchtfeuer überhaupt	Anzahl der Leuchtfeuer von mindest. 10 Sm. Sichtweite	Anzahl der Feuerschiffe	Anzahl der Nebelsignalstationen	Anzahl der Leuchtfeuer überhaupt	Anzahl der Leuchtfeuer von mindest. 10 Sm. Sichtweite	Anzahl der Feuerschiffe	Anzahl der Nebelsignalstationen	Anzahl der Leuchtfeuer überhaupt	Anzahl der Leuchtfeuer von mindest. 10 Sm. Sichtweite	Anzahl der Feuerschiffe	Anzahl der Nebelsignalstationen
Flores.													
1	30	—	—	—	—	—	—	—	—	—	—	—	—
2—3	60	—	—	—	—	—	—	—	—	—	—	—	—
3	90	—	—	—	—	—	—	—	—	—	—	—	—
Graciosa.													
1	30	—	—	—	—	—	—	—	—	—	—	—	—
2—3	50	—	—	—	—	—	—	—	—	—	—	—	—
2,67	80	—	—	—	—	—	—	—	—	—	—	—	—
Fayal.													
1	30	—	—	—	—	—	—	—	—	—	—	—	—
2	30	—	—	—	—	—	—	—	—	—	—	—	—
3	30	—	—	—	—	—	—	—	—	—	—	—	—
3	90	—	—	—	—	—	—	—	—	—	—	—	—
San Jorge.													
1	30	—	—	—	—	—	—	—	—	—	—	—	—
2—4	90	—	—	—	—	—	—	—	—	—	—	—	—
4	120	—	—	—	—	—	—	—	—	—	—	—	—
Terceira.													
1	30	—	—	—	—	—	—	—	—	—	—	—	—
2—4	75	—	—	—	—	—	—	—	—	—	—	—	—
3,5	105	—	—	—	—	—	—	—	—	—	—	—	—
San Miguel.													
1	30	1	1	—	—	1	1	—	—	2	—	—	—
2	30	—	—	—	—	—	—	—	—	—	—	—	—
3	30	—	—	—	—	—	—	—	—	1	1	—	—
4—5	50	—	—	—	—	—	—	—	—	—	—	—	—
4,67	140	1	1	—	—	1	1	—	—	3	1	—	—
		0,21	0,21	—	—	0,21	0,21	—	—	0,64	0,21	—	—

und Madeira.

1890				1904					
Anzahl der Leuchtfeuer überhaupt	Anzahl der Leuchtfeuer von mindest. 10 Sm. Sichtweite	Anzahl der Feuerschiffe	Anzahl der Nebelsignalstationen	Anzahl der Leuchtfeuer überhaupt	Anzahl der Leuchtfeuer von mindest. 10 Sm. Sichtweite	Anzahl der Feuerschiffe	Anzahl der Nebelsignalstationen	Ein- und ausgegangener Seeverkehr in 1000 Registertonnen	Die wichtigsten Häfen und Punkte der Küste
Flores.									
—	—	—	—	1	—	—	—		Santa Cruz.
—	—	—	—	—	—	—	—		
—	—	—	—	1	—	—	—		Summa
Graciosa.									
—	—	—	—	1	—	—	—		Santa Cruz.
—	—	—	—	—	—	—	—		
—	—	—	—	1	—	—	—		Summa
Fayal.									
—	—	—	—	1	1	—	1		Wspitze.
1	—	—	—	1	—	—	—		Horta.
—	—	—	—	—	—	—	—		
1	—	—	—	2	1	—	1		Summa
San Jorge.									
—	—	—	—	1	—	—	—		Vellas.
—	—	—	—	—	—	—	—		
—	—	—	—	1	—	—	—		Summa
Terceira.									
1	1	—	—	1	—	—	—		Angra.
—	—	—	—	—	—	—	—		
1	1	—	—	1	—	—	—		Summa
San Miguel.									
2	—	—	—	4	1	—	—		Ferraria; Ponta Delgada.
—	—	—	—	1	1	—	—		Villa Franca.
1	1	—	—	1	1	—	—		Arnelspitze.
—	—	—	—	—	—	—	—		
3	1	—	—	6	3	—	—		Summa
0,64	0,21	—	—	1,28	0,64	—	—		Dichte = durchschnittliche Anzahl der Feuer auf je 30 Sm.

XII. Azoren und Madeira

Santa

Zahl der Küstenabschnitte	Länge der Küstenabschnitte in Seemeilen	1860				1875/77				1880			
		Anzahl der Leuchtfeuer überhaupt	Anzahl der Leuchtfeuer von mindest. 10 Sm. Sichtweite	Anzahl der Feuerschiffe	Anzahl der Nebelsignal-stationen	Anzahl der Leuchtfeuer überhaupt	Anzahl der Leuchtfeuer von mindest. 10 Sm. Sichtweite	Anzahl der Feuerschiffe	Anzahl der Nebelsignal-stationen	Anzahl der Leuchtfeuer überhaupt	Anzahl der Leuchtfeuer von mindest. 10 Sm. Sichtweite	Anzahl der Feuerschiffe	Anzahl der Nebelsignal-stationen
1	30	—	—	—	—	—	—	—	—	—	—	—	—
2—3	50	—	—	—	—	—	—	—	—	—	—	—	—
2,67	80	—	—	—	—	—	—	—	—	—	—	—	—

Madeira.

1	30	—	—	—	—	1	—	—	—	1	—	—	—
2—3	60	—	—	—	—	—	—	—	—	—	—	—	—
4	30	—	—	—	—	1	1	—	—	1	1	—	—
5—6	60	—	—	—	—	—	—	—	—	—	—	—	—
6	180	—	—	—	—	2	1	—	—	2	1	—	—
		—	—	—	—	0,33	0,17	—	—	0,33	0,17	—	—

Porto

1	30	—	—	—	—	—	—	—	—	—	—	—	—
2—3	60	—	—	—	—	—	—	—	—	—	—	—	—
3	90	—	—	—	—	—	—	—	—	—	—	—	—

XIII. Kanarische

Palma.

1	30	—	—	—	—	1	1	—	—	1	1	—	—
2	30	—	—	—	—	—	—	—	—	—	—	—	—
3—5	70	—	—	—	—	—	—	—	—	—	—	—	—
4,33	130	—	—	—	—	1	1	—	—	1	1	—	—

Gomera.

1	30	—	—	—	—	—	—	—	—	—	—	—	—
2—4	75	—	—	—	—	—	—	—	—	—	—	—	—
3,5	105	—	—	—	—	—	—	—	—	—	—	—	—

(Fortsetzung).

Maria.

1890: Anzahl der Leuchtfeuer überhaupt	1890: Anzahl der Leuchtfeuer von mindest. 10 Sm. Sichtweite	1890: Anzahl der Feuerschiffe	1890: Anzahl der Nebelsignalstationen	1904: Anzahl der Leuchtfeuer überhaupt	1904: Anzahl der Leuchtfeuer von mindest. 10 Sm. Sichtweite	1904: Anzahl der Feuerschiffe	1904: Anzahl der Nebelsignalstationen	Ein- und ausgegangener Seeverkehr in 1000 Registertonnen	Die wichtigsten Häfen und Punkte der Küste
—	—	—	—	2	—	—	—		Villa do Porto.
—	—	—	—	—	—	—	—		
—	—	—	—	2	—	—	—		Summa

Madeira.

1890: überhaupt	1890: mind. 10 Sm.	1890: Feuerschiffe	1890: Nebelsignalst.	1904: überhaupt	1904: mind. 10 Sm.	1904: Feuerschiffe	1904: Nebelsignalst.	Seeverkehr	Häfen und Punkte
1	—	—	—	1	—	—	—		Funchal.
—	—	—	—	—	—	—	—		
1	1	—	—	1	1	—	—		Ospitze.
—	—	—	—	—	—	—	—		
2	1	—	—	2	1	—	—		Summa
0,33	0,17	—	—	0,33	0,17	—	—		Dichte = durchschnittliche Anzahl der Feuer auf je 30 Sm.

Santo.

1890: überhaupt	1890: mind. 10 Sm.	1890: Feuerschiffe	1890: Nebelsignalst.	1904: überhaupt	1904: mind. 10 Sm.	1904: Feuerschiffe	1904: Nebelsignalst.	Seeverkehr	Häfen und Punkte
—	—	—	—	1	1	—	—		Cima östl. Porto Santa.
—	—	—	—	—	—	—	—		
—	—	—	—	1	1	—	—		Summa

Inseln.

Palma.

1890: überhaupt	1890: mind. 10 Sm.	1890: Feuerschiffe	1890: Nebelsignalst.	1904: überhaupt	1904: mind. 10 Sm.	1904: Feuerschiffe	1904: Nebelsignalst.	Seeverkehr	Häfen und Punkte
1	1	—	—	2	1	—	—		Cumplidaspitze, Santa Cruz.
—	—	—	—	1	1	—	—		Sspitze.
—	—	—	—	—	—	—	—		
1	1	—	—	3	2	—	—		Summa

Gomera.

1890: überhaupt	1890: mind. 10 Sm.	1890: Feuerschiffe	1890: Nebelsignalst.	1904: überhaupt	1904: mind. 10 Sm.	1904: Feuerschiffe	1904: Nebelsignalst.	Seeverkehr	Häfen und Punkte
—	—	—	—	1	1	—	—		San Cristobal.
—	—	—	—	—	—	—	—		
—	—	—	—	1	1	—	—		Summa

XIII. Kanarische Inseln

Teneriffa.

Zahl der Küstenabschnitte	Länge der Küstenabschnitte in Seemeilen	1860				1875/77				1880			
		Anzahl der Leuchtfeuer überhaupt	Anzahl der Leuchtfeuer von mindest. 10 Sm. Sichtweite	Anzahl der Feuerschiffe	Anzahl der Nebelsignalstationen	Anzahl der Leuchtfeuer überhaupt	Anzahl der Leuchtfeuer von mindest. 10 Sm. Sichtweite	Anzahl der Feuerschiffe	Anzahl der Nebelsignalstationen	Anzahl der Leuchtfeuer überhaupt	Anzahl der Leuchtfeuer von mindest. 10 Sm. Sichtweite	Anzahl der Feuerschiffe	Anzahl der Nebelsignalstationen
1	30	—	—	—	—	1	1	—	—	1	1	—	—
2	30	1	—	—	—	1	—	—	—	2	—	—	—
3	30	—	—	—	—	—	—	—	—	—	—	—	—
4	30	—	—	—	—	—	—	—	—	—	—	—	—
5	30	—	—	—	—	—	—	—	—	—	—	—	—
6—7	45	—	—	—	—	—	—	—	—	—	—	—	—
6,5	195	1	—	—	—	2	1	—	—	3	1	—	—
		0,15	—	—	—	0,31	0,15	—	—	0,46	0,15	—	—

Gran

Zahl der Küstenabschnitte	Länge der Küstenabschnitte in Seemeilen	1860				1875/77				1880			
1	30	—	—	—	—	2	1	—	—	2	1	—	—
2	30	—	—	—	—	—	—	—	—	—	—	—	—
3	30	—	—	—	—	—	—	—	—	—	—	—	
4	30	—	—	—	—	—	—	—	—	—	—	—	—
5	30	—	—	—	—	—	—	—	—	—	—	—	—
5	150	—	—	—	—	2	1	—	—	2	1	—	—
		—	—	—	—	0,4	0,2	—	—	0,4	0,2	—	—

Fuerteventura

Zahl der Küstenabschnitte	Länge der Küstenabschnitte in Seemeilen	1860				1875/77				1880			
1	30	—	—	—	—	1	1	—	—	1	1	—	—
2	30	—	—	—	—	—	—	—	—	—	—	—	—
3	30	—	—	—	—	—	—	—	—	—	—	—	—
4	30	—	—	—	—	1	—	—	—	1	—	—	—
5—7	80	—	—	—	—	—	—	—	—	—	—	—	—
6,67	200	—	—	—	—	2	1	—	—	2	1	—	—

Lanzarote

Zahl der Küstenabschnitte	Länge der Küstenabschnitte in Seemeilen	1860				1875/77				1880			
1	30	—	—	—	—	1	1	—	—	1	1	—	—
2	30	—	—	—	—	2	—	—	—	2	—	—	—
3—4	45	—	—	—	—	—	—	—	—	—	—	—	—
5	30	—	—	—	—	1	1	—	—	1	1	—	—
6	30	—	—	—	—	—	—	—	—	—	—	—	—
5,5	165	—	—	—	—	4	2	—	—	4	2	—	—

(Fortsetzung).

Teneriffa.

1890				1904					
Anzahl der Leuchtfeuer überhaupt	Anzahl der Leuchtfeuer von mindest. 10 Sm. Sichtweite	Anzahl der Feuerschiffe	Anzahl der Nebelsignalstationen	Anzahl der Leuchtfeuer überhaupt	Anzahl der Leuchtfeuer von mindest. 10 Sm. Sichtweite	Anzahl der Feuerschiffe	Anzahl der Nebelsignalstationen	Ein- und ausgegangener Seeverkehr in 1000 Registertonnen	Die wichtigsten Häfen und Punkte der Küste
1	1	—	—	1	1	—	—		NOspitze.
2	—	—	—	2	—	—	—		Santa Cruz.
—	—	—	—	1	1	—	—		Punta Abona.
—	—	—	—	1	1	—	—		Sspitze.
—	—	—	—	1	1	—	—		NWspitze.
—	—	—	—	—	—	—	—		
3	1	—	—	6	4	—	—		Summa
0,46	0,15	—	—	0,92	0,62	—	—		Dichte = durchschnittliche Anzahl der Feuer auf je 30 Sm.

Canaria.

3	1	—	—	4	1	—	—		La Luz, Las Palmas.
—	—	—	—	1	1	—	—		Arinaga.
—	—	—	—	1	1	—	—		Maspalomas.
—	—	—	—	—	—	—	—		
—	—	—	—	1	1	—	—		NWspitze.
3	1	—	—	7	4	—	—		Summa
0,6	0,2	—	—	1,4	0,8	—	—		Dichte = durchschnittliche Anzahl der Feuer auf je 30 Sm.

mit Lobos.

1	1	—	—	1	1	—	—		SWspitze.
—	—	—	—	—	—	—	—		
—	—	—	—	1	—	—	—		NWEnde.
1	—	—	—	1	—	—	—		Lobos.
—	—	—	—	—	—	—	—		
2	1	—	—	3	1	—	—		Summa

mit Allegranza.

1	1	—	—	1	1	—	—		SWspitze.
2	—	—	—	2	—	—	—		Naos.
—	—	—	—	—	—	—	—		
1	1	—	—	1	1	—	—		Allegranza.
—	—	—	—	—	—	—	—		
4	2	—	—	4	2	—	—		Summa

XIV. Kapverdische

San Antonio.

Zahl der Küstenabschnitte	Länge der Küstenabschnitte in Seemeilen	1860				1875/77				1880			
		Anzahl der Leuchtfeuer überhaupt	Anzahl der Leuchtfeuer von mindest. 10 Sm. Sichtweite	Anzahl der Feuerschiffe	Anzahl der Nebelsignalstationen	Anzahl der Leuchtfeuer überhaupt	Anzahl der Leuchtfeuer von mindest. 10 Sm. Sichtweite	Anzahl der Feuerschiffe	Anzahl der Nebelsignalstationen	Anzahl der Leuchtfeuer überhaupt	Anzahl der Leuchtfeuer von mindest. 10 Sm. Sichtweite	Anzahl der Feuerschiffe	Anzahl der Nebelsignalstationen
1	30	—	—	—	—	—	—	—	—	—	—	—	—
2—4	105	—	—	—	—	—	—	—	—	—	—	—	—
4,5	135	—	—	—	—	—	—	—	—	—	—	—	—

St. Vincent.

Zahl der Küstenabschnitte	Länge der Küstenabschnitte in Seemeilen	1860				1875/77				1880			
1	30	—	—	—	—	—	—	—	—	—	—	—	—
2—3	60	—	—	—	—	—	—	—	—	—	—	—	—
3	90	—	—	—	—	—	—	—	—	—	—	—	—

St. Nicholas.

Zahl der Küstenabschnitte	Länge der Küstenabschnitte in Seemeilen	1860				1875/77				1880			
1	30	—	—	—	—	—	—	—	—	—	—	—	—
2	30	—	—	—	—	—	—	—	—	—	—	—	—
3—4	60	—	—	—	—	—	—	—	—	—	—	—	—
4	120	—	—	—	—	—	—	—	—	—	—	—	—

Sal.

Zahl der Küstenabschnitte	Länge der Küstenabschnitte in Seemeilen	1860				1875/77				1880			
1	30	—	—	—	—	—	—	—	—	—	—	—	—
2	30	—	—	—	—	—	—	—	—	—	—	—	—
3	30	—	—	—	—	—	—	—	—	—	—	—	—
3	90	—	—	—	—	—	—	—	—	—	—	—	—

Bonavista.

Zahl der Küstenabschnitte	Länge der Küstenabschnitte in Seemeilen	1860				1875/77				1880			
1	30	—	—	—	—	—	—	—	—	—	—	—	—
2—4	90	—	—	—	—	—	—	—	—	—	—	—	—
4	120	—	—	—	—	—	—	—	—	—	—	—	—

Mayo.

Zahl der Küstenabschnitte	Länge der Küstenabschnitte in Seemeilen	1860				1875/77				1880			
1	30	—	—	—	—	—	—	—	—	—	—	—	—
2—3	60	—	—	—	—	—	—	—	—	—	—	—	—
3	90	—	—	—	—	—	—	—	—	—	—	—	—

Inseln.

San Antonio.

1890 Anzahl der Leuchtfeuer überhaupt	1890 Anzahl der Leuchtfeuer von mindest. 10 Sm. Sichtweite	1890 Anzahl der Feuerschiffe	1890 Anzahl der Nebelsignalstationen	1904 Anzahl der Leuchtfeuer überhaupt	1904 Anzahl der Leuchtfeuer von mindest. 10 Sm. Sichtweite	1904 Anzahl der Feuerschiffe	1904 Anzahl der Nebelsignalstationen	Ein- und ausgegangener Seeverkehr in 1000 Registertonnen	Die wichtigsten Häfen und Punkte der Küste
2	1	—	—	2	1	—	—		N u. NOspitze.
2	1	—	—	2	1	—	—		Summa

St. Vincent.

2	1	—	—	3	2	—	—		Wspitze, Porto Grande.
2	1	—	—	3	2	—	—		Summa

St. Nicholas.

—	—	—	—	2	1	—	—		Preguiza.
—	—	—	—	1	1	—	—		Wspitze.
—	—	—	—	3	2	—	—		Summa

Sal.

—	—	—	—	1	1	—	—		Nspitze.
—	—	—	—	1	—	—	—		Sspitze.
—	—	—	—	2	1	—	—		Summa

Bonavista.

1	—	—	—	1	—	—	—		Sal Rei.
1	—	—	—	1	—	—	—		Summa

Mayo.

1	—	—	—	1	—	—	—		Porto Inglez.
1	—	—	—	1	—	—	—		Summa

XIV. Kapverdische Inseln

St. Jago.

Zahl der Küstenabschnitte	Länge der Küstenabschnitte in Seemeilen	1860 Anzahl der Leuchtfeuer überhaupt	1860 Anzahl der Leuchtfeuer von mindest. 10 Sm. Sichtweite	1860 Anzahl der Feuerschiffe	1860 Anzahl der Nebelsignalstationen	1875/77 Anzahl der Leuchtfeuer überhaupt	1875/77 Anzahl der Leuchtfeuer von mindest. 10 Sm. Sichtweite	1875/77 Anzahl der Feuerschiffe	1875/77 Anzahl der Nebelsignalstationen	1880 Anzahl der Leuchtfeuer überhaupt	1880 Anzahl der Leuchtfeuer von mindest. 10 Sm. Sichtweite	1880 Anzahl der Feuerschiffe	1880 Anzahl der Nebelsignalstationen
1	30	—	—	—	—	—	—	—	—	3	—	—	—
2—3	60	—	—	—	—	—	—	—	—	—	—	—	—
4	30	—	—	—	—	—	—	—	—	—	—	—	—
5	15	—	—	—	—	—	—	—	—	—	—	—	—
4,5	135	—	—	—	—	—	—	—	—	3	—	—	—
		—	—	—	—	—	—	—	—	0,66	—	—	—

Fogo.

Zahl der Küstenabschnitte	Länge in Seemeilen	1860				1875/77				1880			
1	30	—	—	—	—	—	—	—	—	—	—	—	—
2—4	75	—	—	—	—	—	—	—	—	—	—	—	—
3,5	105	—	—	—	—	—	—	—	—	—	—	—	—

Brava.

Zahl der Küstenabschnitte	Länge in Seemeilen	1860				1875/77				1880			
1	30	—	—	—	—	—	—	—	—	—	—	—	—
2—3	45	—	—	—	—	—	—	—	—	—	—	—	—
2,5	75	—	—	—	—	—	—	—	—	—	—	—	—

XV. Fernando Po.

Zahl der Küstenabschnitte	Länge in Seemeilen	1860				1875/77				1880			
1	30	—	—	—	—	1	—	—	—	2	—	—	—
2—6	140	—	—	—	—	—	—	—	—	—	—	—	—
5,67	170	—	—	—	—	1	—	—	—	2	—	—	—

Principe.

Zahl der Küstenabschnitte	Länge in Seemeilen	1860				1875/77				1880			
1	30	—	—	—	—	—	—	—	—	—	—	—	—
2—4	90	—	—	—	—	—	—	—	—	—	—	—	—
4	120	—	—	—	—	—	—	—	—	—	—	—	—

St. Thomas.

Zahl der Küstenabschnitte	Länge in Seemeilen	1860				1875/77				1880			
1	30	—	—	—	—	1	—	—	—	1	—	—	—
2—5	105	—	—	—	—	—	—	—	—	—	—	—	—
4,5	135	—	—	—	—	1	—	—	—	1	—	—	—

(Fortsetzung).

St. Jago.

1890				1904					
Anzahl der Leuchtfeuer überhaupt	Anzahl der Leuchtfeuer von mindest. 10 Sm. Sichtweite	Anzahl der Feuerschiffe	Anzahl der Nebelsignalstationen	Anzahl der Leuchtfeuer überhaupt	Anzahl der Leuchtfeuer von mindest. 10 Sm. Sichtweite	Anzahl der Feuerschiffe	Anzahl der Nebelsignalstationen	Ein- und ausgegangener Seeverkehr in 1000 Registertonnen	Die wichtigsten Häfen und Punkte der Küste
4	1	—	—	4	2	—	—		Porto Praya.
—	—	—	—	—	—	—	—		
—	—	—	—	1	—	—	—		Nspitze.
—	—	—	—	—	—	—	—		
4	1	—	—	5	2	—	—		Summa
0,88	0,22	—	—	1,11	0,44	—	—		Dichte = durchschnittliche Anzahl der Feuer auf je 30 Sm.

Fogo.

1	—	—	—	1	—	—	—		Carlotta.
—	—	—	—	—	—	—	—		
1	—	—	—	1	—	—	—		Summa

Brava.

1	—	—	—	1	—	—	—		Furna.
—	—	—	—	—	—	—	—		
1	—	—	—	1	—	—	—		Summa

XV. Fernando Po.

2	—	—	—	5	—	—	—		Santa Isabel.
—	—	—	—	—	—	—	—		
2	—	—	—	5	—	—	—		Summa

Principe.

—	—	—	—	1	—	—	—		Ponta da Mina (S. Antonio B.).
—	—	—	—	—	—	—	—		
—	—	—	—	1	—	—	—		Summa

St. Thomas.

3	—	—	—	3	1	—	—		S. Thomé.
—	—	—	—	—	—	—	—		
3	—	—	—	3	1	—	—		Summa

Ascension.

Zahl der Küstenabschnitte	Länge der Küstenabschnitte in Seemeilen	1860				1875/77				1880			
		Anzahl der Leuchtfeuer überhaupt	Anzahl der Leuchtfeuer von mindest. 10 Sm. Sichtweite	Anzahl der Feuerschiffe	Anzahl der Nebelsignalstationen	Anzahl der Leuchtfeuer überhaupt	Anzahl der Leuchtfeuer von mindest. 10 Sm. Sichtweite	Anzahl der Feuerschiffe	Anzahl der Nebelsignalstationen	Anzahl der Leuchtfeuer überhaupt	Anzahl der Leuchtfeuer von mindest. 10 Sm. Sichtweite	Anzahl der Feuerschiffe	Anzahl der Nebelsignalstationen
1	30	—	—	—	—	—	—	—	—	1	—	—	—
2—3	50	—	—	—	—	—	—	—	—	—	—	—	—
2,67	80	—	—	—	—	—	—	—	—	1	—	—	—

S. Helena.

Zahl der Küstenabschnitte	Länge der Küstenabschnitte in Seemeilen	1860				1875/77				1880			
1	30	—	—	—	—	—	—	—	—	1	—	—	—
2—3	60	—	—	—	—	—	—	—	—	—	—	—	—
3	90	—	—	—	—	—	—	—	—	1	—	—	—

Bermuda-Inseln.

Zahl der Küstenabschnitte	Länge der Küstenabschnitte in Seemeilen	1860				1875/77				1880			
1	30	1	1	—	—	1	1	—	—	2	1	—	—
2—4	90	—	—	—	—	—	—	—	—	—	—	—	—
4	120	1	1	—	—	1	1	—	—	2	1	—	—

Falkland-Inseln.

Zahl der Küstenabschnitte	Länge der Küstenabschnitte in Seemeilen	1860				1875/77				1880			
1	30	1	1	—	—	1	1	—	—	1	1	—	—
2—17	465	—	—	—	—	—	—	—	—	—	—	—	—
16,5	495	1	1	—	—	1	1	—	—	1	1	—	—

XVI. Afrika.

Von Kap Spartel

Zahl der Küstenabschnitte	Länge der Küstenabschnitte in Seemeilen	1860				1875/77				1880			
1	30	—	—	—	—	1	—	—	—	1	—	—	—
2	30	—	—	—	—	1	1	—	—	1	1	—	—
3—6	120	—	—	—	—	—	—	—	—	—	—	—	—
7	30	—	—	—	—	—	—	—	—	—	—	—	—
8—13	180	—	—	—	—	—	—	—	—	—	—	—	—
14	30	—	—	—	—	—	—	—	—	—	—	—	—
15—24	300	—	—	—	—	—	—	—	—	—	—	—	—
25	30	—	—	—	—	—	—	—	—	—	—	—	—
26—52	810	—	—	—	—	—	—	—	—	—	—	—	—
53	30	1	—	—	—	1	—	—	—	1	—	—	—
54—55	60	—	—	—	—	—	—	—	—	—	—	—	—
56	30	—	—	—	—	2	1	—	—	2	1	—	—
57	30	1	—	—	—	2	—	—	—	3	—	—	—
58—59	60	—	—	—	—	—	—	—	—	—	—	—	—
60	30	—	—	—	—	2	—	—	—	—	—	—	—
61	30	—	—	—	—	—	—	—	—	—	—	—	—

Ascension.

1890				1904					
Anzahl der Leuchtfeuer überhaupt	Anzahl der Leuchtfeuer von mindest. 10 Sm. Sichtweite	Anzahl der Feuerschiffe	Anzahl der Nebelsignalstationen	Anzahl der Leuchtfeuer überhaupt	Anzahl der Leuchtfeuer von mindest. 10 Sm. Sichtweite	Anzahl der Feuerschiffe	Anzahl der Nebelsignalstationen	Ein- und ausgegangener Seeverkehr in 1000 Registertonnen	Die wichtigsten Häfen und Punkte der Küste
1	—	—	—	1	—	—	—		Georgetown.
—	—	—	—	—	—	—	—		
1	—	—	—	1	—	—	—		Summa

St. Helena.

1	—	—	—	1	—	—	—		Jamestown.
—	—	—	—	—	—	—	—		
1	—	—	—	1	—	—	—		Summa

Bermuda-Inseln.

2	2	—	—	2	2	—	—		St. George's Harbour, Port Hamilton.
—	—	—	—	—	—	—	—		
2	2	—	—	2	2	—	—		Summa

Falkland-Inseln.

1	1	—	—	1	1	—	—		Port Stanley.
—	—	—	—	—	—	—	—		
1	1	—	—	1	1	—	—		Summa

XVI. Afrika.

bis Kap Agulhas.

1	—	—	—	2	—	—	—		Tanger } marokk.
1	1	—	—	1	1	—	—		Kap Spartel } marokk.
—	—	—	—	—	—	—	—		
—	—	—	—	1	—	—	—	2351	Casablanca, marokk.
—	—	—	—	—	—	—	—		
—	—	—	—	1	1	—	—		Mogador, marokk.
—	—	—	—	—	—	—	—		
1	—	—	—	1	—	—	—		Kap Juby, marokk
—	—	—	—	—	—	—	—		
1	—	—	—	1	—	—	—		R. Senegal; St. Louis, frz.
—	—	—	—	—	—	—	—		
2	1	—	—	2	2	—	—	1067	Kap Verde } frz.
5	—	—	—	6	—	—	—		Gorée B; Dakar, Rufisque } frz.
—	—	—	—	—	—	—	—		
—	—	—	—	1	—	—	—	305	R. Gambia; Bathurst, brit.
—	—	—	—	—	—	—	—		

Fortsetzung nächste Seite.

XVI. **Afrika.**
Von Kap Spartel

Zahl der Küstenabschnitte	Länge der Küstenabschnitte in Seemeilen	1860				1875/77				1880			
		Anzahl der Leuchtfeuer überhaupt	Anzahl der Leuchtfeuer von mindest. 10 Sm. Sichtweite	Anzahl der Feuerschiffe	Anzahl der Nebelsignalstationen	Anzahl der Leuchtfeuer überhaupt	Anzahl der Leuchtfeuer von mindest. 10 Sm. Sichtweite	Anzahl der Feuerschiffe	Anzahl der Nebelsignalstationen	Anzahl der Leuchtfeuer überhaupt	Anzahl der Leuchtfeuer von mindest. 10 Sm. Sichtweite	Anzahl der Feuerschiffe	Anzahl der Nebelsignalstationen
62	30	—	—	—	—	—	—	—	—	1	—	—	—
63	30	—	—	—	—	—	—	—	—	—	—	—	—
64	30	—	—	—	—	—	—	—	—	—	—	—	—
65—73	270	—	—	—	—	—	—	—	—	—	—	—	—
74	30	—	—	—	—	—	—	—	—	—	—	—	—
75	30	—	—	—	—	—	—	—	—	—	—	—	—
76	30	—	—	—	—	—	—	—	—	—	—	—	—
77	30	1	1	—	—	3	1	—	—	2	—	—	—
78	30	—	—	—	—	—	—	—	—	—	—	—	—
79—84	180	—	—	—	—	—	—	—	—	—	—	—	—
85	30	1	1	—	—	1	1	—	—	1	—	—	—
86—89	120	—	—	—	—	—	—	—	—	—	—	—	—
90	30	—	—	—	—	—	—	—	—	—	—	—	—
91—92	60	—	—	—	—	—	—	—	—	—	—	—	—
93	30	1	1	—	—	1	1	—	—	1	—	—	—
94—95	60	—	—	—	—	—	—	—	—	—	—	—	—
96	30	—	—	—	—	—	—	—	—	—	—	—	—
97—104	240	—	—	—	—	—	—	—	—	—	—	—	—
105	30	—	—	—	—	—	—	—	—	1	—	—	—
106	30	—	—	—	—	—	—	—	—	—	—	—	—
107	30	1	1	—	—	1	1	—	—	1	1	—	—
108	30	—	—	—	—	—	—	—	—	—	—	—	—
109	30	—	—	—	—	1	1	—	—	1	1	—	—
110—111	60	—	—	—	—	—	—	—	—	—	—	—	—
112	30	—	—	—	—	—	—	—	—	—	—	—	—
113	30	—	—	—	—	—	—	—	—	—	—	—	—
114—116	90	—	—	—	—	—	—	—	—	—	—	—	—
117	30	—	—	—	—	—	—	—	—	1	—	—	—
118—130	390	—	—	—	—	—	—	—	—	—	—	—	—
131	30	—	—	—	—	—	—	—	—	—	—	—	—
132	30	—	—	—	—	—	—	—	—	—	—	—	—
133—135	90	—	—	—	—	—	—	—	—	—	—	—	—
136	30	—	—	—	—	—	—	—	—	—	—	—	—
137—138	60	—	—	—	—	—	—	—	—	—	—	—	—
139	30	—	—	—	—	—	—	—	—	1	—	—	—
140—141	60	—	—	—	—	—	—	—	—	—	—	—	—
142	30	—	—	—	—	—	—	—	—	—	—	—	—
143—145	90	—	—	—	—	—	—	—	—	—	—	—	—
146	30	—	—	—	—	—	—	—	—	—	—	—	—
147	30	—	—	—	—	—	—	—	—	—	—	—	—
148	30	—	—	—	—	—	—	—	—	—	—	—	—
149	30	—	—	—	—	—	—	—	—	—	—	—	—
150—151	60	—	—	—	—	—	—	—	—	—	—	—	—
152	30	—	—	—	—	—	—	—	—	—	—	—	—
153	30	—	—	—	—	—	—	—	—	—	—	—	—
154	30	—	—	—	—	—	—	—	—	—	—	—	—

(Fortsetzung.)

bis Kap Agulhas.

1890				1904					
Anzahl der Leuchtfeuer überhaupt	Anzahl der Leuchtfeuer von mindest. 10 Sm. Sichtweite	Anzahl der Feuerschiffe	Anzahl der Nebelsignalstationen	Anzahl der Leuchtfeuer überhaupt	Anzahl der Leuchtfeuer von mindest. 10 Sm. Sichtweite	Anzahl der Feuerschiffe	Anzahl der Nebelsignalstationen	Ein- und ausgegangener Seeverkehr in 1000 Registertonnen	Die wichtigsten Häfen und Punkte der Küste
1	—	—	—	1	—	—	—		R. Kasamanze; Carabane, frz.
—	—	—	—	1	1	—	—	114	R. Jeba; Cayo, portug.
—	—	—	—	3	—	—	—	621	Sangaria B.; Konakri, frz.
—	—	—	—	1	—	—	—		Matakong, frz.
2	1	—	—	2	1	—	—	1424	Sierra Leone, Freetown, brit.
—	—	—	—	1	—	—	—		R. Sherbro, brit.
1	—	—	—	1	—	—	—	511	Kap Mesurado; Monrovia, liber.
—	—	—	—	1	—	—	—		Sinu, liber.
1	—	—	—	1	—	—	—		Kap Palmas, liber.
—	—	—	—	1	1	—	—	2267	San Pedro, frz.
1	1	—	—	1	1	—	—	1635	Kap Three Points, brit.
1	1	—	—	1	1	—	—		Cape Coast Castle, brit.
1	1	—	—	1	1	—	—		Accra, brit.
—	—	—	—	1	1	—	—		Kap St. Paul, brit.
—	—	—	—	1	—	—	—	861	Lome, dtsch.
—	—	—	—	—	—	—	—	934	Dahomé, frz.
1	1	—	—	1	1	—	—	1080	Lagos, brit.
—	—	—	—	—	—	—	—	568	S. Nigeria, brit.
—	—	—	—	2	—	—	—	1167	Bibundi, dtsch.
—	—	—	—	6	—	—	—		Victoria, dtsch.
—	—	—	—	1	—	—	—		Bata B., span.
2	—	—	—	4	1	—	—	388	R. Gabun; Libreville, frz.
—	—	—	—	1	1	—	—		Kap Lopez, frz.
—	—	—	—	1	—	—	—		Iguela, frz.
—	—	—	—	2	—	—	—		Setté Cama; Nyanga, frz.
—	—	—	—	1	—	—	—		Matuti Pt., frz.
—	—	—	—	2	1	—	—		Loango B. frz.
2	1	—	—	2	1	—	—		Lendana, Kabenda B., portug.

Fortsetzung nächste Seite.

XVI. Afrika.

Von Kap Spartel

Zahl der Küstenabschnitte	Länge der Küstenabschnitte in Seemeilen	1860				1875/77				1880			
		Anzahl der Leuchtfeuer überhaupt	Anzahl der Leuchtfeuer von mindest. 10 Sm. Sichtweite	Anzahl der Feuerschiffe	Anzahl der Nebelsignalstationen	Anzahl der Leuchtfeuer überhaupt	Anzahl der Leuchtfeuer von mindest. 10 Sm. Sichtweite	Anzahl der Feuerschiffe	Anzahl der Nebelsignalstationen	Anzahl der Leuchtfeuer überhaupt	Anzahl der Leuchtfeuer von mindest. 10 Sm. Sichtweite	Anzahl der Feuerschiffe	Anzahl der Nebelsignalstationen
155	30	—	—	—	—	—	—	—	—	—	—	—	—
156—157	60	—	—	—	—	—	—	—	—	—	—	—	—
158	30	—	—	—	—	—	—	—	—	—	—	—	—
159	30	—	—	—	—	—	—	—	—	—	—	—	—
160	30	—	—	—	—	—	—	—	—	1	—	—	—
161	30	—	—	—	—	1	—	1	—	4	1	—	—
162	30	—	—	—	—	—	—	—	—	—	—	—	—
163—166	120	—	—	—	—	—	—	—	—	—	—	—	—
167	30	—	—	—	—	—	—	—	—	—	—	—	—
168	30	—	—	—	—	—	—	—	—	—	—	—	—
169	30	—	—	—	—	—	—	—	—	1	—	—	—
170	30	—	—	—	—	—	—	—	—	—	—	—	—
171	30	—	—	—	—	—	—	—	—	—	—	—	—
172—175	120	—	—	—	—	—	—	—	—	—	—	—	—
176	30	—	—	—	—	—	—	—	—	—	—	—	—
177—192	480	—	—	—	—	—	—	—	—	—	—	—	—
193	30	—	—	—	—	—	—	—	—	—	—	—	—
194—201	240	—	—	—	—	—	—	—	—	—	—	—	—
202	30	—	—	—	—	—	—	—	—	—	—	—	—
203—207	150	—	—	—	—	—	—	—	—	—	—	—	—
208	30	—	—	—	—	—	—	—	—	—	—	—	—
209	30	—	—	—	—	—	—	—	—	—	—	—	—
210—219	300	—	—	—	—	—	—	—	—	—	—	—	—
220	30	—	—	—	—	—	—	—	—	—	—	—	—
221	30	3	3	—	—	5	3	—	—	5	3	—	—
222	30	—	—	—	—	—	—	—	—	—	—	—	—
223	30	2	1	—	—	2	2	—	—	2	2	—	—
224—225	60	—	—	—	—	—	—	—	—	—	—	—	—
226	30	1	1	—	—	1	1	—	—	1	1	—	—
226	6780	12	9	—	—	24	13	1	—	32	11	—	—
		0,05	0,04	—	—	0,11	0,06	—	—	0,14	0,05	—	—

XVII. Britisch-

Neufundland.

1	30	—	—	—	—	—	—	—	—	—	—	—	—
2	30	—	—	—	—	1	1	—	—	1	1	—	—
3	30	—	—	—	—	—	—	—	—	—	—	—	—
4	30	—	—	—	—	—	—	—	—	—	—	—	—

(Fortsetzung.)

bis Kap Agulhas.

1890: Anzahl der Leuchtfeuer überhaupt	1890: Anzahl der Leuchtfeuer von mindest. 10 Sm. Sichtweite	1890: Anzahl der Feuerschiffe	1890: Anzahl der Nebelsignalstationen	1904: Anzahl der Leuchtfeuer überhaupt	1904: Anzahl der Leuchtfeuer von mindest. 10 Sm. Sichtweite	1904: Anzahl der Feuerschiffe	1904: Anzahl der Nebelsignalstationen	Ein- und ausgegangener Seeverkehr in 1000 Registertonnen	Die wichtigsten Häfen und Punkte der Küste
—	—	—	—	5	3	—	—	893	Kongo Mdg; Banana, portug. u. Kongostaat.
		—							
—	—	—	—	—	—	—	—		
2	1	—	—	2	2	—	—		Ambrizette, portug.
—	—	—	—	—	—	—	—		
1	—	—	—	1	—	—	—		Ambriz (portug.)
4	2	—	—	6	2	—	—		St. Paul de Loanda (portug.)
—	—	—	—	1	1	—	—		Kap Palmarinhas (portug.)
—	—	—	—	—	—	—	—		
—	—	—	—	1	1	—	—	1070 (Ambrizette bis Mossamedes)	Nova Redonda, portug.
—	—	—	—	—	—	—	—		
5	1	—	—	5	1	—	—		Benguela, portug.
—	—	—	—	—	—	—	—		
—	—	—	—	1	1	—	—		Salinasspitze, portug.
—	—	—	—	—	—	—	—		
3	1	—	—	3	1	—	—		Kl. Fisch B.; Mossamedes, portug.
—	—	—	—	—	—	—	—		
1	—	—	—	2	—	—	—		Walfisch B.; Swakopmund, brit. u. dtsch.
—	—	—	—	—	—	—	—	487 (Walfisch B. und Lüderitz B.)	
—	—	—	—	2	—	—	—		Lüderitz B. dtsch.
—	—	—	—	—	—	—	—		
—	—	—	—	—	—	—	—		
—	—	—	—	1	—	—	—	154	Port Nolloth, brit.
—	—	—	—	—	—	—	—		
—	—	—	—	1	1	—	—		Dassen Isl. (brit.)
5	3	—	—	4	3	—	1	9700	Tafel B., Kapstadt (brit.)
—	—	—	—	—	—	—	—		
2	2	—	—	4	3	—	—	91	Kap d. g. Hoffnung, Falsche B.; Simonstown, brit.
—	—	—	—	—	—	—	—		
1	1	—	—	1	1	—	—		Kap Agulhas, brit.
48	19	—	—	97	36	—	1		Summa
0,21	0,09	—	—	0,43	0,16	—	—		Dichte = durchschnittliche Anzahl der Feuer auf je 30 Sm.

Nordamerika.

Neufundland.

1890: Anzahl der Leuchtfeuer überhaupt	1890: Anzahl der Leuchtfeuer von mindest. 10 Sm. Sichtweite	1890: Anzahl der Feuerschiffe	1890: Anzahl der Nebelsignalstationen	1904: Anzahl der Leuchtfeuer überhaupt	1904: Anzahl der Leuchtfeuer von mindest. 10 Sm. Sichtweite	1904: Anzahl der Feuerschiffe	1904: Anzahl der Nebelsignalstationen	Ein- und ausgegangener Seeverkehr in 1000 Registertonnen	Die wichtigsten Häfen und Punkte der Küste
1	1	—	1	1	1	—	1		Kap Bauld.
1	1	—	—	1	1	—	1		Kap Norman.
—	—	—	—	1	1	—	—		Flower Cove.
—	—	—	—	—	—	—	—		

Fortsetzung nächste Seite.

XVII. **Britisch-Nordamerika**
Neufundland.

Zahl der Küstenabschnitte	Länge der Küstenabschnitte in Seemeilen	1860				1875/77				1880			
		Anzahl der Leuchtfeuer überhaupt	Anzahl der Leuchtfeuer von mindest. 10 Sm. Sichtweite	Anzahl der Feuerschiffe	Anzahl der Nebelsignal-stationen	Anzahl der Leuchtfeuer überhaupt	Anzahl der Leuchtfeuer von mindest. 10 Sm. Sichtweite	Anzahl der Feuerschiffe	Anzahl der Nebelsignal-stationen	Anzahl der Leuchtfeuer überhaupt	Anzahl der Leuchtfeuer von mindest. 10 Sm. Sichtweite	Anzahl der Feuerschiffe	Anzahl der Nebelsignal-stationen
5	30	—	—	—	—	1	1	—	—	1	1	—	—
6—7	60	—	—	—	—	—	—	—	—	—	—	—	—
8	30	—	—	—	—	—	—	—	—	—	—	—	—
9	30	—	—	—	—	—	—	—	—	—	—	—	—
10—11	60	—	—	—	—	—	—	—	—	—	—	—	—
12	30	—	—	—	—	—	—	—	—	—	—	—	—
13	30	—	—	—	—	—	—	—	—	—	—	—	—
14	30	—	—	—	—	1	1	—	—	2	2	—	1
15	30	—	—	—	—	—	—	—	—	1	1	—	—
16	30	—	—	—	—	—	—	—	—	1	1	—	—
17	30	—	—	—	—	—	—	—	—	—	—	—	—
18	30	—	—	—	—	—	—	—	—	1	1	—	—
19	30	—	—	—	—	1	1	—	—	4	1	—	—
20	30	—	—	—	—	—	—	—	—	—	—	—	—
21	30	2	1	—	—	3	1	—	1	5	1	—	1
22	30	—	—	—	—	—	—	—	—	—	—	—	—
23	30	—	—	—	—	1	1	—	—	1	1	—	—
24	30	—	—	—	—	—	—	—	—	1	1	—	—
25	30	—	—	—	—	1	1	—	—	1	1	—	—
26	30	—	—	—	—	—	—	—	—	—	—	—	—
27	30	1	1	—	—	1	1	—	—	1	1	—	—
28	30	1	1	—	—	2	2	—	—	2	2	—	1
29		—	—	—	—	—	—	—	—	—	—	—	—
30	30	2	2	—	—	4	2	—	1	4	2	—	2
31	30	3	3	—	—	3	3	—	—	5	5	—	1
32	30	2	2	—	—	2	2	—	—	3	3	—	—
33	30	—	—	—	—	—	—	—	—	1	1	—	—
34	30	—	—	—	—	—	—	—	—	1	1	—	—
35	30	1	1	—	—	1	1	—	—	2	2	—	—
36	30	—	—	—	—	—	—	—	—	—	—	—	—
37	30	—	—	—	—	—	—	—	—	1	1	—	—
38	30	—	—	—	—	—	—	—	—	—	—	—	—
39	30	—	—	—	—	—	—	—	—	—	—	—	—
40—45	165	—	—	—	—	—	—	—	—	—	—	—	—
44,5	1335	12	11	—	—	22	18	—	2	39	30	—	6
		0,27	0,25	—	—	0,50	0,40	—	—	0,88	0,67	—	—

(Fortsetzung).

Neufundland.

1890				1904					
Anzahl der Leuchtfeuer überhaupt	Anzahl der Leuchtfeuer von mindest. 10 Sm. Sichtweite	Anzahl der Feuerschiffe	Anzahl der Nebelsignalstationen	Anzahl der Leuchtfeuer überhaupt	Anzahl der Leuchtfeuer von mindest. 10 Sm. Sichtweite	Anzahl der Feuerschiffe	Anzahl der Nebelsignalstationen	Ein- und ausgegangener Seeverkehr in 1000 Registertonnen (Seeverkehr mit dem Auslande)	Die wichtigsten Häfen und Punkte der Küste
1	1	—	—	2	2	—	—	—	Rich Pt., Keppel Isl.
—	—	—	—	—	—	—	—	—	
—	—	—	—	1	1	—	—	12	Bonne B.
—	—	—	—	1	—	—	—	28	Bay of Islands.
—	—	—	—	—	—	—	—	1	Lark Hr.
1	—	—	—	1	—	—	—	8	Bay St. George, Sandy Pt.
—	—	—	—	—	—	—	—	6	R. Codroy.
2	2	—	1	5	2	—	2	111	Kap Ray, Isle aux Morts; Port Basque.
2	1	—	—	2	1	—	—	5	Rose Blanche B., Ireland Isl.
1	1	—	—	2	2	—	—	4	Ramea Isl., Burgoe.
—	—	—	—	—	—	—	—	—	
2	1	—	—	2	1	—	—	6	Hermitage B., Pushthrough.
5	3	—	—	6	2	—	—	32	Fortune B., Kap Blanc auf Miquelon; Hr. Breton, St. Jaques, Belloram, Grand Bank, Fortune.
1	1	—	1	1	1	—	1	—	Plate de Langlade.
5	1	—	1	5	1	—	1	4	St. Pierre; Lamaline Hr.
—	—	—	—	—	—	—	—	2	St. Lawrence Hr.
1	1	—	—	2	2	—	—	7	Placentia B. { Burin Isl.
1	1	—	—	1	1	—	—	20	Placentia B. { Placentia Hr.
1	1	—	—	1	1	—	—	—	St. Mary's B. { Kap St. Mary.
1	—	—	—	1	—	—	—	5	St. Mary's B. { St. Mary Hr.
1	1	—	—	2	2	—	1	—	Kap Pine; Trepassey Hr.
2	2	—	1	2	2	—	1	5	Kap Race; Ferryland Hr.
—	—	—	—	—	—	—	—	4	Bay Bulls.
4	2	—	2	4	2	—	2	700	Kap Spear; St. John's Hr.
7	5	—	1	8	5	—	2	11	Conception B., Baccalieu Isl.; Grace Hr., Carbonear.
4	3	—	1	6	5	—	1	2	Trinity B., Kap Bonavista; Hant's Hr., Trinity Hr., Catalina Hr., Britannia Cove.
2	2	—	—	3	3	—	—	1	Bonavista B.; Bonavista, King's Cove.
1	1	—	—	1	1	—	—	—	Stinking Islands.
2	2	—	—	4	2	—	—	—	Wadham Isl., Hamilton Sound; Tilton Hr.
—	—	—	—	—	—	—	—	—	
2	1	—	—	4	2	—	—	3	Toulinguet Isl., Fogo Isl.
—	—	—	—	2	2	—	—	94	Notre Dame B.; Tilt Cove, Little Bay, Pilley Hr.
1	1	—	—	1	1	—	—	—	Gull Isl.
—	—	—	—	—	—	—	—	2	Baie Verte.
52	36	—	9	73	47	—	13		Summa
1,17	0,81	—	—	1,64	1,05	—	—		Dichte = durchschnittliche Anzahl der Feuer auf je 30 Sm.

XVII. Britisch-Nordamerika
Festländische Küste von der Belle-Isle-

Zahl der Küstenabschnitte	Länge der Küstenabschnitte in Seemeilen	1860				1875/77				1880			
		Anzahl der Leuchtfeuer überhaupt	Anzahl der Leuchtfeuer von mindest. 10 Sm. Sichtweite	Anzahl der Feuerschiffe	Anzahl der Nebelsignalstationen	Anzahl der Leuchtfeuer überhaupt	Anzahl der Leuchtfeuer von mindest. 10 Sm. Sichtweite	Anzahl der Feuerschiffe	Anzahl der Nebelsignalstationen	Anzahl der Leuchtfeuer überhaupt	Anzahl der Leuchtfeuer von mindest. 10 Sm. Sichtweite	Anzahl der Feuerschiffe	Anzahl der Nebelsignalstationen
1—2	60	—	—	—	—	—	—	—	—	—	—	—	—
3	30	1	1	—	1	1	1	—	1	1	1	—	1
4	30	—	—	—	—	—	—	—	—	1	1	—	—
5—13	270	—	—	—	—	—	—	—	—	—	—	—	—
14	30	—	—	—	—	—	—	—	—	—	—	—	—
15—16	60	—	—	—	—	—	—	—	—	—	—	—	—
17	30	—	—	—	—	—	—	—	—	1	1	—	—
18	30	—	—	—	—	1	1	—	—	1	1	—	—
19	30	1	1	—	—	1	1	—	1	1	1	—	1
20	30	—	—	—	—	—	—	—	—	—	—	—	—
21	30	—	—	—	—	1	1	1	1	1	1	1	1
22	30	6	5	1	1	16	13	3	5	25	22	3	6
23	30	—	—	—	—	—	—	—	—	1	1	—	—
24	30	—	—	—	—	—	—	—	—	1	1	—	—
25	30	—	—	—	—	1	1	—	—	1	1	—	—
26	30	—	—	—	—	—	—	—	—	1	1	—	—
27	30	—	—	—	—	1	1	—	—	1	1	—	—
28	30	—	—	—	—	—	—	—	—	—	—	—	—
29	30	1	1	—	—	1	1	—	1	1	1	—	1
30	30	—	—	—	—	3	1	1	—	3	1	1	1
31	30	—	—	—	—	5	5	—	—	18	12	—	2
32	30	1	1	—	—	1	1	—	—	1	1	—	1
33	30	—	—	—	—	9	8	—	—	24	13	1	—
34	30	1	1	—	—	1	1	—	—	3	3	—	1
35	30	—	—	—	—	3	2	—	—	6	4	—	—
36	30	—	—	—	—	1	1	—	—	1	1	—	—
37	30	—	—	—	—	3	2	—	—	3	2	—	—
38	30	2	2	—	—	3	3	—	—	4	3	—	—
39	30	1	1	—	—	3	3	—	—	3	2	—	—
40	30	1	1	—	—	1	1	—	—	1	1	—	—
41	30	—	—	—	—	1	1	—	—	1	1	—	—
42	30	—	—	—	—	—	—	—	—	—	—	—	—
43	30	1	1	—	—	1	1	—	1	1	1	—	—
44	30	1	1	—	1	1	1	—	1	2	2	—	1

(Fortsetzung).

Strasse bis zur Passamaquoddy-Bucht.

1890				1904				Ein- und ausgegangener Seeverkehr in 1000 Registertonnen (Seeverkehr mit dem Auslande)	Die wichtigsten Häfen und Punkte der Küste
Anzahl der Leuchtfeuer überhaupt	Anzahl der Leuchtfeuer von mindest. 10 Sm. Sichtweite	Anzahl der Feuerschiffe	Anzahl der Nebelsignalstationen	Anzahl der Leuchtfeuer überhaupt	Anzahl der Leuchtfeuer von mindest. 10 Sm. Sichtweite	Anzahl der Feuerschiffe	Anzahl der Nebelsignalstationen		
—	—	—	—	—	—	—	—	—	Nseite der Belle-Isle-Strasse.
1	1	—	1	1	1	—	1	2	Amour Pt.; Blanc Sablon.
1	1	—	1	1	1	—	1	—	Greenly Isl.
—	—	—	—	—	—	—	—	—	
1	1	—	—	1	1	—	—	1	Perroquets Isl.; Bradore B.
—	—	—	—	—	—	—	—	—	
1	1	—	—	1	1	—	1	—	Carousel Isl.
1	1	—	—	1	1	—	—	—	Egg Isl.
1	1	—	1	1	1	—	1	—	Pt. de Monts.
—	—	—	—	—	—	—	—	—	
1	1	1	1	2	—	—	—	—	R. Bersimis.
45	29	3	6	65	34	3	10	3764	St. Lorenz Mdg. Rimouski, R. du Loup, Chicoutimi, St. Johns, Quebec, Three Rivers, Sorel, Montreal.
1	1	—	—	1	1	—	—	—	Little Metis R.
2	1	—	—	2	1	—	—	17	Matane.
1	1	—	1	1	1	—	1	—	Kap Chatte.
1	1	—	—	1	1	—	—	—	Martin R.
1	1	—	—	1	1	—	1	—	Kap Magdalen.
1	1	—	—	1	1	—	1	—	Fame Pt.
1	1	—	1	1	1	—	1	—	Kap Rosier.
4	2	1	1	5	3	1	3	16	Gaspé B., Mal B.; Gaspé.
24	17	—	—	33	24	—	8	158	Chaleur B.; Percé, Paspebiac, Campbellton, Dalhousie, Bathurst.
2	1	—	1	2	2	—	1	—	Miscou Gully.
30	17	1	—	33	20	1	3	203	Shippegan Gully, Miramichi B.; Shippegan, Chatham, Newcastle.
3	3	—	1	8	6	—	1	11	Escuminac Pt., Kouchibougnac B.; Richibucto.
10	7	—	—	14	8	1	2	14	R. Buctouche R.; Shediac B.; Buctouche, Shediac.
1	1	—	—	3	1	—	1	—	Kap Tormentine.
4	2	—	—	5	3	—	—	57	Bay Verte, Tatamagouche Hr.; Bay Verte, North Port, Tidnish, Pugwash.
5	4	—	—	7	3	—	—	60	Pictou Hr., Pictou.
7	2	—	—	8	3	—	—	13	George B.; Port Hastings, Bayfield, Port Hood.
2	1	—	—	4	3	—	—	—	Margaree R.
1	1	—	—	5	2	—	—	0,5	Cheticamp Isl.
—	—	—	—	1	1	—	—	—	Kap St. Lawrence.
1	1	—	—	1	1	—	—	—	St. Paul Isl.
2	2	—	1	3	2	—	1	0,5	Kap North; Aspey B., Neil Cove.

Fortsetzung nächste Seite.

XVII. Britisch-Nordamerika
Festländische Küste von der Belle-Isle-

Zahl der Küstenabschnitte	Länge der Küstenabschnitte in Seemeilen	1860				1875/77				1880			
		Anzahl der Leuchtfeuer überhaupt	Anzahl der Leuchtfeuer von mindest. 10 Sm. Sichtweite	Anzahl der Feuerschiffe	Anzahl der Nebelsignalstationen	Anzahl der Leuchtfeuer überhaupt	Anzahl der Leuchtfeuer von mindest. 10 Sm. Sichtweite	Anzahl der Feuerschiffe	Anzahl der Nebelsignalstationen	Anzahl der Leuchtfeuer überhaupt	Anzahl der Leuchtfeuer von mindest. 10 Sm. Sichtweite	Anzahl der Feuerschiffe	Anzahl der Nebelsignalstationen
45	30	1	1	—	—	6	5	—	—	11	9	—	—
46	30	2	2	—	—	2	2	—	—	3	2	—	—
47	30	1	1	—	—	2	1	—	—	1	1	—	—
48	30	—	—	—	—	—	—	—	—	1	1	—	—
49	30	5	2	—	—	9	5	—	1	16	9	—	1
50	30	1	1	—	—	2	2	—	—	5	4	—	—
51	30	—	—	—	—	1	1	—	—	2	2	—	—
52	30	1	1	—	—	2	2	—	—	4	3	—	—
53	30	2	1	—	—	3	2	—	—	5	5	—	1
54	30	2	2	—	1	6	6	—	1	8	8	—	2
55	30	4	3	—	—	5	4	—	—	7	4	—	—
56	30	—	—	—	—	2	2	—	—	3	3	—	—
57	30	3	3	—	—	5	5	—	—	8	7	1	—
58	30	1	—	—	—	2	1	—	—	4	2	—	1
59	30	1	1	—	—	2	2	—	1	5	5	—	1
60	30	2	2	—	—	4	3	—	1	8	6	—	1
61	30	1	1	—	—	1	1	—	1	1	1	—	1
62	30	—	—	—	—	1	—	—	—	1	1	—	—
63—64	60	10	9	—	1	15	12	—	2	33	24	—	6
65	30	5	5	—	1	7	7	—	2	14	12	—	4
65	1950	59	51	1	6	136	114	5	20	248	190	7	34
		0,91	0,78	—	—	2,09	1,75	—	—	3,82	2,92	—	—

(Fortsetzung).

Strasse bis zur Passamaquoddy-Bucht.

1890				1904					
Anzahl der Leuchtfeuer überhaupt	Anzahl der Leuchtfeuer von mindest. 10 Sm. Sichtweite	Anzahl der Feuerschiffe	Anzahl der Nebelsignalstationen	Anzahl der Leuchtfeuer überhaupt	Anzahl der Leuchtfeuer von mindest. 10 Sm. Sichtweite	Anzahl der Feuerschiffe	Anzahl der Nebelsignalstationen	Ein- und ausgegangener Seeverkehr in 1000 Registertonnen (Seeverkehr mit dem Auslande)	Die wichtigsten Häfen und Punkte der Küste
17	11	—	1	22	14	—	1	1161	Ingonish Hr., Gr. u. Little Bras d'Or, Spanish B.; Baddeck, St. Ann, Sydney, North Sydney.
3	2	—	1	2	2	—	1	2	Flint Isl., Scatari Isl., Glace B., Morien.
2	1	—	—	8	2	—	1	713	Kap Breton, Gabarus B., Louisbourg, Gabarus.
2	2	—	—	2	2	—	—	—	Guyon Isl., St. Esprit Isl.
23	11	—	1	25	12	—	10	229	St. Peter Inlet, Gut of Canso, Chedabucto B., St. Peter, Port Hawkesburg, Port Mulgrave, Arichat, Canso.
5	4	—	—	10	5	—	1	1	Tor B., Isaac Hr.
2	2	—	—	3	2	—	1	23	Sherbroke Hr., Liscombe Hr.
6	3	—	—	7	4	—	1	7	Beaver, Sheet, Ship Hr.
8	6	—	1	15	8	—	3	1668	Jeddore Hr., Halifax, Sackville.
13	12	—	2	18	11	—	4	53	Sambro Isl., St. Margaret, Mahone B.; Mahone Hr., Chester, Lunenburg.
7	4	—	—	8	3	—	3	78	La Have, Bridgewater, Port Medway, Liverpool.
3	3	—	—	3	3	—	1	15	Port Herbert, Port Mouton.
7	6	1	1	10	9	1	7	69	Shelbourne Hr., Barrington B.; Jordan R., Lockeport, Shelbourne, Barrington.
5	3	—	1	6	4	—	6	24	Kap Sable, Pubnic Hr.
6	5	—	1	7	5	—	3	25	Seal Isl., Tusket Hr., Tusket Wedge.
9	6	—	2	10	6	—	3	422	Kap Fourchu, St. Mary B., Yarmouth, Meteghan, Belliveau, Weymouth, Gilbert.
1	1	—	1	2	1	—	1	1	Brier Isl., Grand Passage; Freeport, Westport.
1	1	—	—	1	1	—	—	—	Petit Passage.
48	27	—	7	60	37	—	15	1901	Fundy B.; Annapolis, Windsor, Parrsborough, Hillsborough, St. John.
16	13	—	5	19	17	—	14	521	Musquash Hr., Passamaquoddy B.; St. Andrews, St. Stephan, Campobello.
340	227	7	40	451	279	7	114		Summa
5,23	3,5	—	—	6,48	4,29	—	—		Dichte = durchschnittliche Anzahl der Feuer auf je 30 Sm.

XVII. Britisch-Nordamerika

Belle

Zahl der Küstenabschnitte	Länge der Küstenabschnitte in Seemeilen	1860 Anzahl der Leuchtfeuer überhaupt	1860 Anzahl der Leuchtfeuer von mindest. 10 Sm. Sichtweite	1860 Anzahl der Feuerschiffe	1860 Anzahl der Nebelsignalstationen	1875/77 Anzahl der Leuchtfeuer überhaupt	1875/77 Anzahl der Leuchtfeuer von mindest. 10 Sm. Sichtweite	1875/77 Anzahl der Feuerschiffe	1875/77 Anzahl der Nebelsignalstationen	1880 Anzahl der Leuchtfeuer überhaupt	1880 Anzahl der Leuchtfeuer von mindest. 10 Sm. Sichtweite	1880 Anzahl der Feuerschiffe	1880 Anzahl der Nebelsignalstationen
1	90	1	1	—	—	1	1	—	1	2	2	—	1

Sable

Zahl der Küstenabschnitte	Länge der Küstenabschnitte in Seemeilen	1860 Anzahl der Leuchtfeuer überhaupt	1860 Anzahl der Leuchtfeuer von mindest. 10 Sm. Sichtweite	1860 Anzahl der Feuerschiffe	1860 Anzahl der Nebelsignalstationen	1875/77 Anzahl der Leuchtfeuer überhaupt	1875/77 Anzahl der Leuchtfeuer von mindest. 10 Sm. Sichtweite	1875/77 Anzahl der Feuerschiffe	1875/77 Anzahl der Nebelsignalstationen	1880 Anzahl der Leuchtfeuer überhaupt	1880 Anzahl der Leuchtfeuer von mindest. 10 Sm. Sichtweite	1880 Anzahl der Feuerschiffe	1880 Anzahl der Nebelsignalstationen
1	105	—	—	—	—	1	1	—	1	2	2	—	—

Magdalen

Zahl der Küstenabschnitte	Länge der Küstenabschnitte in Seemeilen	1860 Anzahl der Leuchtfeuer überhaupt	1860 Anzahl der Leuchtfeuer von mindest. 10 Sm. Sichtweite	1860 Anzahl der Feuerschiffe	1860 Anzahl der Nebelsignalstationen	1875/77 Anzahl der Leuchtfeuer überhaupt	1875/77 Anzahl der Leuchtfeuer von mindest. 10 Sm. Sichtweite	1875/77 Anzahl der Feuerschiffe	1875/77 Anzahl der Nebelsignalstationen	1880 Anzahl der Leuchtfeuer überhaupt	1880 Anzahl der Leuchtfeuer von mindest. 10 Sm. Sichtweite	1880 Anzahl der Feuerschiffe	1880 Anzahl der Nebelsignalstationen
1	30	1	—	—	—	1	1	—	—	1	1	—	1
2	30	—	—	—	—	—	—	—	—	—	—	—	—
3	30	—	—	—	—	—	—	—	—	1	1	—	—
4	30	—	—	—	—	1	1	—	—	1	1	—	—
5	30	—	—	—	—	—	—	—	—	1	1	—	1
6—7	40	—	—	—	—	—	—	—	—	—	—	—	—
6,33	190	1	—	—	—	2	2	—	—	4	4	—	2

Anticosti.

Zahl der Küstenabschnitte	Länge der Küstenabschnitte in Seemeilen	1860 Anzahl der Leuchtfeuer überhaupt	1860 Anzahl der Leuchtfeuer von mindest. 10 Sm. Sichtweite	1860 Anzahl der Feuerschiffe	1860 Anzahl der Nebelsignalstationen	1875/77 Anzahl der Leuchtfeuer überhaupt	1875/77 Anzahl der Leuchtfeuer von mindest. 10 Sm. Sichtweite	1875/77 Anzahl der Feuerschiffe	1875/77 Anzahl der Nebelsignalstationen	1880 Anzahl der Leuchtfeuer überhaupt	1880 Anzahl der Leuchtfeuer von mindest. 10 Sm. Sichtweite	1880 Anzahl der Feuerschiffe	1880 Anzahl der Nebelsignalstationen
1	30	—	—	—	—	—	—	—	—	—	—	—	—
2—5	120	—	—	—	—	—	—	—	—	—	—	—	—
6	30	1	1	—	—	1	1	—	1	1	1	—	1
7	30	—	—	—	—	—	—	—	—	—	—	—	—
8	30	1	1	—	—	1	1	—	—	1	1	—	—
9	30	—	—	—	—	—	—	—	—	—	—	—	—
10	30	—	—	—	—	1	1	—	1	1	1	—	1
11	30	1	1	—	—	1	1	—	—	1	1	—	—
11	330	3	3	—	—	4	4	—	2	4	4	—	2
		0,27	0,27	—	—	0,36	0,36	—	—	0,36	0,36	—	—

Prince Edward Island.

Zahl der Küstenabschnitte	Länge der Küstenabschnitte in Seemeilen	1860 Anzahl der Leuchtfeuer überhaupt	1860 Anzahl der Leuchtfeuer von mindest. 10 Sm. Sichtweite	1860 Anzahl der Feuerschiffe	1860 Anzahl der Nebelsignalstationen	1875/77 Anzahl der Leuchtfeuer überhaupt	1875/77 Anzahl der Leuchtfeuer von mindest. 10 Sm. Sichtweite	1875/77 Anzahl der Feuerschiffe	1875/77 Anzahl der Nebelsignalstationen	1880 Anzahl der Leuchtfeuer überhaupt	1880 Anzahl der Leuchtfeuer von mindest. 10 Sm. Sichtweite	1880 Anzahl der Feuerschiffe	1880 Anzahl der Nebelsignalstationen
1	30	—	—	—	—	—	—	—	—	—	—	—	—
2	30	—	—	—	—	—	—	—	—	7	2	—	—
3	30	2	—	—	—	2	—	—	—	7	4	—	—
4	30	—	—	—	—	1	1	—	—	3	1	—	—
5	30	—	—	—	—	—	—	—	—	—	—	—	—
6	30	—	—	—	—	—	—	—	—	1	1	—	—

(Fortsetzung).

Isle.

1890: Anzahl der Leuchtfeuer überhaupt	1890: Anzahl der Leuchtfeuer von mindest. 10 Sm. Sichtweite	1890: Anzahl der Feuerschiffe	1890: Anzahl der Nebelsignalstationen	1904: Anzahl der Leuchtfeuer überhaupt	1904: Anzahl der Leuchtfeuer von mindest. 10 Sm. Sichtweite	1904: Anzahl der Feuerschiffe	1904: Anzahl der Nebelsignalstationen	Ein- und ausgegangener Seeverkehr in 1000 Registertonnen	Die wichtigsten Häfen und Punkte der Küste
2	2	—	1	2	2	—	1		

Island.

2	2	—	—	2	2	—	—		

Islands.

1	1	—	1	1	1	—	1		Bird Rocks.
—	—	—	—	—	—	—	—		
1	1	—	—	2	1	—	—		Entry Isl.
1	1	—	—	1	1	—	—		Amherst Isl.
1	1	—	1	1	1	—	—		Grindstone Isl.
—	—	—	—	—	—	—	—		
4	4	—	2	5	4	—	1		Summa

Anticosti.

—	—	—	—	—	—	—	—		
—	—	—	—	—	—	—	—		
1	1	—	1	1	1	—	1		Wspitze.
—	—	—	—	—	—	—	—		
1	1	—	—	1	1	—	—		SWspitze.
—	—	—	—	—	—	—	—		
1	1	—	1	1	1	—	1		
1	1	—	1	1	1	—	1		Heath Pt. (Ospitze).
4	4	—	3	4	4	—	3		Summa
0,36	0,36	—	—	0,36	0,36	—	—		Dichte = durchschnittliche Anzahl der Feuer auf je 30 Sm.

Prince Edward Island.

								Seeverkehr mit dem Auslande	
—	—	—	—	—	—	—	—	—	
10	1	—	—	11	—	—	—	1	St. Peters B., Rustico.
9	5	—	—	16	6	—	—	1	**Grenville Hr., Richmond B., Cascumpeque Hr., New London, Alberton.**
3	2	—	—	3	2	—	—	—	Tignish, North Pt.
2	—	—	—	2	1	—	—	—	Minimegash.
1	1	—	—	1	1	—	—	—	West Pt.

Fortsetzung nächste Seite.

XVII. Britisch-Nordamerika
Prince Edward Island.

Zahl der Küstenabschnitte	Länge der Küstenabschnitte in Seemeilen	1860				1875/77				1880			
		Anzahl der Leuchtfeuer überhaupt	Anzahl der Leuchtfeuer von mindest. 10 Sm. Sichtweite	Anzahl der Feuerschiffe	Anzahl der Nebelsignalstationen	Anzahl der Leuchtfeuer überhaupt	Anzahl der Leuchtfeuer von mindest. 10 Sm. Sichtweite	Anzahl der Feuerschiffe	Anzahl der Nebelsignalstationen	Anzahl der Leuchtfeuer überhaupt	Anzahl der Leuchtfeuer von mindest. 10 Sm. Sichtweite	Anzahl der Feuerschiffe	Anzahl der Nebelsignalstationen
7	30	1	—	—	—	2	1	—	—	2	2	—	—
8	30	2	1	—	—	2	1	—	—	2	2	—	—
9	30	—	—	—	—	—	—	—	—	2	1	—	—
10	30	1	1	—	—	2	1	—	—	4	1	—	—
11	30	—	—	—	—	1	1	—	—	1	1	—	—
11	330	6	2	—	—	10	5	—	—	29	15	—	—
		0,54	0,17	—	—	0,91	0,45	—	—	2,64	1,36	—	—

XVIII. Vereinigte Staaten
Von der Passamaquoddy-Bucht

1	20	—	—	—	—	1	1	—	—	3	3	—	1
2	30	1	1	—	1	1	1	—	1	1	1	—	1
3	30	6	5	—	2	6	6	—	3	7	7	—	4
4	30	6	6	—	1	7	7	—	1	7	7	—	4
5	30	1	1	—	1	1	1	—	1	1	1	—	1
6	30	16	12	—	2	16	14	—	1	18	16	—	8
7	30	5	5	—	2	5	5	—	2	5	5	—	3
8	30	8	7	—	4	10	9	—	4	10	9	—	5
9	30	4	3	—	—	3	3	—	—	4	4	—	2
10	30	9	7	—	—	11	7	—	1	11	9	—	1
11	30	11	8	1	4	15	14	—	5	15	14	—	5
12	30	7	5	—	1	9	9	—	1	9	8	—	2
13	30	1	1	—	—	1	1	—	1	1	1	—	1
14	30	17	11	5	5	20	17	5	6	19	13	5	6
15	30	2	2	1	1	2	2	1	1	2	2	1	1
16	30	—	—	—	—	—	—	—	—	—	—	—	—

(Fortsetzung).

Prince Edward Island.

1890: Anzahl der Leuchtfeuer überhaupt	1890: Anzahl der Leuchtfeuer von mindest. 10 Sm. Sichtweite	1890: Anzahl der Feuerschiffe	1890: Anzahl der Nebelsignalstationen	1904: Anzahl der Leuchtfeuer überhaupt	1904: Anzahl der Leuchtfeuer von mindest. 10 Sm. Sichtweite	1904: Anzahl der Feuerschiffe	1904: Anzahl der Nebelsignalstationen	Ein- und ausgegangener Seeverkehr in 1000 Registertonnen	Die wichtigsten Häfen und Punkte der Küste
4	4	—	—	5	4	—	—	Seeverkehr m. d. Auslande 8	Kap Egmont, Bedeque B.; Summerside.
6	3	—	—	16	5	—	—	128	Crapaud Hr., Hillsborough B.; Charlottetown.
1	1	—	—	3	1	—	—	—	Pinette Hr., South Pt.
8	6	—	—	11	7	—	—	10	Cardigan B., Colville R., Murray Hr.; Georgetown.
1	1	—	1	1	1	—	1	—	East Pt.
45	24	—	1	69	28	—	1		Summa
4,09	2,18	—	—	6,27	2,55	—	—		Dichte = durchschnittliche Anzahl der Feuer auf je 30 Sm.

von Nordamerika.

bis zur mexikanischen Grenze.

1890: Anzahl der Leuchtfeuer überhaupt	1890: Anzahl der Leuchtfeuer von mindest. 10 Sm. Sichtweite	1890: Anzahl der Feuerschiffe	1890: Anzahl der Nebelsignalstationen	1904: Anzahl der Leuchtfeuer überhaupt	1904: Anzahl der Leuchtfeuer von mindest. 10 Sm. Sichtweite	1904: Anzahl der Feuerschiffe	1904: Anzahl der Nebelsignalstationen	Ein- und ausgegangener Seeverkehr in 1000 Registertonnen	Die wichtigsten Häfen und Punkte der Küste
3	3	—	2	3	2	—	4	Seeverkehr mit dem Auslande 49	Grand Mannan Isl., North Head.
1	1	—	1	2	2	—	2	4	Machias Seal; Grand Hr.
7	7	—	6	8	7	—	6	24	Machias B., Pleasant R.; Machias.
7	7	—	6	8	8	—	7	10	Narraguagus B., Frenchman B.
1	1	—	1	1	1	—	1	—	Mt. Desert Rock.
17	13	—	16	21	18	—	20	47	Penobscot B.; Castine, Bangor, Belfast.
5	5	—	5	5	5	—	5	32	Witehead, Monhegan Isl.; Waldoboro.
11	10	—	8	23	13	1	17	923	Pemaquid Pt., Kennebec R., Casco B.; Wiscasset, Bath, Portland.
4	4	—	4	4	4	—	4	2	Wood Isl., Boon Isl.; Saco, Kennebunk.
11	10	—	3	14	8	—	3	25	Portsmouth Hr., Merrimac R., Ipswich B.; Portsmouth, Newburyport.
18	15	—	6	36	14	1	8	4705	Kap Ann, Boston B.; Gloucester, Salem, Boston.
9	9	—	2	10	7	—	4	5	KapCod B.; Plymouth, Barnstable.
1	1	—	1	1	1	—	1	—	Kap Cod.
21	18	5	6	26	19	7	8	0,5	O-Einfahrt z. Nantucket Sound; Nantucket, Edgartown.
2	2	1	1	2	2	1	1	—	Nantucket Shoals.
—	—	—	—	—	—	—	—	—	S-Einfahrt z. Nantucket Sound (Muskeget Fahrwasser).

Fortsetzung nächste Seite.

XVIII. Vereinigte Staaten
Von der Passamaquoddy-Bucht

Zahl der Küstenabschnitte	Länge der Küstenabschnitte in Seemeilen	1860				1875/77				1880			
		Anzahl der Leuchtfeuer überhaupt	Anzahl der Leuchtfeuer von mindest. 10 Sm. Sichtweite	Anzahl der Feuerschiffe	Anzahl der Nebelsignalstationen	Anzahl der Leuchtfeuer überhaupt	Anzahl der Leuchtfeuer von mindest. 10 Sm. Sichtweite	Anzahl der Feuerschiffe	Anzahl der Nebelsignalstationen	Anzahl der Leuchtfeuer überhaupt	Anzahl der Leuchtfeuer von mindest. 10 Sm. Sichtweite	Anzahl der Feuerschiffe	Anzahl der Nebelsignalstationen
17	30	14	12	1	1	15	15	2	1	15	15	2	4
18—19	60	45	39	5	12	53	49	5	23	61	55	4	29
20	30	1	1	—	—	1	1	—	—	1	1	—	—
21	30	1	1	—	—	1	1	—	—	1	1	—	—
22	30	32	15	1	6	19	17	1	5	20	18	2	7
23	30	1	1	—	—	1	1	—	—	1	1	—	—
24	30	2	2	—	—	2	2	—	—	2	2	—	—
25	30	1	1	1	1	1	1	1	1	2	2	1	1
26	30	15	13	1	5	15	14	1	5	29	18	1	8
27	30	1	1	—	—	1	1	—	—	1	1	—	—
28	30	1	1	—	—	1	1	—	—	2	2	1	1
29	30	1	1	—	—	1	1	—	—	1	1	—	—
30	30	45	35	11	19	50	49	—	27	55	52	—	35
31—37	210	26	19	8	9	17	16	—	10	19	17	—	10
38	30	—	—	—	—	—	—	—	—	—	—	—	—
39	30	2	2	1	1	2	2	1	1	2	2	1	1
40	30	7	2	1	2	1	1	—	1	3	2	—	—
41	30	—	—	—	—	—	—	—	—	—	—	—	—
42	30	1	1	—	—	1	1	—	—	1	1	—	—
43	30	2	2	—	—	2	2	—	—	2	2	—	—
44	30	9	8	1	1	9	7	1	1	8	7	1	2
45	30	4	3	2	2	2	2	1	2	2	2	1	1
46	30	7	3	2	4	6	6	1	3	9	8	—	—
47	30	3	1	—	—	3	3	—	—	4	4	—	—
48	30	2	2	—	—	2	2	—	—	2	2	—	—
49	30	2	2	—	—	4	4	—	—	5	5	—	—
50	30	1	1	—	—	1	1	—	—	1	1	—	—
51	30	—	—	—	—	—	—	—	—	—	—	—	—
52	30	—	—	—	—	—	—	—	—	—	—	—	—
53	30	1	1	—	—	1	1	—	—	1	1	—	—
54—56	90	—	—	—	—	—	—	—	—	—	—	—	—
57	30	1	—	—	—	1	1	—	—	1	1	—	—
58	30	—	—	—	—	—	—	—	—	—	—	—	—

von Nordamerika (Fortsetzung).
bis zur mexikanischen Grenze.

1890				1904				Ein- und ausgegangener Seeverkehr in 1000 Registertonnen	Die wichtigsten Häfen und Punkte der Küste
Anzahl der Leuchtfeuer überhaupt	Anzahl der Leuchtfeuer von mindest. 10 Sm. Sichtweite	Anzahl der Feuerschiffe	Anzahl der Nebelsignalstationen	Anzahl der Leuchtfeuer überhaupt	Anzahl der Leuchtfeuer von mindest. 10 Sm. Sichtweite	Anzahl der Feuerschiffe	Anzahl der Nebelsignalstationen	Seeverkehr mit dem Auslande	
16	15	2	5	21	14	2	10	16	Vineyard Sound, Buzzard B; New Bedford.
76	55	5	42	125	56	4	62	116	Narragansett B; Block Isl, Long Isl. Sound; Providence, New London, New Haven, Sag Hr.
1	1	—	—	1	1	—	—	—	Pendquoguespitze } Aussenküste v. Long Island.
1	1	—	—	4	2	1	1	—	Fire Isl.
31	21	2	8	49	22	2	16	17123	New York B; New York, Newark, Perth Amboy.
1	1	—	—	2	2	—	—	—	Seagirt, Barnegat Inlet.
2	2	—	—	2	2	—	—	—	Little Egg Hr, Absecon Inlet.
4	4	2	2	4	4	2	2	—	Hereford Inlet, Five Fathom Bank.
50	18	—	9	68	17	1	11	4170	Delaware B; Bridgeton, Delaware, Philadelphia.
2	1	1	1	2	2	1	1	—	Fenwick Isl.
3	3	1	2	4	3	1	2	—	Winter Quarter Shoal, Chincoteague B.
1	1	—	—	1	1	—	—	—	Machipongo Inlet.
66	54	1	47	112	67	3	61	4631	Chesapeake B; Norfolk-Portsmouth, Newp. News, Baltimore.
32	18	—	12	64	20	1	14	—	Albemarle Sound, Pamlico Sound, Kap Hatteras, K. Lookout; Pamlico, Beaufort.
—	—	—	—	—	—	—	—	—	
2	1	1	1	2	2	1	1	—	Kap Fear, Frying Pan Shoal.
22	2	—	—	29	1	—	—	126	Kap Fear R; Wilmington.
—	—	—	—	—	—	—	—		
2	2	—	—	16	1	—	—	0,5	Winyah B; Georgetown.
2	2	—	—	2	2	—	—	—	Kap Romain, Bulls B.
11	5	1	3	26	5	1	3	171	Ashley R, Wadmelaw R; Charleston.
4	3	1	1	5	4	1	1	44	St. Helena Sound, Port Royal Sound; Beaufort.
29	17	—	—	32	12	—	—	621	Savannah.
4	4	—	—	1	1	—	—	—	Doboy Sound.
2	2	—	—	15	3	—	—	349	St. Simon Sound, St. Andrew Sound; Brunswick.
5	5	—	—	11	2	—	—	216	Cumberland Sound, St. Mary R, St. John R; Fernandina, Jacksonville.
1	1	—	—	1	1	—	—	—	St. Augustine Inlet.
—	—	—	—	—	—	—	—	—	
1	1	—	—	1	1	—	—	—	Mosquito Inlet.
1	1	—	—	1	1	—	—	—	Kap Canaveral.
—	—	—	—	—	—	—	—	—	
1	1	—	—	1	1	—	—	—	Jupiter Inlet.
—	—	—	—	—	—	—	—	—	

Fortsetzung nächste Seite.

XVIII. **Vereinigte Staaten**
Von der Passamaquoddy-Bucht

Zahl der Küstenabschnitte	Länge der Küstenabschnitte in Seemeilen	1860				1875/77				1880			
		Anzahl der Leuchtfeuer überhaupt	Anzahl der Leuchtfeuer von mindest. 10 Sm. Sichtweite	Anzahl der Feuerschiffe	Anzahl der Nebelsignalstationen	Anzahl der Leuchtfeuer überhaupt	Anzahl der Leuchtfeuer von mindest. 10 Sm. Sichtweite	Anzahl der Feuerschiffe	Anzahl der Nebelsignalstationen	Anzahl der Leuchtfeuer überhaupt	Anzahl der Leuchtfeuer von mindest. 10 Sm. Sichtweite	Anzahl der Feuerschiffe	Anzahl der Nebelsignalstationen
59	30	1	1	—	—	1	1	—	—	—	—	—	—
60	30	—	—	—	—	—	—	—	—	1	1	—	—
61	30	1	1	—	—	1	1	—	—	1	1	—	—
62	30	—	—	—	—	—	—	—	—	1	1	—	—
63	30	1	1	—	—	1	1	—	—	1	1	—	—
64	30	1	1	—	—	1	1	—	—	2	2	—	—
65	30	1	1	—	—	1	1	—	—	1	1	—	—
66	30	—	—	—	—	—	—	—	—	—	—	—	—
67	30	2	2	—	—	2	2	—	—	2	2	—	—
68—69	60	—	—	—	—	—	—	—	—	—	—	—	—
70	30	1	1	—	—	1	1	—	—	1	1	—	—
71—73	90	—	—	—	—	—	—	—	—	—	—	—	—
74	30	—	—	—	—	—	—	—	—	—	—	—	—
75	30	—	—	—	—	—	—	—	—	—	—	—	—
76	30	—	—	—	—	—	—	—	—	—	—	—	—
77	30	—	—	—	—	—	—	—	—	—	—	—	—
78	30	1	1	—	—	1	1	—	—	1	1	—	—
79	30	—	—	—	—	—	—	—	—	—	—	—	—
80	30	—	—	—	—	—	—	—	—	—	—	—	—
81	30	1	1	—	—	1	1	—	—	1	1	—	—
82—83	60	—	—	—	—	—	—	—	—	—	—	—	—
84	30	1	1	—	—	1	1	—	—	1	1	—	—
85	30	—	—	—	—	—	—	—	—	—	—	—	—
86	30	—	—	—	—	1	1	—	—	1	1	—	—
87	30	3	3	—	—	2	2	—	—	1	1	—	—
88	30	—	—	—	—	—	—	—	—	—	—	—	—
89	30	—	—	—	—	—	—	—	—	—	—	—	—
90	30	—	—	—	—	—	—	—	—	—	—	—	—
91	30	2	1	—	—	2	1	—	—	2	1	—	—
92	30	—	—	—	—	—	—	—	—	—	—	—	—
93—94	60	23	20	—	—	19	19	—	1	26	20	—	3
95	30	—	—	—	—	—	—	—	—	—	—	—	—
96—97	60	4	3	—	—	4	4	—	2	8	4	—	2
98	30	—	—	—	—	—	—	—	—	—	—	—	—
99	30	1	1	—	—	1	1	—	—	1	1	—	—
100	30	1	1	—	—	—	—	—	—	1	1	—	—
101	30	2	2	1	—	1	1	—	1	1	1	—	—
102	30	4	4	1	1	1	1	—	1	1	1	—	—
103	30	—	—	—	—	—	—	—	—	—	—	—	—
104	30	—	—	—	—	—	—	—	—	—	—	—	—
105	30	—	—	—	—	—	—	—	—	—	—	—	—
106	30	—	—	—	—	—	—	—	—	1	1	—	—

von Nordamerika (Fortsetzung.) bis zur mexikanischen Grenze.

1890				1904				Seeverkehr mit dem Auslande	
Anzahl der Leuchtfeuer überhaupt	Anzahl der Leuchtfeuer von mindest. 10 Sm. Sichtweite	Anzahl der Feuerschiffe	Anzahl der Nebelsignalstationen	Anzahl der Leuchtfeuer überhaupt	Anzahl der Leuchtfeuer von mindest. 10 Sm. Sichtweite	Anzahl der Feuerschiffe	Anzahl der Nebelsignalstationen	Ein- und ausgegangener Seeverkehr in 1000 Registertonnen	Die wichtigsten Häfen und Punkte der Küste
—	—	—	—	2	—	—	—	—	Biscayne Channel, Kap Florida.
1	1	—	—	2	1	—	—	—	Fowey Rocks.
1	1	—	—	2	1	—	—	—	Carysfort Reef.
1	1	—	—	3	1	—	—	—	Alligator Reef.
1	1	—	—	3	1	—	—	—	Sombrero Cay.
2	2	—	—	5	2	—	—	654	American Shoal, Key West.
1	1	—	—	1	1	—	—	—	Sand Cay.
1	1	—	—	1	1	—	—	—	Rebecca Shoal.
2	2	—	—	2	2	—	—	—	Dry Tortugas.
1	1	—	—	2	1	—	—	—	N-Einfahrt n. Key West.
1	1	—	—	2	1	—	—	—	San Carlos B, Punta Rasa.
—	—	—	—	5	2	—	—	—	Charlotte Hr.
1	1	-	1	15	1	—	1	189	Tampa B.
1	1	—	—	1	1	—	—	—	Anclote Cays.
1	1	—	—	2	1	—	—	—	Cedar Cays.
1	1	—	—	1	1	—	—	7	Apalachee B; St. Marks.
—	—	—	—	4	1	—	—	—	St. George Sound, Kap St. George.
1	1	—	—	1	1	—	—	—	Kap St. George.
3	1	—	—	11	1	—	—	68	Apalachicola B.
—	—	—	—	6	1	—	—	—	St. Joseph B, St. Andrew B.
—	—	—	—	4	—	—	—	—	Choctawhatchee B, Sta. Rosa Sound.
9	2	—	—	14	2	—	—	1009	Pensacola B.
29	21	—	4	64	18	—	8	1371	Mobile B, Mississippi Sound, Chandeleur Sound, Lake Pontchartrain; Mobile, Pearl R.
15	4	—	1	31	6	1	4	3315	Mississippi Delta; New Orleans.
1	1	—	—	1	1	—	—	—	Barataria B.
1	1	—	—	1	—	—	—	—	Timbalier B.
1	1	—	1	1	1	—	1	—	Ship Shoal.
6	1	—	1	12	1	—	1	—	Atchafalaya B, Grosser u. Chicot See; Teche.
1	1	1	1	1	—	—	—	—	Trinity Shoal.
1	1	—	—	1	1	—	—	—	Calcasieu R.

Fortsetzung nächste Seite.

XVIII. Vereinigte Staaten
Von der Passamaquoddy-Bucht

Zahl der Küstenabschnitte	Länge der Küstenabschnitte in Seemeilen	1860				1875/77				1880			
		Anzahl der Leuchtfeuer überhaupt	Anzahl der Leuchtfeuer von mindest. 10 Sm. Sichtweite	Anzahl der Feuerschiffe	Anzahl der Nebelsignalstationen	Anzahl der Leuchtfeuer überhaupt	Anzahl der Leuchtfeuer von mindest. 10 Sm. Sichtweite	Anzahl der Feuerschiffe	Anzahl der Nebelsignalstationen	Anzahl der Leuchtfeuer überhaupt	Anzahl der Leuchtfeuer von mindest. 10 Sm. Sichtweite	Anzahl der Feuerschiffe	Anzahl der Nebelsignalstationen
107	30	1	1	—	—	1	1	—	—	1	1	—	—
108	30	6	5	1	4	5	5	1	4	4	4	1	3
109	30	—	—	—	—	—	—	—	—	—	—	—	—
110	30	—	—	—	—	—	—	—	—	—	—	—	—
111	30	—	—	—	—	—	—	—	—	—	—	—	—
112	30	3	1	—	—	4	4	—	1	2	2	—	1
113	30	—	—	—	—	—	—	—	—	—	—	—	—
114	30	2	2	—	—	1	1	—	—	1	1	—	—
115—116	60	—	—	—	—	—	—	—	—	—	—	—	—
117	30	2	2	—	—	2	2	—	—	2	2	—	—
116,67	3500	382	301	45	92	376	353	21	118	430	389	21	154
		3,28	2,59	—	—	3,22	3,02	—	—	3,69	3,33	—	—

XIX. Mexiko. Von der Mündung des Rio

Zahl der Küstenabschnitte	Länge der Küstenabschnitte in Seemeilen	1860				1875/77				1880			
1—7	210	—	—	—	—	—	—	—	—	—	—	—	—
8	30	1	—	—	—	1	1	—	—	1	1	—	—
9	30	—	—	—	—	—	—	—	—	—	—	—	—
10	30	—	—	—	—	—	—	—	—	—	—	—	—
11	30	—	—	—	—	—	—	—	—	—	—	—	—
12—14	90	—	—	—	—	—	—	—	—	—	—	—	—
15	30	1	1	—	—	2	2	—	—	2	2	—	—
16	30	—	—	—	—	—	—	—	—	—	—	—	—
17	30	—	—	—	—	—	—	—	—	—	—	—	—
18	30	—	—	—	—	—	—	—	—	—	—	—	—
19	30	—	—	—	—	1	1	—	—	1	1	—	—
20—21	60	—	—	—	—	—	—	—	—	—	—	—	—
22	30	—	—	—	—	—	—	—	—	—	—	—	—
23	30	—	—	—	—	—	—	—	—	—	—	—	—
24	30	1	—	—	—	1	1	—	—	1	1	—	—
25	30	—	—	—	—	—	—	—	—	—	—	—	—
26	30	—	—	—	—	—	—	—	—	—	—	—	—
27	30	—	—	—	—	1	1	—	—	1	1	—	—
28	30	—	—	—	—	—	—	—	—	—	—	—	—
29	30	—	—	—	—	—	—	—	—	1	1	—	—
30	30	—	—	—	—	—	—	—	—	—	—	—	—
31	30	1	1	—	—	2	1	—	—	2	1	—	—
32—36	150	—	—	—	—	—	—	—	—	—	—	—	—
37	30	—	—	—	—	—	—	—	—	—	—	—	—
38	30	—	—	—	—	—	—	—	—	—	—	—	—
39	30	—	—	—	—	—	—	—	—	—	—	—	—
40	30	—	—	—	—	—	—	—	—	—	—	—	—
41	30	—	—	—	—	—	—	—	—	—	—	—	—

von Nordamerika (Fortsetzung.) bis zur mexikanischen Grenze.

1890				1904					
Anzahl der Leuchtfeuer überhaupt	Anzahl der Leuchtfeuer von mindest. 10 Sm. Sichtweite	Anzahl der Feuerschiffe	Anzahl der Nebelsignalstationen	Anzahl der Leuchtfeuer überhaupt	Anzahl der Leuchtfeuer von mindest. 10 Sm. Sichtweite	Anzahl der Feuerschiffe	Anzahl der Nebelsignalstationen	Ein- und ausgegangener Seeverkehr in 1000 Registertonnen	Die wichtigsten Häfen und Punkte der Küste
1	1	—	—	4	1	—	—	Seeverkehr m. d. Ausl. —	Sabine Pass.
5	5	1	3	12	4	1	2	1451	Galveston B.
—	—	—	—	—	—	—	—	—	
—	—	—	—	2	1	—	—	—	Brazos R.
—	—	—	—	—	—	—	—	—	
1	1	—	—	2	2	—	—	—	Matagorda B.
—	—	—	—	—	—	—	—	—	
1	1	—	—	2	1	—	—	—	Aransas Pass, Corpus Christi Pass.
—	—	—	—	—	—	—	—	—	
1	1	—	—	2	2	—	—	0,5	Brazos Santiago.
584	401	25	207	991	424	33	293		Summa
5,00	3,44	—	—	8,49	3,63	—	—		Dichte = durchschnittliche Anzahl der Feuer auf je 30 Sm.

Grande del Norte bis Britisch-Honduras.

1890				1904					
Anzahl der Leuchtfeuer überhaupt	Anzahl der Leuchtfeuer von mindest. 10 Sm. Sichtweite	Anzahl der Feuerschiffe	Anzahl der Nebelsignalstationen	Anzahl der Leuchtfeuer überhaupt	Anzahl der Leuchtfeuer von mindest. 10 Sm. Sichtweite	Anzahl der Feuerschiffe	Anzahl der Nebelsignalstationen	Seeverkehr mit dem Auslande	Die wichtigsten Häfen und Punkte der Küste
—	—	—	—	—	—	—	—	—	
1	1	—	—	1	1	—	—	1404	Tampico.
—	—	—	—	—	—	—	—	—	
—	—	—	—	1	1	—	—	—	Lobos Isl.
—	—	—	—	1	1	—	—	98	Tuxpan.
—	—	—	—	—	—	—	—	—	
3	3	—	—	13	11	—	—	1538	Vera Cruz.
1	1	—	—	3	2	—	—	66	Sta. Guilla Isl; Alvarado.
—	—	—	—	—	—	—	—	—	
—	—	—	—	1	1	—	—	—	Zapotitlanspitze.
1	1	—	—	4	2	—	—	328	Coatzacoalcos.
—	—	—	—	—	—	—	—	—	
1	1	—	—	1	1	—	—	170	Tabasco B; Frontera.
—	—	—	—	—	—	—	—	—	
1	1	—	—	1	1	—	—	202	Laguna de Terminos; Isla del Carmen.
—	—	—	—	—	—	—	—	—	
—	—	—	—	1	1	—	—	—	Champoton.
1	1	—	—	2	2	—	—	299	Seiba Playa, Campeche.
—	—	—	—	—	—	—	—	—	
1	1	—	—	1	1	—	—	—	Celestun.
—	—	—	—	—	—	—	—	—	
2	2	—	—	2	2	—	—	1483	Sisal, Progreso.
—	—	—	—	—	—	—	—	—	
—	—	—	—	2	2	—	—	—	Kap Catoche, Contoy Isl.
—	—	—	—	1	1	—	—	—	Mujeres Isl.
—	—	—	—	—	—	—	—	—	
—	—	—	—	1	1	—	—	—	} Cozumel Isl.
—	—	—	—	1	1	—	—	—	

Fortsetzung nächste Seite.

XIX. Mexiko
Von der Mündung des Rio

Zahl der Küstenabschnitte	Länge der Küstenabschnitte in Seemeilen	1860				1875/77				1880			
		Anzahl der Leuchtfeuer überhaupt	Anzahl der Leuchtfeuer von mindest. 10 Sm. Sichtweite	Anzahl der Feuerschiffe	Anzahl der Nebelsignalstationen	Anzahl der Leuchtfeuer überhaupt	Anzahl der Leuchtfeuer von mindest. 10 Sm. Sichtweite	Anzahl der Feuerschiffe	Anzahl der Nebelsignalstationen	Anzahl der Leuchtfeuer überhaupt	Anzahl der Leuchtfeuer von mindest. 10 Sm. Sichtweite	Anzahl der Feuerschiffe	Anzahl der Nebelsignalstationen
42	30	—	—	—	—	—	—	—	—	—	—	—	—
43	30	—	—	—	—	—	—	—	—	—	—	—	—
44	30	—	—	—	—	—	—	—	—	—	—	—	—
45	30	—	—	—	—	—	—	—	—	—	—	—	—
46	30	—	—	—	—	—	—	—	—	—	—	—	—
47	30	—	—	—	—	—	—	—	—	—	—	—	—
47	1410	4	2	—	—	8	7	—	—	9	8	—	—
		0,09	0,04	—	—	0,17	0,15	—	—	0,19	0,17	—	—

Alacran Riff.

1	90	—	—	—	—	—	—	—	—	—	—	—	—

Arenas Cay.

1	70	—	—	—	—	—	—	—	—	—	—	—	—

Triangle Cay.

1	75	—	—	—	—	—	—	—	—	—	—	—	—

Arcas Cay.

1	70	—	—	—	—	—	—	—	—	—	—	—	—

XX. Britisch-Honduras mit

1	30	2	1	—	—	3	1	—	—	3	1	—	—
2	30	—	—	—	—	—	—	—	—	—	—	—	—
3	30	1	1	—	—	1	1	—	—	1	1	—	—
4	30	—	—	—	—	1	—	—	—	1	—	—	—
5	30	—	—	—	—	—	—	—	—	—	—	—	—
6	30	—	—	—	—	—	—	—	—	—	—	—	—
6	180	3	2	—	—	5	2	—	—	5	2	—	—
		0,5	0,33	—	—	0,83	0,33	—	—	0,83	0,33	—	—

(Fortsetzung).

Grande del Norte bis Britisch-Honduras.

1890				1904					
Anzahl der Leuchtfeuer überhaupt	Anzahl der Leuchtfeuer von mindest. 10 Sm. Sichtweite	Anzahl der Feuerschiffe	Anzahl der Nebelsignalstationen	Anzahl der Leuchtfeuer überhaupt	Anzahl der Leuchtfeuer von mindest. 10 Sm. Sichtweite	Anzahl der Feuerschiffe	Anzahl der Nebelsignalstationen	Ein- und ausgegangener Seeverkehr in 1000 Registertonnen	Die wichtigsten Häfen und Punkte der Küste
—	—	—	—	—	—	—	—	Seeverkehr m.d.Auslande —	
—	—	—	—	—	—	—	—	11	Ascension B.
—	—	—	—	1	1	—	—	—	Espiritu Santo B.
—	—	—	—	1	1	—	—	—	} Chinchoro Bank.
—	—	—	—	1	1	—	—	—	
—	—	—	—	—	—	—	—	6	Chetumal B.
12	12	—	—	40	35	—	—		Summa
0,25	0,25	—	—	0,85	0,74	—	—		Dichte = durchschnittliche Anzahl der Feuer auf je 30 Sm.

Alacran Riff.

—	—	—	—	1	1	—	—		

Arenas Cay.

—	—	—	—	1	1	—	—		

Triangle Cay.

—	—	—	—	1	1	—	—		

Arcas Cay.

—	—	—	—	2	1	—	—		

Guatemala (atlant. Küste).

3	1	—	—	4	1	—	—		N Einfahrt n. Belize.
1	1	—	—	1	1	—	—		} Lighthouse Reef.
1	1	—	—	1	1	—	—		
1	—	—	—	3	2	—	—		Mullins R, Stann Creek.
—	—	—	—	1	1	—	—		Zapotillos Lagune.
1	1	—	—	5	1	—	—		Livingstone, Puerto Barrios.
7	4	—	—	15	7	—	—		Summa
1,17	0,66	—	—	2,5	1,17	—	—		Dichte = durchschnittliche Anzahl der Feuer auf je 30 Sm.

XXI. Zentralamerika,

Vom Kap Tres Puntas (Guatemala)

Zahl der Küstenabschnitte	Länge der Küstenabschnitte in Seemeilen	1860				1875/77				1880			
		Anzahl der Leuchtfeuer überhaupt	Anzahl der Leuchtfeuer von mindest. 10 Sm. Sichtweite	Anzahl der Feuerschiffe	Anzahl der Nebelsignalstationen	Anzahl der Leuchtfeuer überhaupt	Anzahl der Leuchtfeuer von mindest. 10 Sm. Sichtweite	Anzahl der Feuerschiffe	Anzahl der Nebelsignalstationen	Anzahl der Leuchtfeuer überhaupt	Anzahl der Leuchtfeuer von mindest. 10 Sm. Sichtweite	Anzahl der Feuerschiffe	Anzahl der Nebelsignalstationen
1	30	—	—	—	—	—	—	—	—	—	—	—	—
2	30	—	—	—	—	—	—	—	—	—	—	—	—
3	30	—	—	—	—	—	—	—	—	1	—	—	—
4—15	360	—	—	—	—	1	1	—	—	3	—	—	—
16	30	—	—	—	—	—	—	—	—	—	—	—	—
17—21	150	—	—	—	—	—	—	—	—	—	—	—	—
22	30	—	—	—	—	—	—	—	—	—	—	—	—
23	30	—	—	—	—	—	—	—	—	—	—	—	—
24	30	—	—	—	—	—	—	—	—	—	—	—	—
25	30	—	—	—	—	—	—	—	—	—	—	—	—
26	30	—	—	—	—	—	—	—	—	—	—	—	—
27—28	60	—	—	—	—	—	—	—	—	—	—	—	—
29	30	1	1	—	—	—	—	—	—	1	—	—	—
30—35	180	—	—	—	—	—	—	—	—	—	—	—	—
36	30	—	—	—	—	1	1	—	—	1	1	—	—
37	30	—	—	—	—	—	—	—	—	—	—	—	—
38—48	330	—	—	—	—	—	—	—	—	—	—	—	—
49	30	—	—	—	—	—	—	—	—	—	—	—	—
50	30	—	—	—	—	—	—	—	—	—	—	—	—
51	30	—	—	—	—	1	1	—	—	1	1	—	—
52	30	—	—	—	—	—	—	—	—	—	—	—	—
53	30	—	—	—	—	1	1	—	—	1	1	—	—
54—55	60	—	—	—	—	—	—	—	—	—	—	—	—
56	30	1	—	—	—	1	1	—	—	—	—	—	—
57—63	210	—	—	—	—	—	—	—	—	—	—	—	—
64—74	330	—	—	—	—	—	—	—	—	1	—	—	—
75	30	2	—	—	—	1	1	—	—	1	1	—	—
76	30	—	—	—	—	—	—	—	—	—	—	—	—
77	30	—	—	—	—	—	—	—	—	—	—	—	—
78—82	150	—	—	—	—	—	—	—	—	—	—	—	—
83	30	—	—	—	—	—	—	—	—	—	—	—	—
84—87	120	—	—	—	—	—	—	—	—	—	—	—	—
88	30	—	—	—	—	—	—	—	—	—	—	—	—
89—99	330	—	—	—	—	—	—	—	—	—	—	—	—
100	30	1	—	1	—	—	—	—	—	1	—	1	—
100	3000	5	1	1	—	6	6	—	—	11	4	1	—
		0,05	0,01	—	—	0,06	0,06	—	—	0,11	0,04	—	—

Swan Islands

1	70	—	—	—	—	—	—	—	—	—	—	—	—

Columbia, Venezuela.
bis zum Orinoco.

1890				1904					
Anzahl der Leuchtfeuer überhaupt	Anzahl der Leuchtfeuer von mindest. 10 Sm Sichtweite	Anzahl der Feuerschiffe	Anzahl der Nebelsignal-stationen	Anzahl der Leuchtfeuer überhaupt	Anzahl der Leuchtfeuer von mindest. 10 Sm Sichtweite	Anzahl der Feuerschiffe	Anzahl der Nebelsignal-stationen	Ein- und ausgegangener Seeverkehr in 1000 Registertonnen	Die wichtigsten Häfen und Punkte der Küste
—	—	—	—	1	1	—	—	—	Port Cortez.
1	—	—	—	2	—	—	—	—	Utilla Isl.
1	—	—	—	—	—	—	—	—	Truxillo B.
—	—	—	—	1	1	—	—	15	Kap Gracias a Dios.
—	—	—	—	1	1	—	—	—	Great Corn Isl.
—	—	—	—	1	1	—	—	160	Blewfield Bluff.
—	—	—	—	1	1	—	—	80	Greytown.
1	—	—	—	1	1	—	—	—	Port Limon.
1	1	—	—	2	2	—	—	1200	Colon.
—	—	—	—	1	1	—	—	—	Manzanillospitze.
3	3	—	—	4	3	—	—	—	Cartagena, Galera Zamba B.
2	2	—	—	2	2	—	—	—	Sabanilla.
1	1	—	—	1	1	—	—	—	Santa Marta.
1	1	—	—	1	1	—	—	—	La Hacha.
1	—	—	—	—	—	—	—	—	Vela de Coro.
1	1	—	—	1	—	—	—	—	Puerto Cabello.
1	—	—	—	2	—	—	—	—	La Guayra.
1	—	—	—	1	—	—	—	—	Cumana.
—	—	—	—	1	1	—	—	—	Margarita Isl; La Mar B.
1	1	—	—	—	—	—	—	—	Golf v. Paria.
1	—	1	—	1	1	1	—	—	Orinoco Mdg.
17	10	1	—	25	18	1	—		Summa
0,17	0,10	—	—	0,25	0,18	—	—		Dichte = durchschnittliche Anzahl der Feuer auf je 30 Sm.

(zu Honduras).

—	—	—	—	1	—	—	—		

XXI. Zentralamerika, Columbia, Los Roques

Zahl der Küstenabschnitte	Länge der Küstenabschnitte in Seemeilen	1860				1875/77				1880			
		Anzahl der Leuchtfeuer überhaupt	Anzahl der Leuchtfeuer von mindest. 10 Sm. Sichtweite	Anzahl der Feuerschiffe	Anzahl der Nebelsignalstationen	Anzahl der Leuchtfeuer überhaupt	Anzahl der Leuchtfeuer von mindest. 10 Sm. Sichtweite	Anzahl der Feuerschiffe	Anzahl der Nebelsignalstationen	Anzahl der Leuchtfeuer überhaupt	Anzahl der Leuchtfeuer von mindest. 10 Sm. Sichtweite	Anzahl der Feuerschiffe	Anzahl der Nebelsignalstationen
1	80	—	—	—	—	—	—	—	—	1	1	—	—

XXII. Grosse Bahamabank;

Zahl der Küstenabschnitte	Länge der Küstenabschnitte in Seemeilen	1860				1875/77				1880			
1—12	360	—	—	—	—	—	—	—	—	—	—	—	—
13	30	—	—	—	—	—	—	—	—	—	—	—	—
14—15	60	—	—	—	—	—	—	—	—	—	—	—	—
16	30	—	—	—	—	—	—	—	—	—	—	—	—
17—20	120	—	—	—	—	—	—	—	—	—	—	—	—
21	30	—	—	—	—	—	—	—	—	—	—	—	—
22—24	90	—	—	—	—	—	—	—	—	—	—	—	—
25	30	—	—	—	—	—	—	—	—	—	—	—	—
26	30	1	1	—	—	2	1	—	—	3	1	—	—
27	30	—	—	—	—	—	—	—	—	—	—	—	—
28	30	—	—	—	—	—	—	—	—	—	—	—	—
29	30	—	—	—	—	1	1	—	—	1	1	—	—
30—32	90	—	—	—	—	—	—	—	—	—	—	—	—
33	30	1	1	—	—	1	1	—	—	1	1	—	—
34	30	1	1	—	—	1	1	—	—	1	1	—	—
35—41	210	—	—	—	—	—	—	—	—	—	—	—	—
42	10	—	—	—	—	—	—	—	—	—	—	—	—
43	30	1	1	—	—	1	1	—	—	1	1	—	—
42,33	1270	4	4	—	—	6	5	—	—	7	5	—	—
		0,09	0,09	—	—	0,14	0,11	—	—	0,16	0,11	—	—

Kleine Bahamabank;

Zahl der Küstenabschnitte	Länge der Küstenabschnitte in Seemeilen	1860				1875/77				1880			
1—6	180	—	—	—	—	—	—	—	—	—	—	—	—
7	30	—	—	—	—	—	—	—	—	—	—	—	—
8—10	90	—	—	—	—	—	—	—	—	—	—	—	—
11	30	1	1	—	—	1	1	—	—	1	1	—	—
12	30	—	—	—	—	—	—	—	—	—	—	—	—
13	30	—	—	—	—	1	1	—	—	1	1	—	—
14	30	—	—	—	—	—	—	—	—	—	—	—	—
15	10	—	—	—	—	—	—	—	—	—	—	—	—
14,33	460	1	1	—	—	2	2	—	—	2	2	—	—
		0,07	0,07	—	—	0,14	0,14	—	—	0,14	0,14	—	—

Venezuela (Fortsetzung.)
(zu Venezuela).

1890				1904				Ein- und ausgegangener Seeverkehr in 1000 Registertonnen	Die wichtigsten Häfen und Punkte der Küste
Anzahl der Leuchtfeuer überhaupt	Anzahl der Leuchtfeuer von mindest. 10 Sm. Sichtweite	Anzahl der Feuerschiffe	Anzahl der Nebelsignalstationen	Anzahl der Leuchtfeuer überhaupt	Anzahl der Leuchtfeuer von mindest. 10 Sm. Sichtweite	Anzahl der Feuerschiffe	Anzahl der Nebelsignalstationen		
1	1	—	—	1	1	—	—		

britisch.

1890				1904				Seeverkehr	Häfen und Punkte der Küste
—	—	—	—	—	—	—	—		
—	—	—	—	1	—	—	—		Clarence Hr (Long Isl.).
—	—	—	—	—	—	—	—		
1	1	—	—	1	1	—	—		Watling Isl.
—	—	—	—	—	—	—	—		
—	—	—	—	4	—	—	—		Sspitze v. Eleuthera Isl; Ship Channel; Tarpum B.
—	—	—	—	—	—	—	—		
—	—	—	—	1	1	—	—		Egg Isl (Providence NE Channel).
3	1	—	—	2	1	—	—		Nassau Hr (New Providence).
—	—	—	—	1	—	—	—		Fresh Creek (Andros).
—	—	—	—	—	—	—	—		
1	1	—	—	1	1	—	—		Stirrup Cay } Providence NW Channel.
—	—	—	—	—	—	—	—		
1	1	—	—	1	1	—	—		Great Isaac } Providence NW Channel.
1	1	—	—	1	1	—	—		Gun Cay (Florida Strasse).
—	—	—	—	—	—	—	—		
—	—	—	—	—	—	—	—		
1	1	—	—	1	1	—	—		Lobos Cay (Old Bahama Channel).
8	6	—	—	14	7	—	—		Summa
0,19	0,14	—	—	0,33	0,16	—	—		Dichte = durchschnittliche Anzahl der Feuer auf je 30 Sm.

britisch.

1890				1904				Seeverkehr	Häfen und Punkte der Küste
—	—	—	—	—	—	—	—		
—	—	—	—	1	—	—	—		Sspitze v. Great Bahama Isl (Providence NW Channel).
—	—	—	—	—	—	—	—		
1	1	—	—	2	1	—	—		Sspitze v. Abaco Isl (Providence NE Ch.), Cheroki Sound.
—	—	—	—	1	—	—	—		Little Hr. } Abaco Isl.
1	1	—	—	1	1	—	—		Elbow Cay } Abaco Isl.
—	—	—	—	—	—	—	—		
—	—	—	—	—	—	—	—		
2	2	—	—	5	2	—	—		Summa
0,14	0,14	—	—	0,35	0,14	—	—		Dichte = durchschnittliche Anzahl der Feuer auf je 30 Sm.

Cay Sal Bank

Zahl der Küstenabschnitte	Länge der Küstenabschnitte in Seemeilen	1860 Anzahl der Leuchtfeuer überhaupt	1860 Anzahl der Leuchtfeuer von mindest. 10 Sm. Sichtweite	1860 Anzahl der Feuerschiffe	1860 Anzahl der Nebelsignalstationen	1875/77 Anzahl der Leuchtfeuer überhaupt	1875/77 Anzahl der Leuchtfeuer von mindest. 10 Sm. Sichtweite	1875/77 Anzahl der Feuerschiffe	1875/77 Anzahl der Nebelsignalstationen	1880 Anzahl der Leuchtfeuer überhaupt	1880 Anzahl der Leuchtfeuer von mindest. 10 Sm. Sichtweite	1880 Anzahl der Feuerschiffe	1880 Anzahl der Nebelsignalstationen
1	30	1	1	—	—	1	1	—	—	1	1	—	—
2—7	180	—	—	—	—	—	—	—	—	—	—	—	—
7	210	1	1	—	—	1	1	—	—	1	1	—	—

Crooked-Acklin Inseln;

Zahl der Küstenabschnitte	Länge der Küstenabschnitte in Seemeilen	1860 Anzahl der Leuchtfeuer überhaupt	1860 Anzahl der Leuchtfeuer von mindest. 10 Sm. Sichtweite	1860 Anzahl der Feuerschiffe	1860 Anzahl der Nebelsignalstationen	1875/77 Anzahl der Leuchtfeuer überhaupt	1875/77 Anzahl der Leuchtfeuer von mindest. 10 Sm. Sichtweite	1875/77 Anzahl der Feuerschiffe	1875/77 Anzahl der Nebelsignalstationen	1880 Anzahl der Leuchtfeuer überhaupt	1880 Anzahl der Leuchtfeuer von mindest. 10 Sm. Sichtweite	1880 Anzahl der Feuerschiffe	1880 Anzahl der Nebelsignalstationen
1	30	—	—	—	—	1	1	—	—	1	1	—	—
2	30	—	—	—	—	—	—	—	—	—	—	—	—
3	30	—	—	—	—	—	—	—	—	1	1	—	—
4—7	110	—	—	—	—	—	—	—	—	—	—	—	—
6,67	200	—	—	—	—	1	1	—	—	2	2	—	—

Caïcos Inseln;

Zahl der Küstenabschnitte	Länge der Küstenabschnitte in Seemeilen	1860 Anzahl der Leuchtfeuer überhaupt	1860 Anzahl der Leuchtfeuer von mindest. 10 Sm. Sichtweite	1860 Anzahl der Feuerschiffe	1860 Anzahl der Nebelsignalstationen	1875/77 Anzahl der Leuchtfeuer überhaupt	1875/77 Anzahl der Leuchtfeuer von mindest. 10 Sm. Sichtweite	1875/77 Anzahl der Feuerschiffe	1875/77 Anzahl der Nebelsignalstationen	1880 Anzahl der Leuchtfeuer überhaupt	1880 Anzahl der Leuchtfeuer von mindest. 10 Sm. Sichtweite	1880 Anzahl der Feuerschiffe	1880 Anzahl der Nebelsignalstationen
1	30	—	—	—	—	—	—	—	—	—	—	—	—
2—9	225	—	—	—	—	—	—	—	—	—	—	—	—
8,5	255	—	—	—	—	—	—	—	—	—	—	—	—

Turk Inseln;

Zahl der Küstenabschnitte	Länge der Küstenabschnitte in Seemeilen	1860 Anzahl der Leuchtfeuer überhaupt	1860 Anzahl der Leuchtfeuer von mindest. 10 Sm. Sichtweite	1860 Anzahl der Feuerschiffe	1860 Anzahl der Nebelsignalstationen	1875/77 Anzahl der Leuchtfeuer überhaupt	1875/77 Anzahl der Leuchtfeuer von mindest. 10 Sm. Sichtweite	1875/77 Anzahl der Feuerschiffe	1875/77 Anzahl der Nebelsignalstationen	1880 Anzahl der Leuchtfeuer überhaupt	1880 Anzahl der Leuchtfeuer von mindest. 10 Sm. Sichtweite	1880 Anzahl der Feuerschiffe	1880 Anzahl der Nebelsignalstationen
1	30	1	1	—	—	1	1	—	—	1	1	—	—
2—4	90	—	—	—	—	—	—	—	—	—	—	—	—
4	120	1	1	—	—	1	1	—	—	1	1	—	—

Inagua Inseln;

Zahl der Küstenabschnitte	Länge der Küstenabschnitte in Seemeilen	1860 Anzahl der Leuchtfeuer überhaupt	1860 Anzahl der Leuchtfeuer von mindest. 10 Sm. Sichtweite	1860 Anzahl der Feuerschiffe	1860 Anzahl der Nebelsignalstationen	1875/77 Anzahl der Leuchtfeuer überhaupt	1875/77 Anzahl der Leuchtfeuer von mindest. 10 Sm. Sichtweite	1875/77 Anzahl der Feuerschiffe	1875/77 Anzahl der Nebelsignalstationen	1880 Anzahl der Leuchtfeuer überhaupt	1880 Anzahl der Leuchtfeuer von mindest. 10 Sm. Sichtweite	1880 Anzahl der Feuerschiffe	1880 Anzahl der Nebelsignalstationen
1	30	—	—	—	—	1	1	—	—	1	1	—	—
2—7	180	—	—	—	—	—	—	—	—	—	—	—	—
7	210	—	—	—	—	1	1	—	—	1	1	—	—

Virgin Inseln;

Zahl der Küstenabschnitte	Länge der Küstenabschnitte in Seemeilen	1860 Anzahl der Leuchtfeuer überhaupt	1860 Anzahl der Leuchtfeuer von mindest. 10 Sm. Sichtweite	1860 Anzahl der Feuerschiffe	1860 Anzahl der Nebelsignalstationen	1875/77 Anzahl der Leuchtfeuer überhaupt	1875/77 Anzahl der Leuchtfeuer von mindest. 10 Sm. Sichtweite	1875/77 Anzahl der Feuerschiffe	1875/77 Anzahl der Nebelsignalstationen	1880 Anzahl der Leuchtfeuer überhaupt	1880 Anzahl der Leuchtfeuer von mindest. 10 Sm. Sichtweite	1880 Anzahl der Feuerschiffe	1880 Anzahl der Nebelsignalstationen
1	30	1	1	—	—	1	1	—	—	2	1	—	—
2—7	170	—	—	—	—	—	—	—	—	—	—	—	—
6,67	200	1	1	—	—	1	1	—	—	2	1	—	—

(zu Kuba).

1890				1904					
Anzahl der Leuchtfeuer überhaupt	Anzahl der Leuchtfeuer von mindest. 10 Sm. Sichtweite	Anzahl der Feuerschiffe	Anzahl der Nebelsignalstationen	Anzahl der Leuchtfeuer überhaupt	Anzahl der Leuchtfeuer von mindest. 10 Sm. Sichtweite	Anzahl der Feuerschiffe	Anzahl der Nebelsignalstationen	Ein- und ausgegangener Seeverkehr in 1000 Registertonnen	Die wichtigsten Häfen und Punkte der Küste
1	1	—	—	1	1	—	—		Elbow Cay.
1	1	—	—	1	1	—	—		Summa

britisch.

1	1	—	—	1	1	—	—		NWspitze v. Crooked Isl. } Crooked Isl. Passage.
1	1	—	—	1	1	—	—		Castle Isl. } Crooked Isl. Passage.
2	2	—	—	2	2	—	—		Summa

britisch.

—	—	—	—	1	—	—	—		Cockburn Hr.
—	—	—	—	1	—	—	—		Summa

britisch.

2	1	—	—	3	1	—	—		Turks Isl. Passage.
2	1	—	—	3	1	—	—		Summa

britisch.

2	1	—	—	4	1	—	—		Mathewtown.
2	1	—	—	4	1	—	—		Summa

britisch und dänisch.

3	1	—	—	3	1	—	—		St. Thomas; dän.
3	1	—	—	3	1	—	—		Summa

Santa Cruz;

Zahl der Küstenabschnitte	Länge der Küstenabschnitte in Seemeilen	1860: Anzahl der Leuchtfeuer überhaupt	1860: Anzahl der Leuchtfeuer von mindest. 10 Sm. Sichtweite	1860: Anzahl der Feuerschiffe	1860: Anzahl der Nebelsignalstationen	1875/77: Anzahl der Leuchtfeuer überhaupt	1875/77: Anzahl der Leuchtfeuer von mindest. 10 Sm. Sichtweite	1875/77: Anzahl der Feuerschiffe	1875/77: Anzahl der Nebelsignalstationen	1880: Anzahl der Leuchtfeuer überhaupt	1880: Anzahl der Leuchtfeuer von mindest. 10 Sm. Sichtweite	1880: Anzahl der Feuerschiffe	1880: Anzahl der Nebelsignalstationen
1	30	—	—	—	—	1	—	—	—	1	—	—	—
2	30	1	—	—	—	1	—	—	—	1	—	—	—
3—4	60	—	—	—	—	—	—	—	—	—	—	—	—
4	120	1	—	—	—	2	—	—	—	2	—	—	—

Sombrero;

Zahl der Küstenabschnitte	Länge der Küstenabschnitte in Seemeilen	1860: Anzahl der Leuchtfeuer überhaupt	1860: Anzahl der Leuchtfeuer von mindest. 10 Sm. Sichtweite	1860: Anzahl der Feuerschiffe	1860: Anzahl der Nebelsignalstationen	1875/77: Anzahl der Leuchtfeuer überhaupt	1875/77: Anzahl der Leuchtfeuer von mindest. 10 Sm. Sichtweite	1875/77: Anzahl der Feuerschiffe	1875/77: Anzahl der Nebelsignalstationen	1880: Anzahl der Leuchtfeuer überhaupt	1880: Anzahl der Leuchtfeuer von mindest. 10 Sm. Sichtweite	1880: Anzahl der Feuerschiffe	1880: Anzahl der Nebelsignalstationen
1	70	—	—	—	—	1	1	—	—	1	1	—	—

St. Martin, Anguilla, St. Bartholomew;

Zahl der Küstenabschnitte	Länge der Küstenabschnitte in Seemeilen	1860: Anzahl der Leuchtfeuer überhaupt	1860: Anzahl der Leuchtfeuer von mindest. 10 Sm. Sichtweite	1860: Anzahl der Feuerschiffe	1860: Anzahl der Nebelsignalstationen	1875/77: Anzahl der Leuchtfeuer überhaupt	1875/77: Anzahl der Leuchtfeuer von mindest. 10 Sm. Sichtweite	1875/77: Anzahl der Feuerschiffe	1875/77: Anzahl der Nebelsignalstationen	1880: Anzahl der Leuchtfeuer überhaupt	1880: Anzahl der Leuchtfeuer von mindest. 10 Sm. Sichtweite	1880: Anzahl der Feuerschiffe	1880: Anzahl der Nebelsignalstationen
1	30	—	—	—	—	—	—	—	—	1	—	—	—
2—5	120	—	—	—	—	—	—	—	—	—	—	—	—
5	150	—	—	—	—	—	—	—	—	1	—	—	—

St. Christopher, Nevis, St. Eustatius;

Zahl der Küstenabschnitte	Länge der Küstenabschnitte in Seemeilen	1860: Anzahl der Leuchtfeuer überhaupt	1860: Anzahl der Leuchtfeuer von mindest. 10 Sm. Sichtweite	1860: Anzahl der Feuerschiffe	1860: Anzahl der Nebelsignalstationen	1875/77: Anzahl der Leuchtfeuer überhaupt	1875/77: Anzahl der Leuchtfeuer von mindest. 10 Sm. Sichtweite	1875/77: Anzahl der Feuerschiffe	1875/77: Anzahl der Nebelsignalstationen	1880: Anzahl der Leuchtfeuer überhaupt	1880: Anzahl der Leuchtfeuer von mindest. 10 Sm. Sichtweite	1880: Anzahl der Feuerschiffe	1880: Anzahl der Nebelsignalstationen
1	30	1	1	—	—	1	—	—	—	1	—	—	—
2	30	—	—	—	—	—	—	—	—	—	—	—	—
3—5	90	—	—	—	—	—	—	—	—	—	—	—	—
5	150	1	1	—	—	1	—	—	—	1	—	—	—

Antigua;

Zahl der Küstenabschnitte	Länge der Küstenabschnitte in Seemeilen	1860: Anzahl der Leuchtfeuer überhaupt	1860: Anzahl der Leuchtfeuer von mindest. 10 Sm. Sichtweite	1860: Anzahl der Feuerschiffe	1860: Anzahl der Nebelsignalstationen	1875/77: Anzahl der Leuchtfeuer überhaupt	1875/77: Anzahl der Leuchtfeuer von mindest. 10 Sm. Sichtweite	1875/77: Anzahl der Feuerschiffe	1875/77: Anzahl der Nebelsignalstationen	1880: Anzahl der Leuchtfeuer überhaupt	1880: Anzahl der Leuchtfeuer von mindest. 10 Sm. Sichtweite	1880: Anzahl der Feuerschiffe	1880: Anzahl der Nebelsignalstationen
1	30	1	—	—	—	1	—	—	—	2	1	—	—
2—4	75	—	—	—	—	—	—	—	—	—	—	—	—
3,5	105	1	—	—	—	1	—	—	—	2	1	—	—

Montserrat;

Zahl der Küstenabschnitte	Länge der Küstenabschnitte in Seemeilen	1860: Anzahl der Leuchtfeuer überhaupt	1860: Anzahl der Leuchtfeuer von mindest. 10 Sm. Sichtweite	1860: Anzahl der Feuerschiffe	1860: Anzahl der Nebelsignalstationen	1875/77: Anzahl der Leuchtfeuer überhaupt	1875/77: Anzahl der Leuchtfeuer von mindest. 10 Sm. Sichtweite	1875/77: Anzahl der Feuerschiffe	1875/77: Anzahl der Nebelsignalstationen	1880: Anzahl der Leuchtfeuer überhaupt	1880: Anzahl der Leuchtfeuer von mindest. 10 Sm. Sichtweite	1880: Anzahl der Feuerschiffe	1880: Anzahl der Nebelsignalstationen
1	30	1	—	—	—	1	—	—	—	1	—	—	—
2—3	60	—	—	—	—	—	—	—	—	—	—	—	—
3	90	1	—	—	—	1	—	—	—	1	—	—	—

dänisch.

1890 Anzahl der Leuchtfeuer überhaupt	1890 Anzahl der Leuchtfeuer von mindest. 10 Sm. Sichtweite	1890 Anzahl der Feuerschiffe	1890 Anzahl der Nebelsignalstationen	1904 Anzahl der Leuchtfeuer überhaupt	1904 Anzahl der Leuchtfeuer von mindest. 10 Sm. Sichtweite	1904 Anzahl der Feuerschiffe	1904 Anzahl der Nebelsignalstationen	Ein- und ausgegangener Seeverkehr in 1000 Registertonnen	Die wichtigsten Häfen und Punkte der Küste
3	—	—	—	3	—	—	—		Christiansted.
2	—	—	—	2	—	—	—		Frederiksted.
—	—	—	—	—	—	—	—		
5	—	—	—	5	—	—	—		Summa

britisch.

1890 Anzahl der Leuchtfeuer überhaupt	1890 Anzahl der Leuchtfeuer von mindest. 10 Sm. Sichtweite	1890 Anzahl der Feuerschiffe	1890 Anzahl der Nebelsignalstationen	1904 Anzahl der Leuchtfeuer überhaupt	1904 Anzahl der Leuchtfeuer von mindest. 10 Sm. Sichtweite	1904 Anzahl der Feuerschiffe	1904 Anzahl der Nebelsignalstationen	Ein- und ausgegangener Seeverkehr in 1000 Registertonnen	Die wichtigsten Häfen und Punkte der Küste
1	1	—	—	1	1	—	—		

britisch, französisch, niederländisch.

1890 Anzahl der Leuchtfeuer überhaupt	1890 Anzahl der Leuchtfeuer von mindest. 10 Sm. Sichtweite	1890 Anzahl der Feuerschiffe	1890 Anzahl der Nebelsignalstationen	1904 Anzahl der Leuchtfeuer überhaupt	1904 Anzahl der Leuchtfeuer von mindest. 10 Sm. Sichtweite	1904 Anzahl der Feuerschiffe	1904 Anzahl der Nebelsignalstationen	Ein- und ausgegangener Seeverkehr in 1000 Registertonnen	Die wichtigsten Häfen und Punkte der Küste
2	1	—	—	2	1	—	—		Philipsburg (niederl.); Marigot (franz.) auf St. Martin.
—	—	—	—	—	—	—	—		
2	1	—	—	2	1	—	—		Summa

britisch, niederländisch.

1890 Anzahl der Leuchtfeuer überhaupt	1890 Anzahl der Leuchtfeuer von mindest. 10 Sm. Sichtweite	1890 Anzahl der Feuerschiffe	1890 Anzahl der Nebelsignalstationen	1904 Anzahl der Leuchtfeuer überhaupt	1904 Anzahl der Leuchtfeuer von mindest. 10 Sm. Sichtweite	1904 Anzahl der Feuerschiffe	1904 Anzahl der Nebelsignalstationen	Ein- und ausgegangener Seeverkehr in 1000 Registertonnen	Die wichtigsten Häfen und Punkte der Küste
2	—	—	—	3	—	—	—		Basse Terre (brit.) **auf St. Christopher.**
—	—	—	—	1	—	—	—		Oranjestad (niederl.) **auf St. Eustatius.**
—	—	—	—	—	—	—	—		
2	—	—	—	4	—	—	—		Summa

britisch.

1890 Anzahl der Leuchtfeuer überhaupt	1890 Anzahl der Leuchtfeuer von mindest. 10 Sm. Sichtweite	1890 Anzahl der Feuerschiffe	1890 Anzahl der Nebelsignalstationen	1904 Anzahl der Leuchtfeuer überhaupt	1904 Anzahl der Leuchtfeuer von mindest. 10 Sm. Sichtweite	1904 Anzahl der Feuerschiffe	1904 Anzahl der Nebelsignalstationen	Ein- und ausgegangener Seeverkehr in 1000 Registertonnen	Die wichtigsten Häfen und Punkte der Küste
1	1	—	—	3	1	—	—		St. John Hr.
—	—	—	—	—	—	-	—		
1	1	—	—	3	1	—	—		Summa

britisch.

1890 Anzahl der Leuchtfeuer überhaupt	1890 Anzahl der Leuchtfeuer von mindest. 10 Sm. Sichtweite	1890 Anzahl der Feuerschiffe	1890 Anzahl der Nebelsignalstationen	1904 Anzahl der Leuchtfeuer überhaupt	1904 Anzahl der Leuchtfeuer von mindest. 10 Sm. Sichtweite	1904 Anzahl der Feuerschiffe	1904 Anzahl der Nebelsignalstationen	Ein- und ausgegangener Seeverkehr in 1000 Registertonnen	Die wichtigsten Häfen und Punkte der Küste
1	—	—	—	1	—	—	—		Plymouth.
—	—	—	—	—	—	—	—		
1	—	—	—	1	—	—	—		Summa

Guadeloupe, Petite Terre,

Zahl der Küstenabschnitte	Länge der Küstenabschnitte in Seemeilen	1860				1875/77				1880			
		Anzahl der Leuchtfeuer überhaupt	Anzahl der Leuchtfeuer von mindest. 10 Sm. Sichtweite	Anzahl der Feuerschiffe	Anzahl der Nebelsignalstationen	Anzahl der Leuchtfeuer überhaupt	Anzahl der Leuchtfeuer von mindest. 10 Sm. Sichtweite	Anzahl der Feuerschiffe	Anzahl der Nebelsignalstationen	Anzahl der Leuchtfeuer überhaupt	Anzahl der Leuchtfeuer von mindest. 10 Sm. Sichtweite	Anzahl der Feuerschiffe	Anzahl der Nebelsignalstationen
1	30	1	1	—	—	1	1	—	—	1	1	—	—
2	30	—	—	—	—	3	—	—	—	2	—	—	—
3	30	—	—	—	—	1	—	—	—	2	—	—	—
4	30	—	—	—	—	—	—	—	—	—	—	—	—
5	30	—	—	—	—	—	—	—	—	—	—	—	—
6	30	—	—	—	—	1	—	—	—	1	—	—	—
7	30	—	—	—	—	—	—	—	—	—	—	—	—
7	210	1	1	—	—	6	1	—	—	6	1	—	—
		0,14	0,14	—	—	0,86	0,14	—	—	0,86	0,14	—	—

Marie Galante;

Zahl der Küstenabschnitte	Länge in Seemeilen	1860				1875/77				1880			
1	30	—	—	—	—	1	—	—	—	1	—	—	—
2—3	60	—	—	—	—	—	—	—	—	—	—	—	—
3	90	—	—	—	—	1	—	—	—	1	—	—	—

Dominica;

Zahl der Küstenabschnitte	Länge in Seemeilen	1860				1875/77				1880			
1	30	1	—	—	—	1	—	—	—	1	—	—	—
2—5	100	—	—	—	—	—	—	—	—	—	—	—	—
4,33	130	1	—	—	—	1	—	—	—	1	—	—	—

Martinique;

Zahl der Küstenabschnitte	Länge in Seemeilen	1860				1875/77				1880			
1	30	2	—	—	—	2	1	—	—	5	—	—	—
2	30	—	—	—	—	—	—	—	—	—	—	—	—
3	30	—	—	—	—	4	1	—	—	4	1	—	—
4—5	60	—	—	—	—	—	—	—	—	—	—	—	—
5	150	2	—	—	—	6	2	—	—	9	1	—	—
		0,4	—	—	—	1,2	0,4	—	—	1,8	0,2	—	—

Santa Lucia;

Zahl der Küstenabschnitte	Länge in Seemeilen	1860				1875/77				1880			
1	30	2	—	—	—	1	—	—	—	3	—	—	—
2—4	90	—	—	—	—	—	—	—	—	—	—	—	—
4	120	2	—	—	—	1	—	—	—	3	—	—	—

Désirade; französisch.

1890				1904					
Anzahl der Leuchtfeuer überhaupt	Anzahl der Leuchtfeuer von mindest. 10 Sm. Sichtweite	Anzahl der Feuerschiffe	Anzahl der Nebelsignalstationen	Anzahl der Leuchtfeuer überhaupt	Anzahl der Leuchtfeuer von mindest. 10 Sm. Sichtweite	Anzahl der Feuerschiffe	Anzahl der Nebelsignalstationen	Ein- und ausgegangener Seeverkehr in 1000 Registertonnen	Die wichtigsten Häfen und Punkte der Küste
1	1	—	—	1	1	—	—		Petite Terre.
7	1	—	—	8	1	—	—		Pointe à Pitre.
8	—	—	—	7	—	—	—		St. Marie, Basse Terre.
—	—	—	—	—	—	—	—		
1	—	—	—	1	—	—	—		Port Louis.
1	—	—	—	1	—	—	—		Port du Moule.
—	—	—	—	—	—	—	—		
18	2	—	—	18	2	—	—		Summa
2,57	0,28	—	—	2,57	0,28	—	—		Dichte = durchschnittliche Anzahl der Feuer auf je 30 Sm.

französisch.

1	—	—	—	1	—	—	—		Grand Bourg.
—	—	—	—	—	—	—	—		
1	—	—	—	1	—	—	—		Summa

britisch.

1	—	—	—	3	—	—	—		Roseau.
—	—	—	—	—	—	—	—		
1	—	—	—	3	—	—	—		Summa

französisch.

7	—	—	—	8	—	—	—		Fort de France.
—	—	—	—	—	—	—	—		
7	1	—	—	1	1	—	—		St. Pierre; La Trinité B.
—	—	—	—	—	—	—	—		
14	1	—	—	9	1	—	—		Summa
2,8	0,2	—	—	1,8	0,2	—	—		Dichte = durchschnittliche Anzahl der Feuer auf je 30 Sm.

britisch.

4	—	—	—	3	1	—	—		Castries.
—	—	—	—	—	—	—	—		
4	—	—	—	3	1	—	—		Summa

Zahl der Küstenabschnitte	Länge der Küstenabschnitte in Seemeilen	1860 Anzahl der Leuchtfeuer überhaupt	1860 Anzahl der Leuchtfeuer von mindest. 10 Sm. Sichtweite	1860 Anzahl der Feuerschiffe	1860 Anzahl der Nebelsignalstationen	1875/77 Anzahl der Leuchtfeuer überhaupt	1875/77 Anzahl der Leuchtfeuer von mindest. 10 Sm. Sichtweite	1875/77 Anzahl der Feuerschiffe	1875/77 Anzahl der Nebelsignalstationen	1880 Anzahl der Leuchtfeuer überhaupt	1880 Anzahl der Leuchtfeuer von mindest. 10 Sm. Sichtweite	1880 Anzahl der Feuerschiffe	1880 Anzahl der Nebelsignalstationen
Barbados													
1	30	2	1	—	—	2	1	—	—	3	1	—	—
2	30	—	—	—	—	—	—	—	—	1	1	—	—
3—4	50	—	—	—	—	—	—	—	—	—	—	—	—
3,67	110	2	1	—	—	2	1	—	—	4	2	—	—
Grenada, Grenadinen,													
1	30	—	—	—	—	—	—	—	—	1	—	—	—
2	30	—	—	—	—	—	—	—	—	—	—	—	—
3	30	1	—	—	—	1	1	—	—	1	—	—	—
4—9	170	—	—	—	—	—	—	—	—	—	—	—	—
8,67	260	1	—	—	—	1	1	—	—	2	—	—	—
Tobago;													
1	30	1	1	—	—	1	1	—	—	3	1	—	—
2—4	80	—	—	—	—	—	—	—	—	—	—	—	—
3,67	110	1	1	—	—	1	1	—	—	3	1	—	—
Trinidad;													
1—2	60	—	—	—	—	—	—	—	—	—	—	—	—
3	30	—	—	—	—	—	—	—	—	—	—	—	—
4	30	—	—	—	—	—	—	—	—	—	—	—	—
5	30	—	—	—	—	—	—	—	—	—	—	—	—
6	30	1	1	—	—	1	1	—	—	1	1	—	—
7	30	—	—	—	—	—	—	—	—	—	—	—	—
8	30	—	—	—	—	1	—	—	—	1	—	—	—
9—10	50	—	—	—	—	—	—	—	—	—	—	—	—
9,67	290	1	1	—	—	2	1	—	—	2	1	—	—
		0,10	0,10	—	—	0,21	0,10	—	—	0,21	0,10	—	—
Oruba;													
1	30	—	—	—	—	—	—	—	—	1	—	—	—
2—4	70	—	—	—	—	—	—	—	—	—	—	—	—
3,33	100	—	—	—	—	—	—	—	—	1	—	—	—

britisch.

1890 Anzahl der Leuchtfeuer überhaupt	1890 Anzahl der Leuchtfeuer von mindest. 10 Sm. Sichtweite	1890 Anzahl der Feuerschiffe	1890 Anzahl der Nebelsignalstationen	1904 Anzahl der Leuchtfeuer überhaupt	1904 Anzahl der Leuchtfeuer von mindest. 10 Sm. Sichtweite	1904 Anzahl der Feuerschiffe	1904 Anzahl der Nebelsignalstationen	Ein- und ausgegangener Seeverkehr in 1000 Registertonnen	Die wichtigsten Häfen und Punkte der Küste
3	1	—	—	6	1	—	—		Carlisle B; Sspitze; Bridgetown.
1	1	—	—	1	1	—	—		Ragged Pt.
4	2	—	—	7	2	—	—		Summa

St. Vincent; britisch.

1890 Anzahl der Leuchtfeuer überhaupt	1890 Anzahl der Leuchtfeuer von mindest. 10 Sm. Sichtweite	1890 Anzahl der Feuerschiffe	1890 Anzahl der Nebelsignalstationen	1904 Anzahl der Leuchtfeuer überhaupt	1904 Anzahl der Leuchtfeuer von mindest. 10 Sm. Sichtweite	1904 Anzahl der Feuerschiffe	1904 Anzahl der Nebelsignalstationen	Ein- und ausgegangener Seeverkehr in 1000 Registertonnen	Die wichtigsten Häfen und Punkte der Küste
1	—	—	—	1	1	—	—		Kingston auf St. Vincent.
—	—	—	—	1	—	—	—		Hillsborough auf Carriacou (Grenadinen).
1	—	—	—	1	1	—	—		St. George auf Grenada.
2	—	—	—	3	2	—	—		Summa

britisch.

1890 Anzahl der Leuchtfeuer überhaupt	1890 Anzahl der Leuchtfeuer von mindest. 10 Sm. Sichtweite	1890 Anzahl der Feuerschiffe	1890 Anzahl der Nebelsignalstationen	1904 Anzahl der Leuchtfeuer überhaupt	1904 Anzahl der Leuchtfeuer von mindest. 10 Sm. Sichtweite	1904 Anzahl der Feuerschiffe	1904 Anzahl der Nebelsignalstationen	Ein- und ausgegangener Seeverkehr in 1000 Registertonnen	Die wichtigsten Häfen und Punkte der Küste
3	1	—	—	1	1	—	—		Scarborough.
3	1	—	—	1	1	—	—		Summa

britisch.

1890 Anzahl der Leuchtfeuer überhaupt	1890 Anzahl der Leuchtfeuer von mindest. 10 Sm. Sichtweite	1890 Anzahl der Feuerschiffe	1890 Anzahl der Nebelsignalstationen	1904 Anzahl der Leuchtfeuer überhaupt	1904 Anzahl der Leuchtfeuer von mindest. 10 Sm. Sichtweite	1904 Anzahl der Feuerschiffe	1904 Anzahl der Nebelsignalstationen	Ein- und ausgegangener Seeverkehr in 1000 Registertonnen	Die wichtigsten Häfen und Punkte der Küste
—	—	—	—	—	—	—	—		
—	—	—	—	1	1	—	—		Galera Pt.
—	—	—	—	—	—	—	—		
—	—	—	—	1	1	—	—		Chacachacare Isl. (Dragons Mouths).
2	1	—	—	2	2	—	—		Port of Spain.
—	—	—	—	1	1	—	—		Brighton.
1	—	—	—	1	—	—	—		Icacasspitze (Serpents Mouth.)
3	1	—	—	6	5	—	—		Summa
0,31	0,10	—	—	0,62	0,52	—	—		Dichte = durchschnittliche Anzahl der Feuer auf je 30 Sm.

niederländisch.

1890 Anzahl der Leuchtfeuer überhaupt	1890 Anzahl der Leuchtfeuer von mindest. 10 Sm. Sichtweite	1890 Anzahl der Feuerschiffe	1890 Anzahl der Nebelsignalstationen	1904 Anzahl der Leuchtfeuer überhaupt	1904 Anzahl der Leuchtfeuer von mindest. 10 Sm. Sichtweite	1904 Anzahl der Feuerschiffe	1904 Anzahl der Nebelsignalstationen	Ein- und ausgegangener Seeverkehr in 1000 Registertonnen	Die wichtigsten Häfen und Punkte der Küste
2	1	—	—	2	—	—	—		Oranjestad; SOspitze.
2	1	—	—	2	—	—	—		Summa

Curaçao;

Zahl der Küstenabschnitte	Länge der Küstenabschnitte in Seemeilen	1860				1875/77				1880			
		Anzahl der Leuchtfeuer überhaupt	Anzahl der Leuchtfeuer von mindest. 10 Sm. Sichtweite	Anzahl der Feuerschiffe	Anzahl der Nebelsignalstationen	Anzahl der Leuchtfeuer überhaupt	Anzahl der Leuchtfeuer von mindest. 10 Sm. Sichtweite	Anzahl der Feuerschiffe	Anzahl der Nebelsignalstationen	Anzahl der Leuchtfeuer überhaupt	Anzahl der Leuchtfeuer von mindest. 10 Sm. Sichtweite	Anzahl der Feuerschiffe	Anzahl der Nebelsignalstationen
1	30	1	1	—	—	1	—	—	—	1	—	—	—
2	30	1	—	—	—	1	1	—	—	1	1	—	—
3–5	80	—	—	—	—	—	—	—	—	—	—	—	—
4,67	140	2	1	—	—	2	1	—	—	2	1	—	—

Buen Ayre;

1	30	1	1	—	—	1	1	—	—	2	1	—	—
2–4	80	—	—	—	—	—	—	—	—	—	—	—	—
3,67	110	1	1	—	—	1	1	—	—	2	1	—	—

XXIII. Jamaika;

1–2	60	—	—	—	—	—	—	—	—	—	—	—	—
3	30	—	—	—	—	—	—	—	—	—	—	—	—
4–6	90	—	—	—	—	—	—	—	—	—	—	—	—
7	30	2	1	—	—	2	1	—	—	2	1	—	—
8	30	—	—	—	—	—	—	—	—	—	—	—	—
9	30	1	1	—	—	1	1	—	—	1	1	—	—
10	30	—	—	—	—	—	—	—	—	—	—	—	—
11	30	—	—	—	—	—	—	—	—	—	—	—	—
12	15	—	—	—	—	—	—	—	—	—	—	—	—
11,5	345	3	2	—	—	3	2	—	—	3	2	—	—
		0,26	0,17	—	—	0,26	0,17	—	—	0,26	0,17	—	—

XXIV. Portoriko;

1	30	—	—	—	—	—	—	—	—	—	—	—	—
2	30	—	—	—	—	—	—	—	—	—	—	—	—
3	30	—	—	—	—	—	—	—	—	1	—	—	—
4	30	—	—	—	—	—	—	—	—	—	—	—	—
5	30	—	—	—	—	—	—	—	—	1	1	—	—
6	30	—	—	—	—	—	—	—	—	—	—	—	—
7	30	—	—	—	—	—	—	—	—	—	—	—	—
8	30	—	—	—	—	—	—	—	—	—	—	—	—
9	30	—	—	—	—	—	—	—	—	—	—	—	—
10	30	—	—	—	—	—	—	—	—	—	—	—	—
11	30	1	1	—	—	1	1	—	—	1	1	—	—
12	20	—	—	—	—	—	—	—	—	—	—	—	—
11,67	350	1	1	—	—	1	1	—	—	3	2	—	—
		0,09	0,09	—	—	0,09	0,09	—	—	0,26	0,18	—	—

niederländisch.

1890 Anzahl der Leuchtfeuer überhaupt	1890 Anzahl der Leuchtfeuer von mindest. 10 Sm. Sichtweite	1890 Anzahl der Feuerschiffe	1890 Anzahl der Nebelsignalstationen	1904 Anzahl der Leuchtfeuer überhaupt	1904 Anzahl der Leuchtfeuer von mindest. 10 Sm. Sichtweite	1904 Anzahl der Feuerschiffe	1904 Anzahl der Nebelsignalstationen	Ein- und ausgegangener Seeverkehr in 1000 Registertonnen	Die wichtigsten Häfen und Punkte der Küste
1	—	—	—	1	1	—	—		Sta. Anna.
1	1	—	—	1	—	—	—		Little Curaçao.
—	—	—	—	—	—	—	—		
2	1	—	—	2	1	—	—		Summa

niederländisch.

1890 Anzahl der Leuchtfeuer überhaupt	1890 Anzahl der Leuchtfeuer von mindest. 10 Sm. Sichtweite	1890 Anzahl der Feuerschiffe	1890 Anzahl der Nebelsignalstationen	1904 Anzahl der Leuchtfeuer überhaupt	1904 Anzahl der Leuchtfeuer von mindest. 10 Sm. Sichtweite	1904 Anzahl der Feuerschiffe	1904 Anzahl der Nebelsignalstationen	Ein- und ausgegangener Seeverkehr in 1000 Registertonnen	Die wichtigsten Häfen und Punkte der Küste
3	1	—	—	2	1	—	—		Sspitze; Kralendijk.
—	—	—	—	—	—	—	—		
3	1	—	—	2	1	—	—		Summa

britisch.

1890 Anzahl der Leuchtfeuer überhaupt	1890 Anzahl der Leuchtfeuer von mindest. 10 Sm. Sichtweite	1890 Anzahl der Feuerschiffe	1890 Anzahl der Nebelsignalstationen	1904 Anzahl der Leuchtfeuer überhaupt	1904 Anzahl der Leuchtfeuer von mindest. 10 Sm. Sichtweite	1904 Anzahl der Feuerschiffe	1904 Anzahl der Nebelsignalstationen	Ein- und ausgegangener Seeverkehr in 1000 Registertonnen	Die wichtigsten Häfen und Punkte der Küste
—	—	—	—	—	—	—	—		
—	—	—	—	1	1	—	—		Wspitze.
—	—	—	—	—	—	—	—		
3	3	—	—	9	2	—	—		Port Royal, Kingston.
—	—	—	—	—	—	—	—		
1	1	—	—	1	1	—	—		Ospitze.
3	1	—	—	1	1	—	—		Port Antonio.
—	—	—	—	—	—	—	—		
—	—	—	—	—	—	—	—		
7	5	—	—	12	5	—	—		Summa
0,61	0,43	—	—	1,05	0,43	—	—		Dichte = durchschnittliche Anzahl der Feuer auf je 30 Sm.

Vereinigte Staaten.

1890 Anzahl der Leuchtfeuer überhaupt	1890 Anzahl der Leuchtfeuer von mindest. 10 Sm. Sichtweite	1890 Anzahl der Feuerschiffe	1890 Anzahl der Nebelsignalstationen	1904 Anzahl der Leuchtfeuer überhaupt	1904 Anzahl der Leuchtfeuer von mindest. 10 Sm. Sichtweite	1904 Anzahl der Feuerschiffe	1904 Anzahl der Nebelsignalstationen	Ein- und ausgegangener Seeverkehr in 1000 Registertonnen	Die wichtigsten Häfen und Punkte der Küste
—	—	—	—	1	1	—	—		Arecibo.
—	—	—	—	2	1	—	—		NW u. Wspitze; Aguadilla B.
1	—	—	—	2	—	—	—		Mayaguez.
1	1	—	—	2	1	—	—		SWspitze; Guanica.
2	2	—	—	4	2	—	—		Ponce; Muertos Isl.
—	—	—	—	2	1	—	—		Jobos Hr, Arroyo B.
—	—	—	—	1	1	—	—		SOspitze.
1	—	—	—	2	1	—	—		Port Ferro, Port Mulas auf Crab.
1	1	—	—	1	1	—	—		Culebrita Isl.
1	1	—	—	1	1	—	—		NOspitze.
1	1	—	—	5	1	—	—		San Juan.
—	—	—	—	—	—	—	—		
8	6	—	—	23	11	—	—		Summa
0,69	0,52	—	—	1,97	0,99	—	—		Dichte = durchschnittliche Anzahl der Feuer auf je 30 Sm.

Mona;

Zahl der Küstenabschnitte	Länge der Küstenabschnitte in Seemeilen	1860				1875/77				1880			
		Anzahl der Leuchtfeuer überhaupt	Anzahl der Leuchtfeuer von mindest. 10 Sm. Sichtweite	Anzahl der Feuerschiffe	Anzahl der Nebelsignal-stationen	Anzahl der Leuchtfeuer überhaupt	Anzahl der Leuchtfeuer von mindest. 10 Sm. Sichtweite	Anzahl der Feuerschiffe	Anzahl der Nebelsignal-stationen	Anzahl der Leuchtfeuer überhaupt	Anzahl der Leuchtfeuer von mindest. 10 Sm. Sichtweite	Anzahl der Feuerschiffe	Anzahl der Nebelsignal-stationen
1	80	—	—	—	—	—	—	—	—	—	—	—	—

XXV. Haïti.

Zahl der Küstenabschnitte	Länge in Seemeilen	1860 Leuchtfeuer überhaupt	1860 Leuchtfeuer mind. 10 Sm.	1860 Feuerschiffe	1860 Nebelsignalstationen	1875/77 Leuchtfeuer überhaupt	1875/77 Leuchtfeuer mind. 10 Sm.	1875/77 Feuerschiffe	1875/77 Nebelsignalstationen	1880 Leuchtfeuer überhaupt	1880 Leuchtfeuer mind. 10 Sm.	1880 Feuerschiffe	1880 Nebelsignalstationen
1—5	150	1	—	—	—	—	—	—	—	—	—	—	—
6	30	—	—	—	—	1	—	—	—	1	1	—	—
7	30	—	—	—	—	—	—	—	—	—	—	—	—
8—16	270	—	—	—	—	—	—	—	—	—	—	—	—
17	30	—	—	—	—	—	—	—	—	1	1	—	—
18—19	60	—	—	—	—	—	—	—	—	—	—	—	—
20	30	—	—	—	—	—	—	—	—	—	—	—	—
21—25	150	—	—	—	—	—	—	—	—	—	—	—	—
26	30	—	—	—	—	—	—	—	—	1	—	—	—
27	30	—	—	—	—	—	—	—	—	—	—	—	—
28	30	—	—	—	—	1	1	—	—	1	1	—	—
29—36	240	—	—	—	—	2	2	—	—	—	—	—	—
37	10	—	—	—	—	—	—	—	—	—	—	—	—
36,33	1090	1	—	—	—	4	3	—	—	4	3	—	—
		0,03	—	—	—	0,11	0,08	—	—	0,11	0,08	—	—

XXVI. Kuba;

Zahl der Küstenabschnitte	Länge in Seemeilen	1860 Leuchtfeuer überhaupt	1860 Leuchtfeuer mind. 10 Sm.	1860 Feuerschiffe	1860 Nebelsignalstationen	1875/77 Leuchtfeuer überhaupt	1875/77 Leuchtfeuer mind. 10 Sm.	1875/77 Feuerschiffe	1875/77 Nebelsignalstationen	1880 Leuchtfeuer überhaupt	1880 Leuchtfeuer mind. 10 Sm.	1880 Feuerschiffe	1880 Nebelsignalstationen
1—7	210	—	—	—	—	—	—	—	—	—	—	—	—
8	30	1	—	—	—	1	—	—	—	1	—	—	—
9	30	1	1	—	—	2	1	—	—	2	1	—	—
10	30	—	—	—	—	—	—	—	—	—	—	—	—
11—15	150	—	—	—	—	—	—	—	—	—	—	—	—
16	30	—	—	—	—	—	—	—	—	—	—	—	—
17	30	—	—	—	—	1	1	—	—	1	1	—	—
18—19	60	—	—	—	—	—	—	—	—	—	—	—	—
20	30	1	1	—	—	1	1	—	—	1	1	—	—
21	30	—	—	—	—	—	—	—	—	—	—	—	—
22	30	—	—	—	—	—	—	—	—	—	—	—	—
23—24	60	—	—	—	—	—	—	—	—	—	—	—	—
25	30	—	—	—	—	1	1	—	—	1	1	—	—
26	30	—	—	—	—	1	1	—	—	1	1	—	—
27	30	—	—	—	—	—	—	—	—	—	—	—	—
28	30	—	—	—	—	1	1	—	—	1	1	—	—
29	30	—	—	—	—	—	—	—	—	—	—	—	—
30	30	—	—	—	—	—	—	—	—	—	—	—	—
31	30	—	—	—	—	—	—	—	—	—	—	—	—

Vereinigte Staaten.

1890				1904					
Anzahl der Leuchtfeuer überhaupt	Anzahl der Leuchtfeuer von mindest. 10 Sm. Sichtweite	Anzahl der Feuerschiffe	Anzahl der Nebelsignalstationen	Anzahl der Leuchtfeuer überhaupt	Anzahl der Leuchtfeuer von mindest. 10 Sm. Sichtweite	Anzahl der Feuerschiffe	Anzahl der Nebelsignalstationen	Ein- und ausgegangener Seeverkehr in 1000 Registertonnen	Die wichtigsten Häfen und Punkte der Küste
—	—	—	—	1	1	—	—		

XXV. Haïti.

1890				1904					
—	—	—	—	—	—	—	—		
2	1	—	—	1	1	—	—		Sto. Domingo.
—	—	—	—	1	1	—	—		Macoris B.
—	—	—	—	—	—	—	—		
1	1	—	—	1	1	—	—		Port Plata.
—	—	—	—	—	—	—	—		
—	—	—	—	1	1	—	—		Kap Haïti.
—	—	—	—	—	—	—	—		
1	—	—	—	1	—	—	—		Arcadins Isl. (St. Mark Channel).
—	—	—	—	—	—	—	—		
3	2	—	—	2	2	—	—		Gonave Channel; Port au Prince.
—	—	—	—	—	—	—	—		Cayes, Jacmel.
—	—	—	—	—	—	—	—		
7	4	—	—	7	6	—	—		Summa
0,19	0,11	—	—	0,19	0,16	—	—		Dichte = durchschnittliche Anzahl der Feuer auf je 30 Sm.

Vereinigte Staaten.

1890				1904					
—	—	—	—	—	—	—	—		
2	1	1	—	3	1	1	—		Batabano, Cazones B.
2	1	—	—	3	1	—	—		Cochinos B; Cienfuegos.
—	—	—	—	1	—	—	—		Port Casilda, Trinidad.
—	—	—	—	—	—	—	—		
—	—	—	—	1	—	—	—		Manzanillo.
1	1	—	—	1	1	—	—		Kap Cruz.
—	—	—	—	—	—	—	—		
1	1	—	—	7	1	—	—		Santiago de Cuba.
—	—	—	—	—	—	—	—		
2	—	—	—	3	1	—	—		Guantanamo.
—	—	—	—	—	—	—	—		
1	1	—	—	1	1	—	—		Kap Maysi (Ospitze).
1	1	—	—	1	1	—	—		Baracoa.
—	—	—	—	—	—	—	—		
1	1	—	—	3	1	—	—		Nipe B, Lucreciaspitze; Banes.
—	—	—	—	—	—	—	—		
—	—	—	—	1	—	—	—		P. Gibara.
—	—	—	—	1	—	—	—		P. Padre.

Fortsetzung nächste Seite.

XXVI. Kuba; Vereinigte

Zahl der Küstenabschnitte	Länge der Küstenabschnitte in Seemeilen	1860				1875/77				1880			
		Anzahl der Leuchtfeuer überhaupt	Anzahl der Leuchtfeuer von mindest. 10 Sm. Sichtweite	Anzahl der Feuerschiffe	Anzahl der Nebelsignalstationen	Anzahl der Leuchtfeuer überhaupt	Anzahl der Leuchtfeuer von mindest. 10 Sm. Sichtweite	Anzahl der Feuerschiffe	Anzahl der Nebelsignalstationen	Anzahl der Leuchtfeuer überhaupt	Anzahl der Leuchtfeuer von mindest. 10 Sm. Sichtweite	Anzahl der Feuerschiffe	Anzahl der Nebelsignalstationen
32	30	1	1	—	—	2	1	—	—	2	1	—	—
33—34	60	—	—	—	—	—	—	—	—	—	—	—	—
35	30	1	1	—	—	1	1	—	—	1	1	—	—
36	30	—	—	—	—	—	—	—	—	—	—	—	—
37	30	—	—	—	—	—	—	—	—	—	—	—	—
38	30	—	—	—	—	1	—	—	—	1	—	—	—
39	30	—	—	—	—	1	1	—	—	1	1	—	—
40	30	1	1	—	—	1	1	—	—	1	1	—	—
41	30	2	1	—	—	2	1	—	—	2	1	—	—
42	30	—	—	—	—	—	—	—	—	—	—	—	—
43	30	1	1	—	—	1	1	—	—	1	1	—	—
44	30	—	—	—	—	—	—	—	—	—	—	—	—
45	30	—	—	—	—	—	—	—	—	—	—	—	—
46	30	—	—	—	—	—	—	—	—	—	—	—	—
47	30	—	—	—	—	—	—	—	—	—	—	—	—
48—49	60	—	—	—	—	—	—	—	—	—	—	—	—
50	30	1	1	—	—	1	1	—	—	1	1	—	—
51	30	—	—	—	—	—	—	—	—	—	—	—	—
52	15	—	—	—	—	—	—	—	—	—	—	—	—
51,5	1545	10	8	—	—	18	13	—	—	18	13	—	—
		0,19	0,15	—	—	0,35	0,25	—	—	0,35	0,25	—	—

XXVII. Guayana.

Vom Orinoco bis

Zahl der Küstenabschnitte	Länge der Küstenabschnitte in Seemeilen	1860				1875/77				1880			
1	10	—	—	—	—	—	—	—	—	—	—	—	—
2—6	150	—	—	—	—	—	—	—	—	—	—	—	—
7	30	2	2	1	—	2	2	1	—	2	2	1	—
8	30	—	—	—	—	—	—	—	—	—	—	—	—
9	30	1	1	1	—	1	1	1	—	1	1	1	—
10	30	—	—	—	—	—	—	—	—	—	—	—	—
11—13	90	—	—	—	—	—	—	—	—	—	—	—	—
14	30	1	—	1	—	1	—	1	—	1	—	1	—
15	30	—	—	—	—	—	—	—	—	—	—	—	—
16	30	—	—	—	—	2	2	—	—	2	2	—	—
17—18	60	—	—	—	—	—	—	—	—	—	—	—	—
19	30	—	—	—	—	—	—	—	—	—	—	—	—
20	30	1	—	—	—	5	2	—	—	5	2	—	—
21—22	60	—	—	—	—	—	—	—	—	—	—	—	—
21,33	640	5	3	3	—	11	7	3	—	11	7	3	—
		0,23	0,14	—	—	0,51	0,33	—	—	0,51	0,33	—	—

Staaten (Fortsetzung.)

1890				1904					
Anzahl der Leuchtfeuer überhaupt	Anzahl der Leuchtfeuer von mindest. 10 Sm. Sichtweite	Anzahl der Feuerschiffe	Anzahl der Nebelsignalstationen	Anzahl der Leuchtfeuer überhaupt	Anzahl der Leuchtfeuer von mindest. 10 Sm. Sichtweite	Anzahl der Feuerschiffe	Anzahl der Nebelsignalstationen	Ein- und ausgegangener Seeverkehr in 1000 Registertonnen	Die wichtigsten Häfen und Punkte der Küste
2	1	—	—	2	1	—	—		Nuevitas des Principe.
—	-	—	—	—	—	—	—		
1	1	—	—	1	1	—	—		Paredon Grande.
—	—	—	—	—	—	—	—		
1	1	—	—	1	1	—	—		Frances Cay; Remedios.
1	—	—	—	1	—	—	—		Sagua la Grande.
1	1	—	—	1	1	—	—		Cadiz Cay } Sta.Clara
1	1	—	—	1	1	—	—		Cruz del Padre Cay } u. Car-
2	1	—	—	2	1	—	—		Piedras Cay, Diana Cay } denas B.
1	—	—	—	1	1	—	—		Matanzas.
1	1	—	—	4	1	—	—		Havana.
—	—	—	—	2	—	—	—		Port Mariel, Cabañas.
—	—	—	—	3	1	—	—		Bahia Honda.
—	—	—	—	—	—	—	—		
—	—	—	—	1	1	—	—		Jutias Cay.
—	—	—	—	—	—	—	—		
1	1	—	—	1	1	—	—		Kap San Antonio (Wspitze).
—	—	—	—	—	—	—	—		
—	—	—	—	—	—	—	—		
23	15	1	—	47	19	1	—		Summa
0,45	0,29	—	—	0,91	0,37	—	—		Dichte = durchschnittliche Anzahl der Feuer auf je 30 Sm.

XXVII. Guayana.

Kap Orange.

—	—	—	—	—	—	—	—		
—	—	—	—	—	—	—	—		
3	2	1	—	3	2	1	—	714 {	Essequibo R, Demarara R; Georgetown.
—	—	—	—	—	—	—	—		
1	1	1	—	1	1	1	—		Berbice R; New Amsterdam.
—	—	—	—	1	—	—	—		Corentyn R, Nickerie R.
—	—	—	—	—	—	—	—		
1	—	1	—	3	1	1	—	266 {	Surinam R; Paramaribo.
—	—	—	—	—	—	—	—		
2	2	—	—	3	2	—	—		Maroni R, Mana R.
—	—	—	—	—	—	—	—		
—	—	—	—	1	1	—	—	50 {	Sinnamari R.
5	2	—	—	5	2	—	—		Salut Isl; R. Cayenne.
—	—	—	—	—	—	—	—		
12	7	3	—	17	9	3	—		Summa
0,56	0,33	—	—	0,79	0,42	—	—		Dichte = durchschnittliche Anzahl der Feuer auf je 30 Sm.

XXVIII. Brasilien.

Vom Kap Orange bis

Zahl der Küstenabschnitte	Länge der Küstenabschnitte in Seemeilen	1860				1875/77				1880			
		Anzahl der Leuchtfeuer überhaupt	Anzahl der Leuchtfeuer von mindest. 10 Sm. Sichtweite	Anzahl der Feuerschiffe	Anzahl der Nebelsignal-stationen	Anzahl der Leuchtfeuer überhaupt	Anzahl der Leuchtfeuer von mindest. 10 Sm. Sichtweite	Anzahl der Feuerschiffe	Anzahl der Nebelsignal-stationen	Anzahl der Leuchtfeuer überhaupt	Anzahl der Leuchtfeuer von mindest. 10 Sm. Sichtweite	Anzahl der Feuerschiffe	Anzahl der Nebelsignal-stationen
1	20	—	—	—	—	—	—	—	—	—	—	—	—
2—9	240	—	—	—	—	—	—	—	—	—	—	—	—
10	30	—	—	—	—	—	—	—	—	—	—	—	—
11—12	60	—	—	—	—	—	—	—	—	—	—	—	—
13	30	—	—	—	—	—	—	—	—	—	—	—	—
14	30	—	—	—	—	—	—	—	—	—	—	—	—
15—16	60	—	—	—	—	6	—	—	—	9	—	—	—
17	30	—	—	—	—	1	—	1	—	1	—	1	—
18	30	1	1	—	—	1	1	—	—	1	1	—	—
19	30	—	—	—	—	—	—	—	—	—	—	—	—
20	30	—	—	—	—	—	—	—	—	—	—	—	—
21	30	—	—	—	—	—	—	—	—	—	—	—	—
22	30	—	—	—	—	—	—	—	—	—	—	—	—
23	30	—	—	—	—	—	—	—	—	—	—	—	—
24—25	60	—	—	—	—	—	—	—	—	—	—	—	—
26—27	60	3	3	—	—	5	2	—	—	5	3	—	—
28—31	120	—	—	—	—	—	—	—	—	—	—	—	—
32	30	—	—	—	—	1	1	—	—	1	1	—	—
33	30	—	—	—	—	—	—	—	—	—	—	—	—
34	30	—	—	—	—	—	—	—	—	—	—	—	—
35—38	120	—	—	—	—	—	—	—	—	—	—	—	—
39	30	1	1	—	—	1	1	—	—	1	1	—	—
40	30	—	—	—	—	—	—	—	—	—	—	—	—
41	30	—	—	—	—	—	—	—	—	1	1	—	—
42	30	—	—	—	—	—	—	—	—	—	—	—	—
43	30	—	—	—	—	—	—	—	—	—	—	—	—
44	30	—	—	—	—	—	—	—	—	—	—	—	—
45—48	120	—	—	—	—	—	—	—	—	—	—	—	—
49	30	—	—	—	—	1	1	—	—	2	1	1	—
50	30	—	—	—	—	—	—	—	—	—	—	—	—
51	30	—	—	—	—	—	—	—	—	1	1	—	—
52—53	60	—	—	—	—	—	—	—	—	—	—	—	—
54	30	1	1	—	—	2	2	—	—	2	2	—	—
55	30	—	—	—	—	—	—	—	—	—	—	—	—
56—57	60	—	—	—	—	—	—	—	—	—	—	—	—
58	30	1	1	—	—	1	1	—	—	1	1	—	—
59	30	—	—	—	—	—	—	—	—	—	—	—	—
60	30	—	—	—	—	1	1	—	—	1	1	—	—
61	30	—	—	—	—	1	—	—	—	1	—	—	—
62	30	—	—	—	—	—	—	—	—	—	—	—	—
63—66	120	—	—	—	—	—	—	—	—	—	—	—	—
67	30	1	1	—	—	3	2	—	—	4	1	—	—
68	30	1	1	—	—	—	—	—	—	1	1	—	—
69—72	120	—	—	—	—	—	—	—	—	—	—	—	—

XXVIII. Brasilien.

zur uruguayischen Grenze.

1890 Anzahl der Leuchtfeuer überhaupt	1890 Anzahl der Leuchtfeuer von mindest. 10 Sm. Sichtweite	1890 Anzahl der Feuerschiffe	1890 Anzahl der Nebelsignalstationen	1904 Anzahl der Leuchtfeuer überhaupt	1904 Anzahl der Leuchtfeuer von mindest. 10 Sm. Sichtweite	1904 Anzahl der Feuerschiffe	1904 Anzahl der Nebelsignalstationen	Ein- und ausgegangener Seeverkehr in 1000 Registertonnen (Gesamtverkehr)	Die wichtigsten Häfen und Punkte der Küste
—	—	—	—	—	—	—	—		
—	—	—	—	—	—	—	—		
—	—	—	—	1	1	—	—	934	Nord-Kanal der Amazonas Mdg.; Manaos.
—	—	—	—	—	—	—	—		
—	—	—	—	1	1	—	—		Süd-Kanal der Amazonas Mdg.; Manaos.
—	—	—	—	—	—	—	—	—	
8	—	—	—	14	4	—	—	1649	Para Mdg.; Belem.
1	—	1	—	1	—	1	—	—	Dentro Fahrwasser.
1	1	—	—	1	1	—	—	—	Atalaiaspitze.
—	—	—	—	1	1	—	—	—	Caëte B; Braganza.
—	—	—	—	—	—	—	—	—	
—	—	—	—	1	1	—	—	—	Gurupi R.
—	—	—	—	—	—	—	—	—	
1	1	—	—	1	1	—	—	—	S. João Isl.
—	—	—	—	—	—	—	—	—	
5	3	—	—	5	3	—	—	558	Maranham B.
—	—	—	—	—	—	—	—	—	
1	1	—	—	1	1	—	—	104	Paranahyba R.
—	—	—	—	—	—	—	—	—	
—	—	—	—	1	1	—	—	90	Camocim R.
—	—	—	—	—	—	—	—	15	Acarahu.
1	1	—	—	1	1	—	—	588	Macoripe Pt.; Ceara.
—	—	—	—	—	—	—	—	—	
1	1	—	—	1	1	—	—	47	Jaguaribe R; Aracaty.
—	—	—	—	—	—	—	—	—	
—	—	—	—	1	1	—	—	107	Mossoro R.
—	—	—	—	2	2	—	—	87	Ponta do Mel; Macao.
—	—	—	—	—	—	—	—	—	
1	1	—	—	1	1	—	—	387	Natal.
—	—	—	—	—	—	—	—	—	
1	1	—	—	3	1	—	—	501	Parahyba R.
—	—	—	—	—	—	—	—	3	Porto Calvo.
3	3	—	—	3	3	—	—	2229	Pernambuco; Kap S. Agostinho.
—	—	—	—	1	1	—	—	—	Tamandare.
—	—	—	—	—	—	—	—	—	
1	1	—	—	1	1	—	—	656	Maceio.
—	—	—	—	—	—	—	—	—	
1	1	—	—	1	1	—	—	60	San Francisco do Norte R; Penedo.
1	1	—	—	1	1	—	—	96	Cotinguiba R; Aracaju.
1	1	—	—	1	1	—	—	41	S. Christovao, Estancia; Rio Real.
—	—	—	—	—	—	—	—	—	
5	2	—	—	5	2	—	—	2658	Bahia de Todos os Santos; Bahia.
1	1	—	—	1	1	—	—	—	Morro de S. Paulo.
—	—	—	—	—	—	—	—	31	Ilheos.

Fortsetzung nächste Seite.

XXVIII. Brasilien

Vom Kap Orange bis

Zahl der Küstenabschnitte	Länge der Küstenabschnitte in Seemeilen	1860				1875/77				1880			
		Anzahl der Leuchtfeuer überhaupt	Anzahl der Leuchtfeuer von mindest. 10 Sm. Sichtweite	Anzahl der Feuerschiffe	Anzahl der Nebelsignal-stationen	Anzahl der Leuchtfeuer überhaupt	Anzahl der Leuchtfeuer von mindest. 10 Sm. Sichtweite	Anzahl der Feuerschiffe	Anzahl der Nebelsignal-stationen	Anzahl der Leuchtfeuer überhaupt	Anzahl der Leuchtfeuer von mindest. 10 Sm. Sichtweite	Anzahl der Feuerschiffe	Anzahl der Nebelsignal-stationen
73	30	—	—	—	—	—	—	—	—	—	—	—	—
74—77	120	—	—	—	—	—	—	—	—	—	—	—	—
78	30	—	—	—	—	1	1	—	—	1	1	—	—
79—83	150	—	—	—	—	—	—	—	—	—	—	—	—
84	30	—	—	—	—	—	—	—	—	—	—	—	—
85	30	—	—	—	—	—	—	—	—	—	—	—	—
86	30	—	—	—	—	1	1	—	—	1	1	—	—
87	30	—	—	—	—	—	—	—	—	—	—	—	—
88	30	—	—	—	—	—	—	—	—	—	—	—	—
89	30	—	—	—	—	—	—	—	—	—	—	—	—
90	30	—	—	—	—	—	—	—	—	—	—	—	—
91	30	—	—	—	—	—	—	—	—	—	—	—	—
92	30	—	—	—	—	—	—	—	—	—	—	—	—
93	30	1	1	—	—	1	1	—	—	1	1	—	—
94	30	—	—	—	—	—	—	—	—	—	—	—	—
95	30	3	1	—	—	3	1	—	—	3	1	—	—
96	30	—	—	—	—	—	—	—	—	—	—	—	—
97	30	—	—	—	—	—	—	—	—	—	—	—	—
98	30	—	—	—	—	—	—	—	—	—	—	—	—
99	30	—	—	—	—	—	—	—	—	—	—	—	—
100	30	—	—	—	—	—	—	—	—	—	—	—	—
101—103	90	—	—	—	—	—	—	—	—	—	—	—	—
104	30	1	1	—	—	1	1	—	—	1	1	—	—
105—107	90	—	—	—	—	—	—	—	—	—	—	—	—
108	30	—	—	—	—	—	—	—	—	—	—	—	—
109	30	—	—	—	—	1	1	—	—	2	1	—	—
110	30	—	—	—	—	—	—	—	—	—	—	—	—
111	30	—	—	—	—	—	—	—	—	—	—	—	—
112	30	—	—	—	—	—	—	—	—	—	—	—	—
113	30	—	—	—	—	—	—	—	—	1	—	—	—
114	30	—	—	—	—	—	—	—	—	—	—	—	—
115	30	—	—	—	—	1	1	—	—	1	1	—	—
116	30	—	—	—	—	—	—	—	—	—	—	—	—
117—122	180	—	—	—	—	—	—	—	—	—	—	—	—
123	30	—	—	—	—	—	—	—	—	—	—	—	—
124	30	—	—	—	—	—	—	—	—	—	—	—	—
125	30	1	1	—	—	1	1	—	—	7	4	—	—
126—129	120	—	—	—	—	—	—	—	—	—	—	—	—
128,67	3860	15	13	—	—	34	20	1	—	50	26	2	—
		0,12	0,10	—	—	0,26	0,16	—	—	0,38	0,20	—	—

(Fortsetzung.)

zur uruguayischen Grenze.

1890				1904					
Anzahl der Leuchtfeuer überhaupt	Anzahl der Leuchtfeuer von mindest. 10 Sm. Sichtweite	Anzahl der Feuerschiffe	Anzahl der Nebelsignalstationen	Anzahl der Leuchtfeuer überhaupt	Anzahl der Leuchtfeuer von mindest. 10 Sm. Sichtweite	Anzahl der Feuerschiffe	Anzahl der Nebelsignalstationen	Ein- und ausgegangener Seeverkehr in 1000 Registertonnen (Gesamtverkehr)	Die wichtigsten Häfen und Punkte der Küste
1	1	—	—	1	1	—	—	21	Cannaviciras, Belmonte.
—	—	—	—	—	—	—	—	9	Alcobaça.
1	1	—	—	1	1	—	—	41	Caravellas; Abrolhos Rocks.
—	—	—	—	—	—	—	—	15	Barra de S. Matheus.
—	—	—	—	1	1	—	—	—	Barra de Rio Doce.
—	—	—	—	—	—	—	—	20	Santa Cruz.
1	1	—	—	1	1	—	—	592	Espiritu Santo B; Victoria.
1	1	—	—	1	1	—	—	69	Benevente B; Itapemerin.
—	—	—	—	1	1	—	—	25	St. João da Barra.
1	1	—	—	1	1	—	—	—	Kap St. Thomé.
—	—	—	—	—	—	—	—	—	
—	—	—	—	—	—	—	—	—	
—	—	—	—	1	1	—	—	18	Macahé.
1	1	—	—	1	1	—	—	42	Kap Frio.
—	—	—	—	—	—	—	—	—	
4	1	—	—	6	2	—	—	5248	Rio de Janeiro.
—	—	—	—	—	—	—	—	—	
—	—	—	—	1	1	—	—	—	Ilha Grande B.
—	—	—	—	1	—	—	—	34	Angra dos Reis.
—	—	—	—	—	—	—	—	15	Ubatuba.
—	—	—	—	1	1	—	—	—	San Sebastião Isl.
—	—	—	—	—	—	—	—	—	
1	1	—	—	1	1	—	—	2784	Santos.
—	—	—	—	—	—	—	—	57	Iguape.
1	1	—	—	1	1	—	—	—	Cananea B.
2	1	—	—	2	1	—	—	462	Paranagua B.
1	1	—	—	1	1	—	—	270	S. Francisco R.
—	—	—	—	—	—	—	—	—	
—	—	—	—	1	1	—	—	100	Itajahy R.
2	2	—	—	2	2	—	—	398	NEinlauf z. Sta.Catharina Strasse; Florianopolis.
—	—	—	—	—	—	—	—	—	
2	2	—	—	2	2	—	—	—	SEinlauf z. Sta.Catharina Strasse; Imbituba.
—	—	—	—	1	1	—	—	36	KapSantaMarthaGrande; Laguna.
—	—	—	—	—	—	—	—	—	
—	—	—	—	1	1	—	—	—	Mostardasspitze.
—	—	—	—	—	—	—	—	—	
7	5	—	—	10	6	—	—	1055	Rio Grande do Sul, Lagoa dos Patos; Rio Grande, Pelotas, Jaguarão, Porto Alegre.
—	—	—	—	—	—	—	—	—	
60	40	1	—	91	63	1	—		Summa
1,46	0,31	—	—	0,71	0,49	—	—		Dichte = durchschnittliche Anzahl der Feuer auf je 30 Sm.

XXVIII. Brasilien

Rocas.

Zahl der Küstenabschnitte	Länge der Küstenabschnitte in Seemeilen	1860 Anzahl der Leuchtfeuer überhaupt	1860 Anzahl der Leuchtfeuer von mindest. 10 Sm. Sichtweite	1860 Anzahl der Feuerschiffe	1860 Anzahl der Nebelsignalstationen	1875/77 Anzahl der Leuchtfeuer überhaupt	1875/77 Anzahl der Leuchtfeuer von mindest. 10 Sm. Sichtweite	1875/77 Anzahl der Feuerschiffe	1875/77 Anzahl der Nebelsignalstationen	1880 Anzahl der Leuchtfeuer überhaupt	1880 Anzahl der Leuchtfeuer von mindest. 10 Sm. Sichtweite	1880 Anzahl der Feuerschiffe	1880 Anzahl der Nebelsignalstationen
1	75	—	—	—	—	—	—	—	—	—	—	—	—

Fernando

1	80	—	—	—	—	—	—	—	—	—	—	—	—

XXIX. Uruguay. Von der brasilianischen

1	20	—	—	—	—	—	—	—	—	—	—	—	—
2	30	—	—	—	—	—	—	—	—	—	—	—	—
3	30	—	—	—	—	1	—	—	—	1	1	—	—
4	30	—	—	—	—	—	—	—	—	1	1	—	—
5	30	1	1	—	—	1	1	—	—	1	1	—	—
6	30	—	—	—	—	—	—	—	—	—	—	—	—
7	30	2	2	1	—	2	1	1	—	3	2	1	—
8	30	1	1	—	—	3	1	1	—	3	1	1	—
9	30	—	—	—	—	—	—	—	—	—	—	—	—
10	30	1	1	—	—	1	1	—	—	2	2	—	—
9,67	290	5	5	1	—	8	4	2	—	11	8	2	—
		0,51	0,51	—	—	0,82	0,41	—	—	1,14	0,82	—	—

La Plata

7	30	2	2	1	—	2	1	1	—	3	2	1	—
8	30	1	1	—	—	3	1	1	—	3	1	1	—
9	30	—	—	—	—	—	—	—	—	—	—	—	—
10	30	1	1	—	—	1	1	—	—	2	2	—	—
1	30	2	1	2	—	4	1	2	—	4	2	2	—
2	30	1	1	1	—	1	1	1	—	1	1	1	—
3	30	—	—	—	—	—	—	—	—	—	—	—	—
7	210	7	6	4	—	11	5	5	—	13	8	5	—

(Fortsetzung.)

Rocas.

1890				1904					
Anzahl der Leuchtfeuer überhaupt	Anzahl der Leuchtfeuer von mindest. 10 Sm. Sichtweite	Anzahl der Feuerschiffe	Anzahl der Nebelsignalstationen	Anzahl der Leuchtfeuer überhaupt	Anzahl der Leuchtfeuer von mindest. 10 Sm. Sichtweite	Anzahl der Feuerschiffe	Anzahl der Nebelsignalstationen	Ein- und ausgegangener Seeverkehr in 1000 Registertonnen	Die wichtigsten Häfen und Punkte der Küste
1	—	—	—	1	—	—	—		

Noronha.

—	—	—	—	1	—	—	—		

Grenze bis Martin Garcia (La Plata).

—	—	—	—	—	—	—	—	—	
1	1	—	—	1	1	—	—	—	Kap Polonio.
1	1	—	—	1	1	—	—	9	Kap Santa Maria; La Paloma.
1	1	—	—	1	1	—	—	—	San José Ignaciospitze.
1	1	—	—	1	1	—	—	31	Maldonado B.
—	—	—	—	—	—	—	—	1	Puerto del Ingles.
3	3	1	—	3	3	1	—	—	Flores Isl, English Bank, Punta Brava.
3	1	1	—	3	1	1	—	10223	Montevideo; Panela Rock.
—	—	—	—	—	—	—	—	—	
2	2	—	—	7	2	—	—	1624	s. La Plata Mündung.
12	10	2	—	17	10	2	—		Summa
1,24	1,03	—	—	1,76	1,03	—	—		Dichte = durchschnittliche Anzahl der Feuer auf je 30 Sm.

Mündung.

3	3	1	—	3	3	1	—		Flores Isl, English Bank, Punta Brava.
3	1	1	—	3	1	1	—	10223	Uruguay. Montevideo; Panela Rock.
—	—	—	—	—	—	—	—		
2	2	—	—	7	2	—	—	13597	La Plata, Buenos Aires, San Nicolas, Rosario, Corumba, Nueva Palmira, Colonia.
11	3	2	—	12	5	2	—		
1	1	1	—	2	1	1	1		Argentinien. Cuirassier Bank, Indio Pt.
—	—	—	—	1	1	1	—		Piedras Pt.
20	10	5	—	28	13	6	1		Summa

XXX. Argentinien.

Zahl der Küstenabschnitte	Länge der Küstenabschnitte in Seemeilen	1860				1875/77				1880			
		Anzahl der Leuchtfeuer überhaupt	Anzahl der Leuchtfeuer von mindest. 10 Sm. Sichtweite	Anzahl der Feuerschiffe	Anzahl der Nebelsignalstationen	Anzahl der Leuchtfeuer überhaupt	Anzahl der Leuchtfeuer von mindest. 10 Sm. Sichtweite	Anzahl der Feuerschiffe	Anzahl der Nebelsignalstationen	Anzahl der Leuchtfeuer überhaupt	Anzahl der Leuchtfeuer von mindest. 10 Sm. Sichtweite	Anzahl der Feuerschiffe	Anzahl der Nebelsignalstationen
1	30	2	1	2	—	4	1	2	—	4	2	2	—
2	30	1	1	1	—	1	1	1	—	1	1	1	—
3	30	—	—	—	—	—	—	—	—	—	—	—	—
4	50	—	—	—	—	—	—	—	—	—	—	—	—
5	30	—	—	—	—	—	—	—	—	—	—	—	—
6	30	—	—	—	—	—	—	—	—	—	—	—	—
7	30	—	—	—	—	—	—	—	—	—	—	—	—
8—9	60	—	—	—	—	—	—	—	—	—	—	—	—
10	30	—	—	—	—	—	—	—	—	—	—	—	—
11—16	180	—	—	—	—	—	—	—	—	—	—	—	—
17	30	—	—	—	—	—	—	—	—	—	—	—	—
18—21	120	—	—	—	—	—	—	—	—	—	—	—	—
22	30	—	—	—	—	—	—	—	—	—	—	—	—
23—46	720	—	—	—	—	—	—	—	—	—	—	—	—
47	30	—	—	—	—	—	—	—	—	—	—	—	—
48—56	270	—	—	—	—	—	—	—	—	—	—	—	—
57	30	—	—	—	—	—	—	—	—	—	—	—	—
58	30	—	—	—	—	—	—	—	—	—	—	—	—
59	30	—	—	—	—	2	—	—	—	—	—	—	—
60—66	210	—	—	—	—	—	—	—	—	—	—	—	—
67	30	—	—	—	—	—	—	—	—	—	—	—	—
68	30	—	—	—	—	—	—	—	—	—	—	—	—
68,67	2030	3	2	3	—	7	2	3	—	5	3	3	—
		0,04	0,03	—	—	0,12	0,03	—	—	0,07	0,04	—	—

XXXI. Die Leuchtfeuer auf den 5 Haupt-

	Leuchtfeuer überhaupt				
	1904	1890	1880	1875	1860
1. Nordostküsten	4965	3113	2125	1501	947
2. Nordwestküsten	1372	940	692	496	398
3. Mittelamerik.-westind. Küsten ...	1047	266	182	145	119
4. Südwestküsten	153	102	78	61	28
5. Südostküsten	154	82	54	39	13
Gesamtgebiet des Atlantischen Ozeans	7691	4503	3131	2242	1505

Vom La Plata bis Staten Island.

1890				1904					
Anzahl der Leuchtfeuer überhaupt	Anzahl der Leuchtfeuer von mindest. 10 Sm. Sichtweite	Anzahl der Feuerschiffe	Anzahl der Nebelsignalstationen	Anzahl der Leuchtfeuer überhaupt	Anzahl der Leuchtfeuer von mindest. 10 Sm. Sichtweite	Anzahl der Feuerschiffe	Anzahl der Nebelsignalstationen	Ein- und ausgegangener Seeverkehr in 1000 Registertonnen	Die wichtigsten Häfen und Punkte der Küste
11	3	2	—	12	5	2	—		s. La Plata Mündung.
1	1	1	—	2	1	1	1		Cuirassier Bank, Indio Pt.
—	—	—	—	1	1	1	—		Piedras Pt.
—	—	—	—	1	1	—	—		Kap S. Antonio.
—	—	—	—	1	1	—	—		Medano Pt.
—	—	—	—	1	1	—	—		Mogotes Pt.
2	2	1	—	1	1	1	—		Bahia Blanca.
1	1	—	—	1	1	—	—		Rio Negro.
—	—	—	—	1	1	—	—		Sea Bear B (Penguin Isl.)
—	—	—	—	1	—	—	—		Port Gallegos.
—	—	—	—	2	2	—	—		Magellan Strasse (Kap Virgines, Dungenessspitze).
1	1	—	—	1	1	—	—		Staten Island.
16	8	4	—	25	16	5	1		Summa
0,23	0,16	—	—	0,36	0,23	—	—		Dichte = durchschnittliche Anzahl der Feuer auf je 30 Sm.

abschnitten des Atlantischen Ozeans.

Dichte = durchschnittl. Anzahl der Leuchtfeuer auf je 30 Sm. Küste									
1904		1890		1880		1875		1860	
9,99	3,72	6,27	1,99	4,28	1,26	3,02	1,11	1,91	Die kleinen Ziffern geben die Differenzen der Zahlen an, zwischen denen sie stehen.
3,12		1,56		0,82		0,54		—0,08	
6,87	2,16	4,71	1,25	3,46	0,98	2,48	0,49	1,99	
4,89		4,21		3,12		2,20		1,77	
1,98	1,48	0,50	0,16	0,34	0,06	0,28	0,06	0,22	
1,37		0,09		0,03		0,03		0,11	
0,61	0,20	0,41	0,10	0,31	0,06	0,25	0,14	0,11	
0,13		0,15		0,14		0,13		0,07	
0,48	0,22	0,26	0,09	0,17	0,05	0,12	0,08	0,04	

XXXII. Die Schiffsunfälle an den Deutschen

(Monatshefte zur Statistik des Deutschen Reiches. 1888 X.

Küstenstrecken	Jahre	Schiffs- Strandungen	Kentern
Nimmersatt-Brüsterort 80 Sm.	1883—1892	28	16
(Kur. Haff, Memel)	1893—1902	33	2
	1883—1902	61	18
Brüsterort-Neukrug 35 Sm.	1883—1892	20	6
(Frisches Haff, Pillau, Königsberg)	1893—1902	33	3
	1883—1902	53	9
Neukrug-Rixhöft 90 Sm.	1883—1892	50	3
(Danzig, Hela)	1893—1902	57	10
	1883—1902	107	13
Rixhöft-Grosshorst 130 Sm.	1883—1892	39	1
(Stolpmünde, Rügenw., Kolberg)	1893—1902	29	9
	1883—1902	68	10
Grosshorst-Arkona 130 Sm.	1883—1892	112	8
(Stettiner Haff, Greifswald)	1893—1902	154	8
	1883—1902	266	16
Arkona-Buk 75 Sm.	1883—1892	41	—
(Hiddensö, Darss. Ort, Rostock)	1893—1902	85	5
	1883—1902	126	5
Buk-Damerhöft 60 Sm.	1883—1892	56	—
(Wismar, Lübeck)	1893—1902	53	2
	1883—1902	109	2
Dahmerhöft-Birknakke 110 Sm.	1883—1892	80	5
(Kiel, Eckernförde, Schlei)	1893—1902	103	4
	1883—1902	183	9
Birknakke-Dänische Grenze 90 Sm. ..	1883—1892	35	—
(Flensburg, Apenrade, Hadersleben)	1893—1902	53	2
	1883—1902	88	2
Ostseeküste 800 Sm.	1883—1892	461	39
	1893—1902	600	45
	1883—1902	1061	84
Dänische Grenze-Nachhörn 60 Sm. ...	1883—1892	45	3
(Sylt, Föhr, Husum)	1893—1902	47	—
	1883—1902	92	3
Nachhörn-Neuwerk 85 Sm.	1883—1892	247	13
(Eider, Elbe)	1893—1902	345	22
	1883—1902	592	35
Neuwerk-Wangeroog 70 Sm.	1883—1892	90	3
(Weser, Jade)	1893—1902	128	6
	1883—1902	218	9
Wangeroog-Niederländ. Grenze 80 Sm.	1883—1892	70	10
(Ems, Dollart)	1893—1902	92	7
	1883—1902	162	17
Nordseeküste 295 Sm.	1883—1892	452	29
	1893—1902	612	35
	1883—1902	1064	64

Küsten in den Jahren 1883—1902.

Vierteljahrshefte zur Statistik des Deutschen Reiches. 1894 II; 1899 III; 1904 III.)

Unfälle				Auf je 10 Sm. Küstenstrecke entfielen Unfälle	Auf je 10 Sm. entfielen Unfälle, ohne Zusammenstösse
Sinken	Zusammenstösse	Andere Unfälle	Unfälle überhaupt		
6	—	6	56	7,00	
4	3	17	59	7,38	
10	3	23	115	14,38	14,00
21	15	17	79	22,57	
7	26	47	116	33,14	
28	41	64	195	55,71	44,00
18	23	31	125	13,89	
15	67	58	207	23,00	
33	90	89	332	36,89	26,89
3	2	8	53	4,08	
10	3	20	71	5,46	
13	5	28	124	9,54	9,15
51	158	69	398	30,61	
45	210	171	588	45,23	
96	368	240	986	75,84	47,538
1	16	10	68	9,07	
3	16	20	129	17,20	
4	32	30	197	26,27	23,33
1	20	12	89	14,84	
5	31	33	124	20,66	
6	51	45	213	35,50	27,00
16	25	25	151	13,73	
20	109	55	291	26,45	
36	134	80	442	40,18	28,00
7	8	8	58	6,45	
5	6	13	79	8,78	
12	14	21	137	15,23	13,67
124	267	186	1077	13,46	
114	471	434	1664	20,81	
238	738	620	2741	34,27	25,04
3	1	11	63	10,50	
4	1	9	61	10,17	
7	2	20	124	20,67	20,33
42	420	247	969	114,00	
25	606	298	1296	152,47	
67	1026	545	2265	266,47	145,76
19	25	58	195	27,86	
26	152	123	435	62,14	
45	177	181	630	90,00	64,71
20	15	23	138	17,25	
11	24	64	198	24,76	
31	39	87	336	42,01	37,125
84	461	339	1365	46,27	
66	783	494	1990	67,46	
150	1244	833	3355	113,73	71,56

F. Benutzte Literatur.

Wenn Angaben unmittelbar entnommen worden sind, wurden die betreffenden Stellen bereits im Text angeführt, ebenso wenn auf besondere Einzelheiten hingewiesen werden sollte.

I. Für die Einleitung, den technischen und den historischen Teil.

Pauly-Wissowa: „Real-Encyclopaedie der class. Altertumswissenschaft".
v. Lövenörn: „Etwas über die auf den Küsten angelegten Leuchtfeuer". Kopenhagen-Leipzig. 1801.
v. Duisburg: „Versuch einer hist.-topogr. Beschreibung der freien Stadt Danzig". Danzig 1809.
v. Hammer: „Konstantinopel und der Bosporus". Pesth 1822.
„Preussens Seeatlas". Herausgegeben vom Ministerium des Handels. 1841—42.
Hess: „Über Leuchttürme". Berlin 1851.
Hoburg: „Geschichte der Festungswerke Danzigs". Danzig 1852.
Lasius: „Wangeroog und seine Seezeichen". Hannover 1860.
Knudsen: „Die Seemarken an den Küsten der Königl. Dänischen Monarchie". Kopenhagen 1868.
Breusing: „Gerhard Kremer gen. Mercator, der deutsche Geograph". Duisburg 1869.
Riemann: „Geschichte der Stadt Colberg". Colberg 1873.
„Die Schiffahrtszeichen auf Wangerooge". Bremen 1876.
„Die Beleuchtung der Deutschen Seeküsten". Berlin 1877.
Wolf: „Geschichte der Astronomie". München 1877.
„Die Schiffahrtszeichen an der Deutschen Küste". Berlin 1878.
Perels: „Das internationale öffentliche Seerecht der Gegenwart". Berlin 1882.
Gelcich: „Studien über die Entwicklungsgeschichte der Schiffahrt". Laibach 1882.
Breusing: „Die Nautik der Alten". Bremen 1886.
Hagen: „Über Schiffahrtszeichen". Sonderabdruck aus der Zeitschrift für Bauwesen. 1887.
Götz: „Die Verkehrswege im Dienste des Welthandels". Stuttgart 1888.
Breusing: „Die nautischen Instrumente bis zur Erfindung des Spiegelsextanten". Bremen 1890.
Beloch: „Campanien". Breslau 1890.
Wachsmuth: „Die Stadt Athen im Altertum". II. Leipzig 1890.
Rühlmann: „Beiträge zur Geschichte, Kultur und Technik der Schiffahrt, der Ruder-, Segel- und Dampfschiffe". Leipzig 1891—96.
Lindeman: „Der Norddeutsche Lloyd". Bremen 1892.
Geistbeck: „Der Weltverkehr". Freiburg i. Br. 1895.
Freeman: „Geschichte Siziliens". Deutsche Ausgabe v. Lupus. Leipzig 1895.
Veitmeyer: „Leuchtfeuer und Leuchtapparate". München-Leipzig 1900.

Adler: „Der Pharos von Alexandria". Berlin 1901.
„Der Weltverkehr und seine Mittel". Otto Spamer. Leipzig 1901.
Nissen: „Italische Landeskunde". 2. Berlin 1902.
Oppel: „Natur und Arbeit". Leipzig-Wien 1904.
„*Breusings* Steuermannskunst". Leipzig 1904.
Beloch: „Griechische Geschichte". Strassburg 1904.
Judeich: „Topographie von Athen". München 1905.
Batchellor: „Dover Guide". London 1845.
Steinitz: „The ship, its origin and progress". London 1849.
A. Stevenson: „A rudimentary treatise on the history, construction and illumination of lighthouses". London 1850.
Elliot: „Report of a tour of inspection of European lighthouse establishments, made in 1873". Washington 1874.
Lindsay: „History of merchant shipping and ancient commerce". London 1874—77.
Davenport-Adams: „Lighthouses and Lightships". London 1878.
Th. Stevenson: „Lighthouse Construction and Illumination". London 1881.
Edwards: „Our Seamarks". London 1884.
Douglass: „Improvements in coast signals, with supplementary remarks on the new Eddystone lighthouse". London 1884.
Head: „Historia Numorum". Oxford 1887.
Carlson: „Maritime telegraph systems, buoys, beacons, tidal signals etc." Stockholm 1890.
Johnson: „The modern Lighthouse service". Whashington 1890.
Davenport-Adams: „The story of our Lighthouses and Lightships". London 1891.
Grosvenor: „Constantinople". London 1895.
„Phares et fanaux des côtes de France." Paris 1842.
„Description sommaire des phares et fanaux allumés sur les côtes de France." Paris 1851.
Coulier: „Description générale des phares et fanaux et des principales remarques existant sur le littoral maritime du globe". Paris 1856.
Chatel: „Notice sur les différents systèmes d'éclairage". Paris 1859.
Cauchy: „Le droit maritime international". Paris 1862.
Reynaud: „Mémoire sur l'éclairage et le balisage des côtes de France". Paris 1864.
Figuier: „Les merveilles de la science". Paris 1870. IV.
Lenthéric: „Les villes mortes du Golfe de Lyon". Paris 1876.
Cialdi: „Cenni storici dei fari antichi piu famosi". Roma 1877.

Kleinere Aufsätze:

Breusing: „Zur Geschichte der Kartographie". Zeitschrift für wissenschaftliche Geographie. II.
Wagner: „Das Rätsel der Kompasskarten im Lichte der Gesamtentwicklung der Seekarten". Verhandlungen des 11. Deutschen Geographentages.
Stavenhagen: „Über Seekarten". Globus 85.
Herbig: „Einheitliche Betonnungssysteme". Annalen der Hydrographie 1887.
Gelcich: „Beiträge zur Geschichte der ozeanischen Segelanweisungen". Annalen der Hydrographie 1893.
Peck: „Organisation, Entwicklung, neuere Fortschritte und gegenwärtiger Stand des französischen Leuchtfeuerwesens". Marine-Rundschau 1896.
Buchheister: „Die Elbe und der Hafen von Hamburg". Mitteilungen der Geographischen Gesellschaft in Hamburg. Band XV. 1899.

Atlas de Finlande. Fennia 17; Nr. 26: „Pilotage, phares et service hydrographique".
Krümmel: „Zwei Jahrzehnte deutscher Seeschiffahrt. 1873—1893". Preussische Jahrbücher 1893. IV.
Schott: „Eine Forschungsreise nach den Ostasiatischen Gewässern". Verhandlungen der Gesellschaft für Erdkunde. Berlin 1893.
Schott: „Die Verkehrswege der transozeanischen Segelschiffahrt in der Gegenwart". Zeitschrift der Gesellschaft für Erdkunde. Berlin. 30.
„Ein Jahrhundert der Dampfschiffahrt". Nauticus 1900.
„Der Welthandel". Nauticus 1901.
„Unterwasserschallsignale". Nauticus 1907.
„Das neue Leuchtfeuer auf Helgoland". Prometheus XIV.
„Leuchttürme des Altertums". Prometheus XVI.
„Ersatz für Leuchttürme". Prometheus XVIII.
Archiv der Gesellschaft für ältere deutsche Geschichtskunde. VI.
Berichte der Königl. Sächs. Gesellschaft der Wissenschaften zu Leipzig. Philol.-histor. Classe. 30.

Ausserdem kleinere Angaben der folgenden Zeitschriften und periodischen Veröffentlichungen:

Archiv für Seewesen. 1868. Band 4.
Hansa. Jahrgänge 1866, 67, 69, 71, 72, 76, 79, 89, 1902.
Marine-Rundschau. 1898 I. 1899 I. II. 1900 I.
Mitteilungen aus dem Seewesen. Jahrgänge 1875, 86, 88, 90, 91, 1900, 03.
Annalen der Hydrographie 1885, 92, 93, 96, 97, 98, 1902, 03, 04.

Quellen:

Acta Apostolorum 27. 28.
Ilias XVIII. 207 f. XIX. 375 f.
Odyssee X. 28 f.
Herodot II, 5.
Strabo: Geographica. I. 1, 3. III. 1,6. 1,7. 2,3. IV. 1,8. VII. 3,16. XIII. 1,22. XIV. 2,5. XVII. 1,6.
Diodorus V. 38.
Josephus: Bell. Jud. IV. 10,5. V. 9,98.
Arrian: Historia Indica. 27,1. 40,11.
Dio Cassius LX. 11,4.
Caesar: Bellum civile. III, 112.
Statius: Silvae. III. 5,95 f.
Pomponius Mela: De situ orbis. II. 7,13. III. 1,4.
Plinius: Historia naturalis. II. 71; 181. V. 34; 128. XXXIV. 41. XXXV. 15; 178. XXXVI. 12; 83.
Plinius: Epistolae. VI. 31.
Lucanus: Pharsalia. IX. 1004.
Valerius Flaccus: Argonautica. VII. 84 f.
Juvenal: Sat. XII. 76 f.
Suetonius: De vita Caesarum. III. 74. IV. 46. V. 20.
Solinus 32,43.
Ammianus Marcellinus. XXII. 8,8; 16,9.
Rutilius Namatianus. I. 237—248.

Orosius I,2.
Aethici Cosmographia 33.
Fragmenta Epicteti 78 (ed. Dübner) aus Stobaeus Florilegium XLV. 19.
Geographi Graeci Minores ed. C. Müller. Paris 1882. (Dionysius v. Byzanz u. Pierre Gilles.)
Anthologia Palat. VI. 171. IX. 674.
Corpus Inscriptionum Latinarum. II. 2559. 5639.
Jaqut ed. Wüstenfeld. I.
Bibliotheca Geographorum Arabicorum ed. M. J. de Goeje. VIII.
Recueil de voyages et de mémoires publié par la société de géographie. Tome V. Paris 1836. Géographie d'Edrisi. Tome I.
Géographie d'Aboulféda traduite de l'arabe en français par M. Reinaud. Paris 1848. Tome II.
Société Asiatique. Voyages d'Ibn Batoutah, par C. Defrémery et le Dr. B. R. Sanguinetti. Paris 1853. Tome I.
Ibn Ajas: Chronik von Aegypten. II.
Archivio storico italiano. Tomo VI. Parte II. Firenze 1845.
Montfaucon: „L'antiquité expliquée et représentée en figures". Paris 1724. Tome IV. Livre VI.
Baedae historia ecclesiastica gentis Anglorum ed. Holder. Freiburg 1882. Liber III. c. 25.
Adami Gesta Hammaburgensis ecclesiae pontificum. II. 12. (Monumenta Germaniae historica. Scriptores VII.)
Thomas Rymer: „Foedera ect. acta publica inter reges Angliae et alios". 1740. Tomi quarti pars prima. p. 156.
Lünig: „Teutsches Reichs Archiv". Tomus X. XII.
Fabricius: „Urkunden zur Geschichte des Fürstentums Rügen". IV.
Mecklenburgisches Urkundenbuch. Herausgegeben vom Verein f. Mecklenburg. Geschichte u. Altertumskunde. Schwerin.
Urkundenbuch der Stadt Lübeck. Herausgeg. v. Verein f. Lübeck. Geschichte.
Hamburgisches Urkundenbuch. Herausgeg. v. Lappenberg. Hamburg 1842.
Kämmereirechnungen der Stadt Hamburg. Herausgeg. v. Verein für Hamburg. Geschichte.
Bremisches Urkundenbuch. Herausgeg. im Auftrage des Senats.
Hansisches Urkundenbuch. Herausgeg. vom Verein f. Hans. Geschichte.
„Herrn *Zacharias Conrad Uffenbachs* merkwürdige Reisen durch Niedersachsen, Holland und Engelland". Ulm 1753.
Nettelbladt: „Histor.-diplomat. Abhandlung von dem Ursprung der Stadt Rostock Gerechtsame". Rostock 1757.
Haken: „Versuch einer diplomat. Geschichte der Stadt Cöslin". Lemgo 1765.
Miller: „Die Weltkarte des Castorius, genannt die Peutingersche Tafel". Ravensburg 1888.
Brenner: „Die ächte Karte des Olaus Magnus v. Jahre 1539". Christiania 1886.
Oberhummer: „Konstantinopel unter Suleiman d. Gr." (Melchior Lorichs Zeichnung v. Konstantinopel. 1557—1559.)
Lappenberg: „Die Elbkarte Melchior Lorichs vom Jahre 1568". Hamburg 1847.

II. Für die geographische Verbreitung und Dichte der Leuchtfeuer.

Segelhandbücher:

Segelhandbuch für den Atlant. Ozean. 1899.
Atlas zum Segelh. f. d. Atl. Oz. 1902.
Segelhandbuch für d. Ostsee. I,1. 1891. II. 1901. III. 1899. IV. 1903. V. 1900.
» » » Nordsee. I,1. 1903. I,2. 1901. I,3. 1902. I,4. 1904. II,1. 1888. II,2. 1904. II,3. 1902.
» » » Englischen Kanal. I. 1904. II. 1905.
» » » Irischen Kanal. 1904.
» » » Südküste Irlands und den Bristol-Kanal. 1901.
» » » Westküste Irlands. 1902.
» » » Französische Westküste. 1900.
» » » Nord- und Westküsten Spaniens und Portugals. 1904.
» » » Insel Island 1899.
» » » Ostküste Südamerikas. 1902.

(herausgegeben v. Reichs-Marine-Amt, bezw. v. d. Deutschen Seewarte.)

Sailing Directions for the West Coast of Scotland. 1902.
Norway Pilot. II. 1894.
Arctic Pilot. I. 1898.
Newfoundland and Labrador Pilot. 1897.
St. Lawrence Pilot. I. 1894. II. 1895.
Sailing Directions for the South East Coast of Nova Scotia and Bay of Fundy. 1903.
Sailing Directions for the East Coast of the United States. 1899.
The West India Pilot. I. 1903. II. 1899.
South America Pilot. I. 1902.
Africa Pilot. I. 1899. II. 1901.
Faeroe Islands Pilot. 1904.

(bearbeitet von der britischen Admiralität.)

Bartholomew's Physical Atlas. vol. III. Meteorology. Westminster. 1899.

Länderkunde Europas:

Philippson: „Europa". Leipzig-Wien 1906.
Reclus: „Géographie universelle". Paris.
L'Europe scandinave et russe. 1885.
L'Europe centrale. 1884.
L'Europe du Nord-Ouest. 1887.
La France.
L'Europe méridionale. 1887.
Hahn: „Schweden und Norwegen". 1890.
Rein: „Finland". 1890.
Hahn: „Das Königreich Dänemark". 1890.
Penck: „Das Deutsche Reich". 1887.
Penck: „Das Königreich der Niederlande". 1889.
Penck: „Das Königreich Belgien". 1889.
Hahn: „Frankreich". 1890.
Fischer: „Die Iberische Halbinsel". 1893.
Hahn: „Die Britischen Inseln". 1890.

(Einzeldarstellungen in *Kirchhoff:* „Unser Wissen von der Erde". Wien, Prag, Leipzig.)

„Norway". Official Publication for the Paris Exhibition 1900. Kristiania.
Ackermann: „Beiträge zur physischen Geographie der Ostsee". Hamburg 1883.
Krümmel: „Die deutschen Meere". Heft 6 der Veröffentlichungen des Instituts für Meereskunde in Berlin. 1904.
Partsch: „Mitteleuropa". Gotha 1904.
Ratzel: „Deutschland". Leipzig 1898.
Burat: „Voyages sur les côtes de France". Paris 1880.
Lenthéric: „Côtes et ports français de l'Océan". Paris 1901.
Mackinder: „Britain and the British Seas". London 1902.
Ramsay: „Physical Geology and Geography of Great Britain". London 1878.
Avebury: „The Scenery of England". London 1904.
Geikie: „The Scenery of Scotland". London 1887.
Kohl: „Die geographische Lage der Hauptstädte Europas". Leipzig 1874.
Schulte: „Geschichte des mittelalterlichen Handels und Verkehrs zwischen Westdeutschland und Italien". Leipzig 1900.
Dorn: „Die Seehäfen des Weltverkehrs". Wien 1891.
Wiedenfeld: „Die nordwesteuropäischen Welthäfen". Heft 3 der Veröffentlichungen des Instituts für Meereskunde in Berlin. 1903.
Neuse: „Die Britischen Inseln als Wirtschaftsgebiet". 9. Heft. Serie II der „Angewandten Geographie", herausgegeben von K. Dove. Halle 1906.

Länderkunde Nordamerikas:

Deckert: „Nordamerika", Leipzig 1904.
Reclus: „Géographie universelle". Paris.
Amérique boréale. 1890.
Les Etats Unies. 1892.
Ratzel: „Die Vereinigten Staaten v. Nordamerika". I. 1878. II. 1880. München.
Sievers: „Mittel- und Südamerika". Leipzig 1903.
v. Halle: „Amerika". Seine Bedeutung für die Weltwirtschaft und seine wirtschaftlichen Beziehungen zu Deutschland. In Einzeldarstellungen. Hamburg 1905.

Allgemeine Werke:

Suess: „Das Antlitz der Erde". Wien-Prag-Leipzig. I. 1885. II. 1888. III. 1901.
Penck: „Morphologie der Erdoberfläche". Stuttgart 1894.
Davis: „Physical Geography". Boston-London 1900.
Hann: „Lehrbuch der Meteorologie". Leipzig 1906.
Hann: „Handbuch der Klimatologie". Stuttgart 1897.
Woeikof: „Die Klimate der Erde". Jena 1887.
Ratzel: „Anthropogeographie". Stuttgart. I. 1899. II. 1891.
Shaler: „Sea and Land". London 1895.
Kohl: „Der Verkehr und die Ansiedelungen der Menschen in ihrer Abhängigkeit von der Gestaltung der Erdoberfläche". Dresden-Leizig 1841.
Fitger: „Die wirtschaftliche und technische Entwicklung der Seeschiffahrt". Leipzig 1902.
Jannasch: „Die Wege und Entfernungen zur See". Berlin 1904.
Andree: „Geographie des Welthandels". Stuttgart. I. 1877. II. 1872.
Eckert: „Grundzüge der Handels- und Verkehrsgeographie". Leipzig 1902.
Chisholm: „Handbook of Commercial Geography". London 1903.
Friedrich: „Wirtschaftsgeographie". Leipzig 1904.

Kleinere Aufsätze:

Weule: „Die geschichtliche Bedeutung des Atlantischen Ozeans". In Helmolt's Weltgeschichte. VIII. 1903.

Hahn: „Küsteneinteilung und Küstenentwicklung im verkehrsgeographischen Sinne". Verhandlungen des 6. Deutschen Geographentages.

Krümmel: „Die Haupttypen der natürlichen Seehäfen". Globus LX.

Vierkandt: „Kulturformen und ihre geographische Verbreitung". Geographische Zeitschrift 1897.

Eckert: „Die Grossmächte und der Grossverkehr". Globus 88.

„Die Stellung der Grossmächte zum Seeverkehr und seinen Hauptwegen". Nauticus 1904.

„Das Weltkabelnetz". Nauticus 1905.

„Die deutschen Häfen der Nord- und Ostsee". Nauticus 1906.

„Die deutsche Auswanderung im 20. Jahrhundert". Nauticus 1902.

Daenell: „Der Ostseeverkehr und die Hansestädte von der Mitte des 14. Jahrh. bis zur Mitte des 15. Jahrh." Hansische Geschichtsblätter XXX.

Schulte: „Deutschland und das Meer". Festrede, gehalten bei der Kaisergeburtstagsfeier der Universität Breslau. 1900.

Credner: „Über die Entstehung der Ostsee". Geograph. Zeitschrift I.

Keilhack: „Tal- und Seebildung im Gebiet des Baltischen Höhenrückens". Verhandlungen der Gesellschaft für Erdkunde zu Berlin. XXVI.

„Die Eisverhältnisse an den deutschen Küsten der Ost- und Nordsee". Annalen der Hydrographie 1882.

„Über Schiffbrüche in der Umgegend des Kap Finisterre". Annalen der Hydrographie 1898.

Schott: „Die Nebel der Neufundlandbänke". Annalen der Hydrographie 1897.

Weidemüller: „Die Schwemmlandküsten der Vereinigten Staaten v. Nordamerika". Leipzig 1894.

Voigt: „Der Panamakanal und seine wirtschaftliche Bedeutung". In *v. Halle's* „Amerika".

„Die wirtschaftliche Bedeutung eines mittelamerikanischen Kanals für Deutschland". Nauticus 1901.

„Die handelspolitische Bedeutung des Panamakanals". Nauticus 1904.

„Die amerikanische Handelsmarine und der Morgan-Trust". Nauticus 1903.

III. Statistik.

Babbage: „On the statistics of light-houses". Bruxelles 1853.

Domke und *Engel:* „Verzeichnis der Seeleuchten oder Leuchtfeuer der Erde". Berlin 1860.

„Verzeichnis der Leuchtfeuer aller Meere". Herausgegeben vom Reichs-Marine-Amt. 1875/77; 1880; 1890; 1904.

Norges offizielle Statistik: Tabeller vedkommende Norges Skibsfart.

Bidrag till Sveriges officiella Statistik: Sjöfart.

Finlands Handel och Sjöfart.

Danmarks Handelsflaade og Skibsfart.

Statistik des Deutschen Reiches: Seeschiffahrt.

Niederlande: Statistick van den In-, Uit- en Doorvoer.
Belgien: Tableau général du commerce avec les pays étrangers.
Frankreich: Tableau général du commerce et de la navigation.
Navigation and Shipping of the United Kingdom.
Statistical Tables relating to Colonial Possessions.
Tables of the Trade and Navigation of the Dominion of Canada.
Commerce and Navigation of the United States.
Anuario Estadistico de la Republica Mexicana.
Kiaer: „Statistique internationale de la navigation maritime". Christiania.
„Die Seeschiffahrtsstatistik einiger fremder Staaten". Vierteljahrsheft II zur Statistik des Deutschen Reiches 1902.

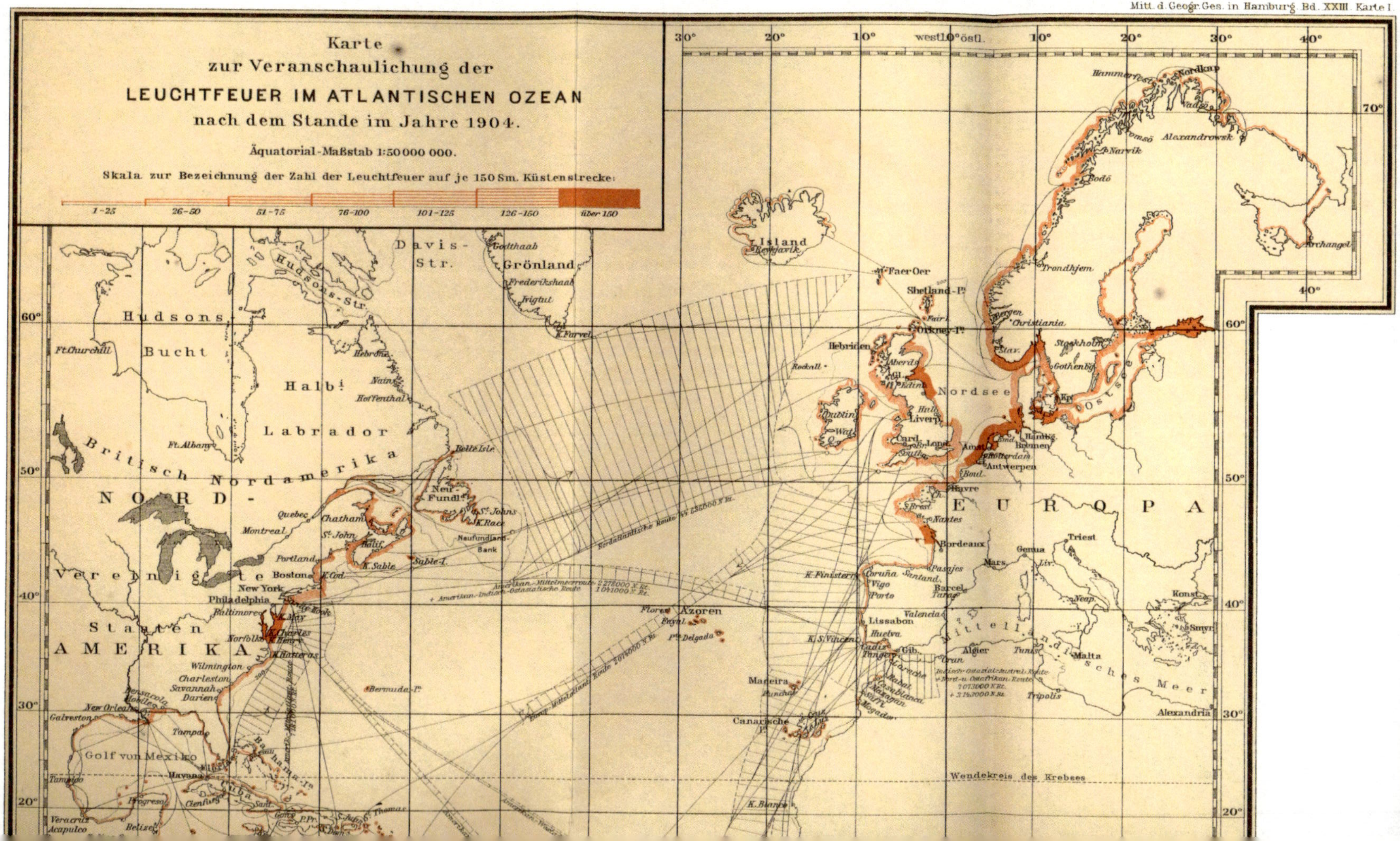
Karte
zur Veranschaulichung der
LEUCHTFEUER IM ATLANTISCHEN OZEAN
nach dem Stande im Jahre 1904.
Äquatorial-Maßstab 1:50 000 000.
Skala zur Bezeichnung der Zahl der Leuchtfeuer auf je 150 Sm. Küstenstrecke:
1-25
26-50
51-75
76-100
101-125
126-150
über 150
Hudsons Bucht
Davis-Str.
Grönland
Labrador Halbi.
Britisch Nordamerika
NORD-AMERIKA
Vereinigte Staaten
Golf von Mexiko
Island
Nordsee
Ostsee
EUROPA
Mittelländisches Meer
Azoren
Wendekreis des Krebses

Verlag von L. Friederichsen & Co, Hamburg 1908.